机器学习平台架构实战

[美] 戴维·平　著

郭兴霞　译

清華大學出版社

北　京

内 容 简 介

本书详细阐述了与机器学习平台架构相关的基本解决方案，主要包括机器学习和机器学习解决方案架构，机器学习的业务用例，机器学习算法，机器学习的数据管理，开源机器学习库，Kubernetes 容器编排基础设施管理，开源机器学习平台，使用 AWS 机器学习服务构建数据科学环境，使用 AWS 机器学习服务构建企业机器学习架构，高级机器学习工程，机器学习治理、偏差、可解释性和隐私，使用人工智能服务和机器学习平台构建机器学习解决方案等内容。此外，本书还提供了相应的示例、代码，以帮助读者进一步理解相关方案的实现过程。

本书适合作为高等院校计算机及相关专业的教材和教学参考书，也可作为相关开发人员的自学用书和参考手册。

图书在版编目（CIP）数据

机器学习平台架构实战 /（美）戴维·平著；郭兴霞译. —北京：清华大学出版社，2023.8
书名原文：The Machine Learning Solutions Architect Handbook
ISBN 978-7-302-64487-3

Ⅰ. ①机… Ⅱ. ①戴… ②郭… Ⅲ. ①机器学习 Ⅳ. ①TP181

中国国家版本馆 CIP 数据核字（2023）第 153679 号

责任编辑： 贾小红
封面设计： 刘 超
版式设计： 文森时代
责任校对： 马军令
责任印制： 丛怀宇

出版发行： 清华大学出版社
网　　址： http://www.tup.com.cn，http://www.wqbook.com
地　　址： 北京清华大学学研大厦 A 座　　**邮　　编：** 100084
社 总 机： 010-83470000　　**邮　　购：** 010-62786544
投稿与读者服务： 010-62776969，c-service@tup.tsinghua.edu.cn
质量反馈： 010-62772015，zhiliang@tup.tsinghua.edu.cn
印 装 者： 三河市人民印务有限公司
经　　销： 全国新华书店
开　　本： 185mm×230mm　　**印　　张：** 25　　**字　　数：** 502 千字
版　　次： 2023 年 8 月第 1 版　　**印　　次：** 2023 年 8 月第 1 次印刷
定　　价： 129.00 元

产品编号：095594-01

译 者 序

数字支付、数字出行、数字医疗等数字化服务让人们感受到了数字化给经济和社会发展带来的革命性变化，因此，越来越多的中国企业或组织都走上了数字化的道路。数字化不但可以减少人工操作，提高生产效率，而且通过部署机器学习解决方案，还可以从大数据中提取有益的信息，帮助企业发现增加收入的机会。但是，企业的数字化或机器学习也面临着一些问题，最大的问题是和数据相关的，企业或组织每时每刻都会产生大量数据，如何合理存储、提取、管理和利用这些数据，使之满足数据质量、数据安全、数据隐私和合规性等需求，就是摆在每个企业面前的重要课题。

有鉴于此，该领域已经出现了很多新的角色，其中之一就是机器学习解决方案架构师。本书就是从机器学习解决方案架构师的视角，讨论机器学习解决方案架构的核心重点领域，包括机器学习业务用例（如金融服务中的反欺诈和反洗钱、医疗领域中的医学影像分析、制造业中的预测性机器维护、在线零售行业的产品推荐等）、机器学习算法（如分类和回归、聚类、时间序列分析、计算机视觉和自然语言处理等）、数据管理（包括数据存储和提取、数据处理、版本控制、特征存储、数据管道、身份验证和授权、数据治理等）和开源机器学习库（如 scikit-learn、Apache Spark、TensorFlow 和 PyTorch 等）等。

从实用性出发，本书演示了如何使用 AWS 机器学习服务构建数据科学环境和企业机器学习架构。为满足大规模模型训练要求，本书还详细阐释了数据并行和模型并行这两种分布式训练方式及其框架，介绍了实现低延迟模型推理的多种优化技术（如硬件加速、模型优化、图和算子优化、模型编译器和推理引擎优化等），并提供了使用 PyTorch 运行分布式模型训练的操作实例。

最后，回归到机器学习解决方案架构师这一角色，本书还探讨了机器学习治理、偏差、可解释性和隐私主题，使读者在为企业或组织构建机器学习平台时，能有更宽广的视野，避免给企业带来财务风险、声誉风险、合规风险和法律风险。

在翻译本书的过程中，为了更好地帮助读者理解和学习，本书以中英文对照的形式保留了大量的原文术语，这样的安排不但方便读者理解书中的代码，而且也有助于读者通过网络查找和利用相关资源。

本书由郭兴霞翻译，马宏华、黄进青、黄刚、熊爱华等也参与了部分内容的翻译工作。由于译者水平有限，书中难免有疏漏和不妥之处，在此诚挚欢迎读者提出意见和建议。

译 者

前　言

随着人工智能和机器学习在许多行业中应用得越来越普遍，对能够将业务需求转化为机器学习解决方案并能够设计机器学习技术平台的机器学习解决方案架构师的需求在不断增加。本书旨在通过帮助人们学习机器学习概念、算法、系统架构模式和机器学习工具来解决业务和技术挑战，重点是企业环境中的大规模机器学习系统架构和操作。

本书首先介绍与机器学习和业务相关的基础知识，如机器学习的类型、业务用例和机器学习算法。然后深入研究机器学习的数据管理以及用于构建机器学习数据管理架构的各种 AWS 服务。

在深入介绍数据管理之后，本书重点介绍了构建机器学习平台的两种技术：使用 Kubernetes、Kubeflow、MLflow 和 Seldon Core 等开源技术，以及使用托管机器学习服务，如 Amazon SageMaker、Step Functions 和 CodePipeline。

然后，本书进入高级机器学习工程主题，包括分布式模型训练和低延迟模型服务，以满足大规模的模型训练和高性能模型服务需求。

治理和隐私是在生产环境中运行模型的重要考虑因素。本书还将介绍机器学习治理要求以及机器学习平台如何在文档、模型清单、偏差检测、模型可解释性和模型隐私等方面支持机器学习治理。

构建基于机器学习的解决方案并不总是需要从头开始构建机器学习模型或基础设施。本书的最后一章还介绍了 AWS AI 服务以及这些 AI 服务可以帮助解决的问题，你将了解一些 AI 服务的核心功能，以及可以在哪些地方使用它们来构建基于机器学习的业务应用程序。

在本书结束时，你将熟悉机器学习解决方案和基础架构的各种业务、数据科学和技术领域。你将能够清晰了解构建企业机器学习平台的架构模式和注意事项，并使用各种开源和 AWS 技术培养动手技能。本书还可以帮助你准备与机器学习架构相关的工作面试。

本书读者

本书主要面向两类读者：开发者和云架构师，他们寻求技术指导和实践材料以成为机器学习解决方案架构师，或者成为经验丰富的机器学习架构从业者和数据科学家，以更广泛地了解行业机器学习用例、企业数据和机器学习架构模式、数据管理和机器学习工具、机器学习治理和高级机器学习工程技术等。

本书还可以使希望了解数据管理和云系统架构如何融入整个机器学习平台架构的数据工程师和云系统管理员受益。

本书假设你具备一定的 Python 编程知识并熟悉 AWS 服务。其中一些章节是为机器学习初学者设计的，用于学习核心的机器学习基础知识，这些知识可能与经验丰富的机器学习从业者已经掌握的知识重叠。

内容介绍

本书分为 3 篇，共 12 章。具体内容如下。

- 第 1 篇：使用机器学习解决方案架构解决业务挑战，包括第 1～2 章。
  - 第 1 章“机器学习和机器学习解决方案架构”，详细阐释机器学习的核心概念（包括监督学习、无监督学习、强化学习、机器学习生命周期），探讨机器学习的挑战和机器学习解决方案架构功能等。
  - 第 2 章“机器学习的业务用例”，讨论金融服务、媒体和娱乐、医疗保健和生命科学、制造业和零售领域的核心业务基础、工作流程和常见的机器学习用例。
- 第 2 篇：机器学习的科学、工具和基础设施平台，包括第 3～6 章。
  - 第 3 章“机器学习算法”，详细介绍用于分类、回归、聚类、时间序列分析、推荐、计算机视觉、自然语言处理和数据生成的常见机器学习和深度学习算法。你将获得在本地机器上设置 Jupyter 服务器和构建机器学习模型的实践经验。
  - 第 4 章“机器学习的数据管理”，涵盖平台功能、系统架构和用于构建机器学习数据管理功能的 AWS 工具。你还将掌握使用 AWS 服务开发为机器学习构建数据管理管道的实践技能。
  - 第 5 章“开源机器学习库”，详细介绍 scikit-learn、Apache Spark 机器学习和 TensorFlow 的核心特性，以及如何使用这些机器学习库进行数据准备、模型训练和模型服务。你还将练习如何使用 TensorFlow 和 PyTorch 构建深度学习模型。
  - 第 6 章“Kubernetes 容器编排基础设施管理”，介绍容器、Kubernetes 概念、

Kubernetes 网络和 Kubernetes 安全性。Kubernetes 是用于构建开源机器学习解决方案的核心开源基础设施。你还将练习如何在 AWS EKS 上设置 Kubernetes 平台并在 Kubernetes 中部署机器学习工作负载。

- 第 3 篇：企业机器学习平台的技术架构设计和监管注意事项，包括第 7～12 章。
  - 第 7 章“开源机器学习平台”，阐释 Kubeflow、MLflow、AirFlow、Seldon Core 等各种开源机器学习平台技术的核心概念和技术细节。本章还介绍如何使用这些技术来构建数据科学环境和机器学习自动化管道，并提供使用这些开源技术进行开发的说明。
  - 第 8 章“使用 AWS 机器学习服务构建数据科学环境”，介绍用于构建数据科学环境的各种 AWS 托管服务，包括 Amazon SageMaker、Amazon ECR 和 Amazon CodeCommit 等。你还将获得这些服务的实践经验，以配置用于实验和模型训练的数据科学环境。
  - 第 9 章“使用 AWS 机器学习服务构建企业机器学习架构”，讨论企业机器学习平台的核心要求，以及在 AWS 上构建企业机器学习平台的架构模式，并深入探讨 SageMaker 和其他各种核心机器学习功能的 AWS 服务。本章还提供在 AWS 上构建机器学习运维管道的动手练习。
  - 第 10 章“高级机器学习工程”，涵盖大规模分布式模型训练的核心概念和技术，如使用 DeepSpeed 和 PyTorch DistributeDataParallel 进行数据并行和模型并行训练。还将深入探讨低延迟模型推理的技术方法，如使用硬件加速、模型优化以及图和算子优化。本章还将使用 SageMaker 训练集群进行分布式数据并行模型训练。
  - 第 11 章“机器学习治理、偏差、可解释性和隐私”，将详细讨论生产模型部署的机器学习治理、偏差、可解释性和隐私要求等。你还将练习使用 SageMaker Clarify 和 PyTorch Opacus 来检测偏差和训练隐私保护模型等。
  - 第 12 章“使用人工智能服务和机器学习平台构建机器学习解决方案”，详细介绍 AWS 提供的人工智能服务和架构模式，以及如何将这些人工智能服务集成到机器学习支持的业务应用程序中。

充分利用本书

本书涵盖的软硬件和操作系统需求如表 P.1 所示。

表 P.1　本书涵盖的软硬件和操作系统需求

本书涵盖的软硬件	操作系统需求
Jupyter Notebook	Windows、macOS 或 Linux
Python	
TensorFlow	
PyTorch	

如果你使用本书的数字版本，则建议你自己输入代码或从本书的 GitHub 存储库访问代码（下一节将提供链接）。这样做将帮助你避免复制和粘贴代码可能带来的潜在错误。

下载示例代码文件

本书随附的代码可以在 GitHub 存储库中找到，其网址如下：

https://github.com/PacktPublishing/The-Machine-Learning-Solutions-Architect-Handbook

如果代码有更新，那么更新将在该 GitHub 存储库中给出。

下载彩色图像

我们还提供了一个 PDF 文件，其中包含本书中使用的屏幕截图/图表的彩色图像。你可以通过以下地址进行下载：

https://static.packt-cdn.com/downloads/9781801072168_ColorImages.pdf

本书约定

本书中使用了许多文本约定。

（1）有关代码块的设置如下：

```
import pandas as pd
churn_data = pd.read_csv("churn.csv")
churn_data.head()
```

（2）要突出代码块时，相关内容将加粗显示：

```
# 以下命令可以计算特征的各种统计信息
churn_data.describe()
# 以下命令可以显示不同特征的直方图
# 可以通过替换列名称来绘制其他特征的直方图
churn_data.hist(['CreditScore', 'Age', 'Balance'])
# 以下命令可以计算特征之间的相关性
churn_data.corr()
```

（3）任何命令行输入或输出都采用如下所示的粗体代码形式：

```
! pip3 install --upgrade tensorflow
```

（4）术语或重要单词采用中英文对照形式，在括号内保留其英文原文。示例如下：

> 为了优化这个目标，机器学习算法会迭代和处理大量的历史销售数据（训练数据），并调整其内部模型参数，直到它可以最小化预测值和实际值之间的差异。这个寻找最优模型参数的过程称为优化（Optimization），执行优化的数学程序称为优化器（Optimizer）。

（5）对于界面词汇或专有名词将保留英文原文，在括号内添加其中文译文。示例如下：

> 在“In [ ]:”右边的部分称为单元格，可以在单元格中输入代码。要运行单元格中的代码，可以单击工具栏上的 Run（运行）按钮。要添加新单元格，可以单击工具栏上的+（加号）按钮。

（6）本书还使用了以下两个图标：

表示警告或重要的注意事项。

表示提示或小技巧。

关 于 作 者

David Ping 是一位资深技术领导者，在技术和金融服务行业拥有超过 25 年的经验。他的技术重点领域包括云架构、企业机器学习平台设计、大规模的模型训练、智能文档处理、智能媒体处理、智能搜索和数据平台。他目前在 AWS 领导一个人工智能/机器学习解决方案架构团队，帮助全球公司在 AWS 云中设计和构建人工智能/机器学习解决方案。在加入 AWS 之前，David 在 Credit Suisse 和 JPMorgan 担任过多种高级技术领导职务。他的职业生涯始于英特尔的软件工程师。David 拥有康奈尔大学的工程学位。

关于审稿人

Kamesh Ganesan 是一位云技术传播者，是经验丰富的技术专家、作家和领导者，在所有主要云技术（包括 AWS、Azure、GCP、Oracle 和阿里云）方面拥有超过 24 年的 IT 经验。他拥有超过 50 项 IT 认证，包括许多云认证。他扮演过许多角色，设计并交付了很多关键任务和创新技术解决方案，帮助他的企业、商业和政府客户取得了巨大的成功。他撰写了多种 AWS 和 Azure 书籍，并审阅了许多 IT/云技术书籍和课程。

“特别感谢我的妻子 Hemalatha 一直以来的支持，也感谢我的孩子 Sachin 和 Arjun 的爱。另外，我的父母也在我的工作中给予了我很大的鼓励。”

Simon Zamarin 是 AWS 的人工智能/机器学习专家解决方案架构师。他在数据科学、数据工程和分析方面拥有超过 5 年的经验。作为专业解决方案架构师，他的主要工作重点是帮助客户从他们的数据资产中获取最大价值。

Giuseppe Angelo Porcelli 是 Amazon Web Services 的首席机器学习专家解决方案架构师。凭借在软件工程、软件和系统架构以及机器学习方面的多年经验，Giuseppe 可帮助任何规模和行业的企业设计使用机器学习解决最具挑战性问题的解决方案。目前，他的专业领域是机器学习架构、机器学习工业化和机器学习运维，他还热衷于产品开发和 SaaS。

Giuseppe 拥有多项 AWS 认证，包括 AWS Machine Learning Specialty 和 AWS Solution Architect Professional。在业余时间，他喜欢和朋友一起滑雪和踢足球，并照顾他的两个可爱的孩子。

Vishakha Gupta 是一名数据科学家，她拥有 IIIT Gwalior 的信息技术研究生学位，主修数据科学。她之前曾在纳斯达克和纽约梅隆银行等机构任职。她是一名多技能学习者，在数据科学和网络技术的各个领域都表现出色。她的工作涉及基于机器学习、深度学习和自然语言处理的企业级解决方案的研究和开发，可用于医疗保健和保险相关用例。她最新发表的 IEEE 研究工作是通过静音视频进行语音预测。

目　　录

第 1 篇　使用机器学习解决方案架构解决业务挑战

第 3 篇　企业机器学习平台的技术架构设计和监管注意事项

第 1 篇

使用机器学习解决方案架构解决业务挑战

本篇将阐释一些核心的机器学习基础知识，它所面临的挑战，以及如何将机器学习应用于现实世界的业务问题，从而为本书其余部分的学习打下良好的基础。

本篇包括以下章节：

- 第 1 章，机器学习和机器学习解决方案架构
- 第 2 章，机器学习的业务用例

第 1 章　机器学习和机器学习解决方案架构

人工智能（artificial intelligence，AI）和机器学习（machine learning，ML）领域有着悠久的历史。在过去的 70 多年里，机器学习已经从 20 世纪 50 年代的简单跳棋计算机程序发展到能够在超级复杂的围棋游戏中击败人类世界冠军的高级人工智能。在此过程中，机器学习的硬件基础设施也从用于小型实验和模型的单台机器/服务器发展为能够训练、管理和部署数万个机器学习模型的高度复杂的端到端机器学习平台。

人工智能/机器学习领域的高速增长催生了许多新的专业角色，如跨行业的机器学习运营工程（MLOps engineering）、机器学习产品管理（ML product management）和机器学习软件工程（ML software engineering）。

机器学习解决方案架构（machine learning solution architecture）是另一个相对较新的学科，随着机器学习项目在业务影响、科学复杂性和技术方面变得越来越复杂，它在整个端到端机器学习生命周期中发挥着越来越重要的作用。

本章将讨论机器学习的基本概念以及机器学习解决方案架构在整个数据科学生命周期中的位置。你将了解到机器学习的 3 种主要类型，即监督学习（supervised learning，也称为有监督学习）、无监督学习（unsupervised learning）和强化学习（reinforcement learning）。

我们还将讨论机器学习项目从构思阶段到生产阶段所需的不同步骤，以及企业或组织在实施机器学习计划时面临的挑战。

最后，本章将简要讨论机器学习解决方案架构的核心重点领域，包括系统架构、工作流自动化、安全性和合规性等。

通读完本章后，你应该能够识别 3 种主要的机器学习类型以及它们旨在解决的问题类型。你将了解机器学习解决方案架构师的角色，以及你需要通过关注哪些业务和技术领域来支持端到端机器学习计划。

本章包含以下主题：

- 机器学习的定义。
- 监督机器学习。
- 无监督机器学习。
- 强化学习。
- 机器学习与传统软件。

- 机器学习生命周期。
- 机器学习的挑战。
- 机器学习解决方案架构的定义及其在整个生命周期中的定位。

1.1　人工智能和机器学习的定义

人工智能（AI）可以定义为机器展现出类似人类智慧的能力，如通过视觉区分不同类型的花朵、理解语言或驾驶汽车等。拥有AI能力并不一定意味着系统必须仅由机器学习提供支持。人工智能系统也可以由其他技术提供支持，如基于规则的引擎。

机器学习是AI的形式之一，它可以使用不同的学习技术执行任务，如使用历史数据从示例中学习或通过反复试验学习。机器学习的一个示例是使用可访问历史信用决策数据的机器学习算法进行信用决策。

深度学习（deep learning，DL）是机器学习的一个子集，它使用大量人工神经元——也就是所谓的人工神经网络（artificial neural network，ANN）进行学习，类似人脑的学习方式。基于深度学习的解决方案的一个示例是 Amazon Echo 虚拟助手（Amazon Echo virtual assistant）。

为了更好地理解机器学习的工作原理，让我们首先了解一下机器学习所采用的不同方法。具体如下所示：

- 监督机器学习。
- 无监督机器学习。
- 强化学习。

下面让我们详细看看这些不同的机器学习方法。

1.2　监督机器学习

监督机器学习（也称为有监督机器学习）是机器学习的一种，在训练机器学习模型时，机器学习算法会提供输入的数据特征。例如，在预测房屋价格的模型中，需要输入房屋的面积大小和所在区域的邮政编码以及答案（这个答案就是房子的价格），答案也称为标签（label）。带有标签的数据集称为已标记数据集（labeled dataset）。

可以将监督机器学习视为示例学习。为了理解这意味着什么，不妨通过一个例子来说明一下。我们人类如何学习区分不同的物体呢？首先，教师会给你许多不同花朵的图片及其名称，让你研究花朵的特征，如每个已提供名称的花朵的形状、大小和颜色。在你浏览了每一种花朵大量不同的图片之后，再给你一些没有名称的花朵图片，并要求你区分它们。根据你之前所学的知识，如果它们具有已知花朵的特征，那么你应该能够分辨出花朵的名称。

一般来说，如果你在学习期间查看的包含变化的训练图片越多，那么当你尝试识别新图片中的花朵时，可能就会越准确。从概念上讲，这就是监督机器学习的工作方式。图 1.1 显示了一个已标记的数据集被输入计算机视觉算法以训练机器学习模型。

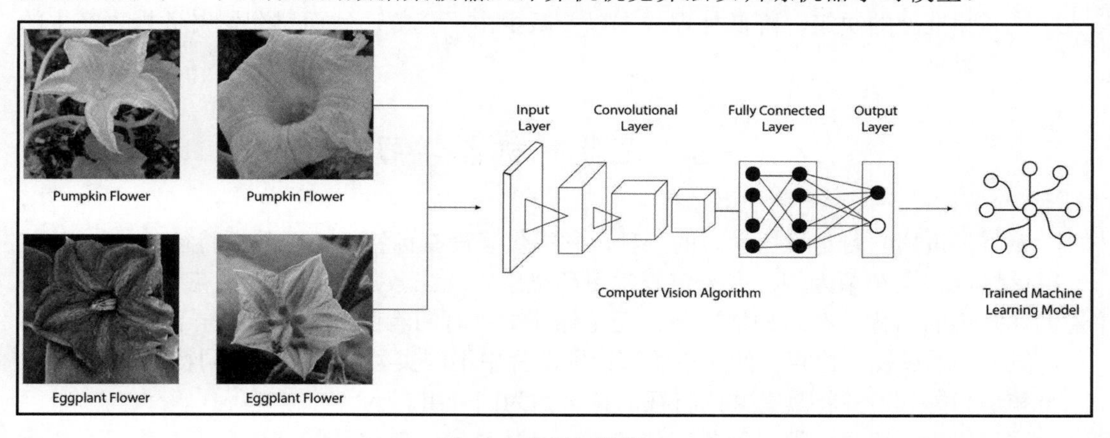

图 1.1　监督机器学习

原　　文	译　　文
Pumpkin Flower	南瓜花
Eggplant Flower	茄子花
Input Layer	输入层
Convolutional Layer	卷积层
Fully Connected Layer	全连接层
Output Layer	输出层
Computer Vision Algorithm	计算机视觉算法
Trained Machine Learning Model	经过训练的机器学习模型

监督机器学习主要用于分类任务（即将标签从离散的类别集合中分配给示例，例如，指出不同对象的名称）和回归任务（即预测连续值，例如，对于已给出支持信息的事物预测其未来值）。

在现实世界中，大多数机器学习解决方案都基于监督机器学习技术。以下是使用监督机器学习的机器学习解决方案的一些示例：

- 作为文档管理工作流程的一部分，自动将文档分类为不同的文档类型。基于机器学习的文档处理的典型业务优势是减少人工操作，从而降低成本、获得更快的处理时间和更高的处理质量。
- 评估新闻文章的情绪以帮助了解市场对品牌或产品的看法或促进投资决策。
- 作为媒体图像处理工作流程的一部分，自动检测图像中的对象或人脸。这带来的商业利益是通过减少人工，以更快的处理和更高的准确性来节省成本。
- 预测某人拖欠银行贷款的概率。这带来的商业利益是更快地制定贷款申请审查和批准的决策、降低处理成本以及减少由于贷款违约而对公司财务报表产生的影响。

1.3　无监督机器学习

无监督机器学习是机器学习的一种，它提供了没有标签的输入数据特征。

仍然以识别花朵为例，在无监督学习环境中，现在教师只给你提供花朵的图片而不告诉你它们的名称。在这种情况下，无论你花多少时间看图片，都无法弄清楚花朵的名称。但是，通过视觉检查，你应该能够识别图片中不同类型的花朵的共同特征（如颜色、大小和形状等），并将具有共同特征的花朵归为同一组。

这类似于无监督机器学习的工作方式。具体来说，在这种特殊情况下，你已经执行了无监督机器学习中的聚类（clustering）任务，如图 1.2 所示。

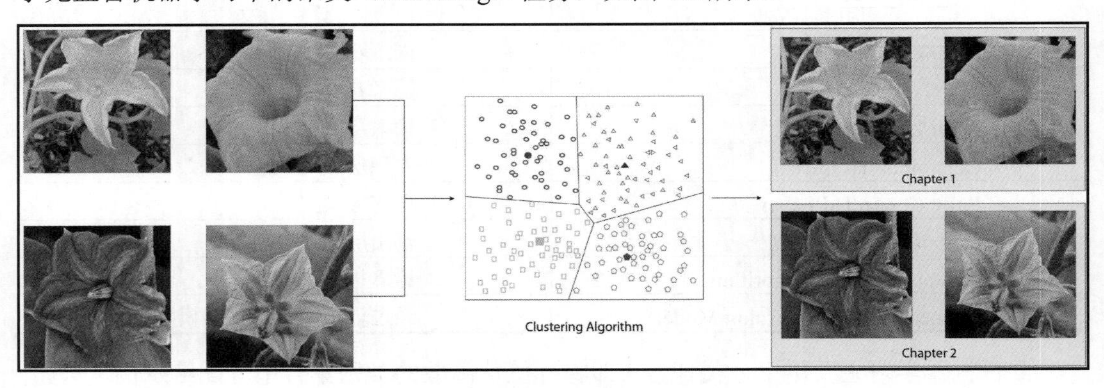

图 1.2　无监督机器学习

原　　文	译　　文	原　　文	译　　文
Clustering Algorithm	聚类算法	Chapter 2	第 2 组
Chapter 1	第 1 组		

除了聚类技术，无监督机器学习中还有许多其他技术。另一种常见且有用的无监督机器学习技术是降维（dimensionality reduction），其中较少数量的转换后的特征可以表示原始特征集，同时保留原始特征的关键信息，以便它们可以大大减少（归约）数据维度和大小。为了更直观地理解这一点，让我们来看一下图 1.3。

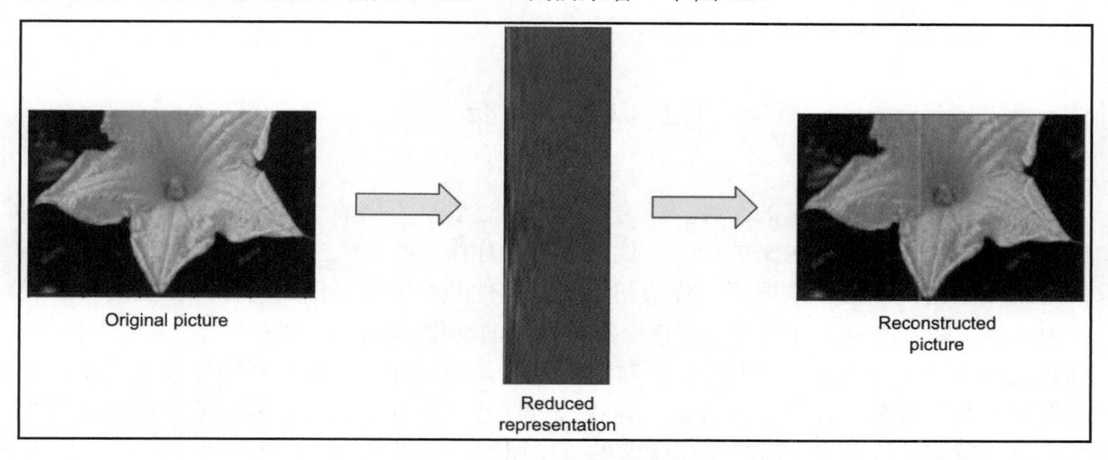

图 1.3　从归约之后的特征重建图像

原　　文	译　　文
Original picture	原始图像
Reduced representation	归约之后的表示
Reconstructed picture	重建图像

在图 1.3 中，左边的原始图片被转换为中间的归约之后的表示。虽然归约之后的表示看起来与原图完全不同，但它仍然保留了关于原图的关键信息，因此，当使用归约之后的表示重建右边的图片时，重建后的图像看起来与原图几乎完全一样。将原始图片转换为归约之后的表示的过程称为降维。

降维的主要好处是减少了训练数据集，并且有助于加快模型训练。降维还有助于在较低维度中可视化高维数据集（例如，将数据集减少到 3 个维度以进行绘图和视觉检查）。

无监督机器学习主要用于识别数据集中的底层模式。由于无监督机器学习没有提供实际的标签来学习，因此它的预测比使用监督机器学习方法的预测具有更大的不确定性。以下是无监督机器学习解决方案的一些真实示例。

- 市场营销目标的客户细分：这是通过使用人口统计和历史参与数据等客户特性来完成的。以数据驱动的客户细分方法通常比人工判断更准确，因为人工判断可能是有偏见的和主观的。

- 计算机网络入侵检测：这是通过检测与正常网络流量模式不同的异常模式来完成的。由于流量模式的大容量和不断变化的动态，手动检测网络流量中的异常和基于规则的处理都极具挑战性。
- 给数据集降维：这样做是为了在 2D 或 3D 环境中可视化它们，以帮助更好、更轻松地理解数据。

1.4 强化学习

强化学习是机器学习的一种，学习模型将通过尝试不同的动作来学习，并根据收到的动作响应顺序调整其未来的行为。例如，假设你第一次玩太空入侵者视频游戏，但不知道游戏规则。在这种情况下，你最初将使用控件随机尝试不同的动作，如左右移动或发射大炮。随着不同动作的进行，你会看到对你的动作的反应，如被杀死或杀死入侵者，你也会看到你的分数增加或减少。通过这些反应，你将知道什么是能够加分的动作，什么情况下会被减分。经过多次尝试，你将努力保持活着并提高自己的分数，最终成为非常出色的玩家。这基本上就是强化学习的工作原理。

强化学习的一个非常流行的例子是 AlphaGo 计算机程序，它主要使用强化学习来学习如何下围棋。

图 1.4 显示了强化学习的流程，其中代理（例如，太空入侵者游戏的玩家）在环境（例如，游戏的当前状态）中采取行动（例如，移动左/右控件）并获得奖励或惩罚（分数增加/减少）。因此，代理将调整其未来的动作，以最大限度地提高未来环境状态的回报。该循环将持续非常多的轮次，随着时间的推移，代理会改进并变得越来越好。

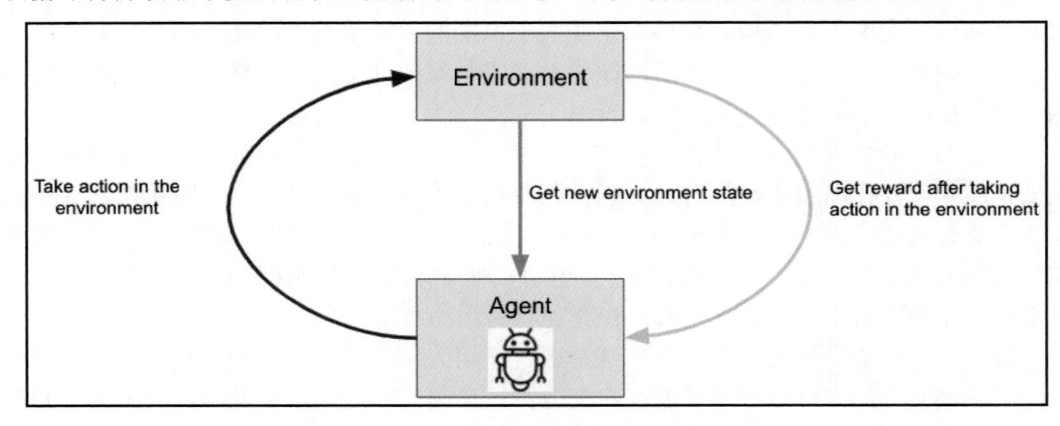

图 1.4　强化学习

原　文	译　文
Agent	代理
Environment	环境
Take action in the environment	在环境中采取行动
Get new environment state	获取新的环境状态
Get reward after taking action in the environment	在环境中采取行动后获得奖励

提示：

在人工智能领域，代理（Agent）通常是指驻留在某一环境下，能持续自主地发挥作用，具备驻留性、反应性、社会性和主动性等特征的计算实体。Agent 既可以是软件实体，也可以是硬件实体，所以可以这样理解：Agent 是人在 AI 环境中的代理，是完成各种任务的载体。

在现实世界中有许多强化学习的实际用例。以下是一些强化学习的示例：

- 机器人或自动驾驶汽车通过尝试不同的动作并响应收到的结果来学习如何在未知环境中行走或导航。
- 推荐引擎通过根据客户对不同产品推荐的反馈进行调整来优化产品推荐。
- 卡车配送公司优化其车队的配送路线，以确定实现最佳回报（如最低成本或最快时间）所需的配送顺序。

1.5　机器学习与传统软件

在开始从事人工智能/机器学习领域的工作之前，我花了多年时间为大型金融服务机构构建计算机软件平台。我处理的一些业务问题有复杂的规则，如识别公司以进行投资银行交易的可比性分析，或者为来自不同数据提供商的所有不同公司的标识符创建一个主数据库。我们必须通过在数据库存储过程和应用服务器后端实现硬编码规则来解决这些问题。我们经常争论某些规则对于试图解决的业务问题是否有意义。随着规则的改变，我们不得不重新实现规则并确保这些改变不会破坏任何东西。

为了测试新版本或一些更改内容，我们经常需要响应人类专家，以在生产版本之前详尽地进行测试和验证已实现的所有业务逻辑。这是一个非常耗时且容易出错的过程，每次引入新规则或需要更改现有规则时，都需要大量的工程设计、针对文档化规范的测试以及严格的部署变更管理。我们经常依赖用户报告生产中的业务逻辑问题，而当生产中报告了问题时，我们有时不得不打开源代码来排除故障或解释其工作逻辑。我记得我经常问自己，是否有更好的方法来做到这一点。

在人工智能/机器学习领域工作后，我开始使用机器学习技术来解决许多类似的挑战。使用机器学习时，我不需要提出复杂的规则——那通常需要深厚的数据和相关领域专业知识来创建或维护复杂的决策规则。相反，我更专注于收集高质量的数据，并使用机器学习算法直接从数据中学习规则和模式。

这种新方法消除了创建新规则（例如，深厚的相关领域专业知识要求或避免人为偏见）和维护现有规则的许多具有挑战性的方面。为了在产品发布之前验证模型，我们可以检查模型性能指标，如准确率（accuracy）。

虽然这种方法仍然需要通过数据科学专业知识来根据业务问题和数据集的性质解释模型指标，但它已经不需要对所有不同场景进行详尽的手动测试。

当一个模型部署到生产环境中时，即可通过监控生产数据和为模型训练收集的数据的任何重大变化来监控模型是否按预期执行。

我们会为生产数据收集新标签并定期测试模型性能，以确保其预测能力没有下降。

为了解释为什么模型会以这种方式做出决定，我们不需要打开源代码来重新检查硬编码的逻辑。相反，我们将依靠机器学习技术来帮助解释不同输入特征的相对重要性，以了解哪些因素对机器学习模型的决策影响最大。

图 1.5 显示了开发传统软件和训练机器学习模型之间的过程差异。

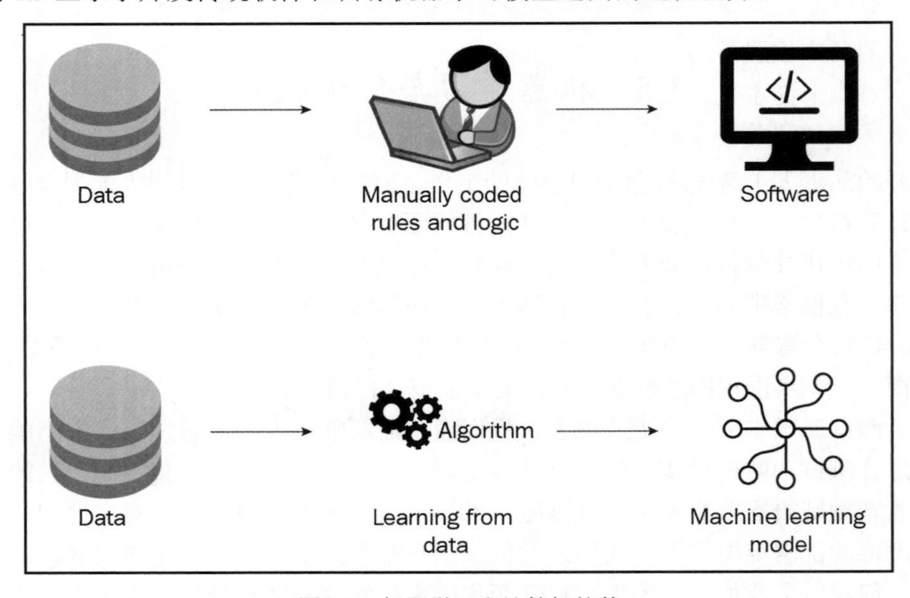

图 1.5　机器学习和计算机软件

原　文	译　文
Data	数据
Manually coded rules and logic	手动编写规则和逻辑的代码
Software	软件
Algorithm	算法
Learning from data	从数据中学习
Machine learning model	机器学习模型

现在你已经理解了机器学习和传统软件之间的区别，接下来，让我们深入了解一下机器学习生命周期中的不同阶段。

1.6　机器学习生命周期

我参与的第一个机器学习项目是某个大联盟品牌的运动预测分析问题。我得到了一份预测分析结果的列表，让我考虑是否有针对这些问题的机器学习解决方案。我是体育方面的门外汉，对要生成的分析一无所知，也不知道详细的游戏规则。因此，虽然得到了一些样本数据，但我完全不知道该如何处理它。

我开始做的第一件事就是学习有关这项运动的知识。我研究了诸如游戏是如何进行的，不同的玩家位置，以及如何确定和识别某些事件等。因为只有在获得相关领域知识后，数据对我来说才有意义。

然后，我与利益相关者讨论了不同分析结果的影响，并根据已有的数据评估了建模的可行性。我们提出了几个对业务影响最大的机器学习分析，讨论了如何将它们集成到现有的业务工作流程中，以及如何衡量它们的影响。

再然后，我开始更详细地检查和探索数据，以了解哪些信息可用，哪些信息缺失。我根据正在考虑使用的几种机器学习算法处理和准备数据集，并进行了不同的实验。因为我没有工具来跟踪不同的实验结果，所以不得不手动跟踪所做的事情。

在最初的几轮实验之后，我觉得现有的数据不足以训练一个高性能的模型，所以需要构建一个自定义的深度学习模型来整合不同模型的数据。数据所有者能够提供我寻找的其他数据集，并且在对自定义算法和重要的数据准备和特征工程进行更多实验后，我能够训练出满足业务需求的模型。

在此之后，困难的部分来了——我们需要在生产环境中部署和操作模型，并将其集成到现有的业务工作流程和系统架构中。我们经历了许多架构和工程讨论，最终为模型构建了一个部署架构。

正如你从我的个人经验中看到的那样，从构思到生产部署有许多不同的步骤可以将商业构想或预期的业务成果转化为生产部署。

现在让我们正式回顾一下机器学习项目的典型生命周期。一般来说，机器学习生命周期包括以下步骤：

- 业务理解。
- 数据获取和理解。
- 数据准备。
- 模型构建。
- 模型训练和评估。
- 模型部署和监控。

由于机器学习生命周期的一个重要组成部分是对不同的数据集、特征和算法进行试验，因此整个过程可以是高度迭代的。此外，无法保证在流程结束时即可创建正常工作的模型，因为数据的可用性和质量、特征工程技术（使用相关领域知识从原始数据中提取有用特征的过程）以及学习算法的能力等因素都可能阻碍成功的结果。

图 1.6 展示了机器学习项目中的关键步骤：

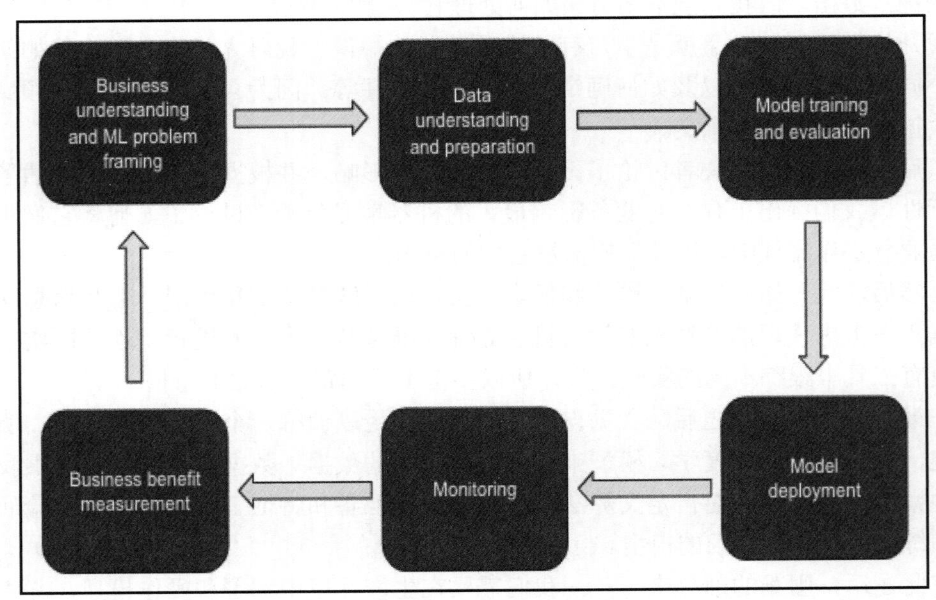

图 1.6　机器学习生命周期

原　文	译　文
Business understanding and ML problem framing	业务理解和机器学习问题框架
Data understanding and preparation	数据理解和准备
Model training and evaluation	模型训练和评估
Model deployment	模型部署
Monitoring	监控
Business benefit measurement	业务利益衡量

接下来，我们将更详细地讨论这些步骤。

1.6.1　业务理解和机器学习问题框架

机器学习生命周期的第一步是业务理解（business understanding）。在此步骤中，你需要清楚地理解业务目标并定义可用于衡量机器学习项目成功与否的业务性能指标。以下是业务目标的一些示例：

- 降低操作流程的成本，如文档处理。
- 降低业务或运营风险，如欺诈和合规性。
- 产品改进或服务收入的提高，例如，更好的目标营销，通过新的见解（insight）产生更好的决策，以提高客户满意度。

用于衡量性能的业务指标的具体示例，可能是业务流程中减少的小时数、检测到的真实欺诈实例数量的增加、目标营销的转化率提高，或流失率降低的程度。这是确保机器学习项目有充分理由并且可以成功衡量项目结果的一个非常重要的步骤。

定义业务目标和业务指标后，你需要确定是否可以使用机器学习解决方案解决业务问题。虽然机器学习的应用范围很广，但这并不意味着它可以解决所有业务问题。

1.6.2　数据理解和数据准备

有一种说法是“数据是新的石油”，对于机器学习来说尤其如此。如果没有所需的数据，那么你将无法推进机器学习项目。这就是为什么机器学习生命周期的下一步是数据采集（data acquisition）、数据理解（data understanding）和数据准备（data preparation）。

根据业务问题和机器学习方法，你需要收集和了解可用数据，以确定是否拥有解决机器学习问题的正确数据和数据量。

例如，假设要解决的业务问题是信用卡欺诈检测。在这种情况下，你将需要历史信用卡交易数据、客户人口统计数据、账户数据、设备使用数据和网络访问数据等数据集。

然后需要进行详细的数据分析，以确定数据集的特征和质量是否足以完成建模任务。你还需要确定数据是否需要标记，如 fraud（欺诈）或 not-fraud（非欺诈）。在此步骤中，根据数据质量，可能会执行大量数据整理以准备和清洗数据，并生成用于模型训练和模型评估的数据集。

1.6.3　模型训练和评估

使用已创建的训练和验证数据集，数据科学家将需要使用不同的机器学习算法和数据集特征进行大量实验，以进行特征选择和模型开发。这是一个高度迭代的过程，可能需要大量数据处理和模型开发运行才能找到正确的算法和数据集组合，以实现最佳模型性能。除了模型性能，你可能还需要考虑数据偏差和模型可解释性以满足监管要求。

模型训练完成后，在部署到生产环境中之前，还需要使用相关的技术指标来验证模型的质量，如准确率得分。这通常使用测试数据集（test dataset）来衡量模型在未知数据上的表现。

了解用于模型验证的指标非常重要，它因机器学习问题和使用的数据集而异。例如，如果文档类型的数量相对平衡，则模型准确率将是文档分类用例的一个很好的验证指标。但是，模型准确率不是评估欺诈检测用例的模型性能的好指标——这是因为，如果欺诈数量很少，假设每 100 笔交易中有 1 笔欺诈交易，那么即使该模型将所有交易都预测为非欺诈，而该模型的准确率得分仍然高达 99%，但事实上它什么都没检测到，毫无用处。

1.6.4　模型部署

一旦模型经过全面训练和验证，已满足预期的性能指标，就可以将其部署到生产和业务工作流程中。这里有两个主要的部署概念：第一个概念是模型本身的部署，以供客户端应用程序用于生成预测。第二个概念是将这个预测工作流集成到业务工作流应用程序中。例如，部署信用欺诈模型可以将模型托管在 API 后面以进行实时预测，也可以将模型作为可以动态加载以支持批量预测的包。此外，该预测工作流还需要集成到欺诈检测的业务工作流应用程序中，其中可能包括实时交易的欺诈检测、基于预测输出的决策自动化以及用于详细欺诈分析的欺诈检测分析。

1.6.5　模型监控

模型部署并不是机器学习生命周期的结束。与软件不同，软件的行为具有高度确定性，因为开发人员明确编码的逻辑，机器学习模型在生产中的行为可能与其在模型训练和验证中的行为不同。这可能是由生产数据特征、数据分布或请求数据的潜在操作的变化引起的。因此，模型监控是检测模型漂移或数据漂移的重要部署后步骤。

1.6.6　业务指标跟踪

实际的业务影响应该作为一个持续的过程进行跟踪和衡量，以通过比较模型部署前后的业务指标来确定模型的收益，或者通过已部署和未部署模型的工作流之间的 A/B 测试来比较业务指标，看看机器学习模型能否提供预期的业务收益。

如果模型没有提供预期的收益，则应重新评估以寻找改进机会。这也可能意味着要将业务问题构建为不同的机器学习问题。例如，如果客户流失预测无助于提高客户满意度，则可以考虑提供个性化的产品/服务来解决问题。

在理解了端到端机器学习生命周期所涉及的内容之后，接下来，让我们看看机器学习所面临的挑战。

1.7　机器学习的挑战

多年来，我使用机器学习解决方案解决了许多现实世界的问题，并在采用机器学习的过程中遇到了不同行业所面临的不同挑战。

在做机器学习项目时，我经常会遇到这样的问题："我们有很多数据——你能帮我们弄清楚可以使用机器学习产生哪些见解吗？"诸如此类的问题可称为业务用例挑战。对于许多公司来说，无法识别机器学习的业务用例是一个很大的障碍。如果没有正确识别业务问题及其价值主张和收益，那么启动机器学习项目将是一项挑战。

当我与不同行业的不同公司进行对话时，通常会问他们机器学习面临的最大挑战是什么。我经常得到的答案之一是关于数据的——即数据质量、数据库存、数据可访问性、数据治理和数据可用性。这个问题会影响数据贫乏和数据丰富的公司，并且经常因数据孤岛、数据安全和行业法规而使问题加剧。

数据科学和机器学习人才的短缺是我从许多公司那里听到的另一个重大挑战。总的来说，公司很难吸引和留住顶尖的机器学习人才，这是所有行业的普遍问题。随着机器学习平台变得更加复杂以及机器学习项目范围的扩大，对其他机器学习相关功能的需求开始浮出水面。如今，除了数据科学家，组织还需要机器学习产品管理、机器学习基础设施工程和机器学习运营管理等职能角色。

根据我的经验，许多公司共同面临的另一个关键挑战是获得基于机器学习的解决方案的文化接受度。许多人将机器学习视为对其工作职能的威胁，他们缺乏机器学习知识，这让他们在业务工作流程中采用这些新方法时感到不舒服。

机器学习解决方案架构的实践旨在帮助解决机器学习中的一些挑战。接下来，让我们仔细看看机器学习解决方案架构及其在机器学习生命周期中的定位。

1.8　机器学习解决方案架构

最初我在机器学习项目公司担任机器学习解决方案架构师时，主要关注数据科学和建模，其问题范围和模型数量都很小。大多数问题都可以使用简单的机器学习技术来解决。数据集也很小，不需要大型基础设施来进行模型训练。这些公司的机器学习计划的范围仅限于少数数据科学家或团队。作为当时的机器学习架构师，我仅需要数据科学技能和通用云架构知识来处理这些项目。

但是，在过去的几年里，不同公司的机器学习计划变得更加复杂，并开始涉及公司中更多的职能和人员。我发现自己与业务主管谈论了更多关于机器学习策略和组织设计的内容，以实现在整个企业中的广泛采用。我被要求帮助设计更复杂的机器学习平台，使用更广泛的技术，以满足大型企业的业务部门更严格的安全性和合规性需求。

近年来，围绕机器学习工作流编排和操作的架构和流程讨论比以往任何时候都多。越来越多的公司正在寻求使用 TB（1TB=1024GB）级别的训练数据来训练大规模的机器学习模型。一些公司训练和部署的机器学习模型的数量从几年前的几十个模型增加到了数万个。

经验丰富且对安全敏感的客户也一直在寻求有关机器学习隐私、模型可解释性以及数据和模型偏差的指导。作为机器学习解决方案架构的从业者，我发现有效执行此功能所需的技能和知识都发生了巨大变化。

那么，在这个复杂的业务、数据、科学和技术维恩图（Venn diagram）中，机器学习解决方案架构在哪里适合呢？根据我与不同规模和不同行业的公司合作的多年经验，我将机器学习解决方案架构视为一门总体学科，这有助于连接机器学习计划的各个部分，涵盖从业务需求到技术的方方面面。

机器学习解决方案架构师需要与不同的业务和技术合作伙伴进行交互，为业务问题提出机器学习解决方案，并设计技术平台来运行机器学习解决方案。

从特定功能的角度来看，机器学习解决方案架构涵盖如图 1.7 所示的领域。

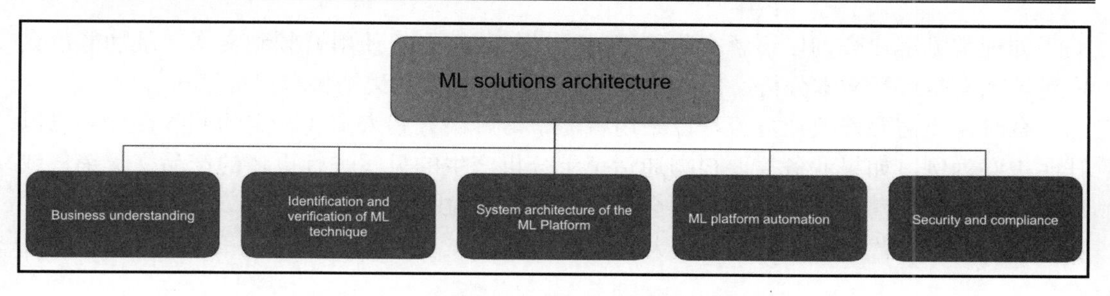

图 1.7　机器学习解决方案架构涵盖的领域

原　　文	译　　文
ML solutions architecture	机器学习解决方案架构
Business understanding	业务理解
Identification and verification of ML technique	机器学习技术的识别和验证
System architecture of the ML Platform	机器学习平台的系统架构
ML platform automation	机器学习平台自动化
Security and compliance	安全性和合规性

让我们对这些元素进行逐个说明：

- 业务理解：使用人工智能和机器学习技术理解和转换业务问题。
- 机器学习技术的识别和验证：用于解决特定机器学习问题的机器学习技术的识别和验证。
- 机器学习平台的系统架构：机器学习技术平台的系统架构的设计与实现。
- 机器学习平台自动化：机器学习平台自动化技术设计。
- 安全性和合规性：机器学习平台和机器学习模型的安全性、合规性和审计注意事项。

1.8.1　业务理解和机器学习转型

业务工作流分析的目标是识别工作流中的低效率部分，并确定是否可以应用机器学习来帮助消除痛点、提高效率，甚至创造新的盈利机会。

例如，当你对呼叫中心的运营情况进行分析时，你希望识别一些痛点，如客户等待时间过长、客户服务代理之间的知识差距、无法从通话记录中提取有关客户的意见，以及向目标客户推销服务和产品的能力不足等。

在确定了这些痛点之后，你希望找出可用的数据以及需要改进的业务指标。根据痛点和数据的可用性，你可以对潜在的机器学习解决方案提出一些假设，例如，使用虚拟助手处理常见客户查询以缓解客户等待时间过长的问题，使用音频到文本转录功能以允许对转录文本进行文本分析，使用意图检测以加强产品交叉销售和追加销售等。

有时，还需要修改业务流程以采用机器学习解决方案来实现既定的业务目标。仍以呼叫中心为例，如果业务需要根据通话记录分析产生的见解进行更多的产品交叉销售或追加销售，但当前并没有业务流程会根据见解来定位目标客户，则应该引入销售专业人员的自动化目标营销流程或主动扩大服务范围。

1.8.2　机器学习技术的识别和验证

确定机器学习选项列表后，即可验证机器学习假设的必要性。这可能涉及简单的概念证明（Proof Of Concept，POC）建模以验证可用的数据集和建模方法，或使用预构建的人工智能服务的技术 POC，或机器学习框架的测试。

例如，你可能想要测试使用现有文本转录服务，即从音频文件转录文本的可行性，或者为营销活动的新产品转换构建自定义的倾向模型。

机器学习解决方案架构并不专注于新机器算法的研究和开发，这通常是应用数据科学家和研究数据科学家的工作。

相反，机器学习解决方案架构侧重于识别和应用机器学习算法来解决不同的机器学习问题，如预测分析、计算机视觉或自然语言处理。此外，这里任何建模任务的目标都不是构建生产质量的模型，而是验证方法以执行进一步的实验，后者通常是全职应用数据科学家的职责。

1.8.3　系统架构设计与实现

机器学习解决方案架构涵盖的最重要的方面是机器学习平台的技术架构设计。该平台需要提供技术能力来支持机器学习周期和角色的不同阶段。不同的机器学习角色包括数据科学家和运维工程师等。

具体来说，机器学习平台需要具备以下核心功能：

- 数据探索和实验：数据科学家可以使用机器学习平台进行数据探索、实验、模型构建和模型评估。机器学习平台需要提供诸如用于模型创建和实验的数据科学开发工具、用于数据探索和整理的数据整理工具、用于代码管理的源代码控制以及用于库包管理的包存储库等功能。
- 数据管理和大规模数据处理：数据科学家或数据工程师需要存储、访问和处理大量数据以进行清洗、转换和特征工程的技术能力。

- ❑ 模型训练基础设施管理：机器学习平台需要为使用不同类型的计算资源、存储和网络配置的不同模型训练提供基础设施。它还需要支持不同类型的机器学习库或框架，如 scikit-learn、TensorFlow 和 PyTorch。
- ❑ 模型托管/服务：机器学习平台需要提供技术能力来托管和构建模型服务以生成预测，无论是实时预测还是批处理都需要这种能力。
- ❑ 模型管理：需要管理和跟踪经过训练的机器学习模型，以便于访问和查找，另外还需要相关的元数据。
- ❑ 特征管理：为了模型训练和模型服务，需要管理并提供通用和可重用的特征。

1.8.4 机器学习平台工作流自动化

机器学习平台设计的一个关键方面是工作流自动化（workflow automation）和持续集成/持续部署（continuous integration/continuous deployment，CI/CD）。

机器学习是一个多步骤的工作流程——它需要自动化，包括数据处理、模型训练、模型验证和模型托管。基础设施配置自动化和自助服务是自动化设计的另一个方面。

工作流自动化的关键组件包括：

- ❑ 管道设计和管理：能够为各种任务创建不同的自动化管道，如模型训练和模型托管任务。
- ❑ 管道执行和监控：能够运行不同的管道并监控整个管道和每个步骤的管道执行状态。
- ❑ 模型监控配置：监控生产环境中模型的各种指标的能力，如数据漂移（指生产中使用的数据分布与用于模型训练的数据分布不同）、模型漂移（指与训练结果相比，模型在生产环境中的性能产生了退化）和偏差检测（指机器学习模型复制或放大了对某些个体的偏差）。

1.8.5 安全性和合规性

机器学习解决方案架构的另一个重要方面是企业环境中的安全性和合规性考虑：

- ❑ 认证和授权：机器学习平台需要提供认证和授权机制来管理对平台的访问以及不同的资源和服务。
- ❑ 网络安全性：机器学习平台需要针对不同的网络的安全性进行配置，以防止未经授权的访问。
- ❑ 数据加密：对于安全性敏感的组织，数据加密是机器学习平台设计需要考虑的另一个重要方面。

- 审计和合规：审计和合规人员需要这些信息来帮助他们了解预测模型是如何做出决策的、模型从数据到模型工件的沿袭，以及数据和模型表现出的任何偏差。机器学习平台将需要提供跨各种数据存储和服务组件的模型可解释性、偏差检测和模型可追溯性，以及其他功能。

1.9 小 测 试

恭喜你阅读完本章。请完成以下测试以巩固和强化你的学习成果。

仔细研究以下几种应用场景，思考它们可以应用 3 种机器学习类型（监督学习、无监督学习或强化学习）中的哪一种。

（1）你获得了一份产品在线反馈列表。每个评论都标有情绪类别，如 positive（正面）、negative（负面）或 neutral（中性）。现在你被要求建立一个机器学习模型来预测新的在线反馈的情绪。

（2）你获得了一份房屋定价历史信息和房屋的详细信息，其中包含邮政编码、卧室数量、房屋面积大小和房屋状况等特征。现在你被要求建立一个机器学习模型来预测某个房屋的价格。

（3）你被要求识别贵公司电子商务网站上的潜在欺诈交易。你拥有历史交易、用户信息、信用记录、设备和网络访问等数据。但是，你不知道哪些交易是欺诈交易。

仔细研究以下有关机器学习生命周期和机器学习解决方案架构的问题，看看应如何回答下面这些问题。

（1）假设现在有一个业务流程可以处理请求，有一套明确的决策规则，在做决策时不能容忍偏离决策规则。你是否应该考虑使用机器学习来自动化该业务工作流程？

（2）你已将机器学习模型部署到生产环境中。但是，你看不到业务 KPI 的预期改进。你该怎么办？

（3）假设有一个手动过程，目前由少数人处理。你找到了可以自动化此过程的机器学习解决方案，但是，构建和运行机器学习解决方案的成本高于自动化节省的成本。你应该继续进行该机器学习项目吗？

（4）作为机器学习解决方案架构师，你被要求验证用于解决业务问题的机器学习方法。你将采取哪些步骤来验证该方法？

1.10　小　结

本章涵盖了若干个主题，包括人工智能和机器学习是什么、端到端机器学习生命周期中的关键步骤以及机器学习解决方案架构的核心功能。现在，你应该能够确定机器学习的 3 种主要类型之间的区别以及它们可以解决的业务问题类型。

本章还讨论了机器学习的生命周期，除了模型构建和特征工程，业务理解和数据理解对于机器学习项目的成功结果至关重要。

最后，本章还阐释了机器学习解决方案架构如何融入机器学习生命周期。

第 2 章 机器学习的业务用例

作为一名机器学习从业者，我经常需要深入了解不同的业务，以便与业务和技术领导者进行有效的对话。这不足为奇，因为任何机器学习解决方案架构（ML solution architecture）的最终目标都是用科学和技术解决方案解决实际的业务问题。因此，主要的机器学习解决方案架构重点领域之一是广泛了解不同的业务领域、业务工作流程和相关数据。如果没有这种理解，则很难理解数据，并通过设计和开发实用的机器学习解决方案来解决业务问题。

本章将讨论跨多个垂直行业的一些真实的机器学习用例。你将了解金融服务、媒体和娱乐、医疗保健和生命科学、制造业和零售业等行业的关键业务工作流程和挑战，以及机器学习技术在哪些方面可以帮助解决这些挑战。

本章的学习目标不是让你成为某个行业或其机器学习用例和技术方面的专家，而是让你了解业务需求和工作流上下文中的实际机器学习用例。通读完本章之后，你将能够在你的业务线中应用类似的思想，并能够识别机器学习解决方案。

本章包含以下主题：

- 金融服务中的机器学习用例。
- 媒体和娱乐领域的机器学习用例。
- 医疗保健和生命科学领域的机器学习用例。
- 制造业中的机器学习用例。
- 零售业中的机器学习用例。
- 机器学习用例识别练习。

2.1 金融服务中的机器学习用例

金融服务业（financial service industry，FSI）是最精通技术的行业之一，在机器学习投资和采用方面处于领先地位。在过去的几年中，我看到金融服务中的不同业务功能采用了广泛的机器学习解决方案。

在资本市场中，机器学习被用于前台、中台和后台，以支持投资决策、交易优化、风险管理和交易结算处理等。

在保险领域里，运营商正在使用机器学习来简化承保、防止欺诈和自动化理赔管理等。

银行业正在使用机器学习来改善客户体验、打击欺诈和做出贷款审批决策等。

接下来，我们将讨论金融服务中的若干个核心业务领域，以及如何使用机器学习来解决其中的一些业务挑战。

2.1.1　资本市场前台

在金融领域里，前台（front office）是直接产生收入的业务领域，主要由面向客户的角色组成，如销售、交易员、投资银行家和财务顾问等。

前台部门为客户提供产品和服务，如并购（merger and acquisition，M&A）和首次公开募股（initial public offering，IPO）咨询、财富管理以及有价证券（如股票）、固定收益资产（如债券）、大宗商品（如石油）和货币产品等金融资产的交易。

接下来，我们将讨论前台领域的以下业务功能：

- 销售交易和研究。
- 投资银行。
- 财富管理。

1．销售交易和研究

在销售交易中，公司的销售人员首先将监控投资新闻，如收益报告或并购活动，并寻找投资机会向其机构客户推销。然后交易人员为他们的客户执行交易，也称为代理交易（agency trading）。交易人员还可以为他们工作的公司执行交易，称为自营交易（prop trading）。

交易人员经常需要交易大量证券。因此，优化交易策略以在不抬高价格的情况下以优惠的价格收购股票至关重要。销售和交易人员会得到研究团队的支持，研究团队专注于研究和分析股票和固定收益资产，并向销售和交易人员提供建议。

另一种交易类型是算法交易，其中计算机用于根据预定义的逻辑和市场条件自动交易证券。销售交易和研究中的一些核心挑战如下：

- 研究分析师提交研究报告的时间紧迫。
- 收集大量市场信息进行分析，以制定交易策略并做出明智的交易决策。
- 需要不断监控市场以调整交易策略。
- 在不推动市场价格上涨或下跌的情况下以首选价格实现最佳交易。

图 2.1 显示了销售交易台的业务流程以及不同参与者如何交互完成交易活动。

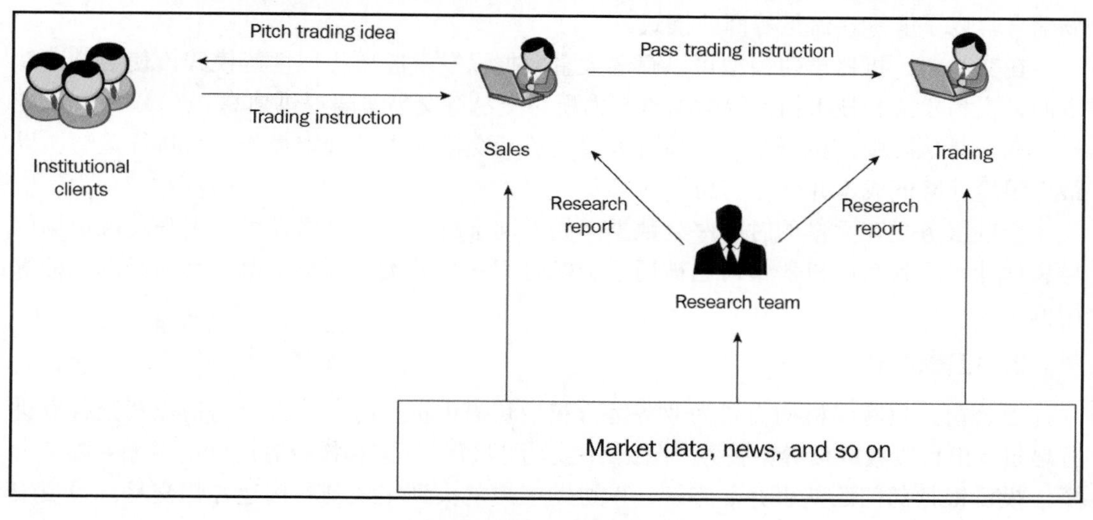

图 2.1　销售、交易和研究

原　　文	译　　文
Institutional clients	机构客户
Pitch trading idea	推介交易理念
Trading instruction	交易指令
Sales	销售
Pass trading instruction	传递交易指令
Trading	交易
Research report	研究报告
Research team	研究团队
Market data, news, and so on	市场数据、新闻等

机器学习在销售交易和研究中有很多机会。

自然语言处理（natural language processing，NLP）模型可以自动从美国证券交易委员会（securities and exchange commission，SEC）文件、新闻公告和财报电话会议记录等数据源中提取关键实体，如人员、事件、组织和地点等。NLP 还可以通过分析大量新闻、研究报告和财报电话会议记录来为交易决策提供信息，从而发现实体之间的关系，并帮助了解市场对公司及其股票的情绪。

自然语言生成（natural language generation，NLG）可以协助叙事写作和报告生成。

计算机视觉（computer vision，CV）已被用于帮助识别来自卫星图像等替代数据源的市场信号，以了解零售流量等商业模式。

在交易中，机器学习模型可以筛选大量数据以发现股票相似性等模式，使用公司基本面、交易模式和技术指标等数据点来为配对交易等交易策略提供信息。

在交易执行中，机器学习模型可以帮助估计交易成本并确定最佳交易执行策略，以最大限度地降低成本并优化利润。

金融服务中有大量的时间序列数据，如不同金融工具的价格，可以用来发现市场信号和估计市场趋势。机器学习已被用于金融时间序列分类、预测金融工具和经济指标等用例。

2. 投资银行

当公司、政府和机构需要为业务运营和增长提供资金时，他们会聘请投资银行家进行融资（出售股票或债券）服务。图 2.2 显示了投资银行家和投资者之间的关系。除了融资，投资银行部门还从事并购咨询，以协助客户从头到尾谈判和构建并购交易。投资银行工作人员承担许多活动，如财务建模、业务估值、推介手册生成和交易文件准备，以完成和执行投资银行交易。他们还负责一般的关系管理和业务发展管理活动。

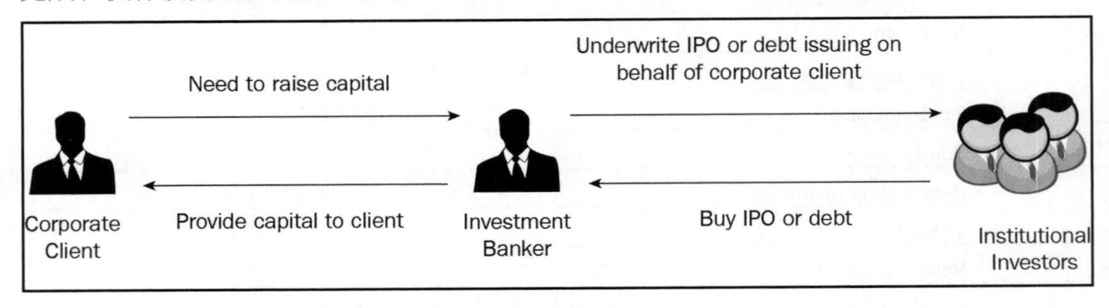

图 2.2　投资银行工作流程

原　文	译　文
Corporate Client	企业客户
Need to raise capital	需要筹集资金
Investment Banker	投资银行家
Underwrite IPO or debt issuing on behalf of corporate client	代企业客户承销首次公开募股或发债
Institutional Investors	机构投资者
Buy IPO or debt	购买 IPO 或债务
Provide capital to client	为客户提供资金

投资银行工作流程的主要挑战之一是搜索和分析大量结构化数据（如财务报表）和非结构化数据（如年度报告、归档、新闻和内部文件）。

典型的初级银行家（junior banker）往往需要花费大量时间搜索可能包含有用信息的文档，并从文档中手动提取信息以准备推介手册或执行财务建模。投资银行一直在试验和采用机器学习来帮助完成这一劳动密集型流程。他们正在使用 NLP 从大量 PDF 文档中自动提取结构化表格数据。

具体来说，命名实体识别（named entity recognition，NER）技术可以从文档中自动提取实体。基于机器学习的阅读理解技术可以帮助银行家使用自然的人类问题，而不是简单的文本字符串匹配，快速准确地从大量文本中找到相关信息。

还可以使用元数据（metadata）自动标记文档并使用机器学习技术进行分类，以改进文档管理和信息检索。

可以使用机器学习解决的投资银行工作流程中的其他常见挑战还包括链接来自不同数据源的公司标识符，以及公司名称不同变体的名称解析。

3．财富管理

在财富管理（wealth management，WM）业务中，财富管理公司为客户提供财富规划和结构化服务，以增加和保护客户的财富。这些机构与更多以投资咨询为重点的经纪公司不同，因为财富管理公司会将税务规划、财富保存和遗产规划结合在一起，以满足客户更复杂的财务规划目标。

财富管理公司将了解客户的生活目标和消费模式，并可为客户设计定制财务规划解决方案。财富管理公司面临的一些挑战如下：

- ❑ 财富管理客户要求更全面和个性化的财务规划策略来满足他们的财富管理需求。
- ❑ 财富管理客户越来越精通技术，除了直接的客户顾问互动，许多客户还需要新的参与渠道。
- ❑ 财富管理顾问需要覆盖越来越多的客户，同时保持相同的个性化服务和规划。

为了提供更加个性化的服务，财富管理公司正在采用基于机器学习的解决方案来理解客户的行为和需求。例如，财富管理公司使用其客户的交易历史、投资组合详细信息、对话日志、投资偏好和生活目标来构建可以对投资产品和服务进行个性化推荐的机器学习模型。这些模型可以通过结合客户接受报价的倾向和其他业务指标（如该行动的预期中期或长期价值）来推荐下一个最佳行动。

图 2.3 显示了下一个最佳行动（next best action）方法的概念。

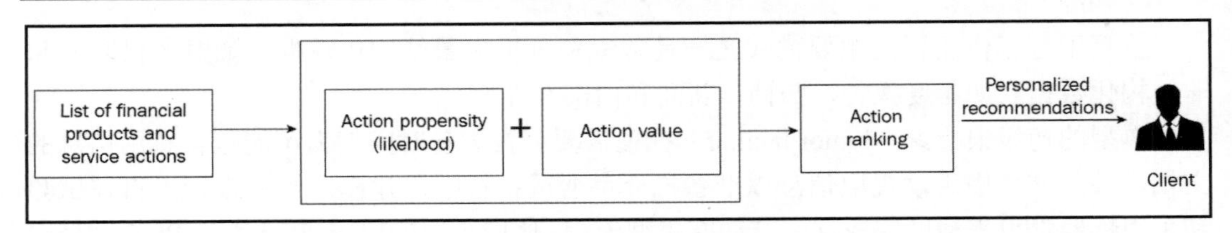

图 2.3　下一个最佳行动（next best action）推荐

原　　文	译　　文
List of financial products and service actions	金融产品和服务行动的清单
Action propensity(likehood)	行动倾向（可能性）
Action value	行动价值
Action ranking	行动排名
Personalized recommendations	个性化推荐

为了提高客户的参与度和体验，财富管理公司构建了虚拟助手，可以在无须人工干预的情况下为客户的查询提供个性化的答案，并自动满足客户的需求。

财富管理公司正在为财务顾问（financial advisor，FA）配备基于人工智能的解决方案，这些解决方案可以自动执行任务，如将音频对话转录为文本以进行文本分析。机器学习模型也被用于帮助评估客户的情绪并提醒 FA 潜在的客户流失。

2.1.2　资本市场后台运营

后台（back office）是金融服务公司的一部分，负责处理非面向客户的活动和支持活动。他们的主要职能包括交易结算和清关、记录保存、监管合规、会计和技术服务。

这是早期采用机器学习的领域之一，因为它可以从基于机器学习的自动化中带来经济利益和成本节约，并满足监管（如反洗钱）和内部控制（如交易监视）要求。

接下来，让我们看看以下后台业务流程以及可以应用机器学习的地方：

- 净资产价值审查。
- 交易后结算失败预测。

1. 资产净值审查

提供证券投资基金（mutual funds，MF，也称为互惠基金或共同基金）和交易型开放式指数证券投资基金（exchange traded funds，ETF）的金融服务公司需要准确反映基金的价值，以用于交易和报告目的。他们使用资产净值（net asset value，NAV）计算，即实体资产的价值减去其负债，以表示基金的价值。NAV 是投资者可以买卖基金的价格。

每天收市后，基金管理人必须以 100% 的准确率计算 NAV 价格，该过程包括以下 5 个核心步骤：

（1）库存对账。

（2）对任何公司行为的反应。

（3）证券定价。

（4）预订、计算和核对费用和应计利息，以及现金核对。

（5）NAV/价格验证。

图 2.4 显示了资产净值审查流程的核心步骤。

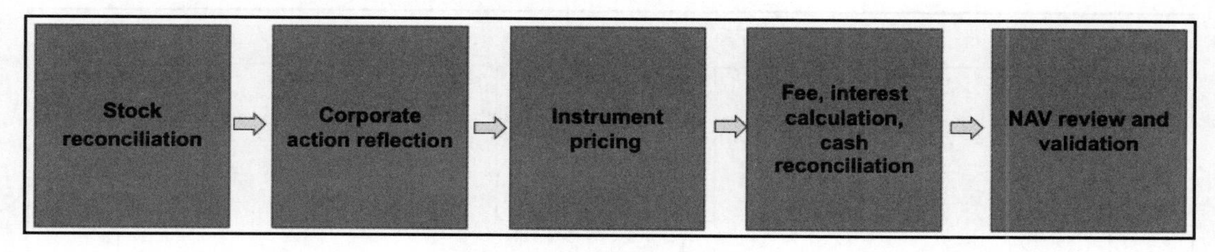

图 2.4　资产净值审核流程

原　　文	译　　文
Stock reconciliation	库存对账
Corporate action reflection	公司行为的反应
Instrument pricing	证券定价
Fee, interest calculation, cash reconciliation	费用、应计利息、现金核对
NAV review and validation	资产净值审查和验证

步骤（5）是最重要的，因为如果操作不当，基金管理人可能会承担责任，可能会需要给予投资者以经济补偿。传统方法是使用固定阈值来标记异常情况（如估值错误的股票或公司行为未正确处理）以供分析师审查，这可能导致大量误报和时间浪费，因此需要使用大量数据进行调查和审查，如证券的价格、费用和利息、资产（股票、债券和期货）、现金头寸和公司行为数据。

NAV 验证步骤的主要目标是识别定价异常，这可以被视为异常检测问题。已采用基于机器学习的异常检测解决方案可以识别潜在的定价违规行为，并标记这些违规行为以执行进一步的人工调查。

事实证明，机器学习方法可以显著减少误报，并为人工审查者节省大量时间。

2．交易后结算失败预测

前台执行交易后，涉及多个交易后流程来完成交易，如结算和清算。

交易后结算（post-trade settlement，PTS）是买卖双方比较交易细节、批准交易、更改所有权记录并安排证券和现金转移的过程。交易结算使用直通式处理（straight-through processing，STP）自动处理。但是，一些交易结算可能会由于各种原因而失败，例如，卖方未能交付证券，经纪人将需要动用他们的准备金来完成交易。为了确保库存设置在正确的水平，以便宝贵的资金可以用于其他地方，预测结算失败至关重要。

图 2.5 显示了买卖双方通过各自的经纪公司在交易所买卖证券的交易流程。

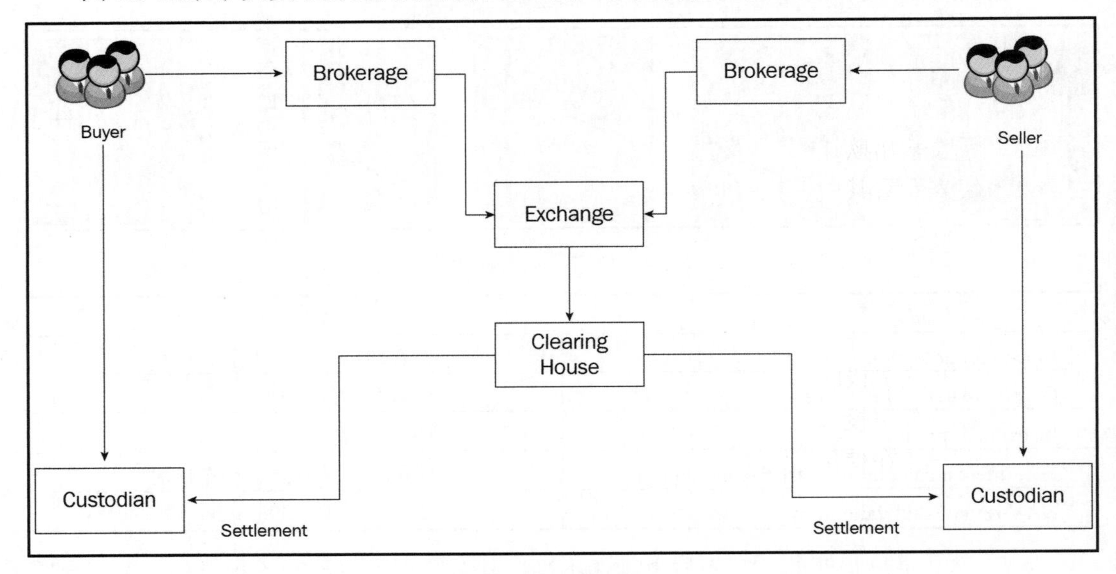

图 2.5　交易流程

原　　文	译　　文	原　　文	译　　文
Buyer	买方	Seller	卖方
Custodian	托管人	Settlement	结算
Brokerage	经纪	Clearing House	清算所
Exchange	交换		

交易执行后，由美国证券存托与清算公司（Depository Trust and Clearing Corporation，DTCC）等清算所为买卖双方各自的托管人处理交易的清算和结算。

为了确保维持适量的库存储备以降低资本支出成本并优化买卖双方的交易率，经纪公司一直在使用机器学习模型在交易过程的早期预测交易失败的可能性，从而让经纪人采取预防或纠正措施。

2.1.3　风险管理和欺诈检测

风险管理和欺诈检测是金融服务公司（包括投资银行和商业银行）中台业务的一部分，由于其巨大的金融和监管影响，它们是金融服务中采用机器学习的主要领域之一。

机器学习有多种欺诈检测和风险管理用例，例如：

- 反洗钱。
- 交易监督。
- 信用卡交易欺诈检测。
- 保险索赔欺诈检测。

让我们来看看其中的几个。

1．反洗钱

反洗钱（anti-money laundering，AML）是为防止犯罪分子通过复杂的金融交易将非法获得的资金合法化而制定的一套法律法规。根据这些法律和法规，金融机构必须帮助发现有助于非法洗钱的活动。

金融服务公司投入了大量的财务、技术和人力资源来打击反洗钱活动。传统上，金融服务公司一直在使用基于规则的系统来检测反洗钱活动。但是，基于规则的系统通常具有比较受限的视野，因为在基于规则的系统中包含大量要评估的特征，这是比较困难的。此外，随着欺诈手段的翻新变化，很难让规则也跟上新的变化；基于规则的解决方案只能检测过去发生的众所周知的欺诈行为。

基于机器学习的解决方案已用于反洗钱的多个领域，例如：

- 网络链接分析，揭示不同实体和司法管辖区之间复杂的社会和商业关系。
- 聚类分析能发现相似和不同的实体，从而发现犯罪活动模式的趋势。
- 通过基于深度学习的预测分析来识别犯罪活动。
- NLP 从非结构化数据源中为大量实体收集尽可能多的信息。

图 2.6 显示了反洗钱检测流程，包括反洗钱分析的数据流、监管机构的报告要求以及内部风险管理和审计职能。

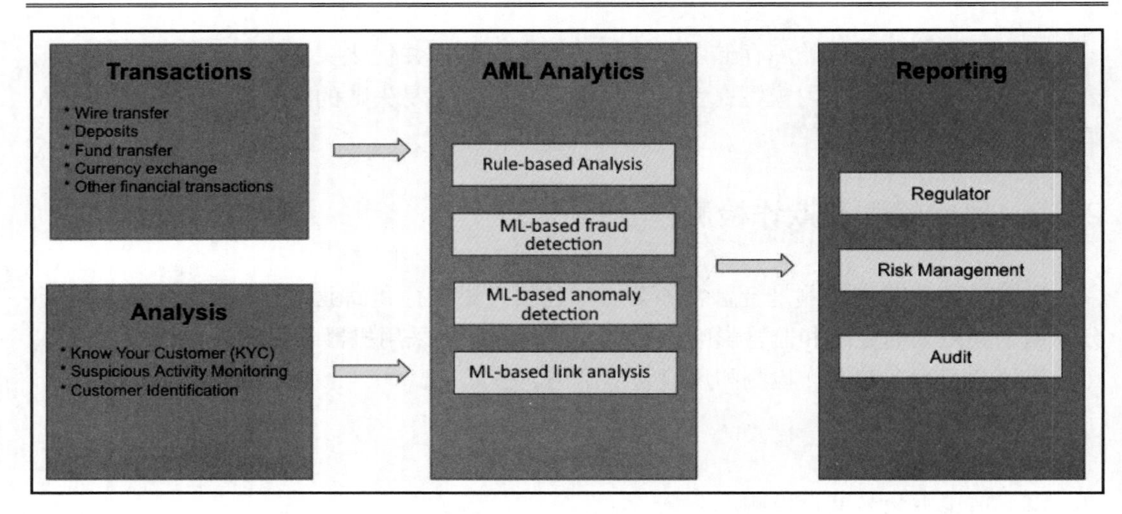

图 2.6　反洗钱检测流程

原　　文	译　　文
Transactions	交易
• Wire transfer • Deposits • Fund transfer • Currency exchange • Other financial transactions	• 电汇 • 存款 • 资金转账 • 货币兑换 • 其他金融交易
Analysis	分析
• Know Your Customer(KYC) • Suspicious Activity Monitoring • Customer identification	• 了解你的客户（KYC） • 可疑活动监控 • 客户识别
AML Analytics	反洗钱分析
Rule-based Analysis	基于规则的分析
ML-based fraud detection	基于机器学习的欺诈检测
ML-based anomaly detection	基于机器学习的异常检测
ML-based link analysis	基于机器学习的链接分析
Reporting	报告
Regulator	监管机构
Risk Management	风险管理
Audit	审计

反洗钱平台需要从许多不同来源获取数据，包括交易数据和内部分析数据，如了解你的客户（know your customer，KYC）和可疑活动（suspicious activity）数据。这些数据被处理并输入到不同的规则和基于机器学习的分析引擎中，以监控欺诈活动。调查结果可以发送给内部风险管理和审计部门以及监管机构。

2. 交易监督

金融公司的交易员是代表客户买卖证券和其他金融工具（financial instrument）的中介。他们执行订单并向客户提供进场和退场建议。交易监督（trade surveillance）是识别和调查交易员或金融组织潜在的市场滥用行为的过程。

市场滥用的例子包括市场操纵，如传播虚假和误导性信息、通过大量虚假交易操纵交易量，以及通过披露非公开信息进行内幕交易。

金融机构必须遵守市场滥用监管法规，如市场滥用法规（Market Abuse Regulation，MAR）、金融工具市场指令 II（Markets in Financial Instruments Directive II，MiFID II），以及内部合规性，以保护自己，防止损害自己的声誉和财务业绩。

强制实施交易监督的挑战包括缺乏积极主动的滥用检测方法，例如，很大的噪声/信号比导致许多误报，这增加了案件处理和调查的成本。一种典型的滥用检测方法是使用不同的固定决策阈值构建复杂的基于规则的系统。

有多种方法可以将交易监督问题定义为机器学习问题，具体包括：

- 将活动的滥用检测视为一个分类问题，以取代基于规则的系统。
- 将非结构化数据源（如电子邮件和聊天记录）中的实体（如限制性股票）等数据提取信息构建为 NLP 实体提取问题。
- 将实体关系分析（例如，市场滥用中的交易员/交易员合作）转变为基于机器学习的网络分析问题。
- 将滥用行为视为异常并使用无监督机器学习技术进行异常检测。

许多不同的数据集可用于构建用于交易监督的机器学习模型，如损益（profit and loss）信息、头寸（position）、订单簿（order book）详细信息、电子通信、交易者及其交易之间的联系信息、市场数据、交易历史、交易对手方详细信息、交易价格、订单类型和交易所等。

图 2.7 显示了金融服务公司内交易监督管理的典型数据流和业务工作流程。

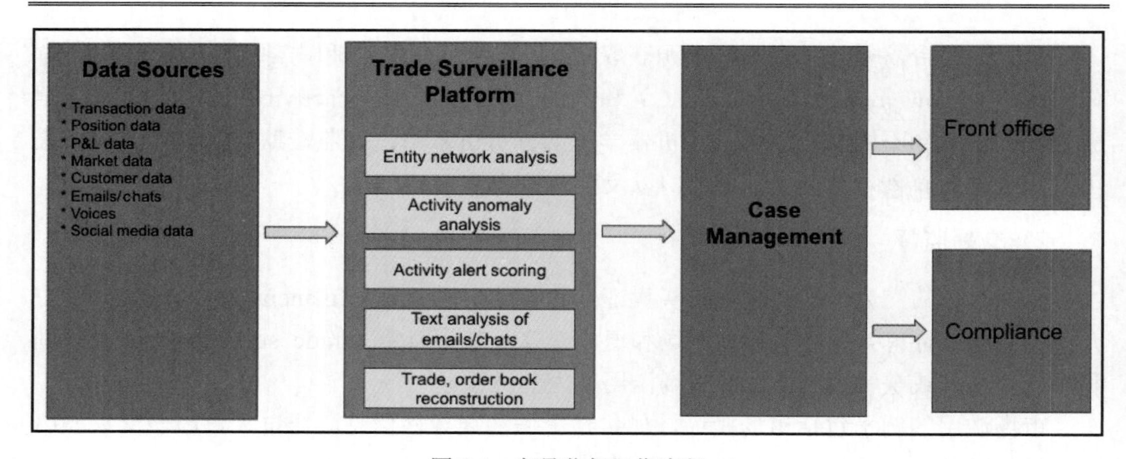

图 2.7　交易监督工作流程

原　　文	译　　文
Data Sources	数据源
• Transaction data • Position data • P&L data • Market data • Customer data • Emails/chats • Voices • Social media data	• 交易数据 • 头寸数据 • 损益数据 • 市场数据 • 客户资料 • 电子邮件/聊天记录 • 声音 • 社交媒体数据
Trade Surveillance Platform	交易监督平台
Entity network analysis	实体网络分析
Activity anomaly analysis	活动异常分析
Activity alert scoring	活动警报评分
Text analysis of emails/chats	电子邮件/聊天记录的文本分析
Trade, order book reconstruction	交易、订单簿重建
Case Management	案例管理
Front Office	前台
Compliance	合规性

交易监督系统可监控许多不同的数据源，并将其调查结果反馈给前台和合规性部门，以供进一步调查和执法。

3. 信用风险

当银行向企业和个人发放贷款时，存在借款人可能无法支付所需款项的潜在风险。其结果就是，银行在抵押贷款和信用卡贷款等金融活动中遭受本金和利息的财务损失。为了最大限度地降低这种违约风险，银行会通过信用风险建模来评估贷款风险，它主要关注两个方面：

- 借款人拖欠贷款的概率。
- 对贷方财务状况的影响。

传统的基于人工的贷款申请审查速度慢且容易出错，导致贷款处理成本高，并且由于贷款审批处理不正确和缓慢而失去机会。

图 2.8 显示了信用风险评估的典型业务工作流程及其流程中的各个决策点。

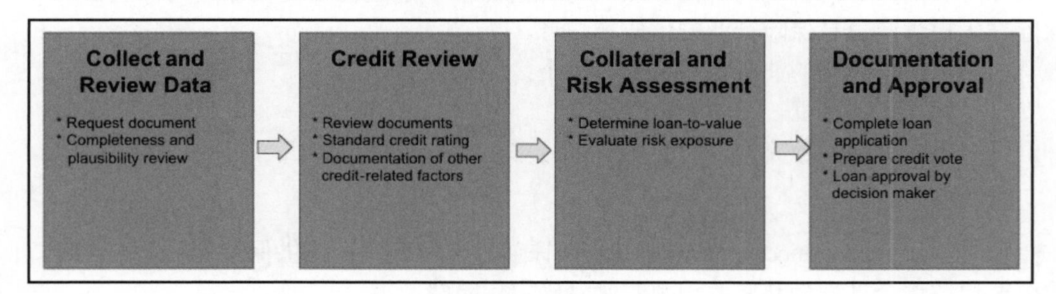

图 2.8　信用风险审批流程

原　　文	译　　文
Collect and Review Data	收集和审查数据
• Request document • Completeness and plausibility review	• 索取文件 • 完整性和合理性审查
Credit Review	信用审查
• Review documents • Standard credit rating • Documentation of other credit-related factors	• 审查文件 • 标准信用等级 • 其他信用相关因素的文件
Collateral and Risk Assessment	抵押品和风险评估
• Determine loan-to-value • Evaluate risk exposure	• 确定贷款价值比 • 评估风险敞口
Documentation and Approval	文件和批准
• Complete loan application • Prepare credit vote • Loan approval by decision maker	• 完成贷款申请 • 准备信用投票 • 决策者批准贷款

为了降低与贷款相关的信用风险，许多银行已广泛采用机器学习技术来更准确、更快速地预测贷款违约和相关风险评分。

信用风险管理建模过程需要从借款人那里收集财务信息，如收入、现金流、债务、资产和抵押品、信贷的使用情况，以及贷款类型和贷款支付行为等其他信息。

由于此过程涉及从非结构化数据源（财务报表）中提取大量信息后进行分析，因此基于机器学习的解决方案，如光学字符识别（optical character recognition，OCR）和 NLP 信息提取与理解已被广泛应用于自动化情报文档处理。

4．保险

基于不同保险公司提供的保险产品类型，保险业可以由多个子行业组成，如意外和健康保险、财产和意外伤害保险以及人寿保险。除了通过保单提供保险的保险公司外，保险技术提供商也是保险行业的主要参与者。

大多数保险公司的业务流程主要有两个：

- 保险承保流程。
- 保险理赔管理流程。

5．保险承保

保险承保（insurance underwriting）是评估为人员和资产提供保险的风险的过程。保险公司通过这个过程为其愿意承担的风险确定保险费。

保险公司通常使用保险软件和精算数据来评估风险的大小。承保流程因保险产品而异。例如，财产保险的步骤通常如下：

（1）客户直接通过代理人或保险公司投保。

（2）保险公司的承保人首先根据投保人的损失和保险历史、精算因素等不同因素对投保申请进行评估，以确定保险公司是否应承担风险，以及风险的价格和保费应该是多少。然后，他们对保单进行额外调整，如承保金额和免赔额。

（3）如果投保申请被接受，则签发保险单。

在承保过程中，承保人需要收集和审查大量数据，根据数据和承保人的个人经验估计索赔风险，并提出合理的保费。

人工承保人只能审查数据子集，并可能将个人偏见引入决策过程。反过来，机器学习模型能够对更多数据采取行动，从而对风险因素（如索赔概率和索赔结果）做出更准确的数据驱动决策，并且它做出决策的速度将比人类承保人的速度快得多。

为了得出保单的保费，承保人会花费大量时间评估不同的风险因素。机器学习模型可以通过使用大量历史数据和风险因素来帮助生成建议的保费。

6. 保险理赔管理

保险理赔管理（insurance claim management）是保险公司对被保险人的理赔情况进行评估，并根据保险单中的约定对被保险人造成的损害和损失进行赔偿的过程。不同险种的理赔流程不同。财产保险索赔的步骤通常如下：

（1）被保险人提出索赔并提供索赔证据，如损坏的照片和由警察出具的报告。

（2）保险公司指派理算员（adjuster）对损失进行评估。

（3）理算员确定损失，进行欺诈评估，并将索赔发送给付款批准者。

保险理赔管理过程中面临的一些主要挑战如下：

- 损坏/丢失物品盘点流程和数据输入需要耗时的人工操作。
- 需要快速进行索赔损失评估和调整。
- 保险欺诈。

保险公司在保险理赔过程中会收集大量数据，如财产详细信息、物品损坏数据和照片、保险单、理赔历史和历史欺诈数据。

图 2.9 显示了保险理赔管理工作流程。

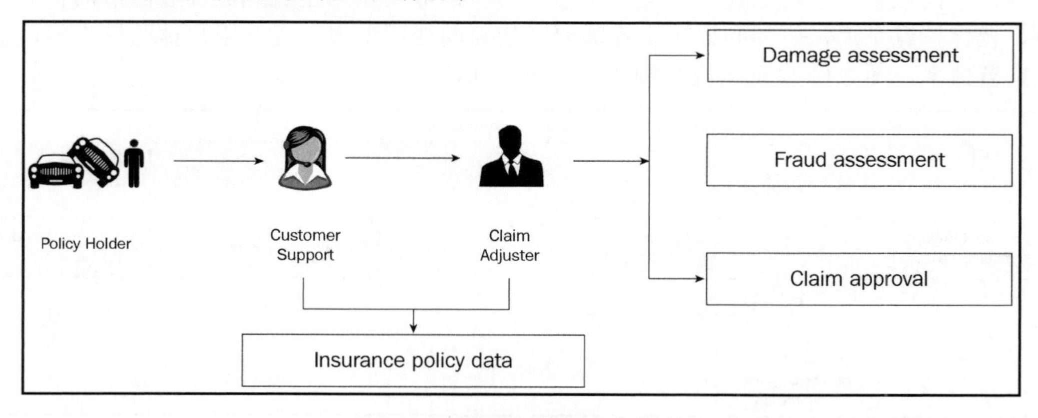

图 2.9　保险理赔管理工作流程

原　文	译　文
Policy Holder	保单持有人
Customer Support	客户支持
Claim Adjuster	理赔员
Insurance policy data	保险单数据
Damage assessment	损害评估
Fraud assessment	欺诈评估
Claim approval	索赔批准

机器学习可以将手动过程自动化，例如，从文档中提取数据和从图片中识别被保险对象，以减少数据收集中的手动工作量。

在损害评估中，机器学习可以帮助评估不同的损害以及维修和更换的估计成本，以加快索赔的处理流程。

在打击保险欺诈的斗争中，机器学习可以帮助检测保险索赔中的异常情况并预测潜在的欺诈行为，以进行进一步调查。

2.2　媒体和娱乐领域的机器学习用例

媒体和娱乐（media and entertainment，M&E）行业包括从事电影、电视、流媒体内容、音乐、游戏和出版的制作和发行的企业。当前的M&E格局是由越来越多地采用流媒体和在线直播内容交付（与传统广播相比）形成的。

面对不断增加的内容选择，媒体和娱乐客户正在改变他们的消费习惯，并要求随时随地在不同设备上获得更加个性化的增强体验。媒体和娱乐企业也面临着激烈的行业竞争，要保持竞争力，媒体和娱乐企业需要寻找新的变现渠道，提升用户体验满意度，提高运营效率。图2.10显示了媒体制作和分发工作流程的主要步骤。

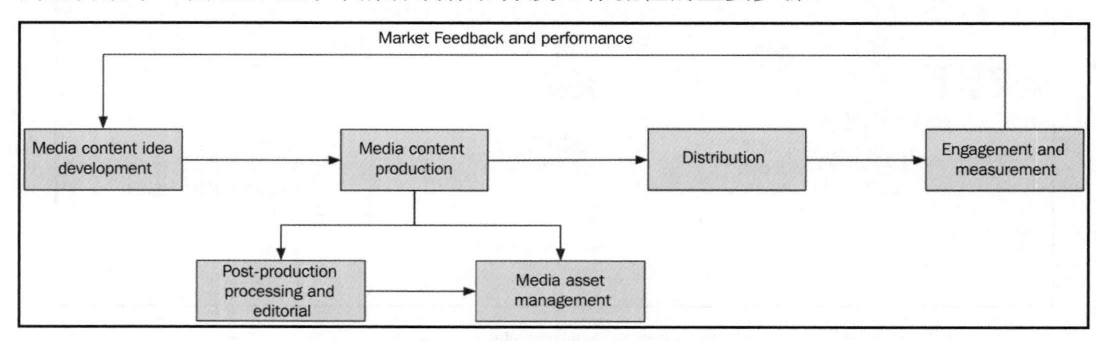

图2.10　媒体制作和分发工作流程

原　　文	译　　文
Market Feedback and performance	市场反馈和绩效
Media content idea development	媒体内容创意开发
Media content production	媒体内容制作
Distribution	分发
Engagement and measurement	参与和衡量
Post-production processing and editorial	后期制作处理和编辑
Media asset management	媒体资产管理

在过去的几年里，我们看到媒体和娱乐公司越来越多地在媒体生命周期的不同阶段（如内容生成和内容分发）采用机器学习，以提高效率和刺激业务增长。

例如，机器学习已被用于实现更好的内容管理和搜索、新内容开发、变现方式优化以及合规性和质量控制。

2.2.1　内容开发和制作

在电影制作生命周期的早期规划阶段，内容制作者需要根据预估的表现、收入和盈利能力等因素对接下来的内容做出决策。电影制作人可以采用基于机器学习的预测分析模型，通过分析演员、剧本、不同电影的过去表现和目标观众等因素，帮助预测新创意的受欢迎程度和盈利能力。这使制作者可以快速消除市场潜力较小的创意，从而将精力集中在开发更有前景和盈利的创意上。

为了支持个性化的内容观看需求，内容制作者通常将长视频内容分割成围绕某些事件、场景或演员的更小的微片段，以便它们可以单独分发或重新包装成更符合个人喜好的个性化内容。这种基于机器学习的方法可用于通过为具有不同品味和偏好的不同目标受众检测场景、演员和事件等元素来创建视频剪辑。

2.2.2　内容管理和发现

拥有大量数字内容资产的媒体和娱乐公司需要对其内容进行管理，以便为新的变现机会创造新的内容。为此，这些公司需要丰富的数字资产元数据，以便搜索和发现不同的内容。消费者还需要针对不同用途轻松准确地搜索内容，如个人娱乐或研究。如果用户没有元数据标记或理解内容的能力，则要发现相关内容是非常具有挑战性的。

作为数字资产管理工作流程的一部分，许多公司都愿意雇用人员来审查并使用有意义的元数据标记这些内容，以便发现更有市场前景的创意。但是，由于手动标记非常昂贵且耗时，因此大多数内容都没有使用足够的元数据进行标记，以支持有效的内容管理和发现。

计算机视觉模型可以自动标记图像和视频内容的对象、流派、人物、地点或主题等项目。机器学习模型还可以解释文本内容的含义，如主题、情绪、实体，有时甚至还可以解释视频。音频内容还需要转录为文本以进行额外的文本分析，如摘要。

基于机器学习的文本摘要可以帮助你将长文本摘要为内容元数据生成的一部分。图 2.11 显示了适合媒体资产管理流程的基于机器学习的分析解决方案。

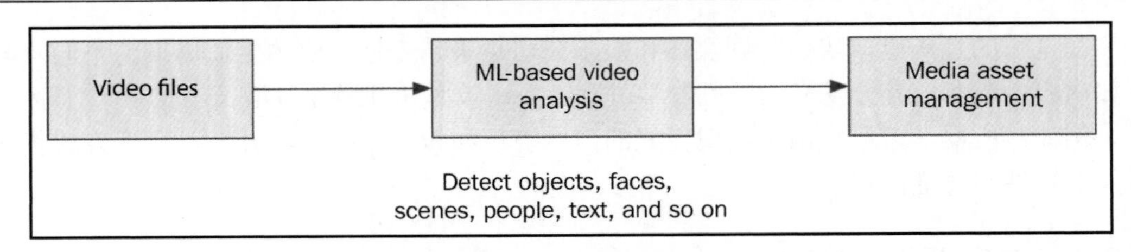

图 2.11　基于机器学习的媒体分析工作流程

原　　文	译　　文
Video files	视频文件
ML-based video analysis	基于机器学习的视频分析
Media asset management	媒体资产管理
Detect objects, faces, scenes, people, text, and so on	检测对象、脸部、场景、人员、文本等

媒体和娱乐公司越来越多地采用基于机器学习的内容处理来简化媒体资产管理工作流程，并带来了有意义的成本节约和增强的内容发现。

2.2.3　内容分发和客户参与

如今，电影和音乐等媒体内容被越来越多地通过数字视频点播（video on demand，VOD）和不同设备上的直播流媒体进行分发，绕过了 DVD 和广播等传统媒体。

在选择媒体提供商时，今天的消费者有很多选择。客户获取和保留也是许多媒体提供商面临的挑战。媒体和娱乐公司越来越关注客户需求和偏好，以改善用户体验并提高保留率。他们已转向高度个性化的产品功能和内容，以保持用户参与并留在其平台上。

一种高效的个性化参与方法是内容推荐引擎，这已成为让消费者欣赏作品并保持参与的主要方法。内容交付平台提供商使用观看和参与行为数据以及其他个人资料数据来训练高度个性化的推荐机器学习模型。他们使用这些推荐模型来定位目标个体，而推荐的依据则是个人喜好和观看模式，以及各种媒体内容的组合，包括视频、音乐和游戏。

图 2.12 显示了推荐机器学习模型的训练流程。

推荐技术已经存在了很多年，并且这些年来有了很大的改进。今天的推荐引擎可以使用多个数据输入来学习模式，如用户、内容和观看行为的历史交互、交互的不同顺序模式以及与用户和内容相关联的元数据。现代推荐引擎还可以从用户的实时行为/决策中学习，并根据实时用户行为做出动态推荐决策。

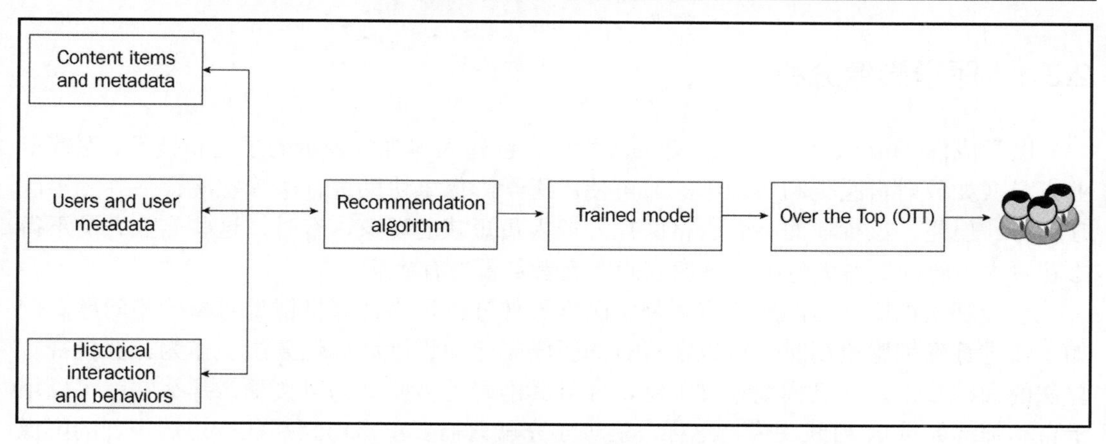

图 2.12　推荐机器学习模型训练流程

原　文	译　文
Content items and metadata	内容项目和元数据
Users and user metadata	用户和用户元数据
Historical interaction and behaviors	历史交互和行为
Recommendation algorithm	推荐算法
Trained model	经过训练的模型
Over the Top(OTT)	在线直播（OTT）

2.3　医疗保健和生命科学领域的机器学习用例

医疗保健和生命科学是最大和最复杂的行业之一。在该行业中有若干个部门，包括：

- 药物：指药物制造商，如生物技术公司、制药公司和基因药物制造商等。
- 医疗设备：这些公司既生产标准产品，也生产高科技设备。
- 托管医疗保健：指提供健康保险政策的公司。
- 卫生设施：指医院、诊所和实验室等。
- 政府机构：如疾病控制和预防中心（Center for Disease Control and Prevention，CDC）和食品和药物管理局（Food and Drug Administration，FDA）等。

该行业已将机器学习用于广泛的用例，如医学诊断和成像、药物发现、医学数据分析和管理以及疾病预测和治疗等。

2.3.1　医学影像分析

医学成像（medical imaging）是为医学分析创建人体视觉表示的过程和技术。医疗专业人员（如放射科医生和病理学家）可使用医学影像来协助进行医疗状况评估并开出医疗处方。但是，该行业面临着合格医疗专业人员短缺的现象，有时，这些专业人员不得不花费大量时间查看大量医学图像以确定患者是否患有疾病。

一种基于机器学习的解决方案是将医学影像分析视为计算机视觉对象检测问题。例如，在进行癌细胞检测时，可以在现有的医学影像中识别和标记癌组织作为计算机视觉算法的训练数据。一旦模型经过训练，并且其准确性被验证为可接受，那么它就可以用于自动筛选大量 X 射线图像，这样，病理学家就只需要重点审查那些有患病嫌疑的影像即可。现在机器学习模型对医学影像的诊断能力甚至可能已经超过一些经验丰富的医学专家。

图 2.13 显示了使用已标记的图像数据训练计算机视觉模型的过程。

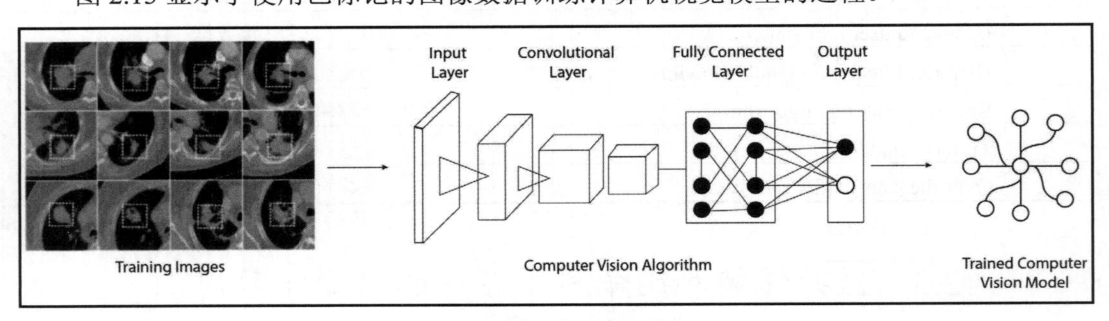

图 2.13　使用计算机视觉进行癌症检测

原　　文	译　　文
Training Images	训练图像
Input Layer	输入层
Convolutional Layer	卷积层
Fully Connected Layer	全连接层
Output Layer	输出层
Computer Vision Algorithm	计算机视觉算法
Trained Computer Vision Model	经过训练的计算机视觉模型

为了实现更准确的预测，可以将图像数据与非图像数据（如临床诊断数据）结合起来，训练一个联合模型进行预测。

2.3.2　药物发现

药物发现和开发是一个漫长、复杂且成本高昂的过程。它由以下关键阶段组成：

- 发现和开发：该阶段的目标是通过基础研究找到针对特定蛋白质或基因的先导化合物作为候选药物。
- 临床前研究：该阶段的目标是确定药物的功效和安全性。
- 临床开发：包括临床试验和志愿者研究以微调药物。
- 食品和药物管理局的审查：对药物进行整体审查以批准或拒绝它。
- 上市后监控：确保药品安全。

在药物发现阶段，主要目标是开发一种分子化合物，该化合物可以对蛋白质靶标产生积极的生物学效应，以治疗疾病，而不会产生毒性问题等负面影响。机器学习可以帮助的一个领域是化合物设计过程，我们可以将分子化合物建模为序列向量，并利用自然语言处理的进步来了解这些模式。可以使用具有多种分子结构的现有分子化合物来做到这一点。

模型经过训练后，可被用于为发现目标生成新的化合物建议，这样就不必让人类手动创建这些分子，大大节省了设计时间。建议的化合物可以与目标蛋白进行测试和验证以进行相互作用。

图 2.14 显示了将分子化合物转换为简化分子线性输入规范（Simplified Molecular Input Line Entry System，SMILES）表示并训练生成新化合物序列模型的流程。

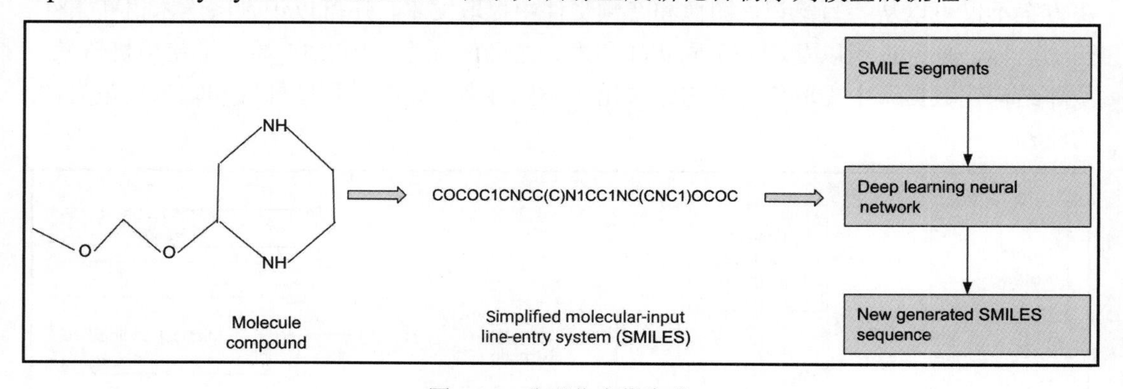

图 2.14　分子化合物生成

原　　文	译　　文
Molecule compound	分子化合物
Simplified molecular-input line-entry system(SMILES)	简化分子线性输入规范（SMILES）

续表

原　　文	译　　文
SMILE segments	SMILES 片段
Deep learning neural network	深度学习神经网络
New generated SMILES sequence	新生成的 SMILES 序列

除了分子化合物设计，基于机器学习的方法也被用于药物发现生命周期的其他阶段，如确定临床试验队列。

2.3.3　医疗数据管理

医疗保健行业每天都会收集和生成大量的患者医疗保健数据。它有多种格式，如保险索赔数据、医生的手写笔记、记录的医疗对话以及 X 射线图像等。医疗公司需要从这些数据源中提取有用的信息，以开发有关患者的全面视图或支持医疗计费流程的应用程序。

一般来说，这些将由具有健康领域专业知识的人进行大量手动处理，用于组织这些数据并从这些数据源中提取信息。该过程既昂贵又容易出错。因此，大量的患者医疗保健数据仅保持原始形式，没有得到综合利用。

近年来，基于深度学习的解决方案已被用于帮助管理健康数据，尤其是从非结构化数据（如医生的笔记、记录的医疗对话和医疗图像）中提取医疗信息。这些深度学习解决方案不仅可以从手写笔记、图像和音频文件中提取文本，还可以识别医学术语和条件、药物名称、处方说明以及这些不同实体和术语之间的关系。图 2.15 显示了使用机器学习从非结构化数据源中提取信息并将结果用于不同任务（如医学程序开发和临床决策支持）的流程。

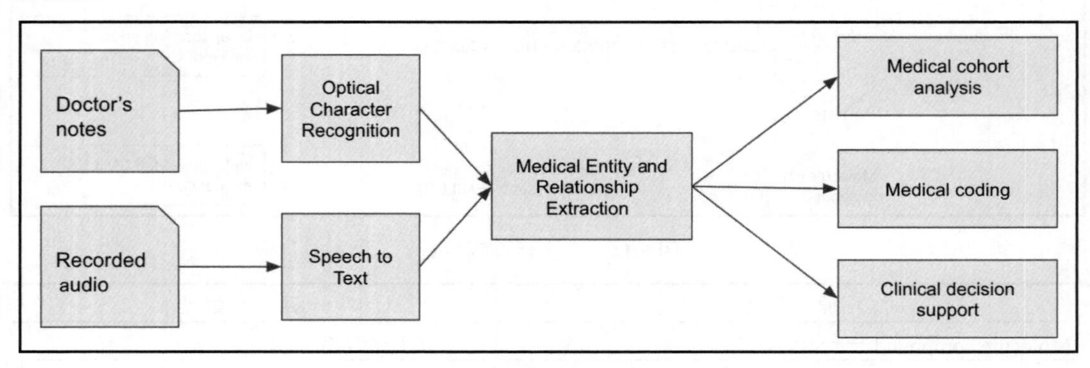

图 2.15　医疗数据管理

原　　文	译　　文
Doctor's notes	医生的笔记
Optical Character Recognition	光学字符识别
Recorded audio	录制的音频
Speech to Text	语音转文本
Medical Entity and Relationship Extraction	医疗实体和关系提取
Medical cohort analysis	医学队列分析
Medical coding	医疗程序开发
Clinical decision support	临床决策支持

几乎80%的医疗保健数据都是非结构化数据，因此，机器学习的进步正在帮助发掘隐藏在文本和图像中的有用见解。

2.4　制造业中的机器学习用例

制造业是生产有形成品的工业部门，它包括消费品、电子产品、工业设备、汽车、家具、建筑材料、体育用品、服装和玩具等许多子行业。典型的产品制造生命周期中有多个阶段，包括产品设计、原型制作、制造和组装以及制造后的服务和支持等。图 2.16 显示了制造业中典型的业务功能和流程。

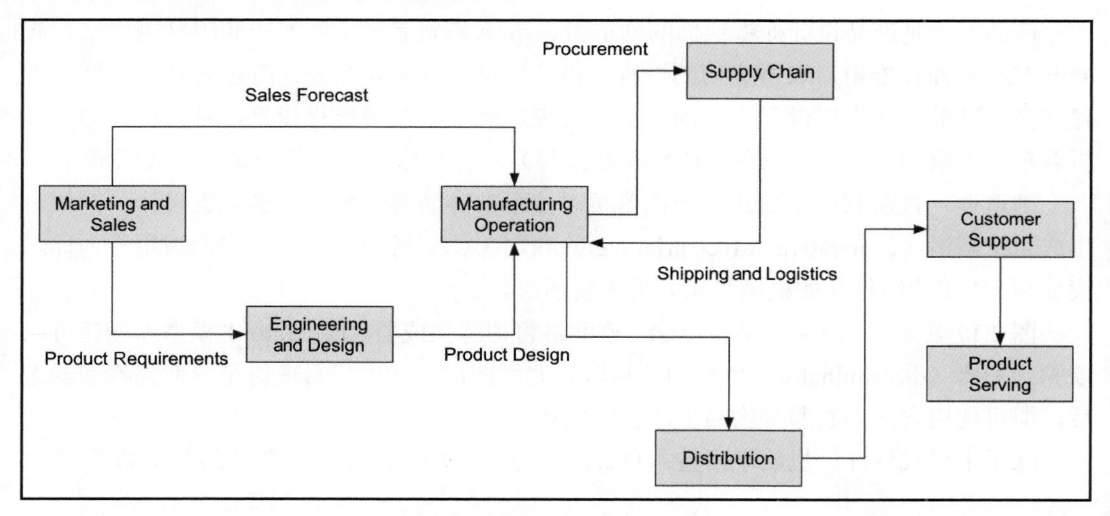

图 2.16　制造业中的业务流程

原　　文	译　　文
Marketing and Sales	市场营销和销售
Sales Forecast	销售预测
Manufacturing Operation	制造运营
Product Requirements	产品需求
Engineering and Design	工程与设计
Product Design	产品设计
Procurement	采购
Supply Chain	供应链
Shipping and Logistics	航运和物流
Distribution	经销
Customer Support	客户支持
Product Serving	产品服务

人工智能和机器学习在制造过程中发挥了重要作用。例如，通过销售预测设计出更具市场前景的产品；通过预测性机器维护、质量控制和机器人自动化，提高制造质量和产量；通过流程和供应链优化以提高整体运营效率。

2.4.1　工程和产品设计

产品设计是产品设计师将他们的创造力、市场/消费者的实际需求和限制因素结合起来开发产品并在推出后取得成功的过程。设计人员通常需要在设计阶段为新产品概念创建许多不同的变体，以满足不同的需求和约束。例如，在服装行业里，时装设计师会分析客户的需求和偏好（如颜色、质地和款式等），开发这些设计并为服装生成图形。

制造业一直在利用生成式设计机器学习技术来协助进行新产品的概念设计。例如，生成对抗网络（Generative Adversarial Network，GAN）等机器学习技术已被用于为标志设计和 3D 工业组件（如机械齿轮）生成新图形。

图 2.17 显示了 GAN 的基本概念。该网络将训练生成器（generator）模型以创建可以欺骗判别器（discriminator，也称为鉴别器）的假图像。在生成器变得足以欺骗判别器之后，即可使用它来为衣服等物品生成新的图像。

除了生成式设计，机器学习技术也被用于分析市场需求和估计新产品的市场潜力。

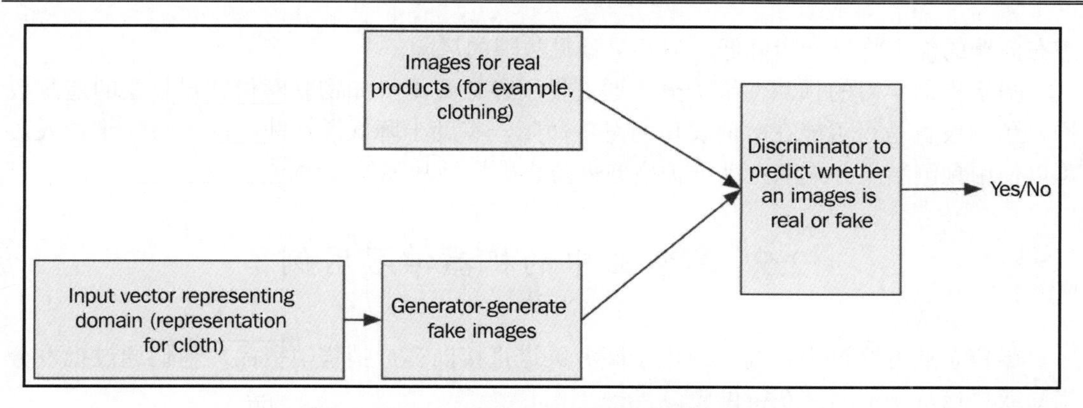

图 2.17　GAN 用于生成逼真的假图像的概念

原　文	译　文
Input vector representing domain (representation for cloth)	表示域的输入向量（表示布料）
Generator-generate fake images	生成器 - 生成假图像
Images for real products (for example, clothing)	真实产品的图片（如服装）
Discriminator to predict whether an images is real or fake	判别器预测图像是真的还是假的
Yes/No	是/否

2.4.2　制造运营——产品质量和产量

质量控制是制造过程中的一个重要步骤，它将确保产品在出厂前的质量。许多制造商依靠人工检查制造的产品，这非常耗时且成本高昂。例如，工厂工人会目视检查产品是否有表面划痕、缺失部件、颜色差异和变形。

基于计算机视觉的技术已被用于自动化生产线质量控制过程的许多方面。例如，可以先使用已标记的图像数据来训练计算机对象检测模型，以帮助从捕获的图像中识别要检查的对象，然后可以使用标记有好的部分和坏部分的图像来训练基于计算机视觉的缺陷模型，以帮助检查检测到的对象并将其分类为有缺陷或无缺陷。

2.4.3　制造运营——机器维护

工业制造设备和机械需要定期维护以确保平稳运行。由于设备故障导致的任何计划外停机不仅会导致高昂的维修或更换成本，而且还会扰乱生产计划，影响向下游厂商或客户的交付计划。虽然遵循定期维护计划可以在一定程度上缓解这个问题，但提前预测潜在问题的能力将进一步降低任何不可预见故障的风险。

基于机器学习的预测性维护分析通过使用各种数据（如物联网传感器收集的遥测数据）预测设备是否可能在时间窗口内发生故障，有助于降低潜在故障的风险。维护人员可以使用预测结果并采取主动维护措施来防止破坏性故障的发生。

2.5　零售业中的机器学习用例

零售企业可通过零售商店或电子商务渠道直接向客户销售消费品。他们通过批发分销商或直接从制造商处获得供应。

该行业一直在经历一些重大转变。虽然电子商务的增长速度远快于传统零售业务，但传统实体店也在改变店内购物体验以保持竞争力。

零售商正在寻找新的方法来改善在线和实体渠道的整体购物体验。社交商务、增强现实（augmented reality，AR）、虚拟助理购物、智能商店和 1：1 个性化等新趋势正在成为零售企业之间的一些关键差异化因素。

从库存优化和需求预测到个性化产品推荐、虚拟现实（virtual reality，VR）购物和无收银员商店购物等高度个性化和沉浸式购物体验，使得人工智能和机器学习成为零售行业转型的关键驱动力。此外，人工智能和机器学习也在帮助零售商打击欺诈和入店行窃等犯罪活动。

2.5.1　产品搜索和发现

当消费者在线购物并需要搜索特定产品时，他们往往依靠搜索引擎在各种电子商务网站上找到该产品。当你知道要搜索的产品的名称或某些特性时，就大大简化了购物体验。但是，有时你只有产品图片，而不知道要搜索哪些正确的术语。

深度学习驱动的视觉搜索（图片搜索）是一种新技术，可以帮助你从商品图片中快速识别并返回外观相似的产品。

视觉搜索技术可以创建商品（产品）图片的数字表示——也称为编码/嵌入（Encoding/Embedding），并将它们存储在高性能的产品索引中。当购物者需要使用图片查找外观相似的商品时，该技术会将新图片编码为数字表示，并使用基于距离的有效比较针对产品索引搜索其数字表示。返回最接近目标商品的产品。

图 2.18 显示了用于构建基于机器学习的图像搜索功能的架构。

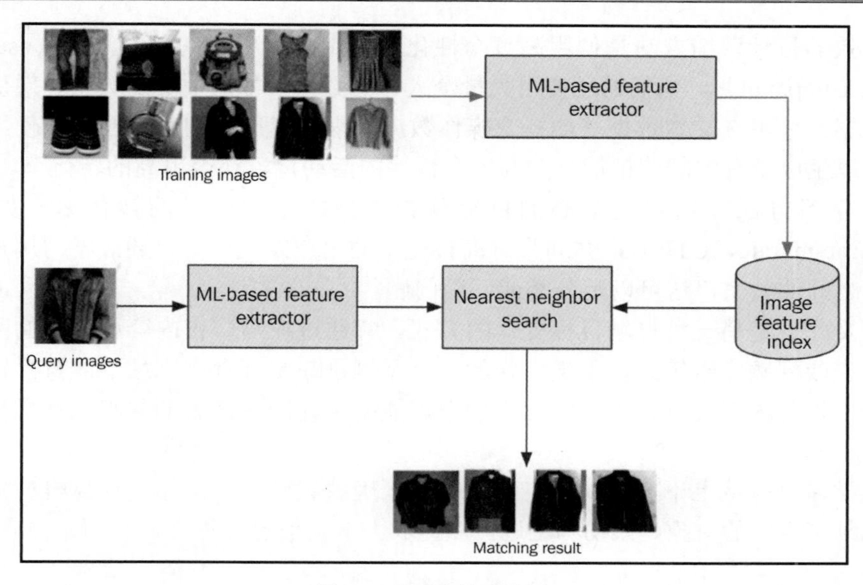

图 2.18　图像搜索架构

原　文	译　文
Training images	训练图像
ML-based feature extractor	基于机器学习的特征提取器
Image feature index	图像特征索引
Nearest neighbor search	最近邻搜索
Matching result	匹配的结果
Query images	查询图像

许多大型电子商务网站都已采用基于视觉搜索的推荐系统来增强购物体验。

2.5.2　目标市场营销

零售商通常会使用不同的营销活动和广告技术，例如，直接营销电子邮件或数字广告，根据购物者的细分市场针对潜在购物者提供奖励或折扣。这些活动的有效性在很大程度上取决于正确的客户定位以实现高转化率，同时降低活动的成本并减少广告对最终用户的干扰。

细分（segmentation）是了解不同客户并细分以帮助提高营销活动有效性的一种传统方式。使用机器学习进行细分则有不同的方法，如基于基本人口统计等数据的无监督客户聚类。这使你可以将客户分组为多个细分市场，并为每个细分市场创建独特的营销活动。

更有效的目标营销方法是使用高度个性化的以用户为中心的营销活动（user-centric marketing campaign）。他们通过使用大量个人行为数据（如历史交易数据、对历史活动的响应数据）和可选文本数据（如社交媒体数据）来创建准确的个人档案。使用这些个人资料可以生成带有定制营销信息的高度个性化的活动，以获得更高的转化率。

机器学习方法以用户为中心的目标营销可预测不同用户的转化率，如点击率（click-through rate，CTR），并向具有高转化率的用户发送广告。通过学习用户特征和转换概率之间的关系，这可以是分类或回归问题。

上下文广告是另一种接触目标受众的方式，它通过在与广告内容相匹配的网页上投放展示广告或视频广告等。上下文广告的一个示例是在烹饪食谱网站上放置烹饪产品广告。由于广告与内容高度相关，因此它们很可能会引起网站读者的共鸣，并导致更高的点击率。

机器学习可以从上下文中检测广告，以便正确放置广告。例如，计算机视觉模型可以检测视频广告中的对象、人物和主题，以提取上下文信息并将它们与网站内容相匹配。

2.5.3　情绪分析

零售企业通常需要从消费者的角度了解他们对品牌的看法。对零售商的正面和负面情绪可能会极大地改善或损害零售业务。随着越来越多的在线平台变得可用，消费者比以往任何时候都更容易从他们的现实生活中表达他们对产品或业务的感受。零售企业正在采用不同的技术来评估客户对其产品和品牌的感受和情绪，其方法是分析从购物者那里获得的反馈或监控和分析他们的社交媒体渠道。

有效的情绪分析可以帮助零售企业确定需要改进的领域，例如，运营和产品改进，以及收集潜在的恶意品牌声誉攻击相关的情报。

情绪分析主要是使用标记文本数据的文本分类问题（例如，产品评论被标记为正面或负面）。许多不同的机器学习分类器算法（包括基于深度学习的算法），可用于训练模型以检测一段文本中的情绪。

2.5.4　产品需求预测

零售企业需要进行库存规划和需求预测，以优化零售收入和管理库存成本。这有助于避免缺货情况，同时降低库存成本。传统上，零售商一直使用不同的需求预测技术，如买家调查、来自多个输入的集体意见、基于过去需求的预测或专家意见等。

统计和机器学习技术（如回归分析和基于深度学习的方法）可以生成更准确的数据

驱动需求预测。除了使用历史需求和销售数据来模拟未来预测，基于深度学习的算法还可以结合其他相关数据，如价格、假期、特殊事件和产品特性，以训练能够产生更准确预测的机器学习模型。

图 2.19 显示了使用多个数据源构建深度学习模型以生成预测模型的概念。

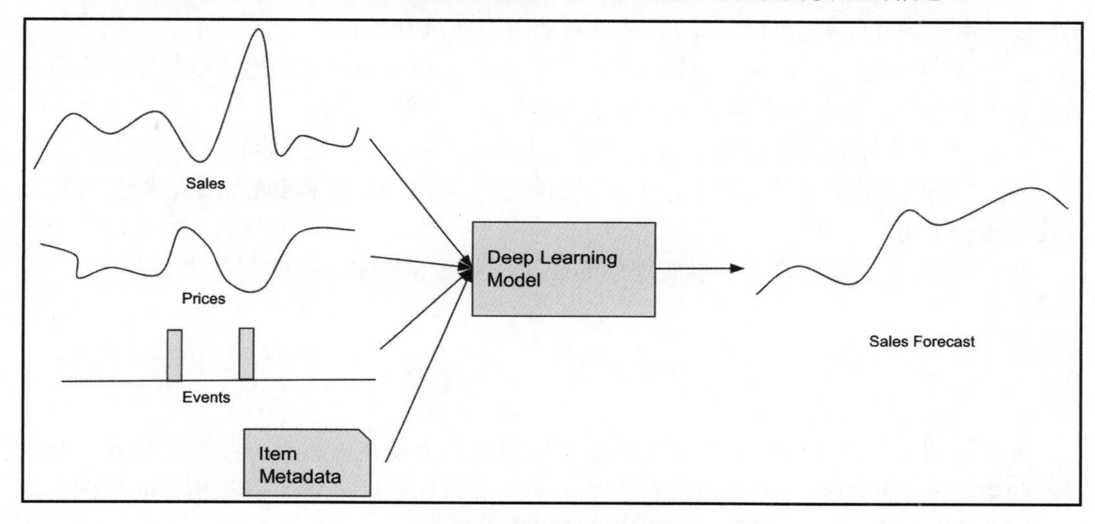

图 2.19　基于深度学习的预测模型

原　　文	译　　文
Sales	销售
Prices	价格
Events	事件
Item Metadata	商品元数据
Deep Learning Model	深度学习模型
Sales Forecast	销售预测

基于机器学习的预测模型可以生成概率预测的（多个）点预测（具有置信度分数的预测）。许多零售企业先使用机器学习来生成基线预测，然后专业预测人员则会根据专业知识和其他因素对其进行审查并做相应的调整。

2.6　机器学习用例识别练习

本练习需要你将从本章中学到的知识应用到你的业务线中。目标是思考如何通过机器学习解决业务问题。

（1）考虑你的业务线中的业务操作。创建操作的工作流程并识别任何已知问题，如工作流程中缺乏自动化、容易出现人为错误和处理周期长等。

（2）列出这些问题对业务的影响，包括收入损失、成本增加、客户和员工满意度低下，以及潜在的监管和合规性风险。尽量对业务影响进行量化。

（3）如果问题可以解决，请选择影响最显著的一两个问题，考虑通过机器学习方法（监督机器学习、无监督机器学习或强化机器学习）来解决问题。

（4）列出可能有助于构建机器学习解决方案的数据。

（5）为你的想法写一份提案，包括问题陈述、确定的机会和商业价值、数据可用性以及实施和采用的挑战。

（6）列出你需要与之合作以实现你的想法的业务和技术方面的利益相关者。

2.7 小　　结

本章介绍了跨多个行业的若干个机器学习用例。你现在应该对一些常见行业以及这些行业中的一些核心业务工作流程有了基本的了解。你已经理解了一些相关的用例、这些用例的业务影响以及解决这些问题的机器学习方法。

第 3 章将介绍机器如何学习以及一些最常用的机器学习算法。

第 2 篇

机器学习的科学、工具和基础设施平台

本篇将介绍数据科学实验的核心科学和技术以及数据科学家所使用的机器学习数据科学平台。

本篇包括以下章节：

- 第 3 章，机器学习算法。
- 第 4 章，机器学习的数据管理。
- 第 5 章，开源机器学习库。
- 第 6 章，Kubernetes 容器编排基础设施管理。

第 3 章　机器学习算法

机器学习算法设计通常不是机器学习解决方案架构从业者的主要关注点。但是，机器学习解决方案架构师仍然需要深入了解常见的现实世界机器学习算法以及这些算法是如何解决实际业务问题的。如果没有这种理解，那么你将发现很难为手头的问题确定正确的数据科学解决方案并设计适当的技术基础设施来运行这些算法。

本章将首先深入了解机器学习的工作原理，然后介绍一些用于不同机器学习任务的常见机器学习和深度学习算法，如分类（classification）、回归（regression）、对象检测（object detection）、推荐（recommendation）、预测（forecast）和自然语言生成（natural language generation）。本章将阐释这些算法背后的核心概念、它们的优缺点以及在现实世界中会应用到它们的地方。

本章包含以下主题：

- 机器学习的原理。
- 机器学习算法概述。
- 分类和回归问题的算法。
- 时间序列分析算法。
- 推荐算法。
- 计算机视觉问题的算法。
- 自然语言处理问题的算法。
- 动手练习。

3.1　技术要求

你需要一台个人计算机（Mac 或 Windows）来完成本章 3.9 节“动手练习”部分。

请从以下网址下载数据集。

https://www.kaggle.com/mathchi/churn-for-bank-customers

本章 3.9 节“动手练习”部分将提供其他说明。

3.2　机器学习的原理

在第 1 章“机器学习和机器学习解决方案架构”中，简要讨论了机器学习算法如何通过处理数据和更新模型参数以生成模型（类似于从计算机源代码编译的传统二进制文件）来改进自身。那么，算法实际上是如何学习的呢？

简而言之，机器学习算法通过优化（最小化或最大化）目标函数（objective function），也称为损失函数（loss function）来学习。你可以将目标函数视为业务指标，如产品的预计销售额与实际销售额之间的差异，优化此目标的初衷是减少实际销售额与预计销售额之间的差异数字。

为了优化这个目标，机器学习算法会迭代和处理大量的历史销售数据（训练数据），并调整其内部模型参数，直到它可以最小化预测值和实际值之间的差异。这个寻找最优模型参数的过程称为优化（optimization），执行优化的数学程序称为优化器（optimizer）。

为了说明优化的含义，让我们来看一个简单的示例。假设要训练一个机器学习模型，以使用产品的价格作为输入变量来预测产品的销量。在该示例中，可以使用线性函数作为机器学习算法，具体如下所示：

$$\text{Sales} = W * \text{price} + B$$

在该示例中，我们希望最小化实际销售额和预测的销售额之间的差异，因此可使用以下均方误差（mean square error，MSE）作为损失函数进行优化。具体的优化任务是找到产生最小 MSE 的 W 和 B 模型参数的最优值。在该示例中，W 和 B 也分别称为权重（weight）和偏差（bias）。权重值表示输入变量的相对重要性，偏差表示输出的平均值：

$$Error = \frac{1}{n}\sum_{i=1}^{n}\left(predicted_i - actual_i\right)^2$$

解决机器学习优化问题的技术有很多，但是，首选的优化技术之一是梯度下降（gradient descent）及其各种变体，它们通常用于优化神经网络和许多其他机器学习算法。梯度下降是迭代的，其工作原理是计算每个输入变量对总误差的贡献率（梯度），并在每一步相应地更新模型参数（本示例中的 W 和 B），以在多个步骤中逐渐减少误差。

梯度下降还通过使用称为学习率（learning rate，LR）的参数来控制在每一步对模型参数进行多少更改。学习率也称为机器学习算法的超参数（hyperparameter）。

图 3.1 显示了如何使用梯度下降优化 W 值。

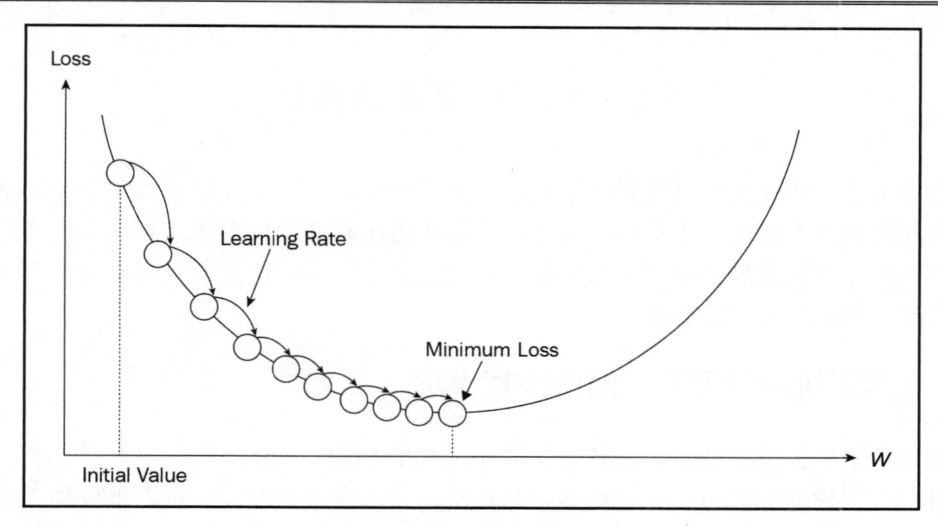

图 3.1　梯度下降

原　文	译　文	原　文	译　文
Loss	损失	Minimum Loss	最小损失
Initial Value	初始值	*W*	权重
Learning Rate	学习率		

梯度下降优化的主要步骤包括：

（1）最初为 *W* 分配一个随机值。

（2）用指定的 *W* 值计算误差（损失）。

（3）计算损失函数的误差梯度（变化率）。梯度的值可以是正、零或负。

（4）如果梯度为正或负，则更新 *W* 值的方向以在下一步中减少误差。在此示例中，我们将 *W* 向右移动以使其更大。

（5）重复步骤（2）～（4），直到梯度为 0，这表明 *W* 找到了最优值，因为损失最小。找到最优值也称为收敛（convergence）。

除了梯度下降，还有其他一些替代优化技术，如正规方程（normal equation），用于为线性回归等机器学习算法找到最佳参数。和梯度下降使用的迭代方法不同，正规方程使用了一步分析方法（one-step analytical approach）来计算线性回归模型的系数。其他算法也有针对模型训练优化的解决方案。

在了解了机器学习的基本原理之后，接下来，让我们具体看看各个机器学习算法。

3.3　机器学习算法概述

迄今为止，研究人员已经开发了大量的机器学习算法，并且学术界和工业界都在加速研究和发明更多算法。本章将介绍一些流行的传统和深度机器学习算法，以及这些算法如何应用于不同类型的机器学习问题，但在此之前，不妨让我们先来看一下为任务选择机器学习算法时的注意事项。

3.3.1　选择机器学习算法时的注意事项

在为不同任务选择机器学习算法时，有许多要考虑的因素：

- 训练数据的大小：一些机器学习算法，如深度学习算法，可以很好地工作并生成高度准确的模型，但它们需要大量的训练数据。传统的机器学习算法，如线性模型（linear model），可以在数据集较小时有效工作，但不能像深度学习神经网络算法（deep learning neural network algorithm）那样有效地利用大型数据集。传统的机器学习算法需要人类从训练数据中提取和设计有用的输入特征来训练模型。当训练数据变得很大时，提取和设计有用的特征以提高模型性能就变得更加困难。这是传统机器学习算法无法利用大型数据集的原因之一。相对地，深度学习算法则可以自动从训练数据中提取特征。
- 准确率和可解释性：一些机器学习算法，如深度学习算法，可以生成高度准确的模型，如计算机视觉（computer vision，CV）或自然语言处理（natural language processing，NLP）模型。但是，这些模型可能非常复杂且难以解释。相对地，一些更简单的算法，如线性回归（linear regression，LR），则可以很容易地进行解释，即使准确率可能没有深度学习模型那么高。
- 训练时间：不同的算法对同一数据集有不同的训练速度。简单模型（如线性模型）的训练速度更快，而深度学习模型的训练时间则更长。

  算法复杂度有若干个量化指标。时间复杂度（time complexity）描述了运行机器学习算法所需的计算时间/操作；空间复杂度（space complexity）是运行算法所需的计算内存量。大 O（Big O）是用于描述时间和空间复杂度的符号，它定义了算法的估计上限。例如，线性搜索的时间复杂度为 $O(N)$，二分搜索的时间复杂度可以用 $O(\log(N))$表示，其中 N 是目标列表中的数据样本数。
- 数据线性（data linearity）：对于输入数据和输出数据之间具有线性关系的数据，

线性模型可以很好地工作。但是，对于具有非线性关系的数据集（即输入变量和输出变量不成比例变化），则线性模型可能并不总是能够捕捉到更深层次的内在关系，通常需要深度学习神经网络等算法和决策树来处理复杂的数据集。

- 特征的数量：训练数据集可以包含大量特征，但并非所有特征都与模型训练相关。一些机器学习算法可以很好地处理不相关或嘈杂的特征，而另一些算法在训练期间具有许多不相关或嘈杂的特征时，则可能会在训练速度或模型性能方面受到负面影响。不同的算法有不同的方法通过一种称为正则化（regularization）的技术来减少噪声或无信息特征的影响。一些正则化技术通过在训练损失函数中添加额外的误差项来减少噪声数据的影响。另外一些方法，如 dropout，则会随机删除神经网络中的节点以实现正则化。

现在我们已经了解了机器学习算法的一些关键考虑因素。接下来，让我们看看本章将要深入了解的不同算法的类型。

3.3.2　机器学习算法类型

目前可用的机器学习算法非常多，为了更好地进行介绍，本章将按以下类型组织和讨论机器学习算法：

- 分类和回归问题的算法。
- 时间序列分析算法。
- 推荐算法。
- 计算机视觉问题的算法。
- 自然语言处理问题的算法。
- 生成模型。

3.4　分类和回归问题的算法

目前世界上已经解决的绝大多数机器学习问题都是分类和回归问题。因此，接下来我们将介绍一些常见的分类和回归算法。

3.4.1　线性回归算法

线性回归（linear regression）算法旨在解决回归问题，它可以在给定一组自变量输入的情况下预测连续值。这种算法在实际应用中被广泛使用，例如，根据产品价格估算产品销售量，或者将作物产量理解为降雨和肥料的函数。

线性回归可以使用一组系数和输入变量的线性函数来预测标量输出。线性回归的公式通常写成如下形式：

$$f(x) = W_1 * X_1 + W_2 * X_2 + \cdots + W_n * X_n + \varepsilon$$

式中：X 是输入变量；W 是系数；ε 是误差项。

线性回归背后的原理是对于输出与输入具有线性关系的数据集，其输出值可以通过输入的加权和（weighted sum）来估计。

线性回归背后的直觉是找到可以估计一组输入值的值的直线或超平面。线性回归可以有效地处理小型数据集。它也是高度可解释的，这意味着你可以使用该系数来了解输入的自变量和输出的因变量之间关系的强度。

当然，由于它是一个线性模型，因此，当数据集很复杂且具有非线性关系时，它就不能很好地工作。

线性回归还假设输入特征是相互独立的（没有共线性），这意味着一个特征的值不会影响另一个特征的值。当输入特征之间存在共线性时，很难相信相关特征的重要性。

3.4.2 逻辑回归算法

逻辑回归（logistic regression）算法常用于二元分类任务。使用逻辑回归的实际示例包括预测某人点击广告的概率或某人是否有资格获得贷款。

逻辑回归可以对一组输入数据属于某个类或事件（如交易欺诈或通过/未通过考试）的的概率进行建模。作为线性回归，它也是一个线性模型，其输出是各种输入的线性组合。但是，由于线性回归并不总是产生介于 0 和 1 之间的数字（这是概率的需要），因此人们改为使用逻辑回归以返回 0 和 1 之间的值来表示概率。

逻辑回归背后的直觉是找到一条线或平面/超平面，尽可能清晰地分离两组数据点。逻辑回归的函数公式如下所示：

$$f(x) = \frac{1}{1 + \mathrm{e}^{-X}}$$

与线性回归类似，逻辑回归的优势在于其训练速度快和可解释性。逻辑回归是线性模型，因此不能用于解决具有复杂非线性关系的问题。

3.4.3 决策树算法

决策树（decision tree，DT）被广泛用于许多现实世界的机器学习用例，如心脏病预测、目标营销和贷款违约预测。它们可用于分类和回归问题。

决策树背后的原理是可以使用规则以分层方式拆分数据，因此相似的数据点将遵循相似的决策路径。具体来说，它通过在树的不同分支上使用不同的特征分割输入数据来工作。

例如，如果 age（年龄）是用于在分支处拆分的特征，则使用条件检查（如 age>50）在分支处拆分数据。它通过使用各种算法来决定要拆分哪个特征以及在哪里拆分，如基尼纯度指数（Gini purity index）（基尼指数可衡量变量被错误分类的概率）和信息增益（information gain）（信息增益可计算拆分之前和之后的熵减少）。

本书不打算深入探讨具体算法的细节，但此类算法的主要思想是先尝试不同的树分裂选项和条件，计算不同分裂选项的不同指标值（如信息增益），然后挑选提供最佳值（如最高信息增益）的选项。

在进行预测时，输入数据会根据学习阶段学习到的分支逻辑对树进行遍历，终端节点，也称为叶节点（leaf node）将决定最终的预测。

决策树的示例结构如图 3.2 所示。

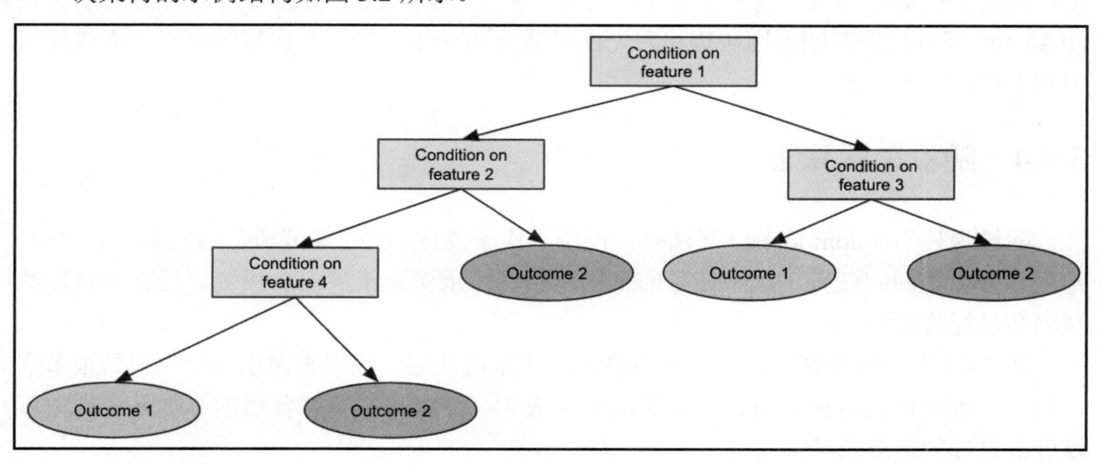

图 3.2　决策树

原　文	译　文
Condition on feature 1	特征 1 的条件
Condition on feature 2	特征 2 的条件
Condition on feature 3	特征 3 的条件
Condition on feature 4	特征 4 的条件
Outcome 1	预测结果 1
Outcome 2	预测结果 2

决策树相对于线性回归和逻辑回归的优势在于它能够处理输入特征之间具有复杂非线性关系和共线性的大型数据集。

决策树无须太多预处理即可很好地处理数据，并且可以按原样使用分类值和数值。它还可以处理数据集中不同特征之间的缺失值和比例差异很大的值。

决策树也很容易解释，因为它使用条件来拆分数据以做出决策，并且可以轻松地可视化和分析单个预测的决策路径。它也是一种高速算法。不利的一面是，决策树可能容易出现异常值和过拟合（overfitting）。

过拟合是一个模型训练问题，其中模型记住了训练数据，但是却不能很好地泛化未见数据（这就好比一个同学平时做老师讲解过的习题时成绩很好，但是考试时遇到没见过的题目就表现很差，缺乏举一反三的能力），尤其是在数据中有大量特征和噪声的情况下。

一般来说，决策树和基于树的算法的另一个主要缺点是它们无法在训练的输入之外进行推断。例如，如果你有一个基于平方米预测房价的模型，并且你的训练数据包含从 50 到 300 平方米的范围，则决策树将无法推断出 300 平方米之外房屋的价格，而线性模型则不存在此类问题。

3.4.4　随机森林算法

随机森林（random forest）算法被广泛用于电子商务、医疗保健和金融的实际应用中，常用于分类和回归任务。这些任务的示例包括保险承保决策、疾病预测、贷款支付违约预测和目标营销等。

在 3.4.3 节“决策树算法”中可以看到，决策树使用一棵树来做出决策，树的根节点（第一个拆分树的特征）对最终决策的影响最大。随机森林算法背后的原理是多棵树可以做出更好的最终决策。

随机森林的工作方式是创建多个较小的子树（subtree），也称为弱学习树（weaker learner tree），其中每个子树通过使用所有特征的随机子集来做出决策，最终决策由多数投票（用于分类）或平均值（用于回归）决定。

这种组合来自多个模型的决策的过程也称为集成学习（ensemble learning）。随机森林算法还允许你引入不同程度的随机性，如自举抽样（bootstrap sampling，在单个树中多次使用相同的样本），以使模型更通用且不易过拟合。

图 3.3 显示了随机森林算法如何使用多个子树处理输入数据实例并组合子树的输出。

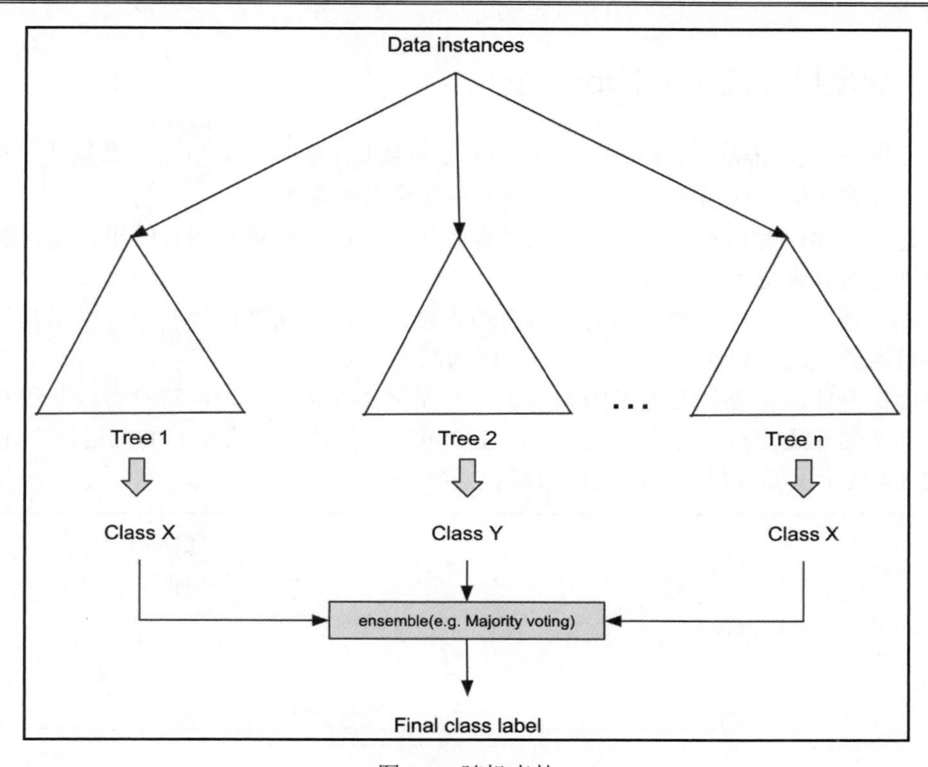

图 3.3　随机森林

原　文	译　文	原　文	译　文
Data instances	数据实例	Class Y	分类 Y
Tree 1	树 1	Tree n	树 n
Class X	分类 X	ensemble(e.g. Majority voting)	集成（如多数投票）
Tree 2	树 2	Final class label	最终类标签

与常规决策树相比，使用随机森林有若干个优点，如跨多台机器的可并行处理以及处理异常值和不平衡数据集的能力。它还能够处理更高维度的数据集，因为每棵树都仅使用特征的一个子集。

随机森林在噪声数据集（包含无意义特征或损坏值的数据集）上表现良好。由于多棵树独立做出决策，因此不太容易过拟合数据。但是，由于它使用许多树来做出决策，因此与可以轻松可视化的常规决策树相比，模型的可解释性确实受到了影响。它还需要更多的内存，因为它会创建更多的树。

3.4.5 梯度提升机和 XGBoost 算法

梯度提升（gradient boosting）和 XGBoost 也是基于多棵树的机器学习算法。它们已广泛用于许多用例，如信用评分、欺诈检测和保险索赔预测。

如前文所述，随机森林最后是通过组合较弱学习树的结果来聚合结果，而梯度提升则是按顺序聚合来自不同树的结果。

随机森林建立在平行独立的弱学习树的思想之上，而梯度提升的原理则是基于顺序的弱学习树的概念，以纠正前面的弱学习树的缺点（误差）。

梯度提升比随机森林有更多的超参数需要调整，并且在正确调整时可以获得更高的性能。梯度提升还支持自定义损失函数，让你可以灵活地为现实世界的应用程序建模。

图 3.4 展示了梯度提升树的工作原理。

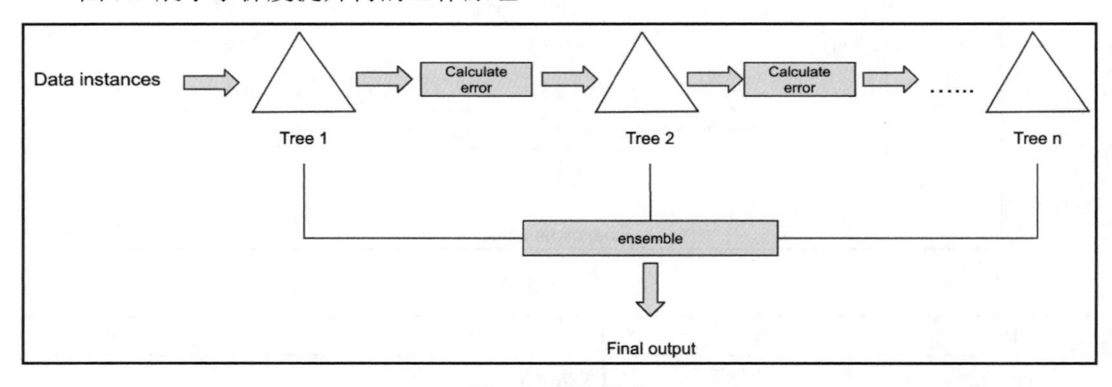

图 3.4 梯度提升

原 文	译 文	原 文	译 文
Data instances	数据实例	Tree n	树 n
Tree 1	树 1	ensemble	集成
Calculate error	计算误差	Final output	最终输出
Tree 2	树 2		

梯度提升适用于不平衡的数据集，在数据集常常不平衡的风险管理和欺诈检测等用例中表现良好。梯度提升的一个主要缺点是它不会并行化，因为它是按顺序创建树的。它也容易出现噪声，如数据中的异常值，因此很容易过拟合。梯度提升比决策树更难解释，但这可以通过变量重要性（特征重要性）等工具轻松克服。

XGBoost 是梯度提升的一种实现。由于赢得了许多 Kaggle 比赛，因此该算法非常受欢迎。它使用相同的基本概念来构建和调整树，但通过提供对跨多个核心和多个 CPU 训练单棵树的支持以加快训练时间，并通过更强大的训练正则化技术以降低模型的复杂性，从而改进了梯度提升，并对抗过拟合。

XGBoost 还非常擅长处理稀疏数据集。除了 XGBoost，还有其他流行的梯度提升树变体，如 LightGBM 和 CatBoost。

3.4.6　K 最近邻算法

K-最近邻（k-nearest neighbor，K-NN）是一种简单的分类和回归算法。它也是实现搜索系统和推荐系统的流行算法。

K-NN 工作的基本假设是相似的事物非常接近。确定接近度的方法是测量不同数据点之间的距离。对于分类任务，K-NN 首先加载数据及其各自的类标签。当需要对一个新的数据点进行分类时，首先计算它的距离，例如，到其他加载的数据点的欧几里得距离。然后检索前 K 个（也就是 K-NN 中的 K）最近数据点的类标签，并使用多数投票（前 K 个数据点中最频繁的标签）来确定新数据点的类标签。预测的标量值将是回归任务的前 K 个最接近数据点的平均值。

K-NN 使用简单，除了选择邻居的数量（K），无须使用超参数训练或调整模型。数据点被简单地加载到 K-NN 算法中。它的结果很容易解释，因为每个预测都可以用最近邻居的属性来解释。

除了分类和回归，K-NN 算法还可以用于搜索。但是，随着数据点数量的增加，模型的复杂性也会增加，并且在使用大型数据集进行预测时，它可能会变得非常慢。当数据集维度较高时，它也不能很好地工作，并且对噪声数据和缺失数据很敏感。异常值需要被删除，缺失的数据需要被估算。

3.4.7　多层感知器网络

如前文所述，人工神经网络（artificial neural network，ANN）可以模仿人脑的学习方式。人脑有大量的神经元连接成一个网络来处理信息。网络中的每个神经元都可处理来自另一个神经元的输入（电脉冲），处理和转换输入，并将输出发送到网络中的神经元。图 3.5 显示了人类神经元的图片。

人工神经元的工作原理与此类似，它在数学上是一个线性函数加上一个动作函数。激活函数（activation function）可对线性函数的输出进行变换，例如，将值压缩在 0 和 1 之间（sigmoid 激活函数）、-1 和 1 之间（tanh 激活函数）或大于 0（ReLU 函数）。

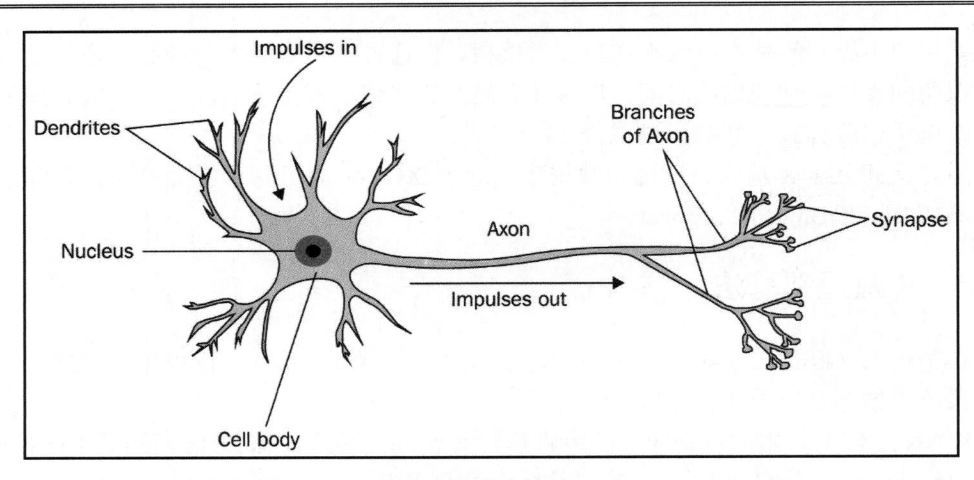

图 3.5　人脑神经元

原　　文	译　　文	原　　文	译　　文
Dendrites	树突	Axon	轴突
Nucleus	核	Impulses out	电脉冲输出
Impulses in	电脉冲输入	Synapse	突触
Cell body	细胞体	Branches of Axon	轴突分支

激活函数的思想是学习输入和输出之间的非线性关系。你还可以将每个神经元视为一个线性分类器，如逻辑回归。图 3.6 显示了一个人工神经元的结构。

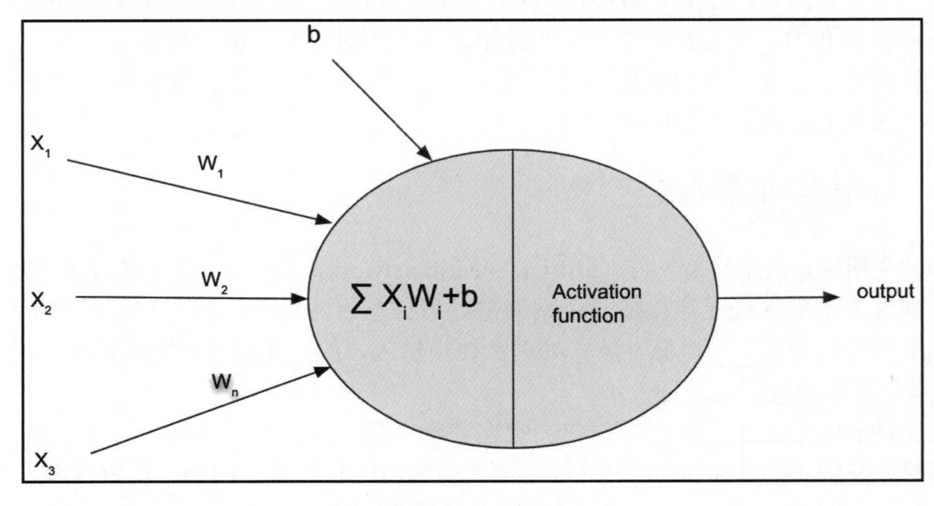

图 3.6　人工神经元

原　文	译　文	原　文	译　文
Activation function	激活函数	output	输出

当你将大量神经元堆叠到不同的层（输入层、隐藏层和输出层）并在两个相邻层之间将所有神经元连接在一起时，我们就有了一个称为多层感知器（multi-layer perceptron，MLP）的人工神经网络。

在这里，“感知器”这个词的意思是“人工神经元”，它最初是由 Frank Rosenblatt 在 1957 年发明的。MLP 背后的思想是每个隐藏层都会学习前一层的一些更高级别的表示（特征），并且那些更高级别的特征可在上一层中捕获更重要的信息。当最终隐藏层的输出用于预测时，网络已从原始输入中提取了最重要的信息，可用于训练分类器或回归器。

图 3.7 显示了 MLP 网络的架构。

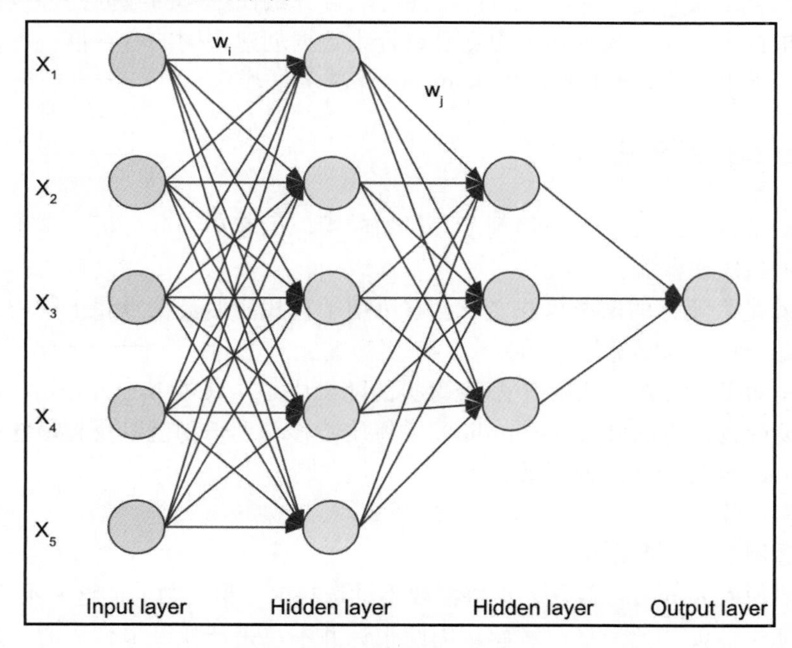

图 3.7　多层感知器

原　文	译　文	原　文	译　文
Input layer	输入层	Output layer	输出层
Hidden layer	隐藏层		

在模型训练过程中，每一层的每个神经元都会对最终输出产生一定的影响，并且可

通过梯度下降来调整它们的权重（*W*）以优化训练目标。这个过程称为反向传播（backpropagation），其中总误差被传播回每一层的每个神经元，并且每个神经元的权重将针对与每个神经元相关的总误差部分进行调整。

MLP 是一种通用的神经网络，可用于分类和回归。它可用于解决与随机森林和 XGBoost 类似的问题。它主要用于表格化数据集，但也可以处理其他数据格式，如图像和文本。它可以对数据集中复杂的非线性关系进行建模。它的计算效率也很高，因为它很容易并行化。与传统的机器学习算法相比，MLP 通常需要更多的训练数据来训练性能模型。

3.4.8　聚类算法

聚类（clustering）是一种基于项目特性将项目分组在一起的数据挖掘技术。聚类的一个例子是根据人口统计数据和历史交易或行为数据创建不同的客户群。有许多不同的聚类算法。接下来，让我们仔细看看 K-means 聚类算法。

3.4.9　K-means 算法

K-means 算法在现实世界中得到了广泛的应用，如客户细分分析、基于文档特性的文档分类和保险欺诈检测。

K-means 是最流行的聚类算法之一。它可用于查找相似数据点属于同一聚类的数据点聚类。它是一种无监督算法，因为它不需要标签。

K-means 的工作方式是从所有 *K* 个聚类的随机质心（聚类中心）开始，然后通过迭代将数据点分配到最近的质心（centroid）并将质心移动到平均值以找到最佳质心。

使用 K-means 的一些主要好处如下：

- 它保证收敛。
- 它适用于大型数据集。

但是，要使用 K-means 算法，你将需要手动选择 K（聚类数），这并不容易。此外，它的性能对随机值的初始选择很敏感，因此也许并不总是能找到最佳质心。质心也很容易受到异常数据点的影响。

3.5　时间序列分析算法

时间序列（time series）是在不同时间点获取的顺序数据点列表。时间序列的示例包括一段时间内的每日股票价格或数月/数年的每周产品销量。

时间序列分析对许多企业具有实际的商业价值，因为它可以帮助解释历史行为和预测未来的商业行为。时间序列预测的工作原理是变量的未来值依赖于不同时间的先前值。

有若干个与时间序列数据相关的关键特征，包括趋势、季节性和平稳性等。

- 趋势（trend）是时间序列随时间的整体向上或向下方向，它有助于理解时间序列的长期运动。
- 季节性有助于捕捉某个时间间隔内的模式（通常是一年内），它有助于了解时间序列的季节性时间相关特征，以帮助进行预测。
- 平稳性表示统计属性（如均值和方差）是否随时间保持不变。了解时间序列是否平稳非常重要，因为对非平稳时间的预测往往会产生误导。许多预测技术的工作都基于“基础时间序列数据是平稳的”这一假设。

接下来，让我们看看一些流行的时间序列算法。

3.5.1 ARIMA 算法

自回归综合移动平均（autoregressive integrated moving average，ARIMA）算法有许多实际的用例，如预算预测、销售预测、患者就诊预测和客户支持呼叫量预测。

ARIMA 已经存在了几十年，它是一种用于时间序列预测的算法（预测未来数据的值）。ARIMA 背后的直觉是，一个时期内变量的值与其在之前时期自身的值（相对于线性回归模型中的其他变量的值）相关（自回归），变量与平均值的偏差（移动平均）取决于先前值与平均值的偏差，并通过差异（原始数据点从一个时期到另一个时期的差异）去除趋势和季节性，以使时间序列变得平稳（统计属性，如均值和方差随着时间的推移是恒定的）。

ARIMA 的 3 个分量用以下公式表示：

$$y_t = \mathrm{C} + \phi_1 y_t - 1 + \phi_2 y_2 - 2 + \cdots + \phi_p y_t - p + \varepsilon_t$$

自回归（autoregressive，AR）分量表示为先前值 $y_{t\text{-}1}, \cdots, y_{t\text{-}p}$ 的回归。该先前值也称为滞后（Lags）。常数 C 表示漂移：

$$y_t = \mathrm{C} + \varepsilon_t + \theta_1 \varepsilon_{t-1} + \theta_2 \varepsilon_{t-2} + \cdots + + \theta_q \varepsilon_{t-q}$$

移动平均（moving average，MA）分量表示为先前时间段的预测误差的加权平均值，它表示一个常数：

$$y_t' = y_t - y_{t-1}$$

时间序列的积分分量（integrated component）是时间序列的差分，可以表示为一个时期内的值与前一时期的差值。

ARIMA 非常适合单一时间序列（单变量）的预测，因为它不需要其他变量来执行预测。它的性能优于其他简单的预测技术，如简单的移动平均、指数平滑或线性回归。

ARIMA 也具有高度的可解释性。但是，ARIMA 主要是一种回溯算法，因此它不能很好地预测意外事件。

此外，ARIMA 算法是基于线性的模型，因此它不适用于具有复杂非线性关系的时间序列数据。

3.5.2　DeepAR 算法

基于深度学习的预测算法解决了传统预测模型（如 ARIMA）的一些缺点，例如，ARIMA 算法无法处理复杂的非线性关系或无法利用多元数据集。

基于深度学习的模型也使训练全局模型成为可能——这意味着你可以训练与许多类似的目标时间序列（例如，所有客户的用电量时间序列）一起工作的单个模型，而不是为每个时间序列创建一个模型。

深度自回归（deep autoregressive，DeepAR）是一种先进的基于神经网络的预测算法，可以处理具有多个相似目标时间序列的大型数据集。它支持相关的时间序列（如产品价格或假期时间表）以提高预测模型的准确性。这对于处理由于外部变量而导致的尖峰事件特别有用。

DeepAR 算法通过使用称为循环神经网络（recurrent neural network，RNN）的神经网络对目标时间序列进行建模，并可将其与其他外部支持的时间序列相结合。

在每个时间段，神经网络的输入都不会取单个变量的值，而是取一个表示变量值的单个输入向量（即多个目标时间序列的数据点的值和多个支持时间序列的数据点的值），并共同学习组合的向量随时间的模式（自回归）。这种方法允许网络学习所有不同时间序列之间的内在非线性关系，并提取这些时间序列表现出的共同模式。DeepAR 训练一个单一的全局模型，该模型可以使用多个相似的目标时间序列进行预测。

虽然 DeepAR 可以很好地处理复杂的多变量数据集，但它需要非常大量的数据才能发挥作用。现实世界的实际用例包括对数千或数百万件商品的大规模零售预测，并考虑外部事件，如营销活动或假期安排。

3.6　推 荐 算 法

推荐（recommender）系统是零售、媒体和娱乐、金融和医疗保健等行业中采用最多的机器学习技术之一。

推荐算法领域多年来一直在发展，其主要工作原理是：基于用户或项目（商品）特性的相似性或用户与项目交互来预测用户对项目的偏好。

接下来，让我们看看推荐系统的一些常用算法。

3.6.1 协同过滤算法

协同过滤（collaborative filtering）是一种常见的推荐算法，它基于这样一个概念，即对一组项目（商品）有共同兴趣或品味的不同人员很可能对其他项目也有共同兴趣。本质上，它利用了不同人员的集体经验向用户推荐商品。

图 3.8 显示了电影评分的用户与项目交互矩阵，可以看到，它是一个稀疏矩阵。这意味着该矩阵中有许多空条目，这是有道理的，因为没有人会每部电影都看。

	用户 1	用户 2	用户 3	用户 4	…	用户 n
电影 1	5			4		
电影 2	4		2			4
…						4
电影 n			3			

图 3.8 协同过滤的用户与项目交互矩阵

矩阵分解（matrix factorization）是协同过滤方法的一种实现。它是一个基于嵌入的模型，所谓的嵌入（embedding），其实就是用户与项目交互矩阵中所有用户（U）和项目（V）的向量表示，这是模型需要学习的东西。

学习嵌入的方法是确保 UV^{T} 矩阵的乘积近似于原始矩阵，因此，为了预测原始矩阵中缺失条目的值（用户对未看过的电影的可能评分），我们只需要计算用户嵌入和项目嵌入之间的点积即可。

嵌入是机器学习中的一个重要概念，下文讨论 NLP 算法时还将详细介绍。嵌入背后的主要思想是为不同实体创建数学表示，使相似实体的表示在嵌入表示的多维空间中彼此更接近。可以将嵌入视为捕获不同对象的潜在语义的一种方式。

3.6.2 多臂老虎机/上下文老虎机算法

基于协作过滤的推荐系统需要已识别用户和项目的先前交互数据才能工作。如果之前没有交互，或者用户是匿名的，那么协同过滤的效果会很差。这也称为冷启动问题（cold start problem）。

基于多臂老虎机（multi-arm bandit，MAB）的推荐系统是克服冷启动问题的一种方法，它基于反复试验的概念工作，是强化学习的一种形式。这类似于一个赌徒，他同时均匀地玩多台老虎机，并试图观察哪台机器提供更好的整体回报。

MAB 算法在部署模型之前没有任何现成的训练数据来训练模型。它采用了一种称为在线学习（online learning）的方法，这意味着它会随着数据的增量提供而训练模型。

在 MAB 学习开始时，MAB 模型会以相同的概率向用户推荐所有选项（如电子商务网站上的产品）。随着用户开始与项目的一个子集进行交互（接收奖励），MAB 模型将开始更频繁地提供它已经获得更高奖励（如更多交互）的项目。它还将继续以较小的百分比推荐新项目，以查看它们是否会收到任何互动。这也称为探索（explore）与利用（exploit）的权衡。探索就是指提供新项目，而利用则是指提供具有已知良好奖励的项目。

3.7　计算机视觉问题的算法

计算机视觉是计算机理解视觉表示（如图像）以执行诸如识别和分类对象、检测文本、识别面部和检测活动等任务的能力。

我们今天解决的计算机视觉任务主要基于模式识别——也就是说，我们用对象的名称和边界框标记图像，并训练计算机视觉模型，以从图像中识别模式并对新图像进行预测。

计算机视觉技术在现实世界中有许多实际用途，如内容管理、安全性、增强现实、自动驾驶汽车、医疗诊断、运动分析和生产制造中的质量检测等。

接下来，我们将深入研究几种计算机视觉神经网络架构。

3.7.1　卷积神经网络

卷积神经网络（convolutional neural network，CNN）是一种适用于图像数据的深度学习架构。它的学习方式类似于动物视觉皮层的工作方式。

在视觉皮层环境中，视觉神经元对视野子区域中的视觉刺激做出反应。不同视觉神经元所覆盖的不同子域相互部分重叠以覆盖整个视野。

在卷积神经网络的上下文中，有不同的滤波器（filter）与图像中的子区域交互，并对区域中的信息做出响应。

CNN 由多个重复层组成。在每一层内，有不同的子层负责不同的功能。

- 卷积层负责从输入图像中提取特征。它使用卷积滤波器（convolutional filter）来提取特征，这是一个由高度和宽度定义的矩阵。卷积层对图像输入（多维数组）进行卷积，并将卷积层的输出（已提取的特征）发送到下一层。

- CNN 中的池化层通过将多个输出组合成单个输出来减少从卷积层提取的特征的维度。两个常见的池化层包括：
  - 最大池化（max pooling），可从输出中获取最大值。
  - 平均池化（average pooling），可将输出平均为一个值。
- 在一个或多个卷积层/池化层之后，还有一个全连接层（fully connected layer）用于组合和展平前一层的输出，并将它们提供给输出层进行图像分类。

图 3.9 显示了卷积神经网络的架构。

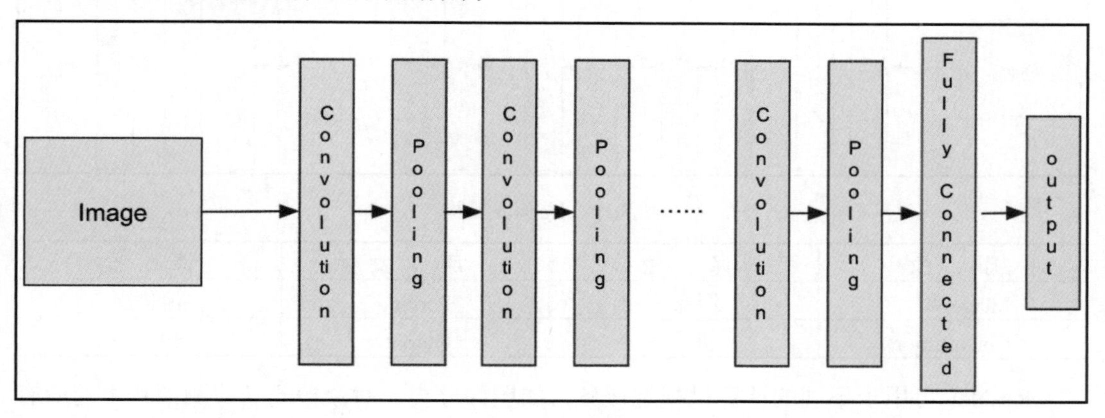

图 3.9　CNN 架构

原　　文	译　　文	原　　文	译　　文
Image	图像	Fully Connected	全连接层
Convolution	卷积层	Output	输出层
Pooling	池化层		

训练基于 CNN 的模型可以非常高效，因为它是高度可并行化的。虽然它主要用于计算机视觉任务，但也可应用于非计算机视觉任务，如自然语言处理。

3.7.2　残差网络

随着计算机视觉任务变得越来越复杂，添加更多层有助于使 CNN 在图像分类方面更强大，因为更多层会逐渐学习有关图像的更复杂特征。但是，随着更多层被添加到 CNN 架构中，CNN 的性能会下降。这也称为梯度消失问题（vanishing gradient problem），这意味着来自原始输入的信号（包括重要信号）在被 CNN 的不同层处理时会丢失。

残差网络（residual network，ResNet）通过引入跳层（layer skipping）技术帮助解决了这个问题。因此，ResNet 不是逐层处理信号，而是为信号提供了另一种跳过层的路径。

可以将跳过层连接理解为跳过高速公路的本地出口。因此，来自较早层的信号将被传递而不会丢失。图 3.10 显示了 ResNet 的架构。

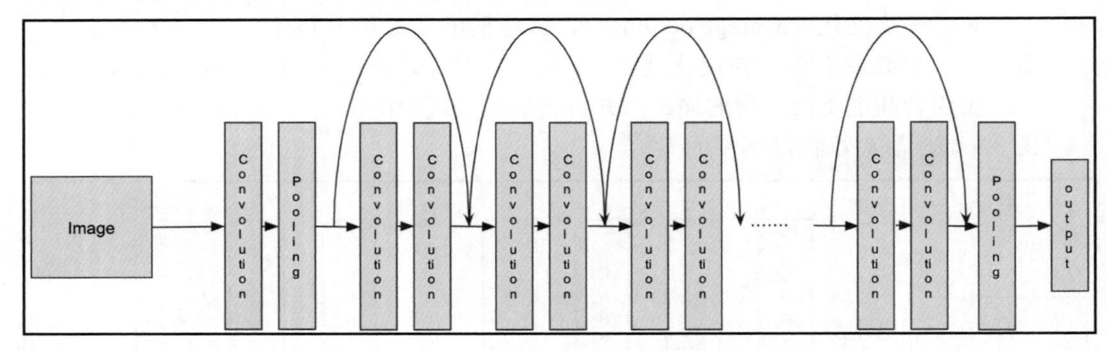

图 3.10　ResNet 架构

原　文	译　文	原　文	译　文
Image	图像	Pooling	池化层
Convolution	卷积层	Output	输出层

ResNet 可用于不同的计算机视觉任务，如图像分类、对象检测（检测图片中的所有对象）以及生成比普通 CNN 网络准确率更高的模型。

3.8　自然语言处理问题的算法

自然语言处理（natural language processing，NLP）是对计算机和人类语言之间交互的研究。具体来说，就是对大量自然语言数据的处理和分析，其目标是让计算机理解人类语言的含义并为人类语言数据提取有用的信息。

NLP 是一个大型数据科学领域。NLP 任务有很多，如文档分类、主题建模、语音转文本、文本转语音、实体提取、语言翻译、阅读理解、语言生成以及问答等。

机器学习算法不能直接处理原始文本数据。为了训练 NLP 模型，输入文本中的单词需要在其他单词、句子或文档的上下文中转换为数字表示。表示单词及其在文本中的相关性的两种流行方法是词袋（bag-of-words，BOW）和词频-逆文档频率（term frequency-inverse document frequency，TF-IDF）。

BOW 只是出现在文本（文档）中的单词的计数。例如，如果输入的文档是：

（1）I need to go to the bank to make a deposit。

（2）I am taking a walk along the river bank。

第一句的意思是“我需要去银行存款”，第二句的意思是“我正在沿河岸散步”，这两个句子中都有 bank，但它们处在不同的上下文中，其含义是不一样的。

计算每个输入文档中每个唯一单词的出现次数，你会对单词 I 得到 1，对单词 to 得到 3（以第一个文档为例）。

如果我们有两个文档中所有唯一词的词汇表，则第一个文档的向量表示可以是：

```
[1 1 3 1 1 1 1 1 1 0 0 0 0 0]
```

其中每个位置表示词汇表中的唯一词（例如，第一个位置代表的是单词 I，第三个位置代表的是单词 to）。

现在可以将该向量输入到机器学习算法中来训练模型，如文本分类模型。BOW 背后的主要思想是，出现频率更高的单词在文本中具有更强的权重。

TF-IDF 有两个分量。第一个分量 TF 是一个词汇在文档中出现的次数与文档中单词总数的比率。仍以前面的第一个文档为例，单词 I 的 TF 值为 1/11，单词 walk 的 TF 值为 0/11，因为 walk 没有出现在第一个文档中。

TF 分量衡量的是一个词在一个文本上下文中的重要性，而 IDF 分量衡量的则是一个词在所有文档中的重要性。在数学上，它是文档数与出现单词的文档数之比的对数。一个词的 TF-IDF 的最终值将是 TF 项乘以 IDF 项。一般来说，TF-IDF 比 BOW 效果更好。

虽然 BOW 和 TF-IDF 等技术是 NLP 任务的良好表示，但它们不能捕获有关单词语义含义的任何信息，并且它们还会产生非常庞大而稀疏的输入向量。为了解决这个问题，出现了嵌入（embedding）的概念。

嵌入是一项为了捕获文本语义的单词或句子而生成低维表示（实数的数学向量）的技术。嵌入技术背后的直觉是，那些语义相似的语言实体在相似的上下文中出现的频率更高。

在多维空间中，语义相似实体的数学表示比语义不同的实体更接近。例如，如果你有许多代表运动项目的词，如 soccer（足球）、tennis（网球）和 bike（自行车），则在通过嵌入表示的高维空间中，它们的嵌入应该是彼此接近的，这可以通过距离度量（如这些嵌入之间的余弦相似度）来衡量。

可以将嵌入向量视为表示单词的固有含义，向量中的每个维度都表示关于单词的一个虚构的特性。图 3.11 直观地描述了在多维空间中“更接近”的含义。

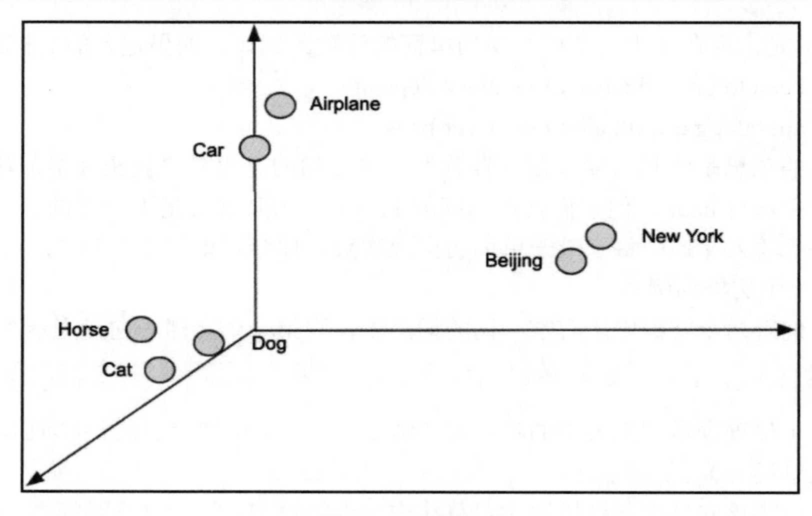

图 3.11　嵌入表示

原　文	译　文	原　文	译　文
Horse	马	Airplane	飞机
Cat	猫	Beijing	北京
Dog	狗	New York	纽约
Car	汽车		

如今，大多数 NLP 任务都依赖嵌入作为获得良好结果的先决条件，因为嵌入比其他技术（如文本中的字数）提供了更有意义的底层文本表示。针对不同的 NLP 任务有许多机器学习算法。

接下来，让我们仔细看看其中的一些算法。

3.8.1　Word2Vec

Thomas Mikolov 在 2013 年创建了 Word2Vec，它支持两种不同的学习嵌入技术：连续词袋（continuous bag-of-words，CBOW）和连续跳过语法（continuous-skip-gram）。

CBOW 可以尝试为给定的周围单词窗口预测一个单词，而连续跳过语法则可以尝试预测给定单词的周围单词。

Word2Vec 的训练数据集可以是任何可用的运行文本，如维基百科（Wikipedia）。为 CBOW 生成训练数据集的过程是在运行的文本上运行一个滑动窗口（如 5 个单词的窗口），并选择其中一个单词作为目标，其余的单词作为输入（不考虑单词的顺序）。而对于连续跳过语法来说，其目标和输入则是相反的。

在有了训练过的数据集之后，问题可以转化为多类分类问题，也就是说，模型将学习预测目标词的类别（如词汇表中的词），并为每个预测词分配概率分布。

一个简单的单隐藏层 MLP 网络即可用于训练 Word2Vec 嵌入。该 MLP 网络的输入是表示周围单词的矩阵，输出则是目标单词的概率分布。在完全训练和优化之后，为隐藏层学习的权重将是单词的实际嵌入。

由于大规模词嵌入训练可能既昂贵又耗时，Word2Vec 嵌入通常作为预训练任务进行训练，以便它们可以很容易地用于文本分类或实体提取等下游任务。这种使用嵌入作为下游任务特征的方法称为基于特征的应用（feature-based application）。

在公共领域有可以直接使用的预训练嵌入（如 Thomas Mikolov 的 Word2Vec 和斯坦福的 GloVe）。这些嵌入是每个单词与其向量表示之间的 1:1 映射。

3.8.2　循环神经网络和长期短期记忆

由于语言以单词序列的形式出现，因此可以对其进行建模以捕获序列中不同单词的时间关系。循环神经网络（recurrent neural network，RNN）是一种神经网络，已广泛用于与语言相关的机器学习任务。

在 MLP 或 CNN 中，输入数据是一次性输入的，并且可以并行处理，而循环神经网络则不同，RNN 在一个称为单元（cell）的单位中一次获取并处理序列中的一个数据点输入，该输入也称为标记（token），并且除了输入序列中的下一个数据点之外，单元的输出也将用作下一个单元的输入（这就是该网络以“循环”命名的原因）。

序列中单元的数量取决于输入的长度（如单词的数量），并且每个单元将执行相同的函数。这种架构允许将相互依赖的语义信息（一个词出现在句子中，依靠句子中的前一个词来建立它的语义）从一个处理单元传递到另一个处理单元。

图 3.12 显示了 RNN 的外观。

学习字符或单词序列之间的语义关系的能力使 RNN 成为一种流行的语言建模算法，其目标是在给定前面的标记序列的情况下生成下一个语言标记（如字符或单词）。

RNN 还具有总结序列（如一个句子）并将序列的内在含义捕获为固定长度向量表示的能力。这使得 RNN 非常适合语言任务，如语言翻译或摘要，其目标是在一种语言中获取句子的语义含义，并在不同语言中表示相同的含义，或者将较长的句子总结为更简洁的较短的句子。这种将句子总结为固定长度向量的能力也使得 RNN 对句子分类很有用。

当与 CNN 一起训练时，RNN 可用于图像字幕任务，其中 CNN 网络可将图像汇总为固定长度的向量，而 RNN 则使用这些向量生成描述图像的句子。

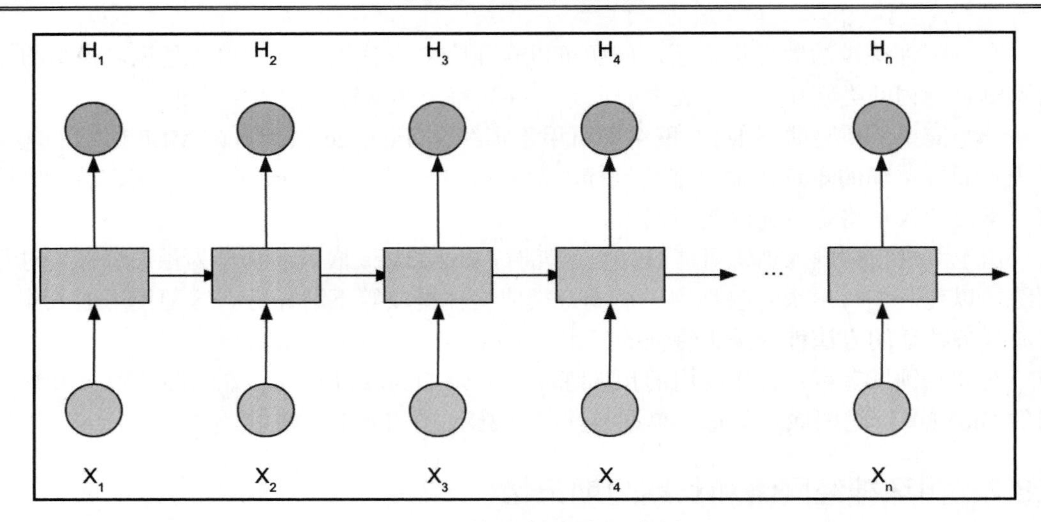

图 3.12 循环神经网络示意图

由于 RNN 按顺序处理输入，因此很难并行化其计算，并且与 CNN 或 MLP 相比，训练基于 RNN 的模型需要很长时间。

与普通 CNN 的大量与层相关的梯度消失问题类似，当序列变长时，普通 RNN 也会遇到梯度消失问题。因此，RNN 有一种变体，称为长短期记忆（long short-term memory，LSTM），它允许将额外的隐藏值从一个单元传递到另一个单元并保存在该单元中，以在长序列的早期捕获重要信息。

对于摘要和翻译等 NLP 任务，要生成新句子，RNN——也称为解码器网络（decoder network）需要直接引用输入标记作为附加输入。诸如注意力机制（attention mechanism）之类的机制已被用于从生成的输出中直接引用输入序列中的项目。

3.8.3 BERT

Word2Vec 可以为词汇表中的每个单词生成单个嵌入表示，并且在不同的下游任务中使用相同的嵌入，而与上下文无关。但是，众所周知，一个词在不同的上下文中可能意味着完全不同的事物。例如，在本节开头的示例中，第一句的意思是“我需要去银行存款”，第二句的意思是“我正在沿河岸散步”，这两个句子中都有 bank，但它们处在不同的上下文中，前一个 bank 表示银行，后一个 bank 则表示水体沿岸的土地，因此，词嵌入也需要将上下文视为嵌入生成过程的一部分。

BERT 名称代表的是来自 Transformer 的双向编码器表示（Bidirectional Encoder Representations from Transformer），它是一种语言模型。其名称中的 Transformer 是一个

机器翻译模型结构，BERT 语言模型正是以 Transformer 为基础而提出的。

BERT 通过以下方式考虑上下文：

- 预测句子（上下文）中随机掩藏的单词并考虑单词的顺序，这也称为语言建模（language modeling）。
- 根据给定句子预测下一个句子。

这种上下文感知嵌入方法于 2018 年发布，可以为单词提供更好的表示，并且可以显著改善阅读理解、情感分析和命名实体解析等语言任务。

此外，BERT 还可以在子词级别生成嵌入——所谓的子词（subword）级别就是指单词和字符之间的分段，例如，单词 embeddings 可被分解为 em、bed、ding 和 s，这使其能够处理词汇表外（out-of-vocabulary，OOV）的问题，而这正是 Word2Vec 的另一个限制，Word2Vec 仅在已知单词上生成嵌入，并将 OOV 单词简单地视为未知。

要使用 BERT 获得词嵌入，而不是像 Word2Vec 那样查找 1:1 映射，可以先将句子传递给经过训练的 BERT 模型，然后动态提取嵌入。在这种情况下，生成的嵌入将会与句子的上下文对齐。

除了为输入句子中的单词提供嵌入，BERT 还可以返回整个句子的嵌入。图 3.13 显示了使用输入标记学习嵌入的 BERT 模型的构建块，这也称为预训练（Pre-training）。

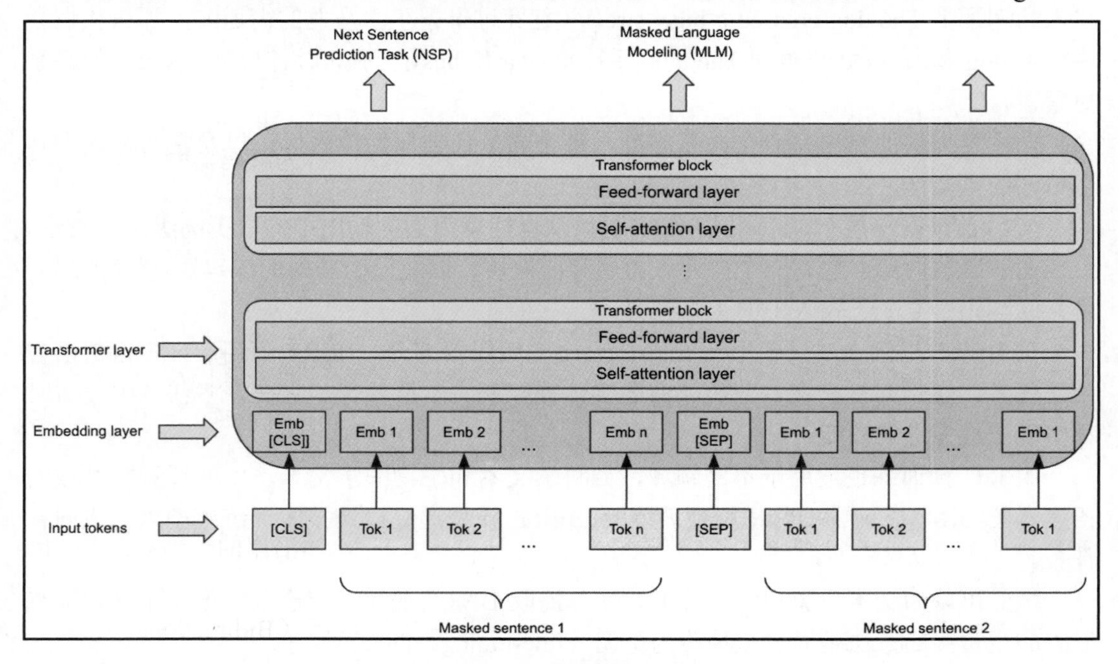

图 3.13　BERT 模型预训练

原　文	译　文
Input tokens	输入的标记
Masked sentence 1	掩码的句子 1
Masked sentence 2	掩码的句子 2
Embedding layer	嵌入层
Transformer layer	Transformer 层
Transformer block	Transformer 块
Feed-forward layer	前馈层
Self-attention layer	自注意力层
Next Sentence Prediction Task(NSP)	下一个句子预测（NSP）任务
Masked Language Modeling(MLM)	掩码的语言建模（MLM）

在架构上，BERT 主要使用称为 transformer 的构建块。transformer 内部有一个堆编码器和一个堆解码器，它将一个输入的序列转换为另一个序列。每个编码器有两个组件：

（1）自注意力层（self-attention layer）主要计算输入句子中一个标记（表示为向量）与所有其他标记之间的连接强度，这种连接有助于每个标记的编码。

考虑自注意力的方法之一是句子中的哪些词比句子中的其他词更相关。例如，如果输入的句子是 The dog crossed a busy street（狗穿过一条车水马龙的街道），那么我们会说单词 dog 和 crossed 与单词 The 的联系比单词 a 和 busy 更强，后者与单词 street 的联系更紧密。

自注意力层的输出是一个向量序列，每个向量代表原始输入标记以及它与输入中其他单词的重要性。

（2）前馈网络层（单隐藏层 MLP）可以从自注意力层的输出中提取更高级别的表示。

在解码器内部，也有一个自注意力层和前馈层，以及一个额外的编码器-解码器层，可帮助解码器专注于输入中的正确位置。

在 BERT 用例中，只使用了 transformer 的编码器部分。BERT 可用于许多自然语言处理任务，包括问答、文本分类、命名实体提取和文本摘要等。它在许多任务中发布时都实现了最先进的性能。

BERT 预训练也被用于不同领域，如科学文本和生物医学文本，以理解特定领域的语言。图 3.14 显示了如何使用预训练的 BERT 模型通过微调技术训练模型以完成问答任务。

虽然可以为文本分类和问答等下游任务提取 BERT 的预训练嵌入，但使用其预训练嵌入的更直接的方法是通过一种称为微调（fine-tuning）的技术。

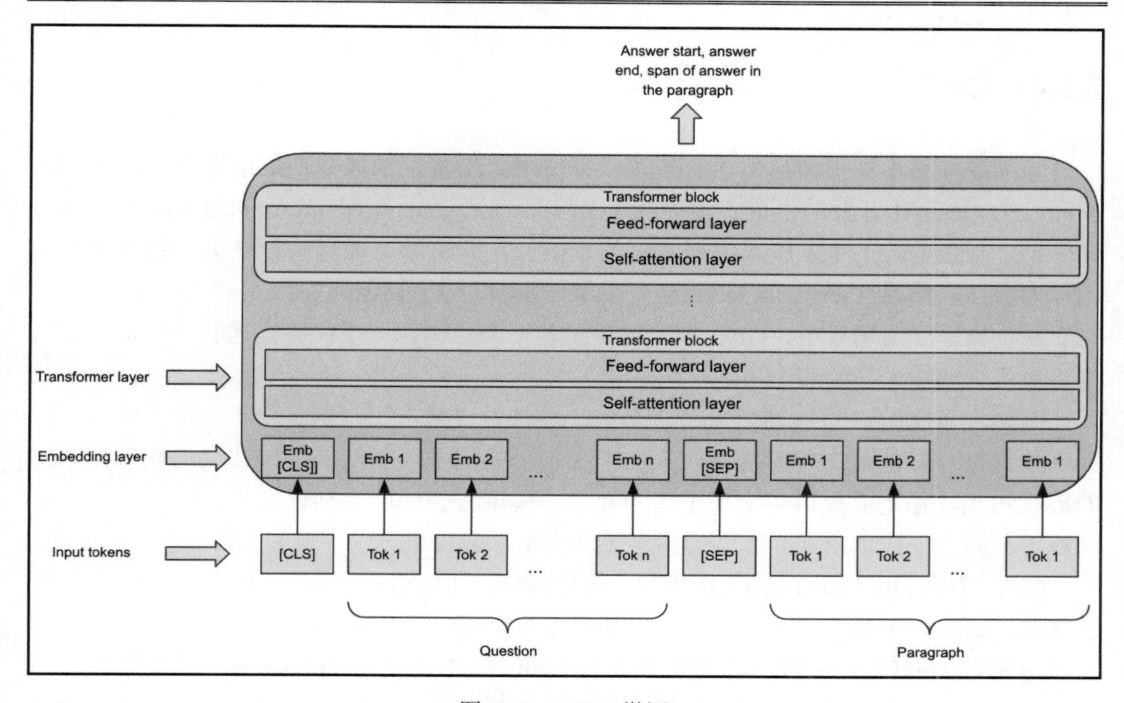

图 3.14　BERT 微调

原　　文	译　　文
Input tokens	输入的标记
Question	问题
Paragraph	段落
Embedding layer	嵌入层
Transformer layer	Transformer 层
Transformer block	Transformer 块
Feed-forward layer	前馈层
Self-attention layer	自注意力层
Answer start, answer end, span of answer in the paragraph	答案开始，答案结束，段落中答案的范围

通过微调技术，我们可以向 BERT 网络添加一个额外的输出层以执行特定任务，如问答或实体提取。在微调期间，可先加载预训练的模型，然后插入特定任务的输入（例如，问答中的问题/段落对）和输出（段落中答案的开始/结束和范围）以微调特定任务的模型。通过微调技术，预训练的模型权重将得到更新。

3.8.4 GPT

与需要针对不同下游自然语言处理任务使用大型特定领域数据集进行微调的 BERT 不同，由 OpenAI 开发的生成式预训练 Transformer（generative pre-trained transformer，GPT）只需查看若干个示例（或根本无须示例），即可学习如何执行任务。这种学习过程称为少样本学习（few-shot learning）或零样本学习（zero-shot learning）。

在少样本学习场景中，GPT 模型提供了若干个示例、一个任务描述和一个提示，模型将使用这些输入开始逐个生成输出标记。

例如，当使用 GPT-3 进行翻译任务时，任务定义的一个示例是将英语翻译成中文，训练数据是一些从英文句子翻译而来的中文句子的例子。要使用经过训练的模型翻译新的英文句子，你需要提供英文句子作为提示，模型将生成中文翻译文本。请注意，与微调技术不同，少样本或零样本学习不会更新模型参数权重。

GPT 同样使用 Transformer 作为其主要构建块，并使用下一个单词预测进行训练，意思就是，给定一个输入单词序列，它将预测应该出现在序列末尾的单词。

与使用 Transformer 编码器块的 BERT 不同，GPT 仅使用 Transformer 解码器块。与 BERT 类似，GPT 也使用掩码词来学习嵌入。但是，它与 BERT 的不同之处在于，它不会随机选择掩码的单词并预测缺失的单词。相反，它不允许自注意力计算访问要计算的目标单词右侧的单词——这可以称为掩码自注意力（masked self-attention）。

GPT-3 在诸如语言建模、语言翻译和问答之类的许多传统自然语言处理任务中都取得了令人瞩目的成果，而在一些新颖用例（如生成编程代码或机器学习代码、编写网站和绘制图表等）方面也已获得长足进步。

3.8.5 潜在狄利克雷分配算法

主题建模（topic modeling）是从大量文档中发现共同主题并确定文档包含哪些热门主题的过程。主题通常由相关的热门词呈现。例如，与运动相关的主题可能包含 sport（运动）、player（球员）、coach（教练）或 NHL（美国国家冰球联盟）等热门词。

主题建模是一种非常重要的自然语言处理技术，用于文档理解、信息检索以及文档标记和分类。一份文档的内容中可以包含一个或多个主题。图 3.15 显示了一个文档和与该文档相关的各种主题之间的关系。

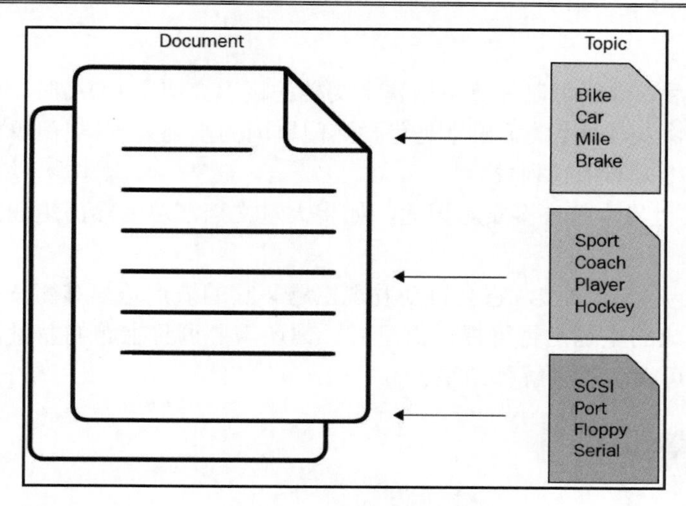

图 3.15　主题建模

原　文	译　文
Document	文档
Topic	主题
Bike Car Mile Brake	自行车 汽车 英里 刹车
Sport Coach Player Hockey	运动 教练 球员 冰球
SCSI Port Floppy Serial	SCSI 硬盘接口 端口 软盘 串口

潜在狄利克雷分配（latent dirichlet allocation，LDA）是用于主题建模的最流行的机器学习算法之一。它的工作原理是：计算一个词属于一个主题的概率，以及一个主题属于一个文档的概率。

让我们通过一个示例来从概念上解释它是如何工作的。假设你有大量文档，并且在浏览这些文档时，你想要识别在词聚类中经常一起出现的词。根据聚类中单词出现的计数，你可以计算不同单词属于聚类（主题）的概率。具有高概率的单词将被视为代表主题的顶级单词。

定义了主题后，你还可以计算主题属于文档的概率。使用 LDA 时，可以指定要发现的主题数量作为输入，LDA 的输出则是包含热门单词的主题列表（热门单词按概率加权），以及与每个文档相关的主题列表。

LDA 在现实世界中有许多实际用途，如将大量文档汇总为热门主题列表以及自动文档标记和分类等。

LDA 是一种无监督算法，它会自动发现主题。它的缺点是很难衡量模型的整体质量（即很难知道生成的主题是否可提供信息）。你还需要调整主题的数量，并使用模型生成的每个主题的可读名称来解释结果。

3.8.6 生成模型

生成模型（generative model）是一种可以生成新数据的机器学习模型。例如，BERT 和 GPT 都是生成模型，因为它们可以生成新文本。

机器学习模型（如线性回归或 MLP）被称为判别模型（discriminative model），因为它们可区分不同类型的数据实例，如将某物分类为一类或另一类。

生成模型对联合概率进行建模，而判别模型则对条件概率进行建模。

3.8.7 生成对抗网络

生成对抗网络（generative adversarial network，GAN）是一种生成模型，它试图生成真实的数据实例，如图像。它的工作原理是让判别器学习判断生成器网络生成的实例是真实的还是虚假的（见图 3.16）。

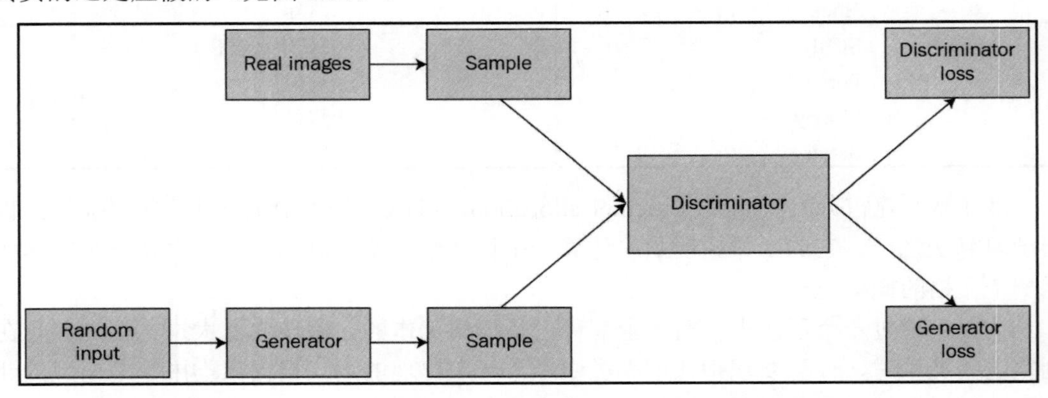

图 3.16　生成对抗网络

原　文	译　文	原　文	译　文
Real images	真实图像	Generator	生成器
Sample	样本	Discriminator loss	判别器损失
Discriminator	判别器	Generator loss	生成器损失
Random input	随机输入		

在训练期间，判别器网络提供了两个数据源：一个来自真实来源，用作正样本；另一个来自生成器源，用作负样本。

判别器将被训练以作为区分真实样本和假样本的分类器，并将优化其损失以从两个数据来源正确预测真假样本。

另一方面，生成器将被训练以生成判别器无法分辨的假数据，这就是“生成对抗网络”中“对抗”一词的含义。

当判别器能够判断生成器生成的数据是假的时，生成器将受到惩罚。这就好比警察抓住了伪造假币者。

两个网络都使用反向传播进行学习。为了生成数据，可以为生成器提供随机输入。在训练期间，生成器和判别器交替训练，以允许两个网络作为单个连接网络进行训练。

生成对抗网络最近在生成可以欺骗人类的逼真图像方面取得了很大成功。例如，它可以应用于许多程序，将草图转换为逼真的图像，转换文本输入并生成与文本对应的图像，以及生成逼真的人脸。

现在我们已经了解了不同的经典机器学习算法和深度学习网络。接下来，让我们通过动手练习来实践这些技术。

3.9　动手练习

在本节动手练习中，将需要在你的本地计算机上构建一个 jupyter notebook 环境，并在你的本地环境中构建和训练一个机器学习模型。练习的目的是熟悉设置本地数据科学环境的安装过程，并学习如何分析数据、准备数据和使用本章前面介绍的算法之一来训练机器学习模型。首先，让我们来看一下问题陈述。

3.9.1　问题陈述

在开始之前，不妨先来看看我们需要解决的业务问题。某银行的零售银行业务客户流失率很高，为了主动实施预防措施以减少潜在的客户流失，该银行需要了解潜在客户流失者是谁，这样银行才可以直接针对这些客户提供激励措施，以防止他们离开。从业务运营的角度来看，获得新客户的成本要比通过提供激励措施来留住现有客户的成本高得多。

作为机器学习解决方案架构师，你的任务是通过运行一些快速实验来验证针对此问题的机器学习方法。由于没有可用的机器学习工具，因此你决定在本地计算机上设置一个 Jupyter Notebook 环境来执行此任务。

3.9.2 数据集描述

你将使用来自 Kaggle 站点的数据集对银行客户的流失进行建模，可以在以下网址下载该数据集：

https://www.kaggle.com/mathchi/churn-for-bank-customers

该数据集包含 14 列，用于表示信用评分、性别和余额等特征，另外还有一个目标变量列 Exited，用于指示客户是否流失。下面将更详细地介绍这些特征。

3.9.3 设置 Jupyter Notebook 环境

现在我们可以为数据分析和实验建立一个本地数据科学环境。

本练习将在你的本地计算机上使用流行的 Jupyter Notebook。在本地机器上设置 Jupyter Notebook 环境包含以下关键组件：

- ❑ Python：Python 是一种通用编程语言，它是数据科学工作中最流行的编程语言之一。
- ❑ pip：pip 是一个 Python 包安装程序，用于安装不同的 Python 库包，如机器学习算法、数据操作库或可视化工具等。
- ❑ Jupyter Notebook：Jupyter Notebook 是一个 Web 应用程序，可用于创作包含代码、描述或可视化的文档（称为 Notebook 笔记本）。它是数据科学家进行实验和建模时最受欢迎的工具之一。

接下来，请按照以下给出的 Mac 或 PC 说明进行操作。

1．在 macOS 上安装 Python3

可以直接从以下网址下载和安装 Python 3：

https://www.python.org/downloads/

更简单的方法是使用包管理器（如 Homebrew）安装它。

接下来，让我们看看如何使用 Homebrew 安装 Python3。

2. 安装 Homebrew、Python3 和 pip3

可以按照 https://brew.sh/上的说明下载 Homebrew。安装 Homebrew 也会安装 Python 3，其具体步骤如下：

（1）在你的 Mac 机器上打开一个 terminal（终端）窗口。

（2）在 terminal（终端）窗口中输入并运行以下命令以开始安装 Homebrew：

```
/bin/bash -c "$(curl -fsSL https://raw.githubusercontent.
com/Homebrew/install/HEAD/install.sh)"
```

（3）在安装过程中出现提示时输入你的 Mac 用户密码。

（4）上一个脚本完成后，在 terminal（终端）窗口中运行以下命令以获取最新版本的软件包：

```
brew update && brew upgrade python
```

（5）通过输入并运行以下命令指向 Homebrew Python。它将使当前 terminal（终端）窗口进行 Homebrew Python 安装：

```
alias python=/usr/local/bin/python3
```

（6）通过在 Terminal（终端）窗口中运行以下命令来验证 Python 是否成功安装和版本：

```
python -version
```

在编写本书时，最新的 Python 版本是 3.9.1。

（7）要为所有 terminal（终端）窗口保留 Homebrew Python 的设置，请在 terminal（终端）窗口中输入并运行以下命令，具体取决于 Mac 上的 shell：

```
echo alias python=/usr/local/bin/python3 >> ~/.bashrc
```

或者，输入并运行以下命令：

```
echo alias python=/usr/local/bin/python3 >> ~/.zshrc
```

3. 在 macOS 上安装 Jupyter Notebook

现在可以在你的机器上安装 Jupyter Notebook。

（1）在 terminal（终端）窗口中运行以下命令：

```
brew install jupyter
```

（2）通过在 terminal（终端）窗口中运行以下命令来启动 Jupyter Notebook：

```
jupyter notebook
```

4．在 Windows 机器上安装 Python3

可使用以下网址下载 Python 3.9.1 的 Windows 安装程序：

https://www.python.org/ftp/python/3.9.1/python-3.9.1-amd64.exe

运行该安装程序并按照说明操作即可。

5．安装 pip3

请按照以下步骤完成安装：

（1）下载以下文件并将其保存到本地计算机的文件夹中。

https://bootstrap.pypa.io/get-pip.py

（2）打开命令提示符窗口并导航到保存文件的文件夹。

（3）运行以下命令安装 pip：

```
py get-pip.py
```

（4）上述命令将打印出安装 pip 实用程序的目录。通过运行以下命令将 pip 实用程序的路径添加到系统路径：

```
set path= %path%;<path to the pip directory>
```

6．在 Windows 上安装 Jupyter Notebook

在安装 Python 3 和 pip 实用程序后，现在可以通过在命令提示符窗口中运行以下命令来安装 Jupyter Notebook：

```
pip install jupyter
```

3.9.4 运行练习

在安装了 Python 3 和 Jupyter Notebook 之后，即可开始实际的数据科学工作。请按以下步骤操作：

（1）首先需要下载数据文件。

① 在本地计算机上创建一个名为 MLSALab 的文件夹，用来存储所有文件。

你可以在本地计算机上的任何位置创建该文件夹。我有一台 Mac，所以直接在默认用户 Documents 文件夹下创建了该文件夹。

② 在 MLSALab 文件夹下创建一个名为 Lab1-bankchurn 的子文件夹。

③ 访问以下站点并下载数据文件（存档文件），将其保存在 MSSALab/Lab1-bankchurn 文件夹中。

https://www.kaggle.com/mathchi/churn-for-bank-customers

如果你还没有 Kaggle 账户，则可以创建一个。提取文件夹中的存档文件，你将看到一个名为 churn.csv 的文件。现在可以删除该存档文件。

（2）启动 Jupyter Notebook 服务器。

① 在 terminal（终端）窗口（或 Windows 系统的命令提示符窗口）中，导航到 MLSALab 文件夹并运行以下命令以在你的计算机上启动 Jupyter Notebook 服务器：

```
jupyter notebook
```

此时将打开一个浏览器窗口并显示 Jupyter Notebook 环境（见图 3.17）。有关 Jupyter Notebook 如何工作的详细说明超出了本示例的讨论范围。如果你不熟悉 Jupyter Notebook 的操作，可以在 Internet 上轻松找到大量相关信息。

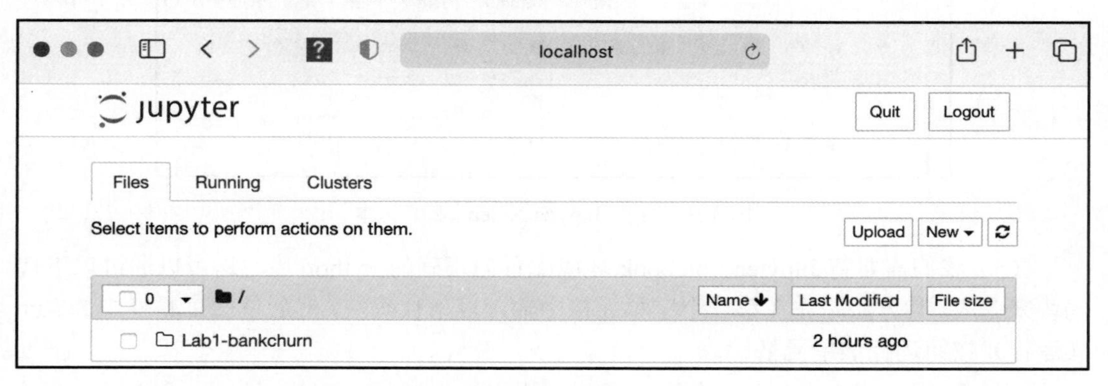

图 3.17　Jupyter Notebook

② 单击 Lab1-bankchurn 文件夹，你将看到 churn.csv 文件。

（3）实验和模型构建。现在可以在 Jupyter Notebook 环境中创建一个新的数据科学笔记本。为此可单击 New（新建）下拉菜单并选择 Python 3，如图 3.18 所示。

（4）此时你将看到如图 3.19 所示的界面。这是一个空笔记本，我们将使用它来探索数据和构建模型。

在“In [ ]:”右边的部分称为单元格，可以在单元格中输入代码。要运行单元格中的代码，可以单击工具栏中的 Run（运行）按钮。要添加新单元格，可以单击工具栏中的+（加号）按钮。

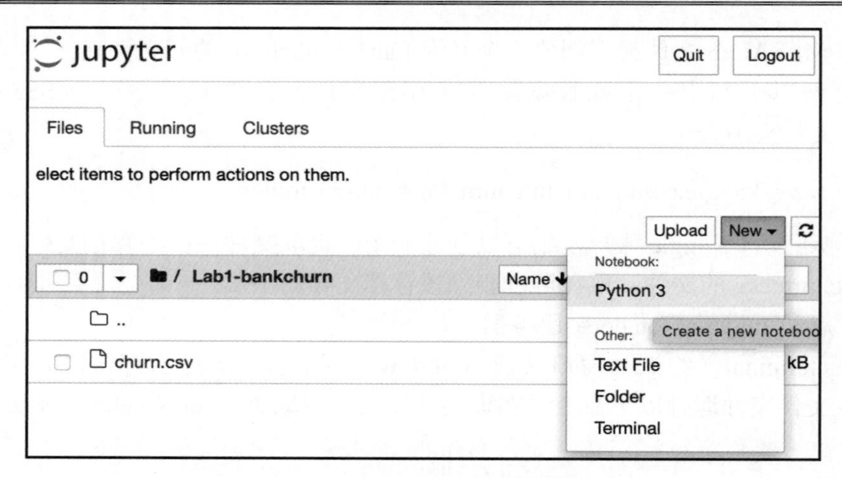

图 3.18　创建一个新的 Jupyter Notebook 笔记本

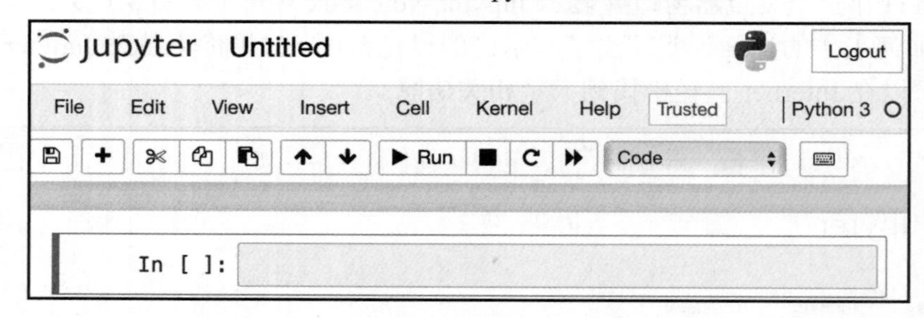

图 3.19　空的 Jupyter Notebook 笔记本

（5）我们需要将 Jupyter Notebook 环境配置为正确的 Python 库，这可以通过以下代码块来完成，其方法是先在第一个空单元格中输入以下代码块，然后单击工具栏中的 Run（运行）按钮运行该单元格。

```
import sys
sys.executable = "/usr/local/bin/python3"
sys.path = sys.path + ['/usr/local/lib/python3.9/site-packages']
```

在这里，sys.executable 指向的是我们之前安装的 Python3 位置，sys.path 需要包含额外的库包安装路径。

请注意，只有 Mac 需要此代码块。在 PC 上无须运行此代码。

（6）单击工具栏中的加号（+）按钮添加一个新的单元格，先在这个空的单元格中输入以下代码块，然后单击工具栏中的 Run（运行）按钮运行该单元格。

```
! pip3 install pandas
```

```
! pip3 install matplotlib
! pip3 install scikit-learn
```

此代码块可下载许多 Python 包，用于数据操作（pandas）、可视化（matplotlib）以及模型训练和评估（scikit-learn）。

在第 5 章“开源机器学习库”中将更详细地介绍 scikit-learn。

（7）现在可以加载和探索数据。在新单元格中添加以下代码块以加载 Python 库包，并从 churn.csv 文件加载数据。你将看到一个包含 14 列的表，其中 Exited 列是目标列。

```
import pandas as pd
churn_data = pd.read_csv("churn.csv")
churn_data.head()
```

（8）你可以使用多种工具探索数据集，以了解其信息，如数据集统计信息、不同特征之间的成对相关性和数据分布等。

- describe()函数可以为每个数值列返回有关数据的基本统计信息，如平均值、标准差、最小值和最大值。
- hist()函数可以绘制所选列的直方图。
- corr()函数可以计算数据中不同特征之间的相关矩阵。

请在新单元格中尝试使用上述函数以了解数据（每次一个函数）：

```
# 以下命令可以计算特征的各种统计信息
churn_data.describe()
# 以下命令可以显示不同特征的直方图
# 可以通过替换列名称来绘制其他特征的直方图
churn_data.hist(['CreditScore', 'Age', 'Balance'])
# 以下命令可以计算特征之间的相关性
churn_data.corr()
```

（9）该数据集需要转换才能用于模型训练。以下代码块会将 Geography（地理）和 Gender（性别）值从分类字符串转换为序数，以便稍后由机器学习算法获取。

请注意，模型的准确率不是本练习的主要目的，我们执行的是序数转换以进行演示。在新单元格中复制并运行以下代码块：

```
from sklearn.preprocessing import OrdinalEncoder
encoder_1 = OrdinalEncoder()
encoder_2 = OrdinalEncoder()

churn_data['Geography_code'] = encoder_1.fit_
transform(churn_data[['Geography']])
churn_data['Gender_code'] = encoder_2.fit_
```

```
transform(churn_data[['Gender']])
```

（10）模型训练有一些列是不需要的，因此可使用以下代码块删除它们：

```
churn_data.drop(columns =
['Geography','Gender','RowNumber','Surname'],
inplace=True)
```

（11）现在数据集只有我们关心的特征。接下来需要拆分数据进行训练和验证。

可以通过从其余输入特征中拆分目标变量 Exited 来准备每个数据集。在新单元格中输入并运行以下代码块：

```
# 导入 train_test_split 类以进行数据拆分
from sklearn.model_selection import train_test_split

# 将数据集拆分为训练集（占 80%）和测试集（占 20%）
churn_train, churn_test = train_test_split(churn_data, test_size=0.2)

# 拆分目标变量 Exited 特征
# 因为它是模型训练和后期验证所必须的
churn_train_X = churn_train.loc[:, churn_train.columns != 'Exited']
churn_train_y = churn_train['Exited']

churn_test_X = churn_test.loc[:, churn_test.columns != 'Exited']
churn_test_y = churn_test['Exited']
```

（12）现在可以训练模型了。在新单元格中输入并运行以下代码块。本示例将使用随机森林算法来训练模型，fit()函数将启动模型训练：

```
# 本示例将使用随机森林算法来训练模型
from sklearn.ensemble import RandomForestClassifier
bank_churn_clf = RandomForestClassifier(max_depth=2, random_state=0)
bank_churn_clf.fit(churn_train_X, churn_train_y)
```

（13）最后使用测试数据集来测试模型的准确率。

本示例将先使用 predict()函数获取模型返回的预测，然后使用 accuracy_score()函数通过测试数据集的预测值（churn_prediction_y）和真实值（churn_test_y）计算模型的准确率：

```
# 使用 sklearn 库的 accuracy_score 类计算模型的准确率
from sklearn.metrics import accuracy_score

# 使用已经训练的模型生成测试数据集的预测结果
```

```
churn_prediction_y = bank_churn_clf.predict(churn_test_X)

# 使用 accuracy_score 类衡量准确率
accuracy_score(churn_test_y, churn_prediction_y)
```

恭喜！你已在本地计算机上成功安装了 Jupyter Notebook 数据科学环境，并使用随机森林算法训练了模型。你已验证机器学习方法可以潜在地解决此业务问题。

3.10　小　　结

本章介绍了许多用于解决不同类型机器学习任务的机器学习算法。你现在应该了解哪些算法可用于不同类型的机器学习问题。你还在本地机器上创建了一个简单的数据科学环境，使用 scikit-learn 机器学习库来探索和准备数据，并训练了一个机器学习模型。

在第 4 章中，我们将讨论数据管理如何与机器学习生命周期相交，并在 AWS 上为下游机器学习任务构建数据管理平台。

第 4 章　机器学习的数据管理

作为机器学习解决方案架构的从业者，我经常被要求帮助为机器学习工作负载的数据管理平台提供架构建议。虽然数据管理平台架构被认为是一门独立的技术学科，但它也是机器学习工作负载的一个组成部分。为了设计一个全面的机器学习平台，机器学习解决方案架构师需要熟悉有关机器学习的关键数据架构考虑因素，并了解数据管理平台的技术设计，以满足数据科学家和自动化机器学习管道的需求。

本章将讨论数据管理在哪些地方与机器学习有关。我们首先将介绍为机器学习设计数据管理平台的关键考虑因素，然后深入探讨数据管理平台的核心架构组件，以及在 amazon web service（AWS）上构建数据管理平台的相关 AWS 技术和服务。最后，你还将亲身体验并创建一个数据湖（data lake），以支持 AWS 上的数据目录（data catalog）管理、数据发现（data discovery）和数据处理（data processing）工作流。

本章包含以下主题：

- 机器学习的数据管理注意事项。
- 机器学习的数据管理架构。
- 数据存储和管理。
- 数据提取。
- 数据目录。
- 数据处理。
- 数据版本控制。
- 机器学习特征存储。
- 供客户使用的数据服务。
- 数据管道。
- 身份验证和授权。
- 数据治理。
- 动手练习——机器学习的数据管理。

4.1 技术要求

本章将需要你能用 AWS 账户访问 AWS 服务，如 Amazon S3、Amazon Lake Formation、

AWS Glue 和 AWS Lambda。如果你目前还没有 AWS 账户，则请按照 AWS 官方网站的说明创建一个账户。

4.2　机器学习的数据管理注意事项

数据管理是一个广泛而复杂的主题。许多组织都有专门的数据管理团队和组织来管理和治理数据平台的各个方面。传统上，数据管理的主要焦点一直是满足交易系统或分析系统的需求。随着机器学习解决方案的日益普及，数据管理平台出现了新的业务和技术考虑因素。

要理解数据管理与机器学习工作流的交叉点，不妨复习一下机器学习的生命周期，该周期如图 4.1 所示。

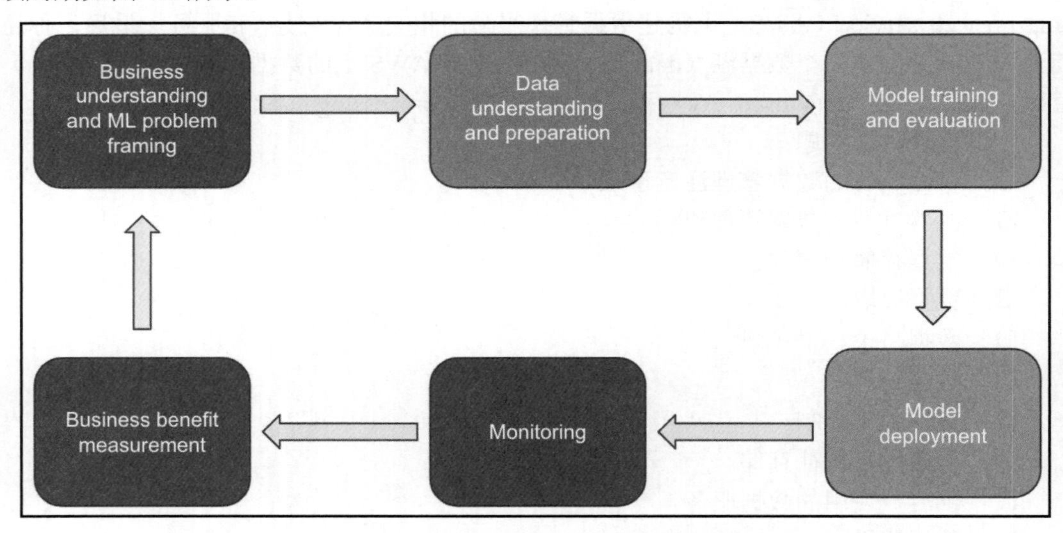

图 4.1　数据管理和机器学习生命周期的交叉点

原　　文	译　　文
Business understanding and ML problem framing	业务理解和机器学习问题框架
Data understanding and preparation	数据理解和准备
Model training and evaluation	模型训练和评估
Model deployment	模型部署
Monitoring	监控
Business benefit measurement	业务利益衡量

从更高的层次上看，数据管理与机器学习生命周期的 3 个阶段相交，即数据理解和准备、模型训练和评估以及模型部署。

在数据理解和准备阶段，数据科学家需要识别包含用于建模任务的数据集的数据源，并执行探索性数据分析，如数据统计、不同特征之间的相关性以及数据样本的分布，以了解数据集。你还需要为模型训练和验证准备数据，这通常包括以下内容：

- 进行数据验证以检测错误并验证数据质量（如数据范围、数据分布、数据类型或缺失值/空值）。
- 执行数据清洗以修复数据错误。
- 充实数据，通过不同数据集的连接或数据转换产生新的信号。

这一阶段所需的数据管理能力主要包括以下几点：

- 能够使用各种元数据（如数据集名称、数据集描述、字段名称和数据所有者）搜索精选整理的数据。
- 通过访问原始数据集和处理过的数据集以进行探索性数据分析的能力。
- 能够针对选定的数据集进行查询以获取详细信息，如统计详细信息、数据质量和数据样本。
- 将数据从数据管理平台检索到数据科学实验或模型构建环境以执行进一步的处理和特征工程的能力。
- 针对大型数据集运行数据处理的能力。

在模型训练和验证阶段，数据科学家需要为正式的模型训练创建训练和验证数据集。此阶段所需的数据管理能力包括：

- 数据处理能力和自动化工作流程，可将原始/精选整理的数据集处理成不同格式的训练/验证数据集，以用于模型训练。
- 用于存储和管理训练/验证数据集及其版本控制的数据存储库。
- 将训练/验证数据集提供给模型训练基础设施以训练模型的能力。

在模型部署阶段，训练好的模型将用于预测。此阶段所需的数据管理能力包括：

- 在调用已部署的模型时，将特征处理所需的数据作为输入数据的一部分提供。
- 在调用已部署的模型时，提供预先计算的特征作为输入的一部分。

与用于构建事务或商业智能（business intelligence，BI）解决方案的传统数据访问模式（开发人员可以在较低环境中使用非生产数据进行开发）不同，数据科学家需要访问生产数据以进行模型开发。

现在，我们已经了解了机器学习数据管理的注意事项。接下来，让我们深入了解机器学习的数据管理架构。

4.3　机器学习的数据管理架构

根据机器学习计划的范围，你可能需要考虑不同的数据管理架构模式来支持它们。

（1）对于数据范围、团队规模和跨职能依赖关系有限的小型机器学习项目，可以考虑满足项目特定需求的专用数据管道。

例如，假设你只需要处理来自现有数据仓库的结构化数据和来自公共领域的数据集，在这种情况下，你可以考虑构建一个简单的数据管道，将所需数据从数据仓库和公共域中提取到项目团队拥有的存储位置，并按需要执行进一步的分析和处理。

图 4.2 显示了一个支持小型机器学习项目的简单数据管理流程。

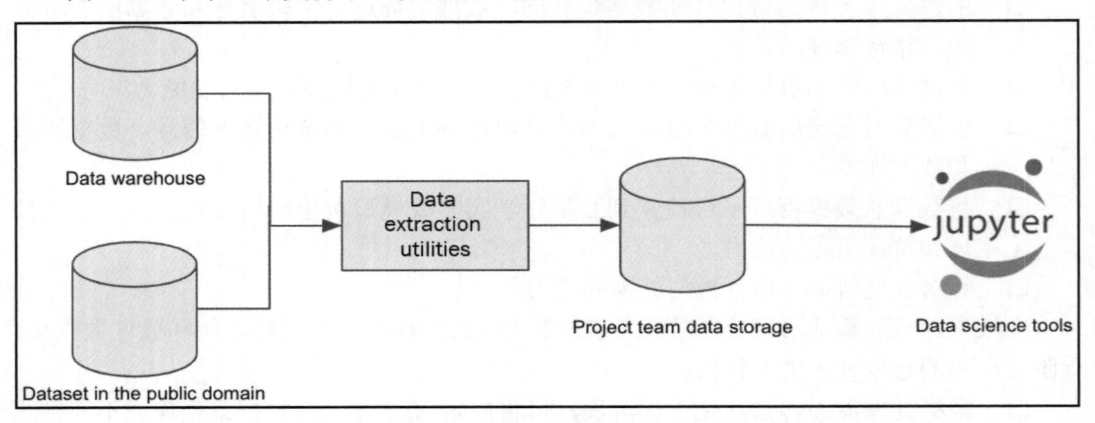

图 4.2　范围有限的机器学习项目的数据架构

原　　文	译　　文
Data warehouse	数据仓库
Dataset in the public domain	来自公共领域的数据集
Data extraction utilities	数据提取工具
Project team data storage	项目团队数据存储
Data science tools	数据科学工具

（2）对于大型企业范围的机器学习计划，机器学习的数据管理架构与用于分析的企业架构非常相似。两者都需要支持许多不同来源的数据提取（data ingestion），并集中管理数据以满足各种处理和访问需求。

分析数据管理主要使用结构化数据，其中企业数据仓库通常是核心架构后端。机器学习数据管理需要针对不同的机器学习任务处理结构化、半结构化和非结构化数据，通常采用的是数据湖架构。机器学习数据管理通常是更广泛的企业数据管理的一个组成部分，用于分析和机器学习计划。

图 4.3 显示了一个逻辑性的企业数据管理架构，它由若干个关键组件组成，包括数据提取、数据存储、数据处理、数据目录、数据安全和数据访问。

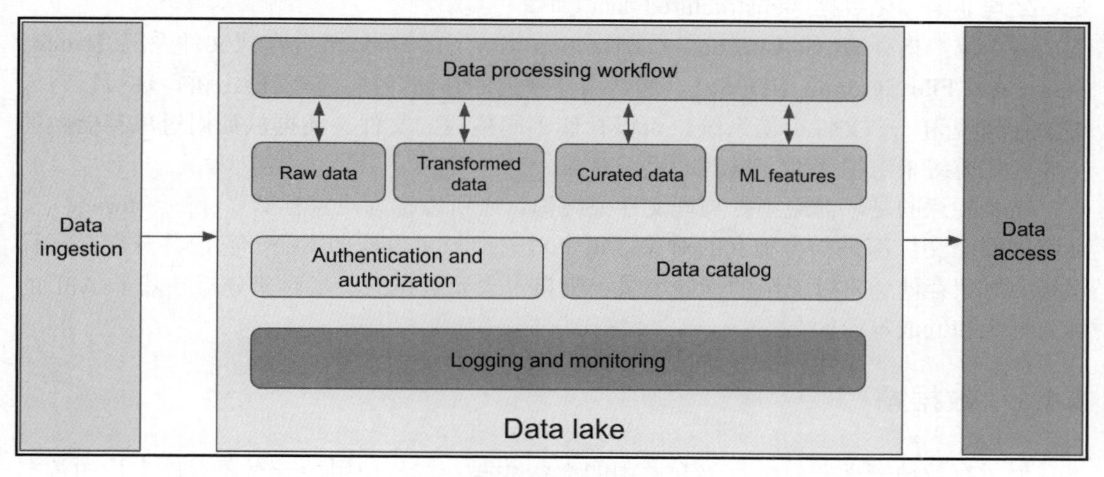

图 4.3　企业数据管理

原　文	译　文
Data ingestion	数据提取
Data processing workflow	数据处理工作流
Raw data	原始数据
Transformed data	转换之后的数据
Curated data	精选整理的数据
ML features	机器学习特征
Authentication and authorization	身份验证和授权
Data Catalog	数据目录
Logging and monitoring	数据日志和监控
Data lake	数据湖
Data access	数据访问

接下来，让我们详细看看每个关键组件，以及在云中使用 AWS 原生服务构建的数据管理架构是什么样的。

4.4　数据存储和管理

机器学习工作负载需要多个来源的不同格式的数据，并且数据集可能非常大，尤其是在处理非结构化数据（unstructured data）时。

云对象数据存储，如 Amazon S3 或 Hadoop 集群上的 Hadoop 分布式文件系统（Hadoop Distributed File System，HDFS），通常用作数据的存储介质。从功能上讲，你可以将云对象存储视为一个文件存储系统，可以存储不同格式的文件。还可以使用对象存储中的文件夹式前缀来组织文件，以帮助组织对象。

需要注意的是，前缀不是物理文件夹结构。之所以称为对象存储（object storage），是因为每个文件都是一个独立的对象，每个对象都与元数据捆绑在一起，并分配唯一标识符。对象存储通常以无限的存储容量、来自对象元数据的丰富对象分析、基于 API 的访问方式和低成本而闻名。

4.4.1　数据湖

为了有效地管理云对象存储介质中的大量数据，推荐使用由云对象存储支持的数据湖架构来集中管理数据访问。

数据湖的范围可以针对整个企业或单个业务线。数据湖旨在存储无限量的数据并在不同的生命周期阶段进行管理。例如，你可以选择存储和管理原始数据、转换后的数据、精选整理的数据和机器学习特征等。

数据湖的主要目的是将不同的数据孤岛整合到一个中心存储库中，用于集中数据管理和数据访问，以满足分析需求和机器学习需求。

数据湖可以存储不同的数据格式，包括来自数据库的结构化数据、文档等非结构化数据、JSON 和 XML 等半结构化数据，以及图像、视频和音频等二进制格式。此功能对于机器学习工作负载尤为重要，因为机器学习需要处理不同格式的数据。

数据湖应该按不同的区域组织。例如，应建立一个着陆区（landing zone）作为从不同来源获取初始数据的目标。

经过数据预处理和数据质量管理处理后，可以将数据移至原始数据区。原始数据区（raw data zone）中的数据可以执行进一步的转换和处理，以满足不同的业务和下游使用需求。

为了进一步保证数据集使用的可靠性，可以将数据整理并存储在精选整理数据区

(curate data zone) 中。

对于机器学习任务，通常需要预先计算机器学习特征并将其存储在机器学习特征区(ML feature zone) 中以供重复使用。

4.4.2　AWS Lake Formation

AWS Lake Formation 是一项 AWS 数据管理服务，可简化 AWS 数据湖的创建和管理。它提供了以下 4 个核心功能：

- 一个数据源爬虫程序，用于从数据文件中推断数据结构。
- 为数据湖中的数据创建和维护数据目录。
- 数据转换处理。
- 数据安全和访问控制。

图 4.4 显示了 AWS Lake Formation 的核心功能。

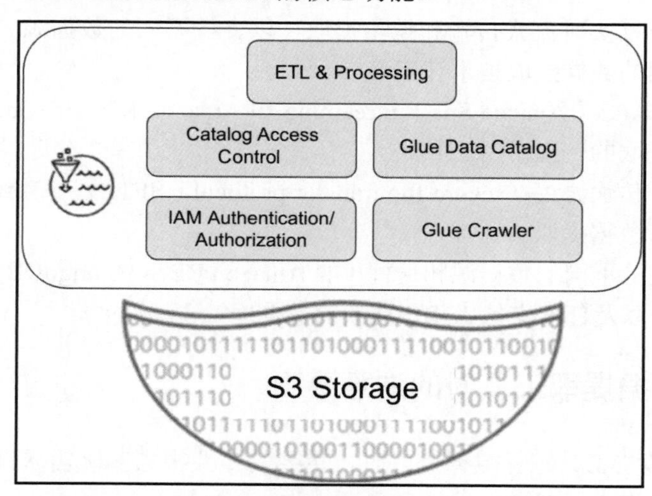

图 4.4　AWS Lake Formation

原　　文	译　　文
ETL & Processing	ETL 和处理
Catalog Access Control	目录访问控制
Glue Data Catalog	Glue 数据目录
IAM Authentication/Authorization	IAM 身份验证/授权
Glue Crawler	Glue Crawler 爬虫程序
S3 Storage	S3 存储

Lake Formation 与 AWS Glue 集成，AWS Glue 是无服务器提取、转换、加载（Extract, Transform, Load，ETL）和数据目录服务，以提供数据目录管理和数据 ETL 处理功能。下文将分别介绍 ETL 和数据目录组件。

Lake Formation 提供集中式数据访问管理功能，用于管理数据库、表或不同注册 S3 位置的数据访问权限。对于数据库和表，可以将权限精细地分配给各个表和列以及数据库功能，如创建表和插入记录。

4.5 数 据 提 取

数据提取组件负责从不同来源（如数据库、社交媒体、文件存储或物联网设备）获取不同格式（如结构化、半结构化和非结构化）的数据，并将数据持久化保存，存储的形式如对象数据存储（如 Amazon S3）、数据仓库或其他数据存储方式。

提取模式应包括实时流式传输和批量提取，以支持不同的数据源。对于不同种类的提取模式，有不同的数据提取技术和工具。

- Apache Kafka、Apache Spark Streaming 和 Amazon Kinesis/Kinesis Firehose 是流式数据提取的一些常用工具。
- 安全文件传输协议（secure file transfer protocol，SFTP）和 AWS Glue 等工具可用于批量数据提取。

AWS Glue 支持不同的数据源和目标（如 Amazon RDS、MongoDB、Kafka、Amazon DocumentDB、S3 以及任何支持 JDBC 连接的数据库）。

4.5.1 决定数据提取工具时的注意事项

在决定使用哪些工具进行数据提取时，重要的是要根据实际需求评估工具和技术。以下是决定数据提取工具时的一些注意事项：

- 数据格式、大小和可扩展性：考虑对不同数据格式、数据大小和数据速度的需求。机器学习项目可能使用不同来源和不同格式的数据（例如，CSV 和 Parquet 等表格化数据、JSON/XML 等半结构化数据以及文档或图像/音频/视频文件等非结构化数据）。你需要考虑是否需要扩展基础架构以在需要时处理大量数据提取，是否需要缩减基础架构以在数据量较低时降低成本。
- 提取模式：考虑你需要支持的不同数据提取模式。你所选择的工具或多个工具的组合需要支持批量提取模式（换句话说，以不同的时间间隔移动批量数据）

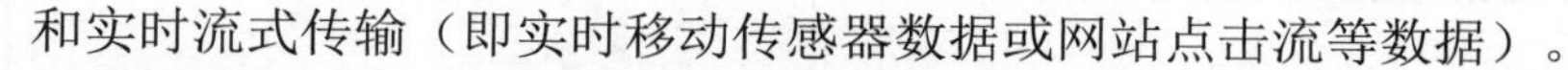

和实时流式传输（即实时移动传感器数据或网站点击流等数据）。

- ❑ 数据预处理能力：提取的数据可能需要在到达目标数据存储之前进行预处理。因此，请考虑具有内置处理能力或与外部处理能力集成的工具。
- ❑ 安全性：你所选择的工具需要为身份验证和授权提供安全机制。
- ❑ 可靠性：这些工具需要提供故障恢复能力，以便在提取过程中不会丢失关键数据。如果没有恢复功能，请确保有从数据来源重新运行提取作业的功能。
- ❑ 支持不同的数据源和目标：提取工具需要支持广泛的数据源，如数据库、文件和流式源。该工具还应提供用于数据提取的 API。
- ❑ 可管理性：可管理性应该是另一个考虑因素。该工具是否需要自我管理，还是完全托管？你需要综合考虑成本和运营复杂性。

有许多 AWS 服务可将数据提取到 AWS 的数据湖中。可以选择 Kinesis Data Streams、Kinesis Firehose、AWS Managed Streaming for Kafka 和 AWS Glue Streaming 来满足流数据要求。对于批量提取，则可以使用 AWS Glue、SFTP 和 AWS 数据迁移服务（data migration service，DMS）等。

接下来，让我们看看如何将 Kinesis Firehose 和 AWS Glue 应用于数据提取管理。

4.5.2 Kinesis Firehose

Kinesis Firehose 是一项完全托管的服务，可用于将流数据加载到数据湖中。所谓“完全托管”是指你不管理底层基础架构；相反，你只需要与服务 API 交互即可获取、处理和交付数据。

Kinesis Firehose 支持可扩展数据提取的关键要求如下：

- ❑ 使用提取代理或提取 API 支持不同的数据源，如网站、物联网设备和摄像头。
- ❑ 支持不同的交付目标，包括 Amazon S3、Amazon Redshift（一种 AWS 数据仓库服务）、Amazon ElasticSearch（一种托管搜索引擎）和 Splunk（一种日志聚合和分析产品）。
- ❑ 通过与 AWS Lambda 和 Kinesis Data Analytics 集成的数据处理能力。AWS Lambda 是一种无服务器计算服务，可运行用 Python、Java、Node.js、Go、C# 和 Ruby 编写的自定义函数。有关 AWS Lambda 工作原理的更多详细信息，请查看 AWS 官方说明文档。

图 4.5 显示了 Kinesis Firehose 的数据流。

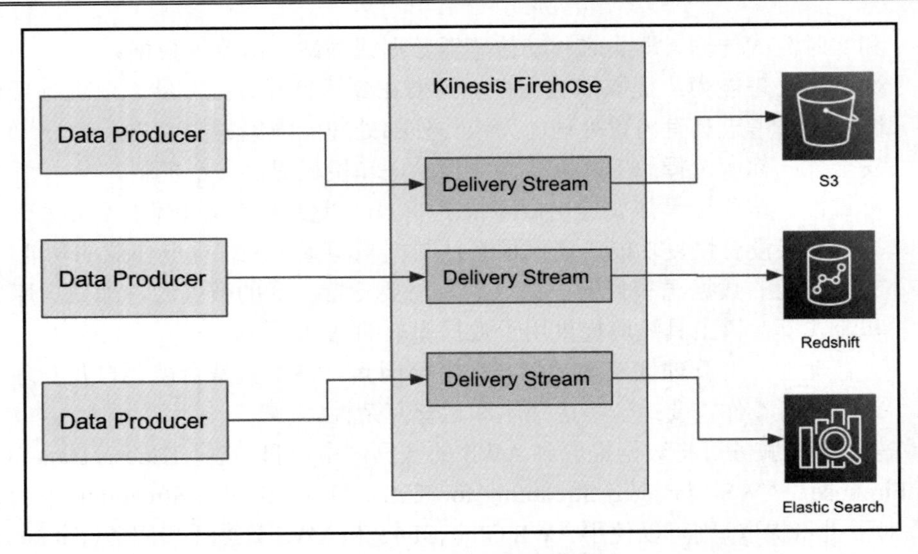

图 4.5　Kinesis Firehose 数据流

原　文	译　文	原　文	译　文
Data Producer	数据生产者	Delivery Stream	传输数据流

Kinesis 通过创建传输数据流来工作。所谓“传输数据流”就是 Firehose 架构中可以接收的来自数据生产者的流数据的底层实体。传输数据流可以有不同的传输目标，如 S3、Redshift 和 Elastic Search。

根据生产者的数据量，你可以通过分片（Shard）的数量来配置数据流的吞吐量（例如，每个分片可以提取 1MB/s 的数据，并且可以支持 2MB/s 的数据读取）。Kinesis Firehose 可提供用于增加和合并分片的 API。

4.5.3　AWS Glue

AWS Glue 是一种完全托管的无服务器 ETL 服务，可用于批量提取数据。它可以连接到事务数据库、数据仓库和 NoSQL 数据库等数据源，并根据计划或事件触发器将数据移动到不同的目标，如 Amazon S3。

如果需要，AWS Glue 还可以在将数据交付给目标之前处理和转换数据。它支持许多处理功能，如 Python shell（用于运行 Python 脚本）和 Apache Spark（用于基于 Spark 的数据处理）。

4.5.4　AWS Lambda

AWS Lambda 是 AWS 上的无服务器计算平台，它可以与许多其他 AWS 服务（如 Amazon S3）原生配合使用。一个 AWS Lambda 函数可以被不同的事件触发执行，如 S3 new file 事件。

可以开发 Lambda 函数从不同的源移动数据，如从源 S3 存储桶移动到数据湖中的目标存储桶。AWS Lambda 不是为大规模数据移动或处理而设计的，但是对于简单的数据提取和处理作业，它是一个非常有效的工具。

4.6　数 据 目 录

数据目录是数据管理的关键组件，它使数据分析师和数据科学家能够更轻松地发现中央数据存储中的数据。数据科学家需要搜索和了解可用于其机器学习项目的数据，这对于机器学习生命周期的数据理解和探索阶段尤为重要。

4.6.1　采用数据目录技术的关键考虑因素

数据目录技术的一些关键考虑因素包括：

- 元数据目录：支持数据湖元数据管理的中央数据目录。元数据的示例是数据库名称、表模式和表标签。元数据目录的流行标准是 Hive 元存储目录（Hive metaStore catalog）。
- 自动数据编目：自动发现和编目数据集并从不同数据源（如 Amazon S3、关系数据库、NoSQL 数据库和日志）推断数据模式的能力。这通常实现为爬虫程序，爬取数据源并自动识别元数据，如数据列名称和数据类型。
- 标记的灵活性：使用自定义属性标记元数据实体（如数据库、表、字段）以支持数据搜索和发现的能力。
- 与其他工具集成：数据目录可被很多数据处理工具用于访问底层数据，以及与数据湖管理平台的原生集成。
- 搜索：搜索目录中各种元数据的能力，如数据库/表/字段名称、自定义标签/描述和数据类型。

构建数据目录有不同的技术选项。接下来，我们将讨论如何使用 AWS Glue 进行数据的目录管理操作。

4.6.2　AWS Glue 目录

除了数据提取、转换和加载（ETL）功能，AWS Glue 还提供与 AWS Lake Formation 原生集成的内置数据目录功能。Glue 目录可以直接替代 Hive 元存储目录，因此任何与 Hive 元存储兼容的应用程序都可以使用 AWS Glue 目录。

AWS Glue 目录以数据库和表的形式构建其元数据层次结构。数据库是代表数据存储的表的容器。就像常规数据库一样，你可以在一个数据库中拥有多个表，并且这些表可以来自不同的数据存储。但是，每个表只能属于单个数据库。可以使用 SQL 语言通过 Hive 元存储兼容工具来查询数据库及其表。

AWS Glue 目录有一个内置的爬虫程序，可以自动爬取数据源、发现数据架构并填充中央数据目录。爬虫程序支持为新数据源创建数据库和表，以及对现有数据库和表的增量进行更新。爬虫程序可以按需运行或由事件触发器运行，如 AWS Glue ETL 作业的完成。

与 AWS Lake Formation 一起使用时，可以通过 Lake Formation 授权层管理对目录中数据库和表的访问权限。

4.7　数 据 处 理

数据湖的数据处理能力提供了数据处理框架和底层计算资源来处理不同目的的数据，如数据纠错、数据转换、数据合并、数据拆分和机器学习特征工程。

一些常见的数据处理框架包括 Python shell 脚本和 Apache Spark。

4.7.1　数据处理技术的关键要求

数据处理技术的关键要求包括：

- 与底层存储技术的集成和互操作性：与底层存储进行原生协同工作的能力。这简化了数据访问和从存储到处理层的移动。
- 与数据目录集成：使用数据元存储目录查询数据目录中的数据库和表的能力。
- 可扩展性：根据数据量和处理速度要求扩大和缩小计算资源的能力。
- 语言和框架支持：支持常见的数据处理库和框架，如 Python 和 Spark。

接下来，让我们看看可以在数据湖架构中提供数据处理能力的几种可用 AWS 服务。

4.7.2　AWS Glue ETL

除了支持数据移动和数据目录，AWS Glue 的数据提取、转换和加载功能还可用于 ETL 和通用数据处理。

AWS Glue ETL 提供了许多用于数据转换的内置函数，如 NULL 字段的删除和数据过滤。它还可以为 Python 和 Spark 提供通用处理框架，以运行 Python 脚本和 Spark 作业。

Glue ETL 原生支持与 Glue 目录一起工作，以访问目录中的数据库和表。Glue ETL 也可以直接访问 Amazon S3 存储。

4.7.3　Amazon Elastic Map Reduce

Amazon Elastic Map Reduce（Amazon EMR）是 AWS 上完全托管的大数据处理平台。它专为使用 Spark 框架和其他 Apache 工具（如 Apache Hive、Apache Hudi 和 Presto）进行大规模数据处理而设计。它与 Glue Data Catalog 和 Lake Formation 原生集成，用于访问 Lake Formation 中的数据库和表。

4.7.4　AWS Lambda 数据处理

AWS Lambda 还可用于小数据量和文件的数据处理。Lambda 可以被实时事件触发，因此是轻量级、实时数据处理的不错选择。

4.8　数据版本控制

为了建立模型训练的世系，需要对训练/验证/测试数据集进行版本控制。

数据版本控制（data versioning control）是一个难题，因为它需要人员和工具都遵循最佳实践才能工作。

在模型构建过程中，数据科学家通常会先获取数据集的副本，并对数据执行自己的清洗和转换操作，然后将更新的数据保存为新版本。这在复制和将数据链接到不同的上游和下游任务方面给数据管理带来了巨大的挑战。

整个数据湖的数据版本控制超出了本书的讨论范围。因此，本章将讨论几个用于训练数据集版本控制的架构选项。

4.8.1　S3 分区

对于每个新创建或更新的数据集，可将其保存在新的 S3 分区中，并为每个数据集添加前缀（例如，唯一的 S3 文件夹名称）。

虽然这种方法可能会产生数据重复，但它是一种分离不同数据集以进行模型训练的干净且简单的方法。

数据集应由受控处理管道生成以强制执行命名标准，并且应为下游应用程序设置为只读以确保不变性。

以下示例显示了具有多个版本的训练数据集的 S3 分区结构：

```
s3://project1/<date>/<unique version id 1>/train_1.txt
s3://project1/<date>/<unique version id 1>/train_2.txt
s3://project1/<date>/<unique version id 2>/train_1.txt
s3://project1/<date>/<unique version id 2>/train_2.txt
```

在上述示例中，数据集的两个版本由两个不同的 S3 前缀分隔。

4.8.2　专用数据版本工具

有许多用于数据版本控制的开源工具，如 DVC（该名称代表的就是 data versioning control）。DVC 可以与任何符合 Git 标准的代码库一起使用，并且可以使用 S3 作为训练数据集的存储后端。每个数据集版本都与一个唯一的提交 ID 相关联，该 ID 可以唯一地标识一个数据版本。

4.9　机器学习特征存储

对于大型企业来说，应集中管理常见的可重用机器学习特征，例如，精选整理的客户档案数据和标准化的产品销售数据，以缩短机器学习项目的生命周期，尤其是在数据理解和数据准备阶段。

根据机器学习范围，你可以构建满足基本要求的自定义特征存储，例如，为机器学习模型训练插入和查找有组织的特征。或者，你也可以实现商业级特征存储产品，例如，Amazon SageMaker Feature Store（下文将介绍该 AWS 机器学习服务）。

SageMaker Feature Store 具有用于训练和推理、元数据标记、特征版本控制和高级搜索等的在线和离线功能。

4.10　供客户使用的数据服务

中央数据管理平台需要提供不同的方法（如 API 或基于 Hive metastore 的方法），用于在线访问数据。此外，还可以考虑使用数据传输工具来支持从中央数据管理平台到其他数据使用环境的数据移动，以适应不同的数据使用模式；也可以考虑具有内置数据服务功能或可以轻松与外部数据服务工具集成的工具。

有若干种数据服务模式可用于向数据科学环境提供数据。

接下来，让我们讨论以下两种数据访问模式：

- 通过 API 使用。
- 通过数据复制使用。

4.10.1　通过 API 使用

在这种模式下，环境/应用程序可以使用 Hive 元存储兼容工具或通过直接访问 S3 从数据湖中提取数据。

Amazon 提供了 Amazon Athena（大数据查询工具）、Amazon EMR（大数据处理工具）和 Amazon Redshift Spectrum（Amazon Redshift 的一项功能，用于查询 Glue 目录中索引的数据湖数据）等服务。当你不需要复制数据并且只需要选择数据的一个子集作为下游数据处理任务的一部分时，这种模式是非常适用的。

4.10.2　通过数据复制使用

在这种模式下，可以将数据湖中的数据子集复制到使用环境的存储中，以满足不同的处理和使用需求。例如，更新的数据可以加载到分析环境的 Amazon Redshift 中，或者传输到数据科学环境所拥有的 S3 存储桶中。

4.11　数 据 管 道

数据管道（data pipeline）可以使数据移动和转换过程自动化。例如，你可能需要构建一个数据管道，以从源中提取数据、执行数据验证和清洗、使用新数据丰富数据集、转换数据集，然后执行特征工程，并为机器学习模型的训练和验证任务创建相应的训练/

验证/测试数据集。

目前有各种可用于构建数据管道的工作流工具，许多数据管理工具都带有内置的数据管道功能。

4.11.1 AWS Glue 工作流

AWS Glue 工作流（Workflow）是 AWS Glue 的内置工作流程管理功能，可用于编排不同的 Glue 作业，如数据提取、数据处理和特征工程。

Glue 工作流由两种类型的组件组成：触发器（trigger）组件和节点（node）组件。

- 触发器组件可以是调度触发器、事件触发器或按需触发器。
- 节点可以是爬虫作业或 ETL 作业。

调度触发器或按需触发器可用于启动工作流运行，事件触发器是在爬虫作业或 ETL 作业之后发出的成功/失败事件。工作流是一系列触发器和 ETL 或爬虫作业。

4.11.2 AWS 步骤函数

AWS 步骤函数（step function）是一种工作流程编排工具，它与其他 AWS 数据处理服务集成，如 AWS Glue 和 Amazon EMR。

AWS 步骤函数可用于构建工作流以运行工作流中的不同步骤，如数据提取、数据处理或特征工程。

4.12 身份验证和授权

用于管理和使用数据的数据湖访问需要经过身份验证和授权。联合身份验证也称为 AWS 身份和访问管理（Identity and Access Management，IAM），它可以对用户进行身份验证以识别用户的身份。

为了访问数据目录资源和底层数据存储，AWS Lake Formation 同时使用内置的 Lake Formation 访问控件和 AWS IAM。

内置 Lake Formation 权限模型使用数据库中的 grant/revoke 命令来控制不同资源（如数据库和表）的权限和数据库操作（例如，create table）。

当请求者请求访问资源时，IAM 策略和 Lake Formation 权限都会在授予访问权限之前强制执行和验证。

数据湖的管理和数据湖资源的使用涉及多个角色：

- Lake Formation 管理员（administrator）：Lake Formation 管理员有权管理 AWS 账户中 Lake Formation 数据湖的所有方面。例如，授予/撤销其他用户访问数据湖资源的权限、在 S3 中注册数据存储以及创建/删除数据库。创建 Lake Formation 时，你需要注册管理员。管理员可以是 AWS IAM 用户或 IAM 角色。可以将多个管理员添加到 Lake Formation 数据湖。
- Lake Formation 数据库创建者（creator）：Lake Formation 数据库创建者已被授予在 Lake Formation 中创建数据库的权限。数据库创建者可以是 IAM 用户或 IAM 角色。
- Lake Formation 数据库用户：可以授予 Lake Formation 数据库用户对数据库执行不同操作的权限。示例权限包括创建表、删除表、描述表和更改表。数据库用户可以是 IAM 用户或 IAM 角色。
- Lake Formation 数据用户：可以授予 Lake Formation 数据用户对数据库表和列执行不同操作的权限。示例权限包括插入、选择、描述、删除、更改和删除。数据用户可以是 IAM 用户或 IAM 角色。

可以通过支持的 AWS 服务（如 Amazon Athena 和 Amazon EMR）对 Lake Formation 数据库和表运行查询。当访问 Lake Formation 通过这些服务运行查询时，与这些服务关联的委托人（IAM 用户、组和角色）将通过 Lake Formation 验证对数据库、表和数据的 S3 位置的适当访问权限。如果允许访问，则 Lake Formation 会为服务提供临时凭据以运行查询。

4.13　数据治理

数据治理（data governance）可确保数据资产受到信任、保护、分类，并对其访问进行监控和审计。当数据流被识别和记录并且数据质量被测量和报告时，数据就可以被信任。

为确保数据受到保护，需要对数据进行分类，并应用适当的访问权限。要了解谁对哪些数据做了什么，应该实施监控和审计。

当数据被提取，然后从着陆区进一步处理到其他区域时，应建立并记录数据世系（data lineage）。例如，当使用 AWS Glue、AWS EMR 或 AWS Lambda 等数据提取和处理工具运行数据管道时，可捕获以下数据点以建立数据世系：

- 数据源名称、位置和所有权详细信息。

- 数据处理作业历史和详细信息（例如，作业名称、ID、相关处理脚本和作业所有者）。
- 数据处理作业生成的工件（例如，目标数据的 S3 uri）。
- 作为数据处理结果的不同阶段的数据指标（例如，记录数、大小、模式和特征统计）。

我们应该创建一个由数据中心运营和管理的数据存储来存储所有的数据世系和处理指标。AWS DynamoDB 是一个完全托管的 NoSQL 数据库，是存储此类数据的良好技术选择，因为它专为低延迟和高事务访问而设计：

- 数据质量：应在不同阶段实施自动化数据质量检查，并报告质量指标。例如，在将源数据提取到着陆区后，可以运行 AWS Glue 质量检查作业，使用开源 Deequ 库等工具检查数据质量。可以生成数据质量指标（例如计数、模式验证、缺失数据、错误数据类型或与基线的统计偏差等）和报告以供审查。可选地，应建立手动或自动操作数据清洗流程以纠正数据质量问题。
- 数据目录：创建中央数据目录并在数据湖中的数据集上运行 Glue 爬虫程序，以自动创建数据清单并填充中央数据目录。使用额外的元数据丰富目录和跟踪其他信息，以支持发现和数据审计。例如，业务所有者、数据分类和数据刷新日期。对于机器学习工作负载，数据科学团队还可从数据湖中的现有数据集生成新数据集（例如，新的机器学习特征）以用于模型训练。这些数据集还应在数据目录中注册和跟踪，并且应保留和归档不同版本的数据以供审计之用。
- 数据访问配置：应建立一个正式的流程来请求和授予对数据集和 Lake Formation 数据库和表的访问权限。外部工单系统（ticketing system）可用于管理请求访问和授予访问的工作流程。
- 监控和审计：应监控数据访问，并维护访问历史。可以启用 Amazon S3 服务器访问日志记录以直接跟踪对所有 S3 对象的访问。AWS Lake Formation 还会记录对 AWS CloudTrail 中 Lake Formation 数据集的所有访问（AWS CloudTrail 在 AWS 账户中提供事件历史记录，以实现治理、合规性和运营审计）。通过 Lake Formation 审计，你可以获得事件源、事件名称、SQL 查询和数据输出位置等详细信息。

现在我们已经了解了为机器学习构建数据管理平台的核心概念和架构模式。接下来，让我们动手实践一下已经介绍过的架构和技术，并构建一个简单的数据湖和数据处理管道。

4.14 动手练习——机器学习的数据管理

在这个动手练习中，你将为一家虚构的零售银行构建一个数据管理平台，以支持机器学习工作流。我们将使用各种 AWS 技术在 AWS 上构建数据管理平台。如果你没有 AWS 账户，则可以按照以下网址的说明创建一个：

https://aws.amazon.com/console/

本练习创建的数据管理平台将具有以下关键组件：

- 用于数据管理的数据湖环境。
- 用于将文件提取到数据湖的数据提取组件。
- 数据发现和查询组件。
- 数据处理组件。

图 4.6 显示了将在本练习中构建的数据管理架构。

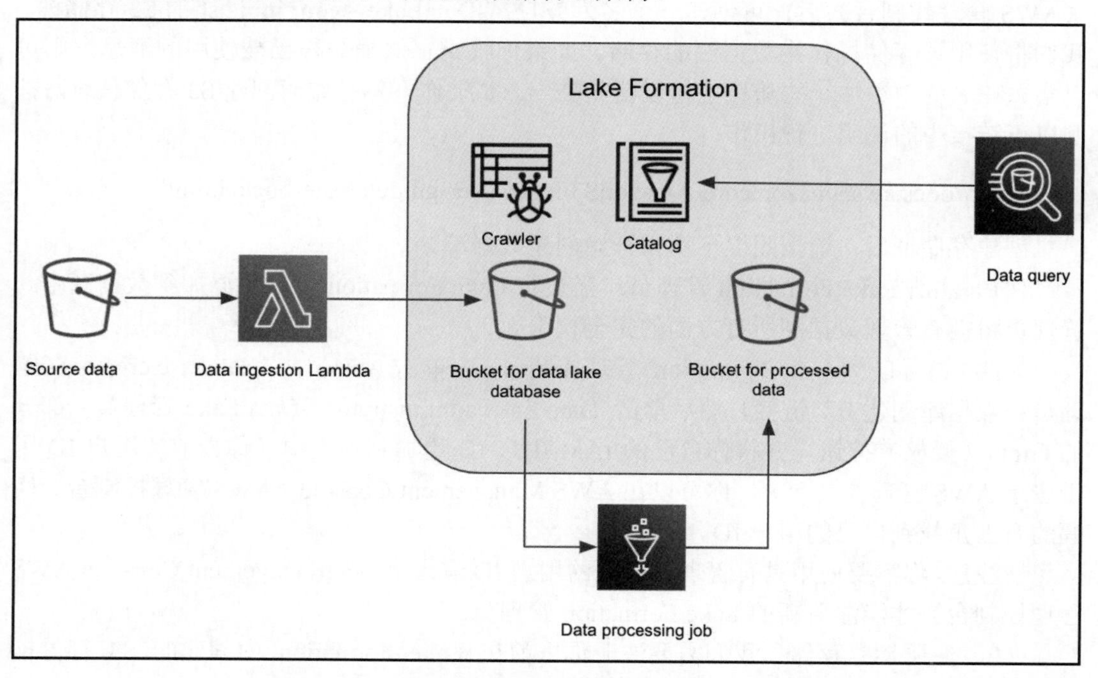

图 4.6 本次动手练习的数据管理架构

原　　文	译　　文
Source data	源数据
Data ingestion Lambda	数据提取 Lambda 工具
Crawler	爬虫程序
Catalog	目录
Bucket for data lake database	数据湖数据库的存储桶
Bucket for processed data	已处理数据的存储桶
Data processing job	数据处理作业
Data query	数据请求
Lake Formation	Lake Formation 数据管理服务

接下来，让我们在 AWS 上构建这个数据管理架构。

4.14.1　使用 Lake Formation 创建数据湖

本练习将使用 AWS Lake Formation 构建数据湖架构。登录 AWS Management Console（AWS 管理控制台）后，可创建一个名为 MLSA-DataLake-<your initials>的 S3 存储桶。我们将使用该存储桶作为数据湖的存储。如果你收到存储桶名称已被使用的消息，则可以尝试在名称中添加一些随机字符以使其唯一。如果你不熟悉如何创建 S3 存储桶，请按照以下链接中的说明进行操作：

https://docs.aws.amazon.com/AmazonS3/latest/user-guide/create-bucket.html

创建存储桶后，请按照以下步骤开始创建数据湖。

（1）注册 Lake Formation 管理员：需要将 Lake Formation 管理员添加到数据湖中。管理员将拥有管理数据湖所有方面的完全权限。

为此，请导航到 Lake Formation 管理控制台，先单击 Admin and database creators（管理员和数据库创建者）链接，然后单击 Data Lake administrator（Data Lake 管理员）部分的 Grant（授权）按钮，并将你自己的 IAM 用户 ID 添加到列表中（你当前的用户 ID 用于登录 AWS 管理控制台）。你可以在 AWS Management Console（AWS 管理控制台）横幅的右上角找到自己的用户 ID。

请注意，你需要使用具有管理员权限的用户 ID 登录 AWS Management Console（AWS 管理控制台）才能注册新的 Lake Formation 管理员。

（2）注册 S3 存储：我们需要注册你之前在 Lake Formation 中创建的 S3 存储桶（MLSA-DataLake-<your initials>），以便通过 Lake Formation 对其进行管理和访问。

为此，请先单击 Dashboard（仪表板）链接，然后单击 Register Location（注册位置）。浏览并选择你创建的存储桶，单击 Register Location（注册位置）。Lake Formation 将使用此 S3 存储桶来存储数据库的数据并管理其访问权限。

（3）创建数据库：现在可以建立一个名为 bank_customer_db 的数据库来管理零售客户。

在注册数据库之前，需要在 MLSA-DataLake-<your initials>存储桶下创建一个名为 bank_customer_db 的文件夹。此文件夹将用于存储与数据库关联的数据文件。

为此，请单击 Lake Formation 仪表板上的 Create database（创建数据库）按钮，按照屏幕上的说明创建数据库。

现在你已成功创建了一个由 Lake Formation 提供支持的数据湖，并创建了一个用于数据管理的数据库。接下来，让我们创建一个数据提取管道以将文件移动到数据湖中。

4.14.2　创建数据提取管道

在准备好数据库之后，现在可以将数据提取到新数据库中。

与其他 S3 存储桶一样，可能有许多不同的数据源，如数据库（例如，Amazon RDS）、流式传输（例如，社交媒体源）和日志（CloudTrail）。还有许多不同的服务可用于构建数据提取管道，如 AWS Glue、Amazon Kinesis 和 AWS Lambda。

在本练习中，将构建一个 Amazon Lambda 函数作业，它将从其他 S3 存储桶中提取数据到这个新数据库。

（1）创建源 S3 存储桶并下载数据文件：创建另一个名为 customer-data-source 的 S3 存储桶来表示我们将从其中提取数据的数据源。现在，先从以下链接下载示例数据文件：

https://github.com/PacktPublishing/The-Machine-Learning-Solutions-Architect-Handbook/tree/main/Chapter04/Archive.zip

然后，将其保存到本地计算机。提取该存档文件并将它们上传到 customer-data-source 存储桶。其中应该有两个文件（customer_data.csv 和 churn_list.csv）。

（2）创建 Lambda 函数：现在创建 Lambda 函数，它可以将数据从 customer-data-source 存储桶提取到 MLSA-DataLake-<your initials>存储桶：

- 首先导航到 AWS Lambda 管理控制台，单击左侧窗格中的 Functions（函数）链接，然后单击右侧窗格中的 Create Function（创建函数）按钮。选择 Author from scratch（从头开始编写），然后输入 datalake-s3-ingest 作为函数名称，并选择 Python 3.8 作为运行时。

- 在下一个屏幕上，先单击 Add trigger（添加触发器），选择 S3 作为触发器，然后选择 customer-data-source 存储桶作为数据源。对于 Event Type（事件类型），选择 Put 事件并单击 Add（添加）按钮以完成该步骤。此触发器将允许在出现 S3 存储桶事件（例如，将文件保存到存储桶中）时调用 Lambda 函数。
- 接下来，通过将默认函数模板替换为以下代码块来创建函数（请注意将 desBucket 变量替换为实际存储桶的名称）：

```
import json
import boto3
def lambda_handler(event, context):
    s3 = boto3.resource('s3')
    for record in event['Records']:
        srcBucket = record['s3']['bucket']['name']
        srckey = record['s3']['object']['key']
        desBucket = "MLSA-DataLake-<your initials>"
        desFolder = srckey[0:srckey.find('.')]
        desKey = "bank_customer_db/" + desFolder + "/" + srckey
        source= { 'Bucket' : srcBucket,'Key':srckey}
        dest ={ 'Bucket' : desBucket,'Key':desKey}
        s3.meta.client.copy(source, desBucket, desKey)
    return {
        'statusCode': 200,
        'body': json.dumps('files ingested')
    }
```

- 新函数还需要 S3 权限才能将文件（对象）从一个存储桶复制到另一个存储桶。为简单起见，只需将 AmazonS3FullAccess 策略添加到与函数关联的 execution IAM role（执行 IAM 角色）。你可以通过单击 Lambda 函数的 Permission（权限）选项卡找到该 IAM 角色。

（3）触发数据提取：现在可以通过将 customer_detail.csv 和 churn_list.csv 文件上传到 customer-data-source 存储桶来触发数据提取过程，并通过检查 MLSA-DataLake-<your initials>/bank_customer_db 文件夹中的这两个文件来验证该过程是否已经完成。

现在你已成功创建了基于 AWS Lambda 的数据提取管道，可以自动将数据从源 S3 存储桶移动到目标 S3 存储桶。接下来，让我们使用 Glue 爬虫程序创建一个 AWS Glue 目录。

4.14.3　创建 Glue 目录

为了允许发现和查询 bank_customer_db 数据库中的数据，需要创建一个数据目录。

本示例将使用 AWS Glue 爬虫程序来爬取 bank_customer_db S3 文件夹中的文件并生成目录。

（1）授权给 Glue，操作步骤如下：

- 首先需要给 AWS Glue 授予访问 bank_customer_db 数据库的权限。我们将为 Glue 服务创建一个新的 IAM 角色以代表你在使用它。为此，请创建一个名为 AWSGlueServiceRole_data_lake 的新 IAM 服务角色，并将 AWSGlueServiceRole 和 AmazonS3FullAccess 这两个 IAM 托管策略附加给它。在创建角色时请确保选择 Glue 作为服务。如果你不熟悉如何创建角色和附加策略，请按照以下链接中的说明进行操作：

  https://docs.aws.amazon.com/IAM/latest/UserGuide

- 在创建角色之后，可以先单击 Lake Formation 管理控制台左窗格中的 Data permission（数据权限），然后单击右窗格中的 Grant（授予）按钮。
- 在新的弹出屏幕上，选择 AWSGlueServiceRole_data_lake 和 bank_customer_db 并单击 Grant（授予）。AWSGlueServiceRole_data_lake 稍后将用于配置 Glue 爬虫作业。

（2）配置 Glue 爬虫作业，操作步骤如下：

- 通过单击 Lake Formation 管理控制台中的 Crawler（爬虫程序）链接启动 Glue 爬虫程序，此时将打开一个新的 Glue 的浏览器标签页。
- 现在可以单击 Add Crawler（添加爬虫程序）按钮输入 bank_customer_db_crawler 作为爬虫程序的名称，然后单击 Next（下一步）。
- 在下一个屏幕上，选中 Data store（数据存储）和 Crawl all folders（抓取所有文件夹）复选框。
- 在 Add a data store（添加数据存储）屏幕上，选择 S3 并在 include path（包含路径）字段中输入以下路径：

  s3://MLSA-DataLake-<your initials>/bank_customer_db/churn_list/

- 在下一个 Add another data store（添加另一个数据存储）屏幕上选择 Yes（是），再选择 S3，然后输入：

  s3://MLSA-DataLake-<your initials>/bank_customer_db/customer_data/

- 在下一个 Choose an IAM role（选择 IAM 角色）屏幕上选中 Choose existing IAM role（选择现有 IAM 角色），并选择你之前使用的 AWSGlueServiceRole_data_lake。

- 在 Create a scheduler for this crawler（为此爬虫程序创建调度程序）屏幕上，选择 Run on demand（按需运行）作为频率。
- 在 Configure the crawler's output（配置爬虫程序的输出）屏幕上选择 bank_customer_db，并在最后一个屏幕上选择 Finish（完成）以完成设置。
- 在 Crawler（爬虫程序）屏幕上选择刚刚创建的 bank_customer_db_crawler 作业，单击 Run crawler（运行爬虫程序），然后等待状态显示为 Ready。
- 导航回 Lake Formation 管理控制台并单击 Tables（表）链接。你现在将看到创建了两个新表（churn_list 和 customer_data）。

现在你已经成功配置了 AWS Glue 爬虫程序，该爬虫程序会自动从数据文件中发现表模式并为新数据创建数据目录。

在为新提取的数据创建了 Glue 数据目录之后，即可开始发现和查询数据湖中的数据。

4.14.4　在数据湖中发现和查询数据

为了支持机器学习工作流的数据发现和数据理解阶段，需要在数据湖中提供数据发现和数据查询能力。

默认情况下，Lake Formation 已经提供了标签列表供数据库中的表进行搜索，例如，数据类型分类（如 CSV）。可以为每个表添加更多标签以使其更容易被发现。

（1）选择 customer_data 表，单击 Action（操作）下拉菜单，然后选择 Edit（编辑）。在该编辑屏幕上添加以下标签并单击 Save（保存）：

```
department: customer
contact: joe
```

（2）选择 churn_list 表并添加以下标签：

```
department: operations
contact: jenny
```

（3）现在可以向表字段添加一些元数据。选择 customer_data 表，单击 Edit Schema（编辑模式），选择 creditscore 字段，单击 Add（添加）以添加列属性，然后输入以下内容：

```
description: credit score is the FICO score for each customer
```

上述列属性是对 creditscore 字段的解释，说明该列中包含的值（信用评分）是每个客户的 FICO 评分。

（4）按照上述相同步骤，为 churn_list 表中的 exited 字段添加以下列属性：

```
description: churn flag
```

上述列属性是对 exited 字段的解释，说明该列中包含的值是客户的流失标志。

（5）现在可以在 Lake Formation 管理控制台中使用元数据进行一些搜索。例如，可以尝试在 Find table by properties（按属性查找表）文本框中分别输入以下单词以搜索表，然后查看返回的结果：

- FICO
- csv
- churn flag
- operations
- customer
- jenny
- creditscore
- customerid

现在你已经找到了要查找的表，接下来可以查询该表并了解一下实际数据。

（6）选择要查询的表，单击 Actions（操作）下拉菜单中的 View data（查看数据）按钮。这应该会将你带到 Amazon Athena 屏幕。你应该看到已经创建了一个查询选项卡，并且查询已经执行。结果显示在屏幕底部。

你可以运行任何其他 SQL 查询来进一步探索数据，例如，通过 customerid 字段连接 customer_data 和 churn_list 表：

```
SELECT * FROM "customer_db"."customer_data", "customer_
db"."churn_list" where "customer_db"."customer_
data"."customerid" = "customer_db"."churn_
list"."customerid" ;
```

现在你已经掌握了如何发现 Lake Formation 中的数据并针对 Lake Formation 数据库和表中的数据运行查询。接下来，让我们使用 Amazon Glue ETL 服务运行数据处理作业，为机器学习任务准备好数据。

4.14.5　创建 Amazon Glue ETL 作业以处理机器学习数据

customer_data 和 churn_list 这两个表中包含对机器学习有用的特征。但是，它们需要连接和处理，以便用于训练机器学习模型。一种选择是让数据科学家下载这些数据集并在 Jupyter notebook 中处理它们以进行模型训练；另一种选择是使用单独的处理引擎处理数据，以便数据科学家可以直接使用处理后的数据。本示例将设置一个 AWS Glue 作业来处理 customer_data 和 churn_list 表中的数据，并将它们转换为可以直接用于模型训练的新的机器学习特征。

请按以下步骤操作：

（1）首先创建一个名为 MLSA-DataLake-Serving-<your initials>的新 S3 存储桶。我们将使用此存储桶来存储 Glue 作业的输出训练数据集。

（2）开始创建 Glue 作业，请先单击 Lake Formation 控制台上的 Jobs（作业）链接。然后，单击 Add Job（添加作业）按钮，并输入 customer_churn_process 作为作业名称。

（3）选择 AWSGlueService_Role 作为 IAM 角色，然后在 This job runs（该作业将运行）部分下选择 A new script to be authored by you（由你编写的新脚本）选项。

（4）单击 Next（下一步）进入下一个屏幕，然后单击 Save job and edit script（保存作业并编辑脚本）按钮。

（5）在 Script edit（脚本编辑）屏幕上，将以下代码块复制到代码部分，然后单击 Save（保存），再单击 Run job（运行作业）按钮。确保在代码中将 default_bucket 替换为你自己的存储桶。

以下代码块首先使用 customerid 列作为键连接 churn_list 和 customer_data 表，然后使用索引转换 gender（性别）和 geo（地理位置）列创建仅包含相关列的新 DataFrame，最后将输出文件保存到 S3 位置，使用日期和生成的版本 ID 作为分区。

该代码使用了目标存储桶、前缀变量的默认值，并为 S3 位置生成了日期分区和版本分区。该作业也可以接受这些参数的输入参数。

以下代码块设置了默认配置，例如，SparkContext 和默认存储桶：

```
import sys
from awsglue.utils import getResolvedOptions
from awsglue.transforms import Join
from pyspark.context import SparkContext
from awsglue.context import GlueContext
from awsglue.job import Job
import pandas as pd
from datetime import datetime
import uuid
from pyspark.ml.feature import StringIndexer
glueContext = GlueContext(SparkContext.getOrCreate())
logger = glueContext.get_logger()
```

```
current_date = datetime.now()
default_date_partition = f"{current_date.year}-{current_date.month}-
{current_date.day}"
default_version_id = str(uuid.uuid4())
default_bucket = "<your default bucket name>"
default_prefix = "ml-customer-churn"
target_bucket = ""
prefix = ""
day_partition =""
version_id = ""
try:
        args = getResolvedOptions(sys.argv,['JOB_ NAME','target_bucket',
'prefix','day_partition','version_id'])
        target_bucket = args['target_bucket']
        prefix = args['prefix']
        day_partition = args['day_partition']
        version_id = args['version_id']
except:
        logger.error("error occured with getting arguments")
if target_bucket == "":
        target_bucket = default_bucket
if prefix == "":
        prefix = default_prefix
if day_partition == "":
        day_partition = default_date_partition
if version_id == "":
        version_id = default_version_id
```

以下代码使用了 customerid 列作为键将 customer_data 和 churn_list 表连接成一个表：

```
# catalog: 数据库和表名称
db_name = "customer_db"
tbl_customer = "customer_data"
tbl_churn_list = "churn_list"
# 从源表创建动态 DataFrame
customer = glueContext.create_dynamic_frame.from_
catalog(database=db_name, table_name=tbl_customer)
churn = glueContext.create_dynamic_frame.from_
catalog(database=db_name, table_name=tbl_churn_list)
# 连接两个 DataFrame 以创建客户流失 DataFrame
customer_churn = Join.apply(customer, churn, 'customerid', 'customerid')
customer_churn.printSchema()
```

以下代码块将多个数据列从字符串标签转换为标签索引，并将最终文件写入 S3 中的某个输出位置：

```
# ---- 写入组合之后的文件 ----
current_date = datetime.now()
str_current_date = f"{current_date.year}-{current_date.
month}-{current_date.day}"
random_version_id = str(uuid.uuid4())
output_dir = f"s3://{target_bucket}/{prefix}/{day_
partition}/{version_id}"
s_customer_churn = customer_churn.toDF()
gender_indexer = StringIndexer(inputCol="gender",
outputCol="genderindex")
s_customer_churn = gender_indexer.fit(s_customer_churn).
transform(s_customer_churn)
geo_indexer = StringIndexer(inputCol="geography",
outputCol="geographyindex")
s_customer_churn = geo_indexer.fit(s_customer_churn).
transform(s_customer_churn)
s_customer_churn = s_customer_
churn.select('geographyindex',
'estimatedsalary','hascrcard','numofproducts', 'balance', 'age',
'genderindex', 'isactivemember', 'creditscore', 'tenure', 'exited')
s_customer_churn = s_customer_churn.coalesce(1)
s_customer_churn.write.option("header","true").
format("csv").mode('Overwrite').save(output_dir)
logger.info("output_dir:" + output_dir)
```

（6）作业完成后，可以检查 S3 中的以下位置：

```
s3://MLSA-DataLake-Serving-<your initials>/ml-customer-churn/
<date>/<guid>/
```

查看在该位置是否生成了新的 CSV 文件。如果已经生成，则可以打开该文件，看看是否包含新处理的数据集。

现在你已经成功构建了一个 AWS Glue 作业，可用于机器学习的数据处理和特征工程。

你可以尝试创建一个爬虫程序来爬取 MLSA-DataLake-Serving-<your initials>存储桶中新处理的数据，使其在 Glue 目录中可用，并且可以对其运行一些查询。

现在你应该会看到一个新表，它是为不同的训练数据集创建的，包含多个分区（如 ml-customer-churn、date 和 GUID）。你可以使用 GUID 分区作为查询条件来查询数据。

4.14.6　使用 Glue 工作流构建数据管道

现在让我们创建一个管道，它将首先运行数据提取作业，然后为数据创建数据库目录并运行数据处理作业以生成训练数据集。

（1）首先单击 Glue 管理控制台左侧窗格中的 Workflows（工作流）链接。

（2）单击 Add Workflow（添加工作流）并在下一个屏幕上输入工作流的名称，然后单击 Add Workflow（添加工作流）按钮。

（3）选择刚刚创建的工作流程，然后单击 Add Trigger（添加触发器）。选择 Add New（添加新触发器）选项卡，然后输入触发器的名称并选择 on-demand（按需）触发器类型。

（4）在工作流用户界面设计器中，你将看到一个新的 Add Node（添加节点）图标出现。单击 Add Node（添加节点）图标，选择 Crawler（爬虫程序）选项卡，然后选择 bank_customer_db_crawler，再单击 Add（添加）。

（5）在工作流用户界面设计器上单击 Crawler（爬虫程序）图标，你将看到一个新的 Add Trigger（添加触发器）图标出现。单击该 Add Trigger（添加触发器）图标，选择 Add new（添加新触发器）选项卡，然后选择 After ANY event（在任何事件之后）作为触发逻辑，然后单击 Add（添加）。

（6）在工作流用户界面设计器上单击 Add Node（添加节点）图标，选择 jobs（作业）选项卡，然后选择 customer_churn_process 作业。

（7）在工作流用户界面设计器上，最终的工作流应该如图 4.7 所示。

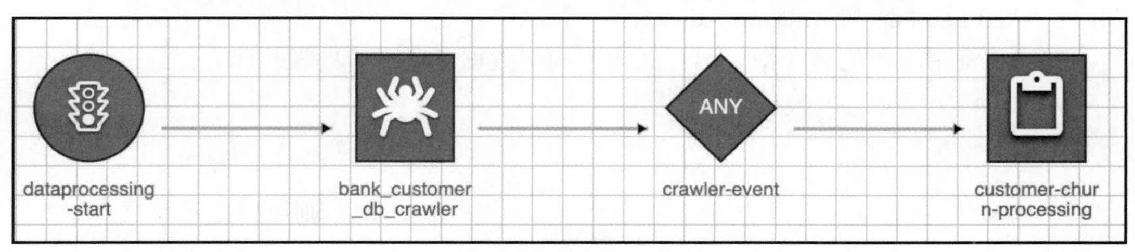

图 4.7　Glue 数据流设计

（8）现在已经可以运行工作流了。选择该工作流，然后从 Actions（操作）下拉列表中选择 Run（运行）。你可以通过选择 Run ID（运行 ID）并单击 View run details（查看运行详细信息）来监控运行状态。你应该会看到类似于图 4.8 所示的内容。

（9）尝试删除 customer_data 和 churn_list 表并重新运行工作流。查看是否再次创建了新表。你可以检查以下 S3 位置以验证是否使用新数据集创建了新文件夹。

s3://MLSA-DataLake-Serving-<your initials>/ml-customer-churn/<date>/

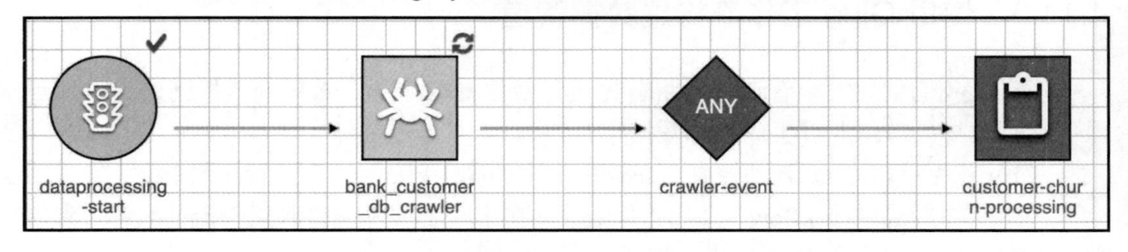

图 4.8　Glue 工作流程执行

恭喜！你已完成动手实验并学习了如何构建简单的数据湖及其支持组件，以实现数据目录编制、数据查询和数据处理。

4.15　小　　结

本章讨论了机器学习的数据管理注意事项，讨论了机器学习的数据管理架构，并以此为基础详细介绍了企业数据管理平台。现在你应该知道数据管理与机器学习生命周期的交叉点，并了解如何在 AWS 上设计数据湖架构。

为了将理论知识付诸实践，本章还使用 Lake Formation 构建了一个数据湖。我们为数据发现、查询和下游的机器学习任务练习了数据提取、处理和数据目录编制等操作。现在你应该掌握了 AWS 数据管理工具的实践技能，包括 AWS Lake Formation、AWS Glue、AWS Lambda 和 Amazon Athena。

在第 5 章中，我们将介绍使用开源技术构建数据科学环境的架构和技术。

第 5 章　开源机器学习库

在开源软件和商业产品领域都有多种技术可用于构建机器学习和数据科学解决方案。

为了保持机器学习平台更大的灵活性和定制化，一些企业或组织会选择投资其内部的数据科学和工程团队，以使用开源技术栈构建数据科学平台。

当然，也有一些企业或组织更愿意采用商业产品，这样它们就可以将精力集中在解决业务和数据问题上了。

还有一些企业或组织为其机器学习平台选择了混合架构（即同时使用了开源软件和商业产品）。

作为机器学习解决方案架构从业者，我经常需要向其他人解释有哪些开源机器学习技术可用，以及如何使用这些技术来构建机器学习解决方案。

本章将重点介绍用于实验、建模和构建机器学习平台的各种开源技术。你将了解到各种机器学习库，如 scikit-learn、Apache Spark、TensorFlow 和 PyTorch。我们将讨论这些机器学习库的核心功能，以及如何将它们应用于机器学习生命周期中的各个步骤，如数据处理、模型构建和模型评估。

本章还将让你实际体验一下 TensorFlow 和 PyTorch 机器学习库，学习如何使用它们进行模型训练。

本章包含以下主题：

- 开源机器学习库的核心特性。
- 了解 scikit-learn 机器学习库。
- 了解 Apache Spark ML 机器学习库。
- 了解 TensorFlow 机器学习库并动手练习。
- 了解 PyTorch 机器学习库并动手练习。

5.1　技 术 要 求

本章需要使用安装了 Jupyter Notebook 环境的本地计算机。有关该环境的安装和设置，可参考第 3 章“机器学习算法”。

你可以在本书配套的 GitHub 存储库中找到本章使用的代码示例。其网址如下：

https://github.com/PacktPublishing/The-Machine-Learning-Solutions-Architect-Handbook/tree/main/Chapter05

5.2　开源机器学习库的核心功能

机器学习库的核心只是用不同编程语言编写的软件库。它们与其他软件库的不同之处在于支持的功能。一般来说，大多数机器学习库通过不同的库子包支持以下关键功能：

- 数据操作和处理：包括支持不同的数据任务，如加载不同格式的数据、数据操作、数据分析、数据可视化和数据转换。
- 模型构建和训练：包括对内置机器学习算法的支持以及构建自定义算法的能力。大多数机器学习库还内置了对常用损失函数（如均方误差或交叉熵）的支持以及可供选择的优化器列表（如梯度下降或 adam）。一些库还为跨多个 CPU/GPU 设备或计算节点的分布式模型训练提供高级支持。
- 模型评估：包括用于评估训练模型性能的软件包，如模型准确率或错误率。
- 模型保存和加载：包括支持将模型保存为各种格式以进行持久化，以及支持将保存的模型加载到内存中进行预测。
- 模型服务：包括模型服务功能，用于在 API（通常是 RESTful API Web 服务）后面公开的经过训练的机器学习模型。

机器学习库通常支持一种或多种编程语言，如 Python、Java 或 Scala，以满足不同的需求。Python 是最流行的机器学习语言之一，大多数机器学习库都提供对 Python 接口的支持。当然，这些库的后端和底层算法主要是用 C++和 Cython 等编译语言编写的，用以优化其性能。接下来，我们将仔细研究一些最常见的机器学习库。

5.3　了解 scikit-learn 机器学习库

scikit-learn 是 Python 的开源机器学习库。它最初于 2007 年发布，是最流行的机器学习库之一，用于解决许多机器学习任务，如分类、回归、聚类和降维。其网址如下：

https://scikit-learn.org/

scikit-learn 被不同行业的公司和学术界广泛用于解决客户流失预测、客户细分、产品推荐和欺诈检测等实际业务案例。

scikit-learn 主要建立在 NumPy、SciPy 和 Matplotlib 基础库之上。

- NumPy 是一个基于 Python 的库，用于管理大型多维数组和矩阵，并具有额外的数学函数来操作数组和矩阵。
- SciPy 可以提供科学计算功能，如优化、线性代数和傅里叶变换。
- Matplotlib 用于绘制数据以进行数据可视化。

总之，scikit-learn 是用于一系列常见数据处理和模型构建任务的充分且有效的工具。

5.3.1　安装 scikit-learn

你可以在 Mac、Windows 和 Linux 等不同的操作系统上轻松安装 scikit-learn 软件包。scikit-learn 库包托管在 Python Package Index（Python 包索引）站点和 Anaconda 包存储库中。它们的网址如下：

https://pypi.org/
https://anaconda.org/anaconda/repo

要在你的计算机环境中安装 scikit-learn 库，可以使用 PIP 包管理器或 Conda 包管理器。包管理器允许你在操作系统中安装库包和管理库包的安装。

要使用 PIP 包管理器安装 scikit-learn 库，可以从 PyPI 索引网站安装它，这只要运行以下命令即可：

```
pip install -U scikit-learn
```

如果要使用 Conda 环境，则可以运行以下命令安装：

```
conda install scikit-learn
```

要了解有关 PIP 和 Conda 的更多信息，可访问：

https://pip.pypa.io/
http://docs.conda.io

5.3.2　scikit-learn 的核心组件

scikit-learn 为机器学习提供了全方位的 Python 类，从数据处理到构建可重复的管道都涵盖其中。图 5.1 显示了 scikit-learn 库包中的主要组件。

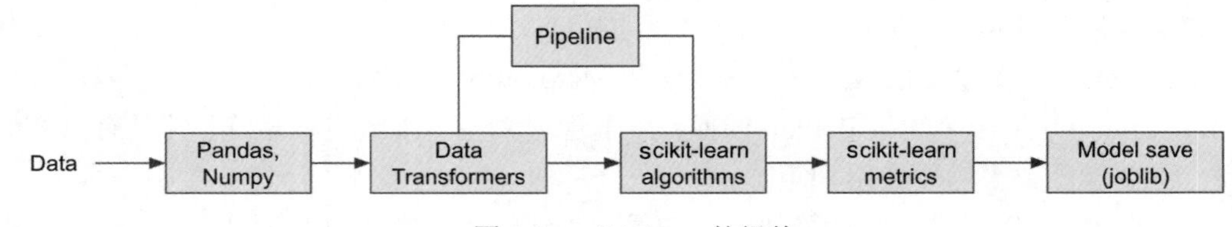

图 5.1　scikit-learn 的组件

原　文	译　文	原　文	译　文
Data	数据	scikit-learn algorithms	scikit-learn 算法
Data Transformers	数据转换器	scikit-learn metrics	scikit-learn 指标
Pipeline	管道	Model save (joblib)	模型保存（joblib）

现在让我们仔细看看这些组件是如何支持机器学习生命周期的各个阶段的：

- 准备数据：对于数据操作和处理，通常使用 Pandas 库。它提供了核心的数据加载和保存功能，以及用于数据操作的实用程序，如数据选择、数据排列和数据统计汇总等。Pandas 建立在 NumPy 之上。Pandas 库还附带了一些可视化功能，如饼图、散点图和箱线图等。

  scikit-learn 提供了一个用于数据处理和转换的转换器列表，如填补缺失值、编码分类值、归一化以及文本和图像的特征提取。可在以下网址找到完整的转换器列表：

  https://scikit-learn.org/stable/data_transforms.html

  你还可以灵活地创建自定义转换器。

- 模型训练：scikit-learn 为分类和回归提供了大量的机器学习算法，如逻辑回归、K 最近邻和随机森林，也为聚类提供了 k-Means 之类的算法。在以下网址可以找到完整的算法列表：

  https://scikit-learn.org/stable/index.html

  以下示例代码显示了通过 RandomForestClassifier 算法使用已标记的训练数据集训练模型的语法：

```
from sklearn.ensemble import RandomForestClassifier
model = RandomForestClassifier (max_depth, max_features, n_estimators
model.fit(train_X, train_y)
```

- 模型评估：scikit-learn 具有用于超参数调整和交叉验证的实用程序，以及用于模型评估的指标类。在以下网址可以找到模型选择和评估实用程序的完整列表：

https://scikit-learn.org/stable/model_selection.html

以下示例代码显示了用于评估分类模型准确率的 accuracy_score 类：

```
from sklearn.metrics import accuracy_score
acc = accuracy_score (true_label, predicted_label)
```

- 模型保存：scikit-learn 可以使用 Python 对象序列化（pickle 或 joblib）保存模型工件。序列化之后的 pickle 文件可以加载到内存中以进行预测。以下示例代码显示了使用 joblib 类保存模型的语法：

```
import joblib
joblib.dump(model, "saved_model_name.joblib")
```

- 管道：scikit-learn 还提供了一个管道实用程序，用于将不同的转换器和估计器串在一起作为单个处理管道，并且可以作为一个单元重复使用。当你需要为建模训练和模型预测预处理数据时，这尤其有用，因为两者都需要以相同的方式处理数据：

```
from sklearn.pipeline import Pipeline
from sklearn.preprocessing import StandardScaler
from sklearn.ensemble import RandomForestClassifier

pipe=Pipeline([('scaler',StandardScaler()),(RF,RandomForestClassifier())])
pipe.fit(X_train, y_train)
```

如你所见，开始使用 scikit-learn 机器学习包来试验和构建机器学习模型非常容易。scikit-learn 非常适合在单台机器上运行常见的回归、分类和聚类机器学习任务。但是，如果你需要在大型数据集或多台机器上训练机器学习，那么 scikit-learn 通常不是正确的选择，除非算法（如 SGDRegressor）支持增量训练。

接下来，让我们看一些可以处理大规模机器学习模型训练的机器学习库。

5.4　了解 Apache Spark 机器学习机器学习库

Apache Spark 是一个用于大规模数据处理的分布式数据处理框架，它允许基于 Spark 的应用程序跨分布式机器集群在内存中加载和处理数据，以加快处理时间。

Spark 集群由一个主结点和若干个工作结点组成，用于运行不同的 Spark 应用程序。在 Spark 集群中运行的每个应用程序都有一个驱动程序和它自己的一组进程，这些进程由驱动程序中的 SparkSession 对象协调。驱动程序中的 SparkSession 对象连接到集群管理器

（例如，Mesos、YARN、Kubernetes 或 Spark 的独立集群管理器），该管理器负责为 Spark 应用程序分配集群中的资源。

具体来说，集群管理器在称为执行器（executor）的工作结点上获取资源，以运行计算并为 Spark 应用程序存储数据。执行器配置了 CPU 核心数和内存等资源，以满足任务处理的需要。一旦分配了执行器，则集群管理器就会将应用程序代码（Java JAR 或 Python 文件）发送给执行器。

最后，SparkContext 将任务发送给执行器运行。

图 5.2 显示了驱动程序如何与集群管理器和执行器交互以运行任务。

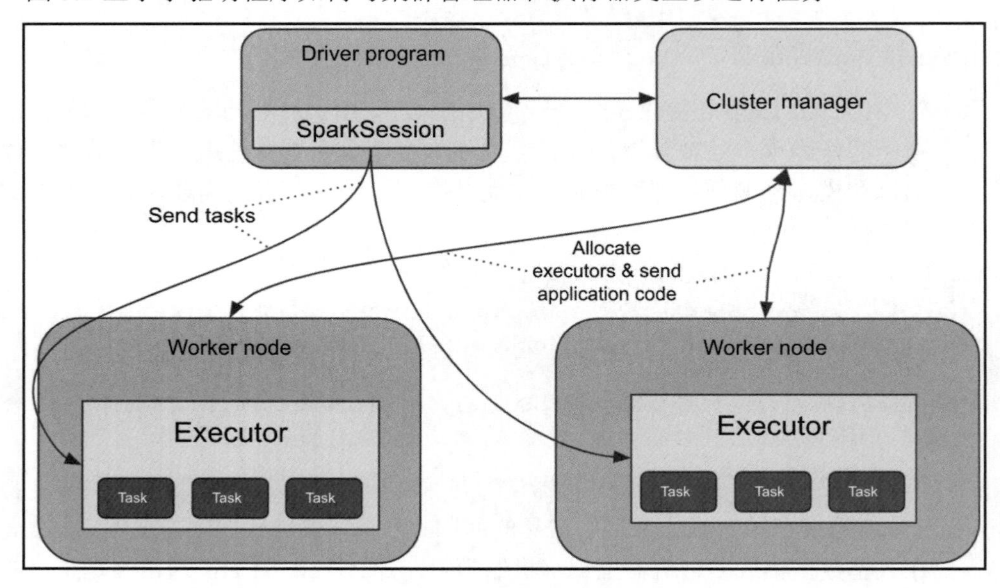

图 5.2　在 Spark 集群上运行 Spark 应用程序

原　　文	译　　文
Driver program	驱动程序
Cluster manager	集群管理器
Send tasks	发送任务
Worker node	工作结点
Executor	执行器
Task	任务
Allocate executors & send application code	分配执行器并发送应用程序代码

每个 Spark 应用程序都有自己的一组执行器，这些执行器在应用程序的持续时间内保

持不变。不同应用程序的执行器相互隔离，只能通过外部数据存储共享数据。

Spark 的机器学习包称为 MLlib，它运行在分布式 Spark 架构之上，能够处理和训练具有不适合单个机器内存的大型数据集的模型。它提供不同编程语言的 API，包括 Python、Java、Scala 和 R。从结构上看，它与 scikit-learn 库非常相似。

Spark 非常受欢迎，并被不同行业的各种规模的公司采用。Netflix、Uber 和 Pinterest 等大公司都使用了 Spark 进行大规模数据处理和转换，以及运行机器学习模型。

5.4.1　安装 Spark ML

Spark ML 库包含在 Spark 安装中。PySpark 是 Spark 的 Python API，它可以像使用 pip 的常规 Python 包一样安装，其命令如下：

```
pip install pyspark
```

请注意，PySpark 需要先在机器上安装 Java 和 Python，然后才能安装它。有关 Spark 的详细安装说明，可以访问：

https://spark.apache.org/docs/latest/

5.4.2　Spark 机器学习库的核心组件

与 scikit-learn 库类似，Spark 和 Spark ML 提供了用于构建机器学习模型的全方位功能，从数据准备到模型评估和模型持久性保存均已涵盖其中。图 5.3 显示了 Spark 中可用于构建机器学习模型的核心组件。

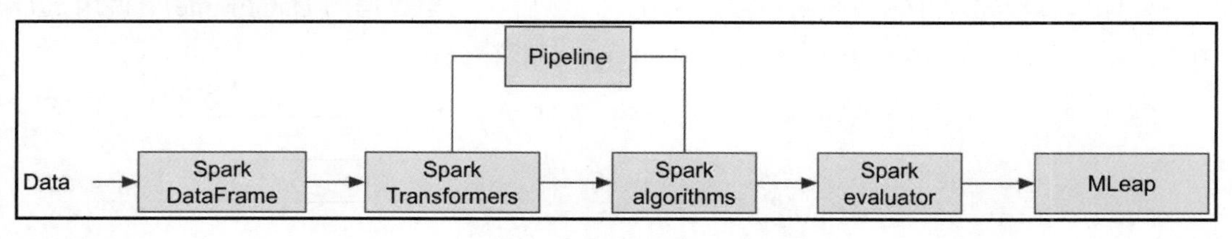

图 5.3　Spark ML 的核心组件

原　　文	译　　文	原　　文	译　　文
Data	数据	Spark algorithms	Spark 算法
Spark Transformers	Spark 数据转换器	Spark evaluator	Spark 评估器
Pipeline	管道		

现在让我们仔细看看 Spark 和 Spark ML 库包支持的核心功能。

- 准备数据：Spark 支持 Spark DataFrame，这是一种分布式数据集合，可用于数据连接、聚合、过滤和其他数据操作需求。

  从概念上讲，Spark DataFrame 相当于关系数据库中的表。Spark DataFrame 可以分布在多台机器（即分区）上，这允许并行快速数据处理。

  Spark DataFrame 还可以运行在一个称为延迟执行模型的模型上。延迟执行（lazy execution）定义了一组转换（例如，添加列或过滤列），并且仅在需要执行操作（如计算列的最小值/最大值）时才执行转换。这允许为不同的转换和操作生成执行计划，以优化执行的性能。

要开始使用 Spark 功能，你需要创建一个 Spark 会话。Spark 会话可创建一个 SparkContext 对象，它是 Spark 功能的入口点。以下示例代码展示了如何创建 Spark 会话：

```
from pyspark.sql import SparkSession
spark = SparkSession.builder.appName('appname').getOrCreate()
```

Spark DataFrame 可以从许多不同的来源构建，如结构化数据文件（如 CSV 或 JSON）和外部数据库。以下代码示例可将 CSV 文件读入 Spark DataFrame：

```
dataFrame = spark.read.format('csv').load(file_path)
```

Spark 中有许多用于数据处理和转换的转换器，如 Tokenizer（将文本分解为单个单词）和 StandardScalar（将特征标准化为单位偏差和或零均值）。你可以在以下网址找到一份支持的转换器列表：

https://spark.apache.org/docs/2.1.0/ml-features.html

要使用转换器，首先必须用参数初始化它，然后在包含数据的 DataFrame 上调用 fit()函数，最后调用 transform()函数传递 DataFrame 中的特征：

```
from pyspark.ml.feature import StandardScaler

scaler = StandardScaler(inputCol="features", outputCol=
"scaledFeatures", withStd=True, withMean=False)
scalerModel = scaler.fit(dataFrame)
scaledData = scalerModel.transform(dataFrame)
```

- 模型训练：Spark ML 库支持用于分类、回归、聚类、推荐和主题建模等大量机器学习算法。

  可在以下网址找到 Spark 机器学习算法列表：

  https://spark.apache.org/docs/1.4.1/mllib-guide.html

以下代码示例显示了如何训练逻辑回归模型：

```
from pyspark.ml.classification import LogisticRegression
lr_algo = LogisticRegression(maxIter regParam, elasticNetParam)
lr_model = lr_algo.fit(dataFrame)
```

- 模型评估：对于模型选择和评估，Spark ML 库可提供用于交叉验证、超参数调整和模型评估指标的实用程序。
  可在以下网址找到评估器（evaluator）列表：

  https://spark.apache.org/docs/latest/api/python/reference/api/pyspark.ml.evaluation.MulticlassClassificationEvaluator.html?highlight=model%20evaluation

以下代码为评估器应用示例：

```
from pyspark.ml.evaluation import BinaryClassificationEvaluator

dataset = spark.createDataFrame(scoreAndLabels, ["raw", "label"])
evaluator = BinaryClassificationEvaluator()
evaluator.setRawPredictionCol("raw")

evaluator.evaluate(dataset)
evaluator.evaluate(dataset, {evaluator.metricName:"areaUnderPR"})
```

- 管道：Spark ML 库也支持管道概念，其概念和 scikit-learn 类似。通过管道可以将一系列转换和模型训练步骤排序为一个统一的可重复步骤：

```
from pyspark.ml import Pipeline
from pyspark.ml.classification import LogisticRegression
from pyspark.ml.feature import HashingTF, Tokenizer

lr_tokenizer = Tokenizer(inputCol, outputCol)
lr_hashingTF = HashingTF(inputCol=tokenizer.getOutputCol(), outputCol)
lr_algo = LogisticRegression(maxIter, regParam)

lr_pipeline = Pipeline(stages=[lr_tokenizer, lr_hashingTF, lr_algo])
lr_model = lr_pipeline.fit(training)
```

- 模型保存：Spark ML 管道可以序列化为 MLeap 包的序列化格式，MLeap 是 Spark 的外部库。序列化的 MLeap 包可以反序列化回 Spark 以进行批处理评分，或者也可以反序列化到 Mleap 运行时以运行实时 API。
  有关 MLeap 的详细信息，可访问：

https://combust.github.io/mleap-docs/

以下代码显示了将 Spark 模型序列化为 MLeap 格式的语法：

```
import mleap.pyspark
from pyspark.ml import Pipeline, PipelineModel

lr_model.serializeToBundle("saved_file_path", lr_model.
transform(dataframe))
```

Spark 为大规模数据处理和机器学习模型训练提供了统一的框架，它非常适合经典的机器学习任务。它还对神经网络训练（如多层感知器）提供了一些基本的支持。

接下来，让我们看几个专注于为深度学习提供支持的机器学习库。

5.5　了解 TensorFlow 深度学习库

TensorFlow 最初于 2015 年发布，是一个流行的开源机器学习库，由谷歌公司支持，主要用于深度学习。TensorFlow 已被各种规模的公司用于为一系列用例训练和构建最先进的深度学习模型，包括计算机视觉、语音识别、问答、文本摘要、预测和机器人技术。

TensorFlow 基于计算图（即数据流图）的概念。所谓的计算图（computational graph），就是将数据流和对数据执行的操作构建为图。TensorFlow 以 n 维数组/矩阵（称为张量）的形式获取输入数据，并在该张量（Tensor）上执行数学运算，例如，加法或矩阵乘法。

张量的示例可以是标量值（如 1.0）、一维向量（如[1.0, 2.0, 3.0]）、二维矩阵（如[[1.0, 2.0, 3.0], [4.0、5.0、6.0]]），甚至更高维矩阵。

图 5.4 显示了用于对张量执行一系列数学运算的示例计算图。

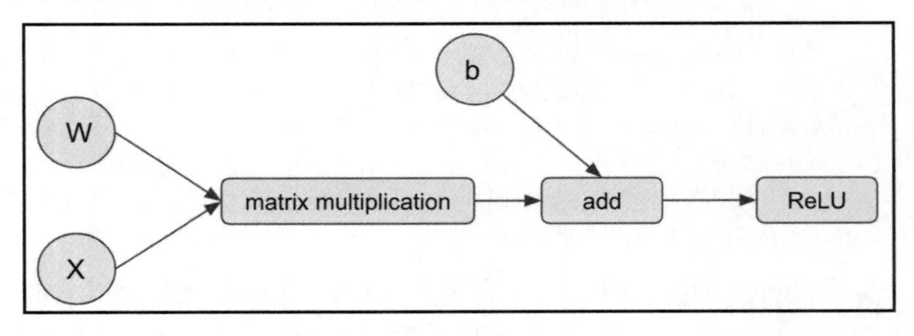

图 5.4　数据流图

原　文	译　文	原　文	译　文
matrix multiplication	矩阵乘法	add	加法

在上面的计算图（数据流图）中，矩形结点是数学运算，而圆圈则代表张量。这个特定的示意图显示了一个用于执行人工神经元张量操作的计算图，该操作是先执行 ***W*** 和 ***X*** 的矩阵乘法，然后添加 ***b***，最后应用 ReLU 函数。等效数学公式如下：

$$f(x)=\mathrm{ReLU}(\boldsymbol{Wx}+\boldsymbol{b})$$

在 TensorFlow 的早期版本（如 1.0 版本）中，所有计算图都是静态的，这意味着图需要提前构建，并且在执行时无法修改。

在计算图的构建步骤中，图中定义的数学运算不被执行。需要一个单独的执行步骤来执行操作并获得结果。静态图的性能更高，因为它们需要在实际执行之前进行编译以获得最佳执行。下面的代码构造了一个简单的图，将两个常数加在一起。print(tf.__version__)可显示已安装的 TensorFlow 版本：

```
import tensorflow as tf
print(tf.__version__)

A = tf.constant (1)
B = tf.constant (2)
C = tf.add (A, B)
print(C)
```

如果运行上述代码，你可能以为会得到输出为 3 的结果；但是，实际上的输出结果为 0，因为该图尚未执行。这里的每个语句仅有助于构建图。要运行图，需要使用 TensorFlow 会话对象执行图。如果运行以下代码，你将看到正确的输出：

```
sess = tf.Session()
sess.run(C)
```

在 TensorFlow 2.x 中，计算图可以是静态的也可以是动态的。执行每个语句时都会执行动态图。如果使用 TensorFlow 2.x 运行相同的代码，则以下示例的 print(C)语句将获得输出结果为 3：

```
import tensorflow as tf
print(tf.__version__)

A = tf.constant (1)
B = tf.constant (2)
C = tf.add (A, B)
print(C)
```

动态图的性能虽然不如静态图，但它更容易开发和调试。而且在大多数情况下，它们之间的性能差异很小。

5.5.1　安装 TensorFlow

可以在基于 Python 的环境中使用以下命令安装 TensorFlow：

```
pip install --upgrade tensorflow
```

安装后，TensorFlow 可以像任何其他 Python 库包一样使用。

5.5.2　TensorFlow 的核心组件

TensorFlow 库为从数据准备到模型服务的不同机器学习步骤提供了丰富的功能集。图 5.5 显示了 TensorFlow 库的核心构建块。

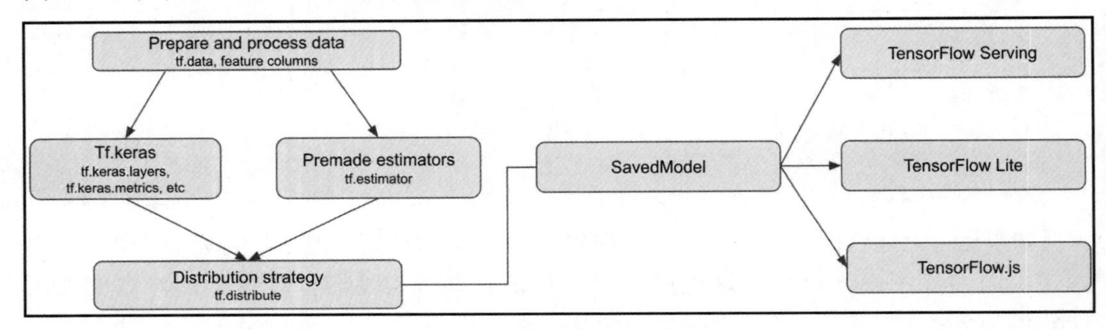

图 5.5　TensorFlow 组件

原　　文	译　　文
Prepare and process data tf.data, feature columns	准备和处理数据 tf.data，特征列
Tf.keras tf.keras.layers, tf.keras.metrics, etc	Tf.keras API tf.keras.layers、tf.keras.metrics 等
Premade estimators tf.estimator	预制的评估器 tf.estimator
Distribution strategy tf.distribute	分布策略 tf.distribute
SavedModel	SavedModel 序列化格式

使用 TensorFlow 2.x 训练机器学习模型包括以下主要步骤：

- ❑ 准备数据集：TensorFlow 2.x 提供了一个 tf.data 库，用于有效地从源（如文件）加载数据、转换数据（如更改数据集的值）以及设置数据集以进行训练（如配置批大小或数据预取）。这些数据类提供了将数据传递给训练算法以优化模型训练的有效方法。TensorFlow Keras API 还提供了一系列内置类（MNIST、CIFAR、IMDB、MNIST Fashion 和 Reuters Newswire）用于构建简单的深度学习模型。你还可以将 NumPy 数组或 Python 生成器（行为类似于迭代器的函数）提供给 TensorFlow 中的模型以进行模型训练，但推荐使用 tf.data 方法。

- 定义神经网络：TensorFlow 2.x 提供了多种方式来使用或构建用于模型训练的神经网络。你可以使用预制的评估器（tf.estimator 类），如 DNNRegressor 和 DNNClassifier 来训练模型。或者，你也可以使用 tf.keras 类创建自定义神经网络，它提供了一个基础模块列表，例如，用于构建神经网络层的 tf.keras.layers 和用于构建神经网络的 tf.keras.activation（如 ReLU、Sigmoid 和 Softmax）。Softmax 通常用作多类问题的神经网络的最后一个输出。它以实数（正数和负数）向量作为输入，并将向量归一化为概率分布，以表示不同类别标签（如不同类型的手写数字）的概率。对于二元分类问题，通常使用 Sigmoid 函数，它返回一个介于 0 和 1 之间的值。
- 定义损失函数：TensorFlow 2.x 提供了一系列的内置损失函数，例如，回归任务的均方误差（mean squared error，MSE）和平均绝对误差（mean absolute error，MAE），以及分类任务的交叉熵损失。

  有关 MSE 的详细信息，可访问：

  https://en.wikipedia.org/wiki/Mean_squared_error

  有关 MAE 的详细信息，可访问：

  https://en.wikipedia.org/wiki/Mean_absolute_error

  在 tf.keras.losses 类中可以找到支持的损失函数的列表。有关不同损失函数的更多详细信息，可以访问：

  https://tf.keras.io/api/loss/

  如果内置的损失函数不能满足你的需求，则还可以自定义损失函数。
- 选择优化器：TensorFlow 2.x 提供了一系列用于模型训练的内置优化器，例如，用于参数优化的 Adam 优化器和随机梯度下降（stochastic gradient descent，SGD）优化器及其 tf.keras.optimizers 类。

  有关不同的支持优化器的更多信息，可访问：

  https://keras.io/api/optimizers/

Adam 和 SGD 是最常用的两个优化器。

- 选择评估指标：TensorFlow 2.x 有一个内置的模型评估指标列表（如准确率和交叉熵），用于使用其 tf.keras.metrics 类进行模型训练评估。你还可以在训练期间为模型评估定义自定义指标。
- 将网络编译为模型：此步骤可以将定义的网络以及定义的损失函数、优化器和评估指标编译为一个计算图，为模型训练做好准备。
- 拟合模型：此步骤可以按批次（batch）和多个轮次（epoch）将数据提供给计算图以启动模型训练过程，从而优化模型参数。
- 评估经过训练的模型：一旦模型经过训练，即可使用 evaluate()函数对测试数据进行评估。
- 保存模型：模型可以保存为 TensorFlow SavedModel 序列化格式或分层数据格式（hierarchical data format，HDF5）格式。
- 模型服务：TensorFlow 附带一个名为 TensorFlow Serving 的模型服务框架，在第 7 章“开源机器学习平台”中详细介绍它。

TensorFlow 库专为大规模生产级数据处理和模型训练而设计。因此，它提供了针对大型数据集在服务器集群上进行大规模分布式数据处理和模型训练的能力。第 10 章“高级机器学习工程”中将介绍大规模分布式数据处理和模型训练。

5.6 动手练习——训练 TensorFlow 模型

本练习将学习如何在本地 Jupyter notebook 环境中安装 TensorFlow 库，并构建和训练一个简单的神经网络模型。

首先请启动你之前安装在计算机上的 Jupyter notebook。如果你不记得如何执行此操作，请复习第 3 章“机器学习算法”。

在 Jupyter notebook 运行后，可以通过先选择 New（新建）下拉菜单，然后选择 Folder（文件夹）创建一个新文件夹。将该文件夹重命名为 TensorFlowLab。

打开 TensorFlowLab 文件夹，在该文件夹内新建一个笔记本，并将该笔记本重命名为 Tensorflow-lab1.ipynb。然后执行以下操作：

（1）在第一个单元格中运行以下代码来安装 TensorFlow：

```
! pip3 install --upgrade tensorflow
```

（2）现在必须导入库并加载样本训练数据。我们将使用 keras 库附带的内置

fashion_mnist 数据集来执行此操作。

接下来，我们必须将数据加载到 tf.data.Dataset 类中，然后调用它的 batch()函数来设置批次大小。在新单元格中运行以下代码块以加载数据并配置数据集：

```
import numpy as np
import tensorflow as tf
tf.enable_eager_execution()

train, test = tf.keras.datasets.fashion_mnist.load_data()
images, labels = train
labels = labels.astype(np.int32)
images = images/256
train_ds = tf.data.Dataset.from_tensor_slices((images, labels))
train_ds = train_ds.batch(32)
```

（3）要查看数据的外观，可以在新单元格中运行以下代码块：

```
from matplotlib import pyplot as plt

print ("label:" + str(labels[0]))
pixels = images[0]
plt.imshow(pixels, cmap='gray')
plt.show()
```

（4）构建一个简单的 MLP 网络，该网络有两个隐藏层（一个隐藏层有 100 个结点，另个隐藏层有 50 个结点），还有一个包含 10 个结点的输出层（每个结点代表一个类标签）。

可以使用 Adam 优化器编译网络，使用交叉熵损失作为优化目标，并使用准确率作为衡量指标。Adam 优化器是梯度下降（gradient descent，GD）的一种变体，它主要在自适应学习率方面对 GD 进行了改进，更新参数以提高模型收敛性，而 GD 则是使用恒定的学习率进行参数更新。

交叉熵可以衡量分类模型的性能，其中输出的是不同类别的概率分布，它们加起来为 1。当预测的分布与实际类别标签不同时，交叉熵误差会增加。

要开始训练过程，可以调用 fit()函数。我们将运行 10 个轮次的训练，一个轮次就是指整个数据集都训练一遍：

```
model = tf.keras.Sequential([
    tf.keras.layers.Flatten(),
    tf.keras.layers.Dense(100, activation="relu"),
    tf.keras.layers.Dense(50, activation="relu"),
    tf.keras.layers.Dense(10)
```

```
    tf.keras.layers.Softmax()
])
model.compile(  optimizer='adam',
                loss=tf.keras.losses.SparseCategoricalCrossentropy(),
                metrics=[tf.keras.metrics.SparseCategoricalAccuracy()])

model.fit(train_ds, epochs=10)
```

当模型训练时，你应该看到每个轮次都报告了一个损失指标和准确率指标。

（5）现在模型已经训练完成了，可以使用测试数据集来验证它的性能。在以下代码中为测试数据创建了一个 test_ds：

```
images_test, labels_test = test
labels_test = labels_test.astype(np.int32)

images_test = images_test/256

test_ds = tf.data.Dataset.from_tensor_slices((images_test, labels_test))
test_ds = train_ds.batch(32)
test_ds = train_ds.shuffle(30)

results = model.evaluate(test_ds)
print("test loss, test acc:", results)
```

（6）也可以使用独立的 keras.metrics 来评估模型。在本示例中，我们得到预测结果并使用 tf.keras.metrics.Accuracy 基于 test[1]中的真实值来计算预测结果的准确率：

```
predictions = model.predict(test[0])
predicted_labels = np.argmax(predictions, axis=1)
m = tf.keras.metrics.Accuracy()
m.update_state(predicted_labels, test[1])
m.result().numpy()
```

（7）要保存模型，可以在新单元格中运行以下代码，它将以 SavedModel 序列化格式保存模型：

```
model.save(filepath='model', save_format='tf')
```

（8）打开 model 目录。你应该看到已经生成了若干个文件，如 saved_model.pb，以及 variables 子目录下的几个文件。

恭喜！你已在本地 Jupyter notebook 环境中成功安装 TensorFlow 包，并已经训练了深度学习模型。

在理解了 TensorFlow 以及如何使用它来训练深度学习模型之后，接下来，让我们看一下 PyTorch，这是另一个非常流行的深度学习库，用于实验和生产级机器学习模型的训练。

5.7　了解 PyTorch 深度学习库

PyTorch 是一个开源机器学习库，专为使用 GPU 和 CPU 进行深度学习而设计。它于 2016 年发布，是一个非常流行的机器学习框架，拥有大量的追随者和推选示例。许多科技公司，包括 Facebook、微软和 Airbnb 等科技巨头，都大量使用 PyTorch 进行广泛的深度学习，如计算机视觉和自然语言处理。

PyTorch 使用 C++后端，在性能与易用性之间取得了良好的平衡，默认支持动态计算图以及与 Python 生态系统其他部分的互操作性。例如，使用 PyTorch 可以轻松地在 NumPy 数组和 PyTorch 张量之间进行转换。为了便于反向传播，PyTorch 内置了对自动计算梯度的支持，这是基于梯度的模型优化的重要需求。

PyTorch 库由若干个关键模块组成，包括张量、Autograd、优化器和神经网络等。

- 张量用于存储和操作多维数字数组。你可以对张量执行各种操作，如矩阵乘法、转置、返回最大数和维数操作。
- PyTorch 通过其 Autograd 模块支持自动梯度计算。执行前向传递时，Autograd 模块可同时构建一个计算梯度的函数。
- Optimizer 模块提供了各种算法，如 SGD 和 Adam，用于更新模型参数。
- 神经网络模块提供了代表神经网络不同层的模块，如线性层、嵌入层和 dropout 层。它还提供了常用于训练深度学习模型的损失函数列表。

5.7.1　安装 PyTorch

PyTorch 可以在不同的操作系统上运行，包括 Linux、macOS 和 Windows。有关安装的详细说明，可访问：

https://pytorch.org/

可以使用以下命令将其安装在基于 Python 的环境中：

```
pip install torch
```

5.7.2　PyTorch 的核心组件

与 TensorFlow 类似，PyTorch 也支持从数据准备到模型服务的端到端的机器学习工作流程。图 5.6 显示了用于训练和服务 PyTorch 模型的不同 PyTorch 模块。

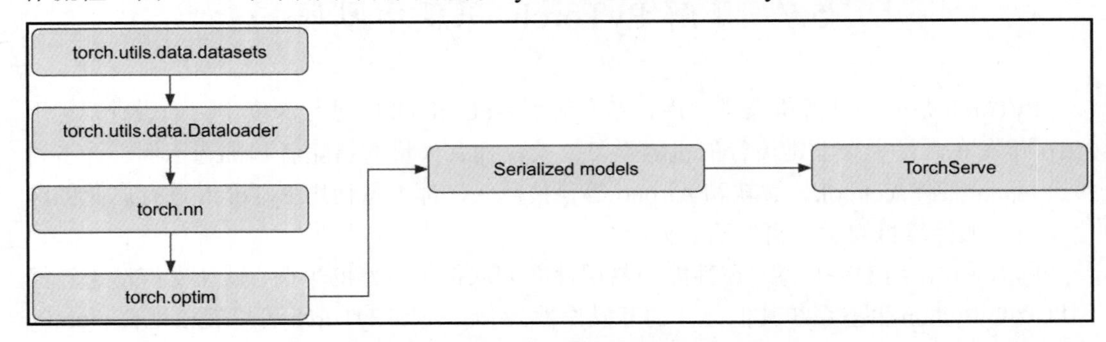

图 5.6　用于模型训练和服务的 PyTorch 模块

原　文	译　文
Serialized models	序列化之后的模型

训练深度学习模型所涉及的步骤与 TensorFlow 模型训练的步骤非常相似。以下步骤描述了与 PyTorch 相关的详细信息：

（1）准备数据集：PyTorch 提供了两个用于数据集和数据加载管理的基础模块，即 torch.utils.data.Dataset 和 torch.utils.data.Dataloader。

Dataset 可以存储数据样本及其相应的标签，而 Dataloader 则可以环绕数据集并提供对数据的简单高效的访问以进行模型训练。

Dataloader 提供了 shuffle、batch_size 和 prefetch_factor 等函数来控制数据如何加载和提供给训练算法。

由于数据集中的数据可能需要在执行训练之前进行转换，因此 Dataset 允许你使用自定义的函数来转换数据。

（2）定义神经网络：PyTorch 通过其 torch.nn 类为构建神经网络提供了高级抽象。torch.nn 类为线性层和卷积层等不同的神经网络层以及 Sigmoid 和 ReLU 等激活层提供了内置支持。它还有 nn.Sequential 等容器类用于将不同的层打包成一个完整的网络。现有的神经网络也可以加载到 PyTorch 中进行训练。

（3）定义损失函数：PyTorch 在其 torch.nn 类中提供了若干个内置的损失函数，如 nn.MSELoss 和 nn.CrossEntropyLoss。

（4）选择优化器：PyTorch 提供了若干个优化器及其 nn.optim 类。优化器的示例包括 optim.SGD、optim.Adam 和 optim.RMSProp。

所有优化器都有一个 step()函数，该函数在每次前向传递时更新模型参数。还有一个计算梯度的反向传递。

（5）选择评估指标：PyTorch ignite.metrics 类提供了若干个评估指标用于评估模型性能，如精确率（Precision）、召回率（Recall）和均方根误差（RootMeanSquaredError）。有关精确率和召回率的详细信息，可访问：

https://en.wikipedia.org/wiki/Precision_and_recall

你也可以使用 scikit-learn metrics 库来帮助评估模型。

（6）训练模型：在 PyTorch 中的训练模型涉及每个训练循环中的 3 个主要步骤，即前向传递训练数据、反向传递训练数据以计算梯度，以及执行优化器步骤以更新梯度。

（7）保存/加载模型：torch.save()函数将以序列化的 pickle 格式保存模型；torch.load()函数则可以将序列化模型加载到内存中进行推理。一个常见的约定是使用.pth 或.pt 扩展名保存文件。你还可以将多个模型保存到一个文件中。

（8）模型服务：PyTorch 带有一个名为 TorchServe 的模型服务库，在第 7 章“开源机器学习平台”中将更详细地介绍它。

PyTorch 库支持大规模分布式数据处理和模型训练，我们将在第 10 章“高级机器学习工程”中对此展开详细介绍。

现在你已经了解了 PyTorch 的基础知识，让我们通过一个简单练习来动手实践。

5.8　动手练习——构建和训练 PyTorch 模型

在这个动手练习中，你将学习如何在本地机器上安装 PyTorch 库并使用 PyTorch 训练一个简单的深度学习模型。

请启动你之前安装在计算机上的 Jupyter Notebook。如果你不记得如何执行此操作，请复习第 3 章“机器学习算法”。

在 Jupyter Notebook 运行后，执行以下操作：

（1）在你的 Jupyter Notebook 环境中创建一个名为 pytorch-lab 的新文件夹，并创建一个名为 pytorch-lab1.ipynb 的新笔记本文件。在单元格中运行以下命令以安装 PyTorch 和 torchvision 包。

```
!pip3 install torch
```

```
!pip3 install torchvision
```

torchvision 包含一组计算机视觉模型和数据集。本次练习将使用 torchvision 包中预先构建的 MNIST 数据集。

（2）下面的示例代码展示了前面提到的主要组件。请务必在单独的 Jupyter Notebook 单元格中运行每个代码块，以便于阅读。

我们需要导入必要的库包并从 torchvision datasets 类加载 MNIST 数据集。

```
import numpy as np
import matplotlib.pyplot as plt
import torch
from torchvision import datasets, transforms
from torch import nn, optim

transform = transforms.Compose([transforms.ToTensor(),
transforms.Normalize((0.5,), (0.5,),)])
trainset = datasets.MNIST('pytorch_data/train/',
download=True, train=True, transform=transform)
valset = datasets.MNIST('pytorch_data/test/',
download=True, train=False, transform=transform)
trainloader = torch.utils.data.DataLoader(trainset,
batch_size=64, shuffle=True)
```

（3）接下来需要构建一个 MLP 神经网络进行分类。这个 MLP 网络有两个隐藏层，第一层和第二层都有 ReLU 激活函数。

MLP 模型的输入大小为 784，这是 28×28 图像的展平尺寸。第一个隐藏层有 128 个结点（神经元），而第二层则有 64 个结点（神经元）。最后一层有 10 个结点，因为我们有 10 个类标签。

```
model = nn.Sequential( nn.Linear(784, 128),
                       nn.ReLU(),
                       nn.Linear(128, 64),
                       nn.ReLU(),
                       nn.Linear(64, 10))
```

（4）显示图像数据的一个样本。

```
images, labels = next(iter(trainloader))
pixels = images[0][0]
plt.imshow(pixels, cmap='gray')
plt.show()
```

（5）现在必须为训练过程定义一个交叉熵损失函数（cross-entropy loss function），因为我们要测量所有标签的概率分布中的误差。在内部，PyTorch 的 CrossEntropyLoss 会自动将 Softmax 函数应用于网络输出，以计算不同类别的概率分布。

对于优化器，我们选择了学习率为 0.003 的 Adam 优化器。

view()函数会将二维输入数组（28×28）展平为一维向量，因为我们的神经网络将采用一维向量输入。

```
criterion = nn.CrossEntropyLoss()
images = images.view(images.shape[0], -1)
output = model(images)
loss = criterion(output, labels)
optimizer = optim.Adam(model.parameters(), lr=0.003)
```

（6）现在可以开始训练过程。我们将运行 15 个轮次（epoch）。与 TensorFlow Keras API 只需调用 fit()函数来开始训练不同，PyTorch 需要你先构建一个训练循环并专门运行前向传递（model(images)），运行后向传递来学习（loss.backward()），更新模型权重（optimizer.step()），然后计算总损失和平均损失。

对于每个训练步骤，trainloader 将返回一个批次（批大小为 64）的训练数据样本。每个训练样本都被展平为一个 784 长的向量。

优化器在每个训练步骤都被重置为 0。

```
epochs = 15
for e in range(epochs):
    running_loss = 0
    for images, labels in trainloader:
        images = images.view(images.shape[0], -1)
        optimizer.zero_grad()
        output = model(images)
        loss = criterion(output, labels)
        loss.backward()
        optimizer.step()
        running_loss += loss.item()
    else:
        print("Epoch {} - Training loss: {}".format(e,
running_loss/len(trainloader)))
```

当训练代码运行时，它应该打印出每个轮次的平均损失。

（7）要使用验证数据测试准确率，必须通过训练好的模型运行验证数据集，并使用 scikit-learn.metrics.accuracy_score()计算模型的准确率。

```
valloader = torch.utils.data.DataLoader(valset, batch_size=
valset.data.shape[0], shuffle=True)
val_images, val_labels = next(iter(valloader))
val_images = val_images.view(val_images.shape[0], -1)
predictions = model (val_images)
predicted_labels = np.argmax(predictions.detach().numpy(), axis=1)

from sklearn.metrics import accuracy_score
accuracy_score(val_labels.detach().numpy(), predicted_labels)
```

（8）最后还需要将模型保存到文件中。

```
torch.save(model, './model/my_mnist_model.pt')
```

恭喜！你已在本地 Jupyter Notebook 环境中成功安装了 PyTorch，并训练了一个深度学习 PyTorch 模型。

5.9 小　　结

本章介绍了 4 个流行的开源机器学习库包，包括 scikit-learn、Spark ML、TensorFlow 和 PyTorch。现在你应该熟悉了每个库的核心构建块以及如何使用它们来训练机器学习模型。你还学会了使用 TensorFlow 和 PyTorch 框架来构建简单的人工神经网络，训练深度学习模型，并将这些训练好的模型保存到文件中。这些模型文件日后可以加载到模型服务环境中以生成预测结果。

在第 6 章中，我们将介绍 Kubernetes 以及如何将其用作构建开源机器学习解决方案的基础设施。

第 6 章　Kubernetes 容器编排基础设施管理

虽然使用开源技术构建本地数据科学环境以供个人在简单的机器学习任务中使用是相当容易的，但是为许多用户配置和维护用于不同机器学习任务和跟踪机器学习的数据科学环境则是相当具有挑战性的实验。

构建端到端机器学习平台是一个复杂的过程，有许多不同的架构模式和开源技术可以提供帮助。本章将介绍 Kubernetes，这是一个开源容器编排平台，可以作为构建开源机器学习平台的基础设施。我们将讨论 Kubernetes 的核心概念、它的网络架构和组件，以及它的安全性和访问控制等。本章将让你亲身体验 Kubernetes、构建 Kubernetes 集群并使用它来部署容器化应用程序。

本章包含以下主题：

- 容器介绍。
- Kubernetes 概述和核心概念。
- Kubernetes 网络。
- Kubernetes 安全和访问控制。
- 动手练习——在 AWS 上构建 Kubernetes 基础设施。

6.1　技术要求

本章将继续在你的 AWS 账户中使用服务来完成本章的动手练习部分。我们将使用多种 AWS 服务，包括 AWS Elastic Kubernetes Service（EKS）、AWS CloudShell 和 AWS EC2。本章使用的所有代码文件都位于本书配套的 GitHub 存储库上，其网址如下：

https://github.com/PacktPublishing/The-Machine-Learning-Solutions-Architect-Handbook/tree/main/Chapter06

让我们从容器简介开始。

6.2　容器介绍

容器（container）是操作系统虚拟化的一种形式，它一直是非常流行的基于微服务架构的软件部署和运行现代软件的计算平台。容器允许你打包和运行具有独立依赖关系的计算机软件。与服务器虚拟化（如 Amazon EC2 或 VMware 虚拟机）相比，容器更具轻量级和便携性，因为它们共享相同的操作系统，并且每个容器中并不包含操作系统镜像（image）。每个容器都有自己的文件系统、计算资源共享和在其中运行的自定义应用程序的进程空间。

虽然容器看起来像是一种相对较新的变革性技术，但容器化技术的概念实际上诞生于 20 世纪 70 年代的 chroot 系统和 UNIX 版本 7。当然，容器技术在那之后的 20 年里并没有在软件开发社区中获得太大的吸引力，几乎处于休眠状态。虽然从 2000 年到 2011 年它有了一些进展并取得了明显进步，但直到 2013 年 Docker 的引入才开启了容器技术的复兴。

在容器内可以运行各种应用程序，如数据处理脚本等简单程序或数据库等复杂系统。图 6.1 显示了容器部署与其他类型的部署有何不同。请注意，容器运行时也可以在虚拟化环境的客户操作系统（guest operating system）中运行以托管容器化应用程序。

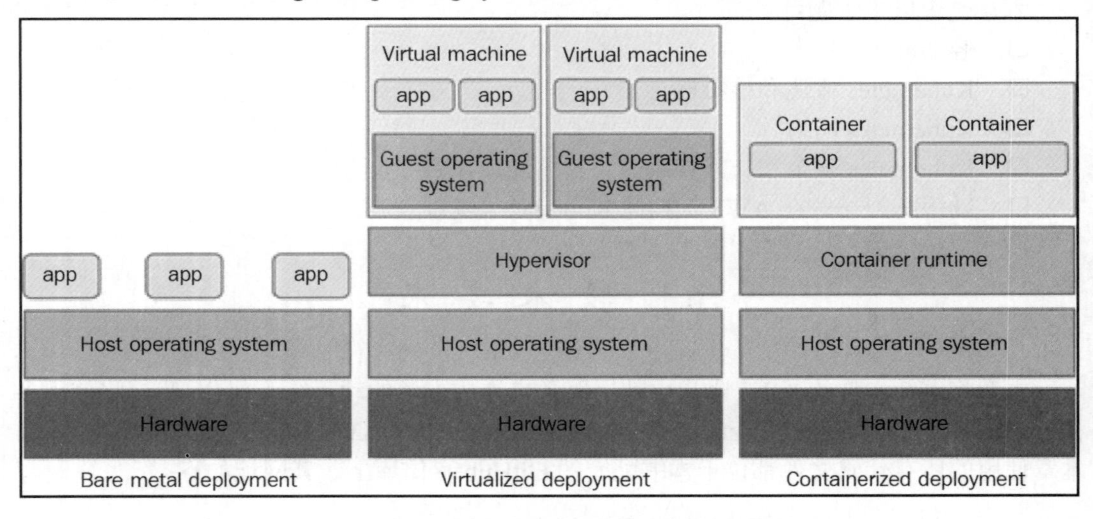

图 6.1　裸机、虚拟化和容器化部署之间的区别

原　文	译　文	原　文	译　文
app	应用程序	Hypervisor	虚拟机监控程序
Host operating system	主机操作系统	Virtualized deployment	虚拟化部署
Hardware	硬件	Container	容器
Bare metal deployment	裸机部署	Container runtime	容器运行时
Virtual machine	虚拟机	Containerized deployment	容器化部署
Guest operating system	客户操作系统		

容器被打包为 Docker 镜像，由运行容器和其中的应用程序所必需的所有文件（例如，安装、应用程序代码和依赖项）组成。

构建 Docker 镜像的一种方法是使用 Dockerfile，即提供有关如何构建 Docker 镜像的规范的纯文本文件。

一旦创建了 Docker 镜像，即可在容器运行时环境中执行它。下面是一个 Dockerfile 示例，用于构建 Docker 镜像以创建基于 Ubuntu 操作系统的运行时环境（FROM 指令）并安装各种 Python 包，如 python3、numpy、scikit-learn 和 pandas（RUN 指令）：

```
FROM ubuntu:18.04

RUN apt-get -y update && apt-get install -y --no-install-recommends \
        wget \
        python3-pip \
        nginx \
        ca-certificates \
    && rm -rf /var/lib/apt/lists/*

RUN ln -s /usr/bin/python3 /usr/bin/python
RUN ln -s /usr/bin/pip3 /usr/bin/pip
RUN pip --no-cache-dir install numpy==1.16.2 scipy==1.2.1
scikit-learn==0.20.2 pandas flask gunicorn
```

要从此 Dockerfile 构建 Docker 镜像，可以使用 Docker build 命令，这是一个作为 Docker 安装的一部分提供的实用程序。

现在我们对容器已经有了一定的了解，接下来，让我们深入了解一下 Kubernetes。

6.3　Kubernetes 概述和核心概念

虽然直接在计算环境中部署和管理少量容器和容器化应用程序的生命周期是简单可行的，但是，当你需要跨大量服务器管理和编排大量容器时，该项工作就会变得非常具有挑战性，而这就是 Kubernetes 的用武之地。

Kubernetes（K8s）最初于 2014 年发布，它是一个开源系统，用于在服务器集群上大规模管理容器（缩写 K8s 是通过将 ubernete 替换为数字 8 衍生而来的）。

在架构上，Kubernetes 可以在一个服务器集群中运行一个主结点（master node）和一个或多个工作结点（worker node）。主结点也称为控制平面（control plane），负责集群的整体管理，它有以下 4 个关键组件：

- API 服务器。

- 调度程序。
- 控制器。
- Etcd。

主结点公开一个 API 服务器（API Server）层，允许对集群进行编程控制。API 调用的一个示例可能是在集群上部署 Web 应用程序。

控制平面还跟踪和管理名为 etcd 的键值存储中的所有配置数据，该存储负责存储所有集群数据，如要运行的容器镜像的期望数量、计算资源规范、在集群上运行的 Web 应用程序的存储卷的大小等。

Kubernetes 使用一种称为控制器（Controller）的对象类型来监控 Kubernetes 资源的当前状态，并在两个状态之间存在差异（例如，运行容器的数量的差异）时采取必要的动作（例如，通过 API 服务器改变请求），以将当前状态转变为理想的状态。

主结点中的控制器管理器负责管理所有 Kubernetes 控制器。Kubernetes 带有一组内置的控制器，如调度程序（Scheduler），它负责在有更改请求时调度 Pod 以在工作结点上运行。Pod 是部署单元，下文将详细讨论。

其他示例包括作业控制器（Job Controller），它负责为一项任务运行和停止一个或多个 Pod，另外还有部署控制器（Deployment Controller），它负责根据部署清单（例如，Web 应用程序的部署清单）部署 Pod。

图 6.2 展示了 Kubernetes 集群的核心架构组件。

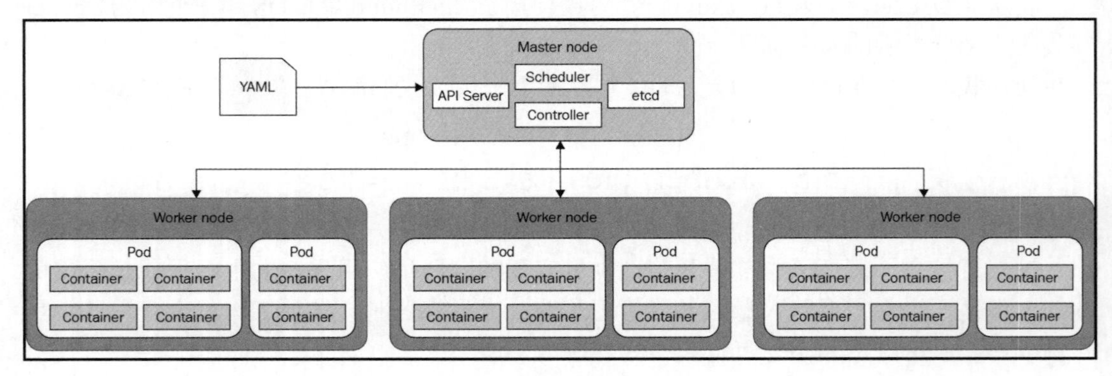

图 6.2　Kubernetes 架构

原　文	译　文	原　文	译　文
Master node	主结点	Controller	控制器
API Server	API 服务器	Worker node	工作结点
Scheduler	调度程序	Container	容器

要与 Kubernetes 集群的控制平面交互，可以使用 kubectl 命令行实用程序、Kubernetes Python 客户端或使用 RESTful API 直接访问。

有关 Kubernetes Python 客户端的详细信息，可访问：

https://github.com/kubernetes-client/python

要获得支持的 kubectl 命令列表，可访问：

https://kubernetes.io/docs/reference/kubectl/cheatsheet/

Kubernetes 架构的核心涵盖了许多独特的技术概念。以下是 Kubernetes 运行所围绕的一些主要概念：

- 命名空间（Namespace）：命名空间可以将工作机器集群组织成虚拟的子集群。它们用于为不同团队和项目拥有的资源提供逻辑上的区隔，同时仍然允许不同命名空间进行通信。

  命名空间可以跨越多个工作结点，可以用于将权限列表分组到一个名称下，以允许授权用户访问命名空间中的资源。

  可以对命名空间实施资源使用控制，例如，CPU 和内存资源的配额。

  如果资源位于不同的命名空间中，则命名空间还可以使用相同的名称命名资源，以避免命名冲突。

  默认情况下，Kubernetes 中有一个 default 命名空间。你可以根据需要创建其他命名空间。如果未指定命名空间，则使用 default 命名空间。
- Pod：Kubernetes 在称为 Pod 的逻辑单元中部署计算。所有 Pod 必须属于 Kubernetes 命名空间（默认命名空间或指定命名空间）。

  可以将一个或多个容器组合到一个 Pod 中，Pod 中的所有容器作为一个单元部署和扩展，并共享相同的上下文，例如，Linux 命名空间和文件系统。

  每个 Pod 都有一个唯一的 IP 地址，由 Pod 中的所有容器共享。Pod 通常被创建为工作负载资源，例如，Kubernetes 部署或 Kubernetes 作业。

图 6.3 显示了 Kubernetes 集群中的命名空间、Pod 和容器之间的关系。在该图中，每个命名空间都包含自己的一组 Pod，每个 Pod 可以包含一个或多个在其中运行的容器。

- 部署：Kubernetes 使用部署来创建或修改运行容器化应用程序的 Pod。例如，要部署容器化应用程序，需要创建一个配置清单文件（通常采用 YAML 文件格式），其中指定了详细信息（如容器部署名称、命名空间、容器镜像 URI、Pod 副本的数量以及应用程序的通信端口）。

  使用 Kubernetes 客户端实用程序（kubectl）应用部署后，将在工作结点上创建运行指定容器镜像的相应 Pod。

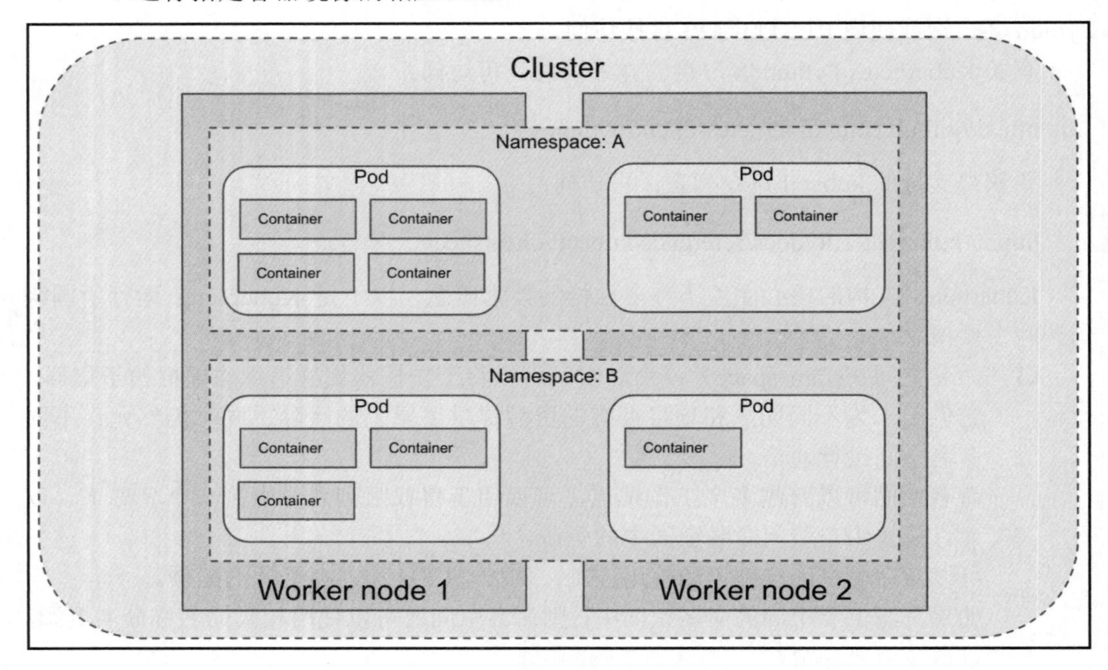

图 6.3　命名空间、Pod 和容器

原　　文	译　　文	原　　文	译　　文
Cluster	集群	Namespace：B	命名空间：B
Namespace：A	命名空间：A	Worker node 1	工作结点 1
Container	容器	Worker node 2	工作结点 2

以下示例为具有所需规范的 Nginx 服务器创建 Pod 部署：

```
apiVersion: apps/v1              # 用于创建此部署的 k8s API 版本
kind: Deployment                 # 对象的类型
                                 # 在本示例中，类型是 Deployment
metadata:
   name: nginx-deployment        # 部署的名称
spec:
   selector:
      matchLabels:
         app: nginx              # 部署的应用程序标签
                                 # 这可用于查找/选择 Pod
   replicas: 2                   # 告诉部署运行两个与模板匹配的 Pod
```

```
    template:
        metadata:
            labels:
                app: nginx
        spec:
            containers:
                - name: nginx
                  image: nginx:1.14.2        # 用于部署的 Docker 容器镜像
                  ports:
                    - containerPort: 80      # 与其他容器通信的网络端口
```

图 6.4 显示了将上述部署清单文件应用到 Kubernetes 集群并创建两个 Pod 来托管 Nginx 容器的两个副本的流程。

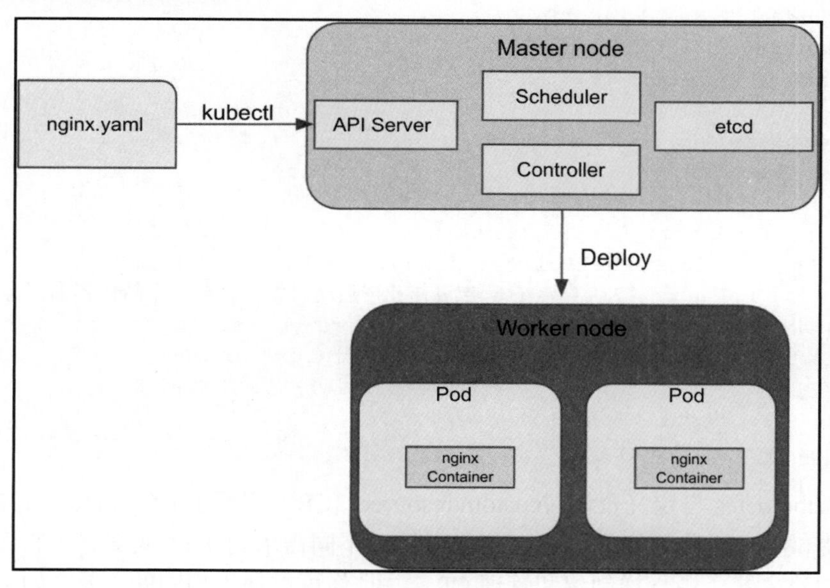

图 6.4　创建 Nginx 部署

原　　文	译　　文	原　　文	译　　文
Master node	主结点	Deploy	部署
API Server	API 服务器	Worker node	工作结点
Scheduler	调度程序	nginx Container	nginx 容器
Controller	控制器		

部署之后，部署控制器会监控已部署的容器实例。如果某个实例宕机，则控制器将用工作结点上的另一个实例替换它。

- Kubernetes Job：Kubernetes Job 是一种控制器，它可以创建一个或多个 Pod 来运行某些任务，并确保作业成功完成。
  如果由于结点故障或其他系统问题导致多个 Pod 失败，则 Kubernetes Job 将重新创建 Pod 以完成任务。
  Kubernetes Job 可用于运行面向批处理的任务，例如，运行批处理数据的脚本、机器学习模型训练脚本，或针对大量的推理请求执行机器学习批处理脚本。
  作业完成后，Pod 不会终止，因此你可以访问作业日志并检查作业的详细状态。
  以下是运行训练作业的示例模板：

```
apiVersion: batch/v1
kind: Job                    # 指示这是 Kubernetes Job
resource
metadata:
    name: train-job
spec:
    template:
        spec:
            containers:
            - name: train-container
              imagePullPolicy: Always
                             # 告诉作业在启动时始终拉取一个新的容器镜像
              image: <uri to Docker image containing training script>
              command: ["python3", "train.py"]
                             # 告诉容器在启动后运行此命令
            restartPolicy: Never
        backoffLimit: 0
```

- Kubernetes 自定义资源（custom resource，CR）和算子（Operator）：Kubernetes 提供了一个内置资源列表，例如，针对不同需求的 Pod 或部署。它还允许你像创建内置资源一样创建和管理 CR，并且你可以使用相同的工具（如 kubectl）来管理它们。
  当你在 Kubernetes 中创建自定义资源时，Kubernetes 会为资源的每个版本创建一个新 API（例如，<自定义资源名称>/<版本>）。这也称为扩展 Kubernetes API。
  要创建自定义资源，必须创建自定义资源定义（custom resource definition，CRD）YAML 文件。
  要在 Kubernetes 中注册 CRD，只需运行 kubectl apply -f <name of the CRD yaml file>来应用文件即可。之后，你就可以像使用任何其他 Kubernetes 资源一样使用它。

例如，要在 Kubernetes 上管理自定义模型训练作业，你可以定义一个包含各种规范的 CRD，这些规范包括算法名称、数据加密设置、训练图像、输入数据源、作业失败重试次数、副本数和作业活跃度探测频率等。

Kubernetes 算子是对自定义资源进行操作的控制器。算子将监视 CR 类型并采取特定操作以使当前状态与所需状态匹配，就像内置控制器所做的那样。

例如，如果你想为前面提到的训练作业 CRD 创建一个训练作业，则可以创建一个算子来监控训练作业请求并执行特定于应用程序的操作来启动 Pod 并在整个生命周期中运行该训练作业。

图 6.5 显示了算子部署所涉及的组件。

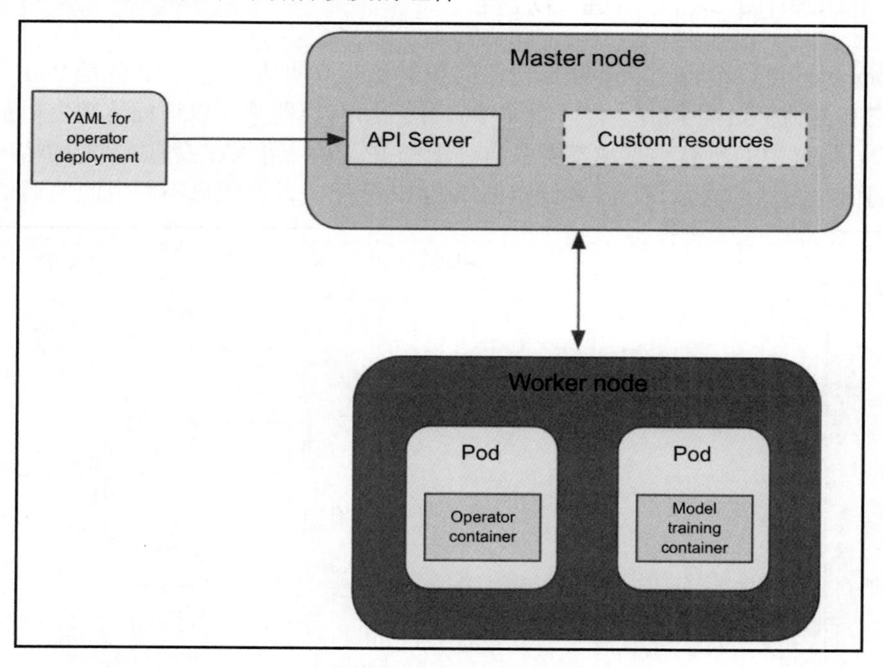

图 6.5　Kubernetes 自定义资源及其与算子的交互

原　　文	译　　文	原　　文	译　　文
YAML for operator deployment	算子部署的 YAML 文件	Worker node	工作结点
Master node	主结点	Operator container	算子容器
API Server	API 服务器	Model training container	模型训练容器
Custom resources	自定义资源		

部署算子的最常见方法是部署 CR 定义和关联的控制器。控制器在 Kubernetes 控制

平面之外运行，类似于在 Pod 中运行容器化应用程序。

6.4　Kubernetes 网络

Kubernetes 在 Kubernetes 集群中的所有资源之间运行一个扁平的私有网络。在其集群内，所有 Pod 都可以在集群范围内相互通信，而无须网络地址转换（network address translation，NAT）之类的操作。

6.4.1　Kubernetes 网络通信流程

Kubernetes 可以给每个 Pod 赋予自己的集群私有 IP 地址，这个 IP 就是 Pod 自己看到的 IP，它和其他 Pod 看到的一样。单个 Pod 中的所有容器都可以访问本地主机上每个容器的端口。集群中的所有结点也都有各自分配的 IP，并且可以在没有 NAT 的情况下与所有 Pod 通信。图 6.6 显示了 Pod 和结点的不同 IP 分配，以及来自不同资源的通信流。

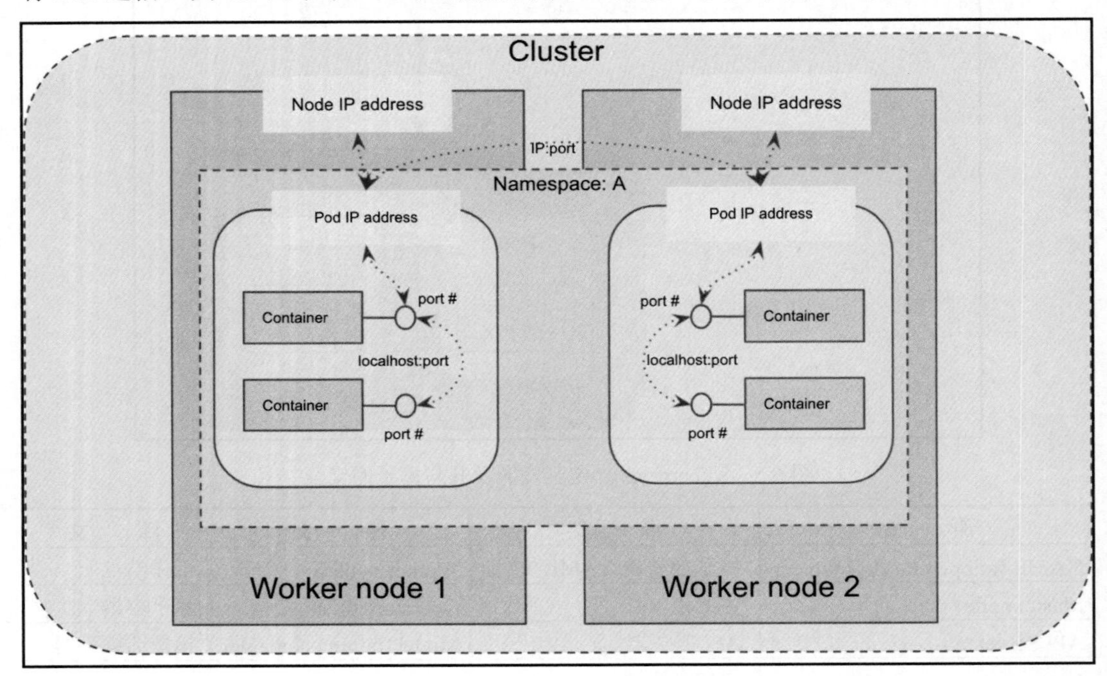

图 6.6　IP 分配和通信流程

原　　文	译　　文	原　　文	译　　文
Cluster	集群	Container	容器
Node IP address	结点 IP 地址	port #	端口号
IP: port	IP：端口	localhost: port	Localhost：端口
Namespace: A	命名空间：A	Worker node 1	工作结点 1
Pod IP address	Pod IP 地址	Worker node 2	工作结点 2

例如，有时你可能需要一组 Pod 运行相同的应用程序容器（Nginx 应用程序的容器）以实现高可用性和负载均衡。与其通过私有 IP 单独调用每个 Pod 来访问运行在一个 Pod 中的应用程序，不如为这组 Pod 调用一个抽象层，并且这个抽象层可以动态地向其后面的每个 Pod 发送流量。在这种情况下，你可以创建一个 Kubernetes Service 作为一组逻辑 Pod 的抽象层。

Kubernetes Service 可以通过使用称为 selector 的 Kubernetes 功能匹配 Pod 的 app 标签来动态选择其后面的 Pod。

以下示例显示了将创建一个名为 nginx-service 的服务的规范，该服务在端口 9376 上使用 app nginx 标签将流量发送到 Pod。服务还分配有自己的集群私有 IP 地址，因此它可以被集群内部的其他资源访问：

```
apiVersion: v1
kind: Service
metadata:
   name: nginx-service
spec:
   selector:
      app: nginx
   ports:
      - protocol: TCP
        port: 80
        targetPort: 9376
```

除了使用 selector 自动检测服务后面的 Pod，还可以手动创建 Endpoint 并将固定的 IP 和端口映射到服务，如下例所示：

```
apiVersion: v1
kind: Endpoints
metadata:
   name: nginx-service
subsets:
   - addresses:
      - ip: 192.0.2.42
   ports:
      - port: 9376
```

6.4.2 从集群外部访问 Pod 或服务的选项

虽然结点、Pod 和服务都分配有集群私有 IP，但这些 IP 不能从集群外部路由。要从集群外部访问 Pod 或服务，你可以有以下选项：

- 从结点或 Pod 访问：你可以使用 kubectl exe 命令连接正在运行的 Pod 的 shell，并从 shell 访问其他 Pod、结点和服务。
- Kubernetes 代理：你可以通过在本地计算机上运行 kubectl proxy --port=<port number>命令来启动 Kubernetes 代理以访问服务。代理运行后，即可访问结点、Pod 或服务。例如，可以使用以下方案访问服务：

  http://localhost:<port number>/api/v1/proxy/namespaces/<NAMESPACE>/services/<SERVICE NAME>:<PORT NAME>

- NodePort：NodePort 在所有工作结点上打开一个特定端口，任何结点的 IP 地址发送到该端口的任何流量都将转发到该端口后面的服务。结点的 IP 需要可以从外部源路由。图 6.7 显示了使用 NodePort 的通信流程。

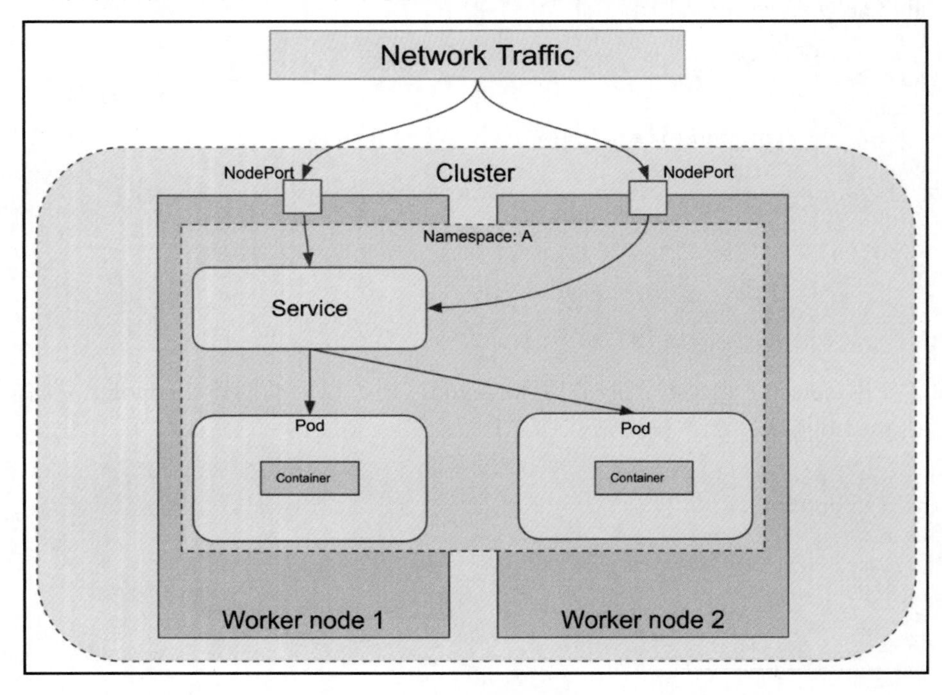

图 6.7　通过 NodePort 访问 Kubernetes 服务

原　　文	译　　文	原　　文	译　　文
Network Traffic	网络流量	Service	服务
NodePort	结点端口	Container	容器
Cluster	集群	Worker node 1	工作结点 1
Namespace: A	命名空间：A	Worker node 2	工作结点 2

NodePort 使用简单，但它有一些限制，例如，每个 NodePort 需要一个服务，使用固定的端口范围（3000～32767），并且你需要知道各个工作结点的 IP。

- 负载均衡器（Load Balancer）：负载均衡器是将服务公开到互联网的标准方式。使用负载均衡器，你可以获得一个可访问 Internet 的公共 IP 地址，并且发送到该 IP 地址的所有流量都将转发到负载均衡器后面的服务。

  负载均衡器不是 Kubernetes 的一部分，它由 Kubernetes 集群所在的任何云基础设施（如 AWS）提供。

  图 6.8 显示了从负载均衡器到服务和 Pod 的通信流程。

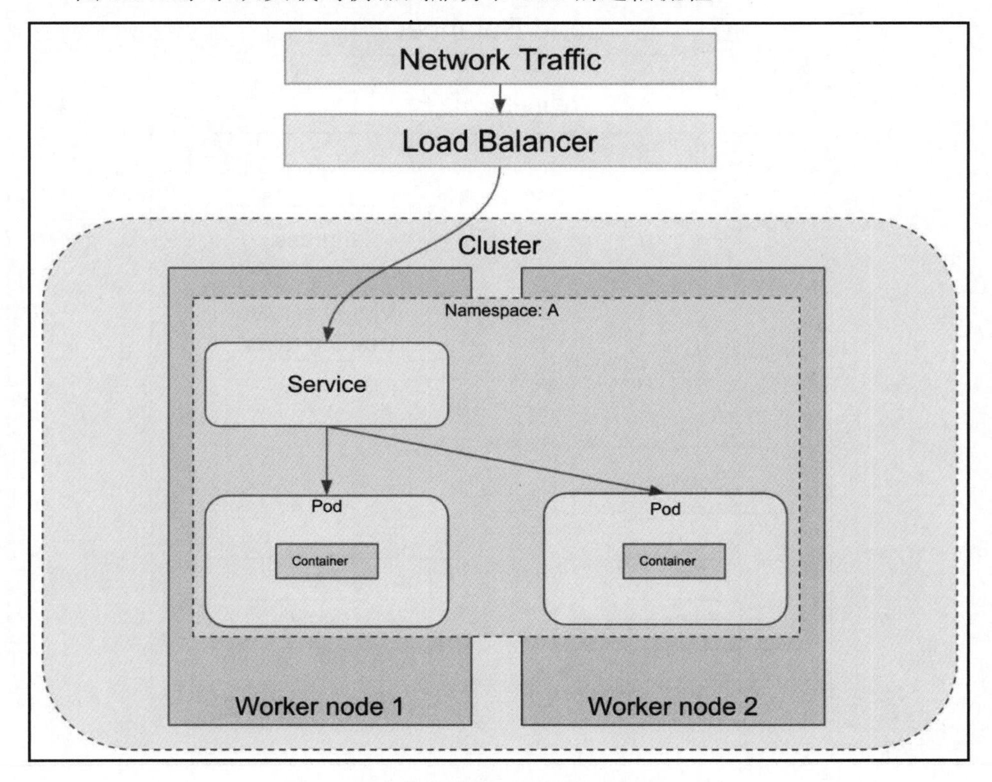

图 6.8　通过负载均衡器访问 Kubernetes 服务

原　文	译　文	原　文	译　文
Network Traffic	网络流量	Service	服务
Load Balancer	负载均衡器	Container	容器
Cluster	集群	Worker node 1	工作结点 1
Namespace: A	命名空间：A	Worker node 2	工作结点 2

负载均衡器允许你选择要使用的确切端口，并且可以支持每个服务的多个端口。当然，每个服务也确实需要单独的负载均衡器。

- Ingress：Ingress 网关是集群的入口点。它可以充当负载均衡器，并根据路由规则将传入流量路由到不同的服务。

图 6.9 显示了通过 Ingress 访问 Kubernetes 服务的流程。

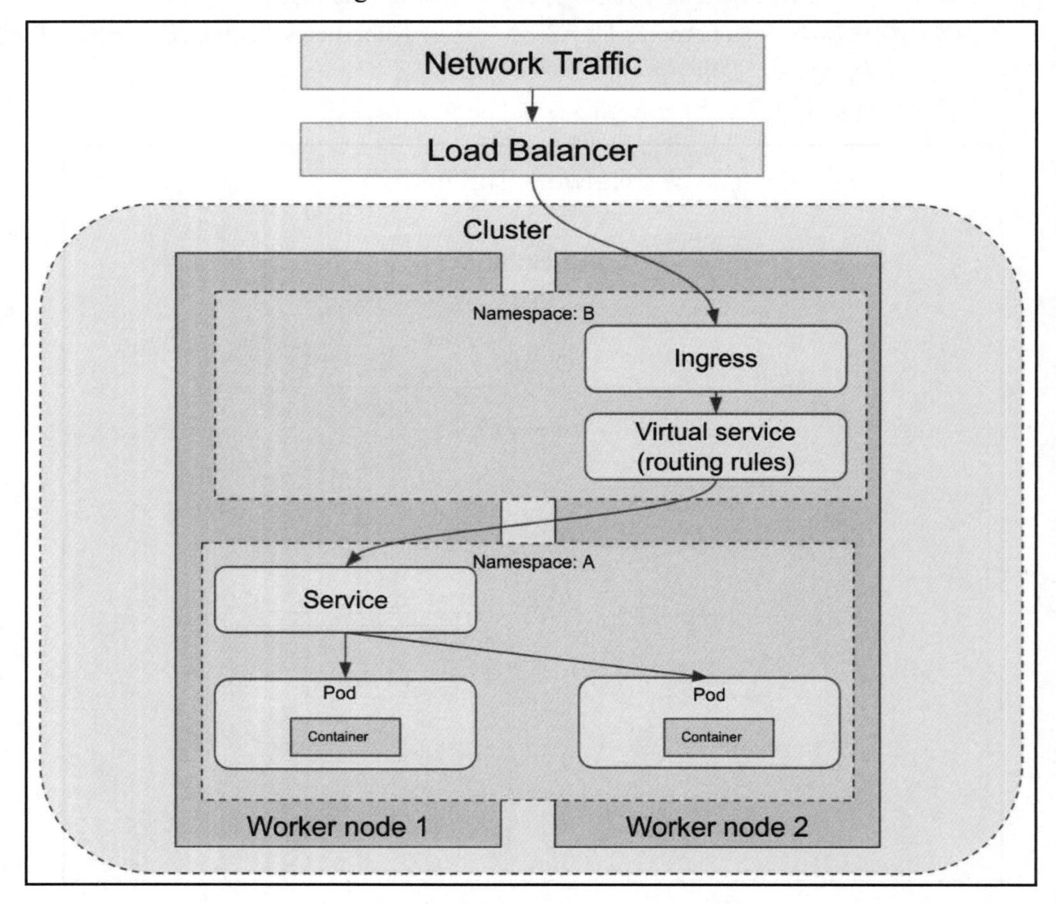

图 6.9　通过 Ingress 访问 Kubernetes 服务

原　文	译　文	原　文	译　文
Network Traffic	网络流量	Namespace: A	命名空间：A
Load Balancer	负载均衡器	Service	服务
Cluster	集群	Container	容器
Namespace: B	命名空间：B	Worker node 1	工作结点 1
Ingress	Ingress 网关	Worker node 2	工作结点 2
Virtual service (routing rules)	虚拟服务（路由规则）		

Ingress 与负载均衡器和 NodePort 的不同之处在于它可以充当代理来管理集群的流量。它与 NodePort 和负载均衡器一起使用，并将流量路由到不同的服务。Ingress 方式正变得越来越常用，尤其是与负载均衡器结合使用时。

6.4.3　服务网格

除了集群外部的网络流量管理，Kubernetes 网络管理的另一个重要方面是控制集群内不同 Pod 和服务之间的流量。例如，你可能希望允许某些流量访问 Pod 或服务，同时拒绝来自其他来源的流量。这对于基于微服务架构构建的应用程序尤其重要，因为可能有许多服务或 Pod 需要协同工作。

这样的微服务网络也称为服务网格（service mesh）。随着服务数量的增长，理解和管理网络需求变得具有挑战性，如服务发现（service discovery）、网络路由（network routine）、网络指标（network metrics）和故障恢复（failure recovery）。

Istio 是一个开源的服务网格管理软件，可以轻松管理 Kubernetes 上的大型服务网格，它提供以下核心功能：

- Ingress：Istio 提供了一个 Ingress 网关，可用于将服务网格内的 Pod 和服务公开到 Internet。它充当负载均衡器，管理服务网格的入站和出站流量。网关只允许流量进出网格——它不做流量的路由。
  要将流量从网关路由到服务网格内的服务，你需要创建一个名为 Virtual Service 的对象，以提供路由规则，将传入流量路由到集群内的不同目的地，并在虚拟服务和网关对象之间创建绑定，以将它们连接在一起。
- 网络流量管理：Istio 提供简单的基于规则的网络路由来控制不同服务之间的流量和 API 调用。安装 Istio 后，它会自动检测集群中的服务和端点。Istio 使用一个名为 Virtual Service 的对象来提供路由规则，以将传入流量路由到集群内的不同目的地。Istio 使用称为 gateway 的负载均衡器来管理网络网格的入站和出站流量。gateway 负载均衡器只允许流量进出网格——它不做流量的路由。要路由来自网关的流量，你需要在虚拟服务和 gateway 对象之间创建绑定。

为了管理进出 Pod 的流量，可以将 Envoy 代理组件（又名 sidecar）注入 Pod 中，它将拦截并决定如何路由所有流量。

管理 sidecar 的流量配置和服务发现的 Istio 组件称为 Pilot。

Citadel 组件管理服务到服务和最终用户的身份验证。

Gallery 组件负责将其他 Istio 组件与底层 Kubernetes 基础设施隔离开来。

图 6.10 显示了 Istio 在 Kubernetes 上的架构。

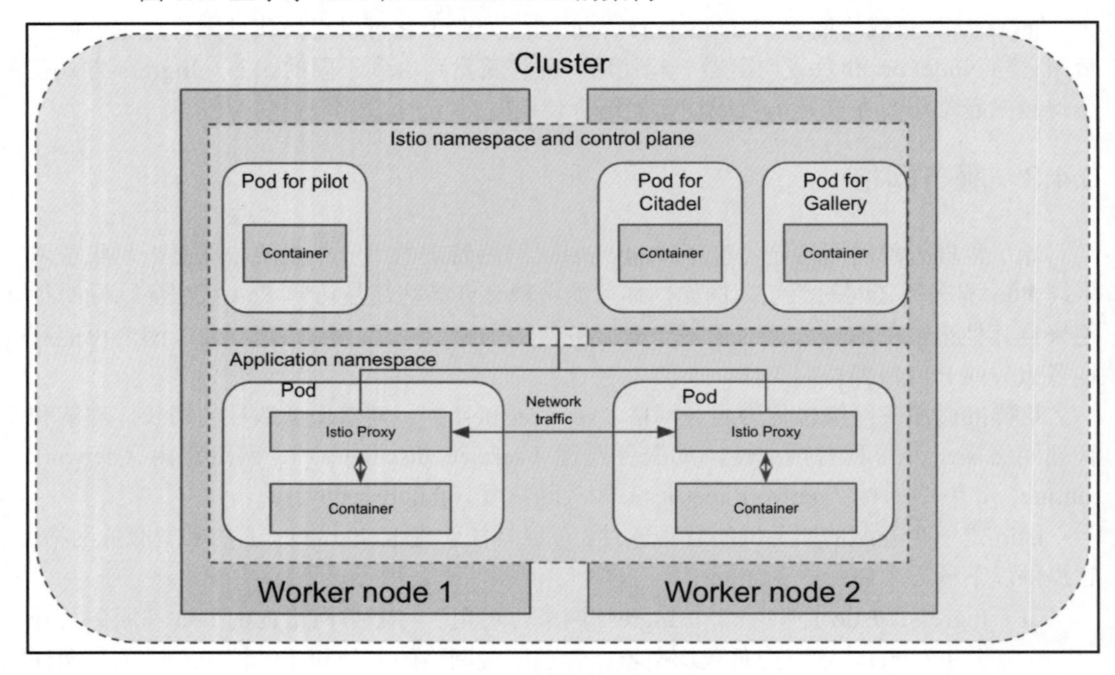

图 6.10　Istio 架构

原　文	译　文
Cluster	集群
Istio namespace and control plane	Istio 命名空间和控制平面
Pod for pilot	pilot 组件的 Pod
Container	容器
Pod for Citadel	Citadel 组件的 Pod
Pod for Gallery	Gallery 组件的 Pod
Application namespace	应用程序命名空间

续表

原　文	译　文
Network traffic	网络流量
Istio Proxy	Istio 代理
Worker node 1	工作结点 1
Worker node 2	工作结点 2

- 安全性：Istio 为服务间通信提供身份验证和授权。
- 可观察性：Istio 将捕获集群内所有服务通信的指标、日志和跟踪。指标的示例包括网络延迟、错误和饱和度。跟踪的示例包括网格内的调用流和服务依赖关系。

Istio 可以处理广泛的部署需求，如负载均衡和服务到服务的身份验证，它甚至可以扩展到其他集群。

6.5　Kubernetes 安全和访问控制

Kubernetes 具有许多内置的安全功能，这些安全功能允许你对不同的 Kubernetes API 和服务实施细粒度的网络流量控制和访问控制。本节将详细讨论网络安全、身份验证和授权。

6.5.1　网络安全

默认情况下，Kubernetes 允许集群中的所有 Pod 相互通信。为了防止不同 Pod 之间的意外网络流量，可以建立网络策略（Network Policy）来指定 Pod 之间如何通信。

可以将网络策略视为包含允许连接列表的网络防火墙。每个网络策略都有一个 podSelector 字段，它将选择一组由网络策略和允许的流量方向（入口或出口）强制执行的 Pod。以下示例策略拒绝传送到所有 Pod 的所有入口流量，因为没有定义特定的入口策略：

```
apiVersion: networking.k8s.io/v1
kind: NetworkPolicy
metadata:
    name: default-deny-ingress
spec:
    podSelector: {}
```

```
policyTypes:
- Ingress
```

如果至少有一项策略允许，则将允许网络流量。

6.5.2　API 的身份验证和授权

可以为用户和 Kubernetes 服务账户（服务账户将为 Pod 中运行的进程提供身份）对 Kubernetes API 的访问进行身份验证和授权。

用户是在 Kubernetes 之外处理的，Kubernetes 有许多用户认证策略：

- X.509 客户端证书：将签名证书发送到 API 服务器进行身份验证。API 服务器使用证书授权对此进行验证，以验证用户。
- 使用 OpenID 连接（openID connect，OIDC）进行单点登录：用户通过 OIDC 提供者进行身份验证并接收包含用户信息的不记名令牌——JSON Web 令牌（JSON Web Token，JWT）。用户将不记名令牌（bearer token）传递给 API 服务器，API 服务器通过检查令牌中的证书来验证令牌的有效性。
- HTTP 基本身份验证：HTTP 基本身份验证要求将用户 ID 和密码作为 API 请求的一部分发送，并根据与 API 服务器关联的密码文件验证用户 ID 和密码。
- 身份验证代理：API 服务器将提取 HTTP 标头中的用户身份，并使用证书授权验证用户。
- 身份验证 Webhook：外部服务用于处理 API 服务器的身份验证。

服务账户用于为 Pod 中运行的进程提供身份。它们是在 Kubernetes 中创建和管理的。默认情况下，服务账户需要驻留在命名空间中。每个命名空间中还有一个默认服务账户，如果 Pod 没有被分配服务账户，则默认服务账户将分配给 Pod。

服务账户具有关联的身份验证令牌，保存为 Kubernetes Secret，并用于 API 身份验证。Kubernetes Secret 用于存储敏感信息，如密码、身份验证令牌和 SSH 密钥。下文将更详细地介绍 Secret。

在对用户或服务账户进行身份验证后，需要对请求进行授权才能执行允许的操作。Kubernetes 将使用控制平面（主结点）中的 API 服务器对经过身份验证的请求进行授权，它有以下若干种授权模式：

- 基于特性的访问控制（attribute-based access control，ABAC）：通过策略授予用户访问权限。请注意，每个服务账户都有一个相应的用户名。以下示例策略允许 joe 这个用户访问所有命名空间中的所有 API：

```
{
    "apiVersion": "abac.authorization.kubernetes.io/v1beta1",
    "kind": "Policy",
    "spec": {
        "user": "joe",
        "namespace": "*",
        "resource": "*",
        "apiGroup": "*"
    }
}
```

以下策略允许 system:serviceaccount:kube-system:default 服务账户访问所有命名空间中的所有 API：

```
{
    "apiVersion": "abac.authorization.kubernetes.io/v1beta1",
    "kind": "Policy",
    "spec": {
        "user": "system:serviceaccount:kube-system:default",
        "namespace": "*",
        "resource": "*",
        "apiGroup": "*"
    }
}
```

- 基于角色的访问控制（role-based access control，RBAC）：根据用户的角色授予访问权限。RBAC 使用 rbac.authorization.k8s.io API 组进行授权。RBAC API 使用 4 个 Kubernetes 对象：Role、ClusterRole、RoleBinding 和 ClusterRoleBinding。

Role 和 ClusterRole 包含一组权限，这些权限是附加上去的，意味着没有拒绝权限，你需要显式地添加对资源的权限。

Role 对象是命名空间的，用于指定命名空间内的权限。

ClusterRole 对象是非命名空间的，但可用于授予给定命名空间的权限或集群范围的权限。

以下 YAML 文件可提供对核心 API 组默认命名空间中所有 Pod 资源的 get、watch 和 list 访问权限：

```
apiVersion: rbac.authorization.k8s.io/v1
kind: Role
metadata:
    namespace: default
    name: pod-reader
```

```
rules:
-   apiGroups: [""]
    resources: ["pods"]
    verbs: ["get", "watch", "list"]
```

以下策略允许对集群中的所有 Kubernetes 结点进行 get、watch 和 list 访问：

```
apiVersion: rbac.authorization.k8s.io/v1
kind: ClusterRole
metadata:
    name: nodes-reader
rules:
-   apiGroups: [""]
    resources: ["nodes"]
    verbs: ["get", "watch", "list"]
```

RoleBinding 和 ClusterRoleBinding 可以将 Role 或 ClusterRole 对象中定义的权限授予引用 Role 或 ClusterRole 对象的用户或用户集。

以下策略可以将 joe 用户绑定到 pod-reader 角色：

```
apiVersion: rbac.authorization.k8s.io/v1
kind: RoleBinding
metadata:
    name: read-pods
    namespace: default
subjects:
-   kind: User
    name: joe
    apiGroup: rbac.authorization.k8s.io
roleRef:
    kind: Role
    name: pod-reader
    apiGroup: rbac.authorization.k8s.io
```

以下 RoleBinding 对象将服务账户 SA-name 绑定到 ClusterRole 结点读取器：

```
apiVersion: rbac.authorization.k8s.io/v1
kind: ClusterRoleBinding
metadata:
    name: read-secrets-global
subjects:
- kind: ServiceAccount
    name: SA-name
    namespace: default
```

```
roleRef:
    kind: ClusterRole
    name: secret-reader
    apiGroup: rbac.authorization.k8s.io
```

Kubernetes 具有用于存储和管理密码等敏感信息的内置功能。你可以将此信息以 Kubernetes Secret 的形式存储，并使用 Kubernetes RBAC 创建和读取这些 Secret 来提供对它们的特定访问权限，而不是将这些敏感信息直接以纯文本形式存储在 Pod 中。

默认情况下，Secret 存储为未加密的纯文本 Base64 编码字符串，并且可以为机密启用静态数据加密。

以下策略显示了如何创建用于存储 AWS 访问凭证的密钥：

```
apiVersion: v1
kind: Secret
metadata:
    name: aws-secret
type: Opaque
data:
    AWS_ACCESS_KEY_ID: XXXX
    AWS_SECRET_ACCESS_KEY: XXXX
```

在 Pod 中使用 Secret 有以下两种方法。

- 作为 Pod 规范模板中的环境变量：

```
apiVersion: v1
kind: Pod
metadata:
    name: secret-env-pod
spec:
    containers:
    -   name: mycontainer
        image: redis
        env:
        -   name: SECRET_AWS_ACCESS_KEY
            valueFrom:
                secretKeyRef:
                    name: aws-secret
                    key: AWS_ACCESS_KEY_ID
        -   name: SECRET_AWS_SECRET_ACCESS_KEY
            valueFrom:
                secretKeyRef:
                    name: aws-secret
```

```
                    key: AWS_SECRET_ACCESS_KEY
    restartPolicy: Never
```

容器内的应用程序代码可以像其他环境变量一样访问 Secret。

- 作为安装在 Pod 上的卷中的文件：

```
apiVersion: v1
kind: Pod
metadata:
    name: pod-ml
spec:
    containers:
    -   name: pod-ml
        image: <Docker image uri>
        volumeMounts:
        -   name: vol-ml
            mountPath: "/etc/aws"
            readOnly: true
    volumes:
    -   name: vol-ml
        Secret:
            secretName: aws-secret
```

在上述示例中，你将在/etc/aws 文件夹中看到包含 Secret 值的每个对应密钥名称（如 SECRET_AWS_ACCESS_KEY）的文件。

6.5.3　在 Kubernetes 上运行机器学习工作负载

我们现在知道什么是容器，以及如何将它们部署在 Kubernetes 集群上。我们还知道如何在 Kubernetes 上配置网络以允许 Pod 相互通信，以及如何使用不同的网络选项公开 Kubernetes 容器以供集群外部的访问。

Kubernetes 可以作为运行机器学习工作负载的基础设施。例如，可以在 Kubernetes 上将 Jupyter Notebook 作为容器化应用程序运行，作为实验和模型构建的数据科学环境。

如果需要额外的资源，则还可以将模型训练作业作为 Kubernetes作业运行，然后将该模型作为容器化 Web 服务应用程序提供服务，或者在经过训练的模型上作为 Kubernetes 作业运行批量推理。

在接下来的动手练习中，你将学习如何使用 Kubernetes作为运行机器学习工作负载的基础架构。

6.6　动手练习——在 AWS 上构建 Kubernetes 基础设施

本节将使用 Amazon EKS 创建一个 Kubernetes 环境。

让我们先来看一下问题陈述。

6.6.1　问题陈述

作为机器学习解决方案架构师，你的任务是评估 Kubernetes 作为基础设施平台的潜力，以便为银行的一个业务部门构建机器学习平台。你需要在 AWS 上构建沙盒环境，并证明你可以将 Jupyter Notebook 部署为容器化应用程序供你的数据科学家使用。

6.6.2　操作指导

本练习将使用 Amazon EKS 创建一个 Kubernetes 环境。EKS 是 AWS 上的 Kubernetes 托管服务，可自动创建和配置具有主结点和工作结点的 Kubernetes 集群。

EKS 可以配置和扩展控制平面，包括 API 服务器和后端持久化保存层。EKS 运行开源 Kubernetes，并与所有基于 Kubernetes 的应用程序兼容。

创建 EKS 集群后，即可探索 EKS 环境以了解一些核心组件，然后学习部署容器化的 Jupyter Notebook 应用程序，使其可从 Internet 访问。

请按以下步骤操作：

（1）启动 AWS CloudShell 服务。

登录你的 AWS 账户，选择 Oregon（俄勒冈）地区，然后启动 AWS CloudShell。

CloudShell 是一项 AWS 服务，它提供基于浏览器的 Linux 终端环境来与 AWS 资源进行交互。借助 CloudShell，你可以使用 AWS 控制台凭证进行身份验证，并且可以轻松运行 AWS CLI、AWS SDK（开发工具包）和其他工具。

（2）安装 eksctl 实用程序。

在 CloudShell 终端中逐一运行以下命令。eksctl 实用程序是用于管理 EKS 集群的命令行实用程序。在步骤（4）中将使用 eksctl 实用程序在 Amazon EKS 上创建 Kubernetes 集群：

```
curl --silent --location "https://github.com/weaveworks/
eksctl/releases/latest/download/eksctl_$(uname -s)_amd64.
tar.gz" | tar xz -C /tmp
```

```
chmod +x /tmp/eksctl

sudo mv /tmp/eksctl ./bin/eksctl

export PATH=$PATH:/home/cloudshell-user/bin
```

（3）安装 AWS IAM 身份验证器。

在 CloudShell 服务内部逐一运行以下命令，下载 AWS IAM Authenticator 软件。

AWS IAM Authenticator 软件可以使用 AWS 凭证对在 Amazon EKS 上运行的 Kubernetes 集群进行身份验证：

```
curl -o aws-iam-authenticator https://amazon-eks.s3.us-west-
2.amazonaws.com/1.19.6/2021-01-05/bin/linux/amd64/
aws-iam-authenticator

chmod +x ./aws-iam-authenticator

sudo mv aws-iam-authenticator ./bin/aws-iam-authenticator
```

（4）构建一个新的 EKS 集群。

运行以下命令创建集群配置文件：

```
cat << EOF > cluster.yaml
---
apiVersion: eksctl.io/v1alpha5
kind: ClusterConfig

metadata:
    name: eksml-cluster
    version: "1.18"
    region: us-west-2

managedNodeGroups:
-   name: kubeflow-mng
    desiredCapacity: 3
    instanceType: m5.large
EOF
```

运行以下命令以开始在你的 AWS 账户内的 Oregon（俄勒冈）地区创建 EKS 集群。完成运行设置大约需要 15 分钟：

```
eksctl create cluster -f cluster.yaml
```

该命令将启动 cloudformation 模板并将创建以下资源：

- 在新的 Amazon 虚拟私有云（virtual private cloud，VPC）中具有两个工作结点的 Amazon EKS 集群。Amazon EKS 提供完全托管的 Kubernetes 主结点，因此在私有 VPC 中不会看到主结点。
- 保存在 CloudShell 上的/home/cloudshell-user/.kube/config 目录中的 EKS 集群配置文件。该 config 文件包含详细信息，如 API 服务器 url 地址、管理集群的管理员用户的名称以及用于向 Kubernetes 集群进行身份验证的客户端证书等。kubectl 实用程序将使用该 config 文件中的信息来连接和验证 Kubernetes API 服务器。
- EKS 将工作结点组织成名称为 nodegroup 的逻辑组。运行以下命令即可查找 nodegroup 的名称。你可以在 EKS 管理控制台中查找集群的名称，该结点组的名称应该类似于 ng-xxxxxxxx。

```
eksctl get nodegroup --cluster=<cluster name>
```

（5）安装 kubectl 实用程序。

运行以下命令以下载 kubectl 实用程序：

```
curl -LO "https://storage.googleapis.com/kubernetesrelease/
release/$(curl -s https://storage.googleapis.com/
kubernetes-release/release/stable.txt)/bin/linux/amd64/kubectl"
chmod +x ./kubectl
sudo mv ./kubectl ./bin/kubectl
```

（6）探索集群。

现在集群已经启动了，让我们稍微探索一下。请尝试在 CloudShell 终端运行如表 6.1 所示的命令并查看返回的内容。

表 6.1　kubectl 命令

探 索 项 目	kubectl 命令语法
获取集群的信息	kubectl cluster -info
列出所有 API 资源	kubectl api-resources
列出可用的命名空间	kubectl get namespace
列出工作结点	kubectl get nodes
列出所有命名空间中的 Pod	kubectl get pods -A
列出所有命名空间中的服务	kubectl get services -A
列出所有集群角色	kubectl get clusterroles
列出所有命名空间中的角色	kubectl get roles -A

续表

探 索 项 目	kubectl 命令语法
列出所有命名空间中的所有服务账号	kubectl get sa -A
描述管理员集群角色	kubectl describe clusterrole admin
列出所有密钥	kubectl get secret -A
列出所有部署	kubectl get deployment -A
列出网络策略	kubectl get networkpolicies -A

（7）部署 Jupyter Notebook。

让我们将 Jupyter Notebook 服务器部署为容器化应用程序。复制并运行以下代码块。它应该创建一个名为 deploy_Jupyter_notebook.yaml 的文件。我们将使用 Docker Hub 镜像存储库中的容器镜像：

```
cat << EOF > deploy_Jupyter_notebook.yaml
apiVersion: apps/v1
kind: Deployment
metadata:
    name: jupyter-notebook
    labels:
        app: jupyter-notebook
spec:
    replicas: 1
    selector:
        matchLabels:
            app: jupyter-notebook
    template:
        metadata:
            labels:
                app: jupyter-notebook
        spec:
            containers:
            -   name: minimal-notebook
                image: jupyter/minimal-notebook:latest
                ports:
                - containerPort: 8888
EOF
```

现在可以通过运行以下命令来创建部署：

```
kubectl apply -f deploy_Jupyter_notebook.yaml.
```

还可以运行 kubectl get pods 检查以确保 Pod 正在运行。

运行 kubectl logs <name of notebook pod>可以检查 Jupyter 服务器 Pod 的日志。在日志中找到包含 http://jupyter-notebook-598f56bf4b-spqn4:8888/?token=XXXXXXX...的部分，并复制令牌（XXXXXX...）部分。在步骤（8）中将需要使用令牌。

你还可以通过运行 kubectl exec --stdin --tty <name of notebook pod> -- /bin/sh 使用交互式 shell 访问 Pod。

运行 ps aux 命令即可查看正在运行的进程列表。你将看到与 Jupyter Notebook 相关的进程。

（8）将 Jupyter Notebook 公开到互联网上。

到目前为止，我们在 AWS VPC 中的两个 EC2 实例之上的 Kubernetes Pod 中的 Docker 容器中运行了一个 Jupyter Notebook 服务器，但无法访问它，因为 Kubernetes 集群没有公开到容器的路由。因此，还需要创建一个 Kubernetes 服务，将 Jupyter Notebook 服务器公开到 Internet，以便可以从浏览器访问它。

运行以下代码块可以为新服务创建规范文件。它应该会创建一个名为 jupyter_svc.yaml 的文件：

```
cat << EOF > jupyter_svc.yaml
apiVersion: v1
kind: Service
metadata:
    name: jupyter-service
    annotations:
        service.beta.kubernetes.io/aws-load-balancer-type:alb
spec:
    selector:
        app: jupyter-notebook
    ports:
        -   protocol: TCP
            port: 80
            targetPort: 8888
    type: LoadBalancer
EOF
```

创建文件后，即可运行 kubectl apply -f jupyter_svc.yaml 创建服务。应该创建的是一个名为 jupyter-service 的新 Kubernetes 服务，以及一个新的 LoadBalancer 对象。

可以通过运行 kubectl get service 来验证该服务。记下并复制与 jupyter-service 服务关联的 EXTERNAL-IP 地址。

先将 EXTERNAL-IP 地址粘贴到新的浏览器窗口，然后将你之前复制的令牌输入到 Password or token（密码或令牌）字段以进行登录（见图 6.11）。你应该会看到一个 Jupyter Notebook 窗口出现。

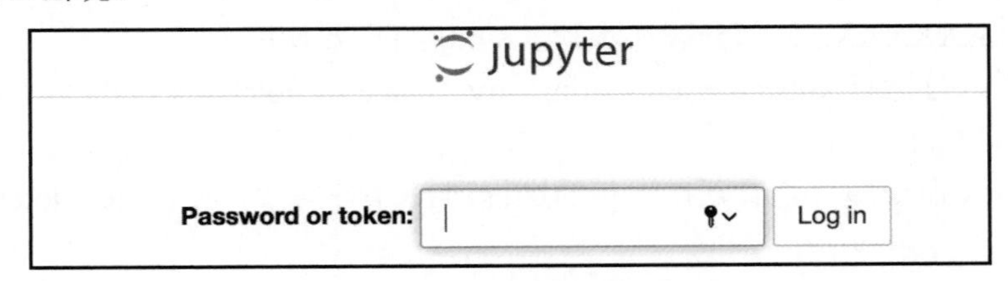

图 6.11　Jupyter Notebook 登录屏幕

图 6.12 显示了在完成上述动手练习后创建的环境。

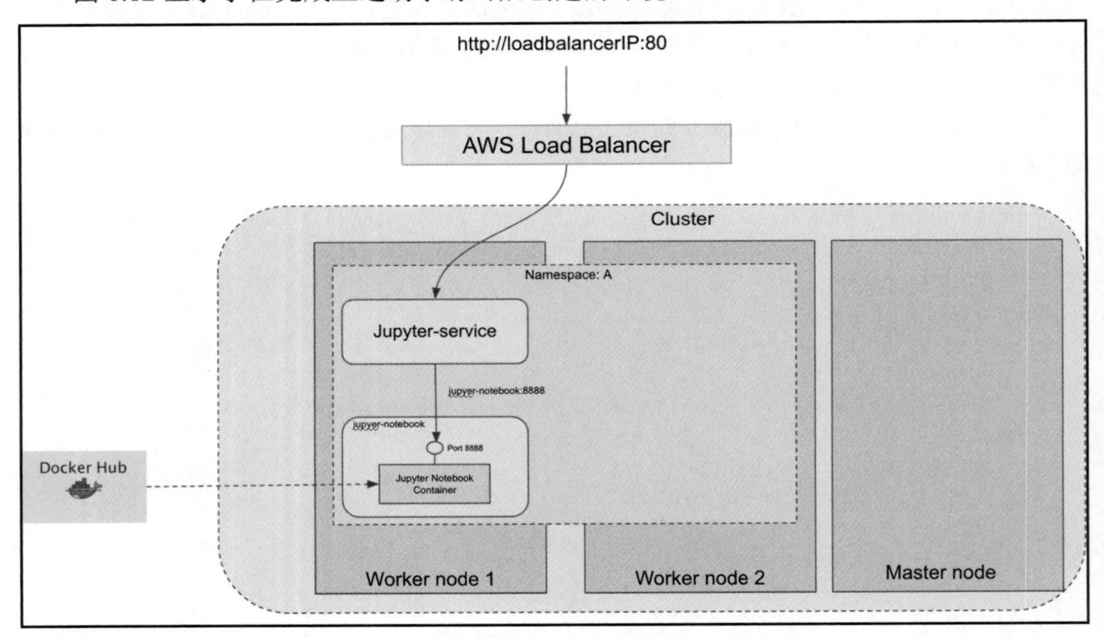

图 6.12　EKS 集群上的 Jupyter Notebook 部署

原　文	译　文
AWS Load Balancer	AWS 负载均衡器
Cluster	集群
Namespace: A	命名空间：A
Jupyter Notebook Container	Jupyter Notebook 容器

续表

原　　文	译　　文
Worker node 1	工作结点 1
Worker node 2	工作结点 2
Master node	主结点

恭喜，你已成功在 AWS 上创建了一个新的 Amazon EKS 集群，并在集群上部署了一个 Jupyter Server 实例作为容器。第 7 章将继续使用这个 EKS 集群。但是，如果你打算在一段时间内不使用此 EKS，则建议你关闭该集群以避免不必要的使用成本。

6.7　小　　结

本章详细介绍了 Kubernetes，这是一个容器管理平台，可以作为构建开源机器学习平台的基础设施。现在，你应该了解了什么是容器以及 Kubernetes 的工作原理。你还学习了如何使用 AWS EKS 服务在 AWS 上设置 Kubernetes 集群，并使用该集群部署容器化的 Jupyter Notebook 应用程序，以设置基本的数据科学环境。

在第 7 章中，我们将介绍一些在 Kubernetes 基础设施之上工作的开源 ML 平台，以用于构建机器学习平台。

第3篇

企业机器学习平台的技术架构设计和监管注意事项

本篇将脱离数据科学家的专业领域视野，着眼于企业机器学习平台、安全性和治理等来讨论机器学习架构和业务需求。本篇还将涵盖机器学习的高级科学和工程主题。

本篇包括以下章节：

- 第7章，开源机器学习平台。
- 第8章，使用AWS机器学习服务构建数据科学环境。
- 第9章，使用AWS机器学习服务构建企业机器学习架构。
- 第10章，高级机器学习工程。
- 第11章，机器学习治理、偏差、可解释性和隐私。
- 第12章，使用人工智能服务和机器学习平台构建机器学习解决方案。

第 7 章　开源机器学习平台

在第 6 章中，我们介绍了如何将 Kubernetes 用作运行机器学习任务的基础架构，如运行模型训练作业或构建数据科学环境（如 Jupyter Notebook 服务器）。但是，要为大型企业或组织大规模且更高效地执行这些任务，你需要构建具有支持完整数据科学生命周期功能的机器学习平台。这些功能包括可扩展的数据科学环境、模型训练服务、模型注册和模型部署能力等。

本章将讨论机器学习平台的核心组件以及可用于构建机器学习平台的其他开源技术。我们将从构建可以支持大量用户进行实验的数据科学环境的技术开始，讨论用于模型训练、模型注册、模型部署和机器学习管道自动化的其他技术。

本章包含以下主题：

- 机器学习平台的核心组件。
- 用于构建机器学习平台的开源技术。
- 动手练习——使用开源机器学习框架构建机器学习平台。

让我们先来看一下本章的技术要求。

7.1　技 术 要 求

本章的动手练习将继续使用你在第 6 章“Kubernetes 容器编排基础设施管理”中创建的 AWS Kubernetes 环境。

本章使用的示例源代码可以在本书配套的 GitHub 存储库中找到。其网址如下：

https://github.com/PacktPublishing/The-Machine-Learning-Solutions-Architect-Handbook/tree/main/Chapter07

7.2　机器学习平台的核心组件

机器学习平台是一个复杂的系统，因为它由用于运行不同任务的多个环境组成，并且具有要编排的复杂工作流程。此外，一个机器学习平台需要支持很多角色，如数据科学家、机器学习工程师、基础设施工程师和运营团队成员等。

以下是机器学习平台的核心组件：

- 数据科学环境：数据科学环境将提供数据分析工具，如 Jupyter Notebook、代码存储库和机器学习框架。数据科学家和机器学习工程师主要使用数据科学环境进行数据分析和数据科学实验，以及构建和调整模型。
- 模型训练环境：模型训练环境将为不同的模型训练需求提供单独的基础设施。虽然数据科学家和机器学习工程师可以直接在本地 Jupyter Notebook 环境中运行小规模模型训练，但他们需要单独的专用基础设施来进行大规模模型训练。在单独的基础架构中运行模型训练还可以更好地控制环境，以实现更一致的模型训练过程管理和模型世系管理。模型训练环境通常由基础架构工程师和运营团队管理。
- 模型注册：模型训练完成后，需要在模型注册中进行跟踪和管理，用于模型库存和世系管理、模型版本控制、模型发现和模型生命周期管理（如在暂存环境或生产环境中）。当你需要管理大量模型时，模型注册表尤其重要。数据科学家在他们的数据科学环境中进行实验时，可以直接在注册表中注册模型。模型也可以注册为自动化机器学习模型管道执行的一部分。
- 模型服务环境：要使用经过训练的机器学习模型为客户端应用程序生成预测，你需要将模型实时托管在 API 端点后面的模型服务基础设施中，该基础设施还应支持批量转换功能。有不同类型的模型服务框架可用。
- 持续集成（continuous integration，CI）/持续部署（continuous deployment，CD）和工作流自动化：最后，你需要建立 CI/CD 和工作流自动化能力，以简化数据处理、模型训练和模型部署过程，这反过来会提高机器学习的部署速度，增加一致性、可重复性和可观察性。

除了这些核心组件，还有其他平台架构因素需要考虑，例如，安全性和身份验证、日志记录和监控以及治理和控制等。

接下来，让我们看一些可用于构建端到端机器学习平台的开源技术。

7.3 用于构建机器学习平台的开源技术

虽然可以通过在 Kubernetes 集群中创建和部署不同的独立机器学习容器来运行不同的机器学习任务，但当你必须为大量用户和机器学习工作负载大规模执行此操作时，这可能会变得非常复杂。这就是 Kubeflow、MLflow、Seldon Core、GitHub 和 Airflow 等开源技术发挥其作用的地方。

接下来，让我们仔细看看这些开源技术如何用于构建数据科学环境、模型训练服务、模型推理服务和机器学习工作流自动化。

7.3.1　将 Kubeflow 用于数据科学环境

Kubeflow 是一个基于 Kubernetes 的开源机器学习平台，它提供了许多特定于机器学习的组件。Kubeflow 运行在 Kubernetes 之上，并提供以下功能：

- 中央用户界面仪表板。
- 用于代码编写和模型构建的 Jupyter Notebook 服务器。
- 用于机器学习管道编排的 Kubeflow Pipelines。
- 用于模型服务的 KFServing。
- 训练算子以提供模型训练支持。

图 7.1 显示了 Kubeflow 提供数据科学环境所需各种组件的方式。本章将重点介绍 Kubeflow 对 Jupyter Notebook 服务器的支持。

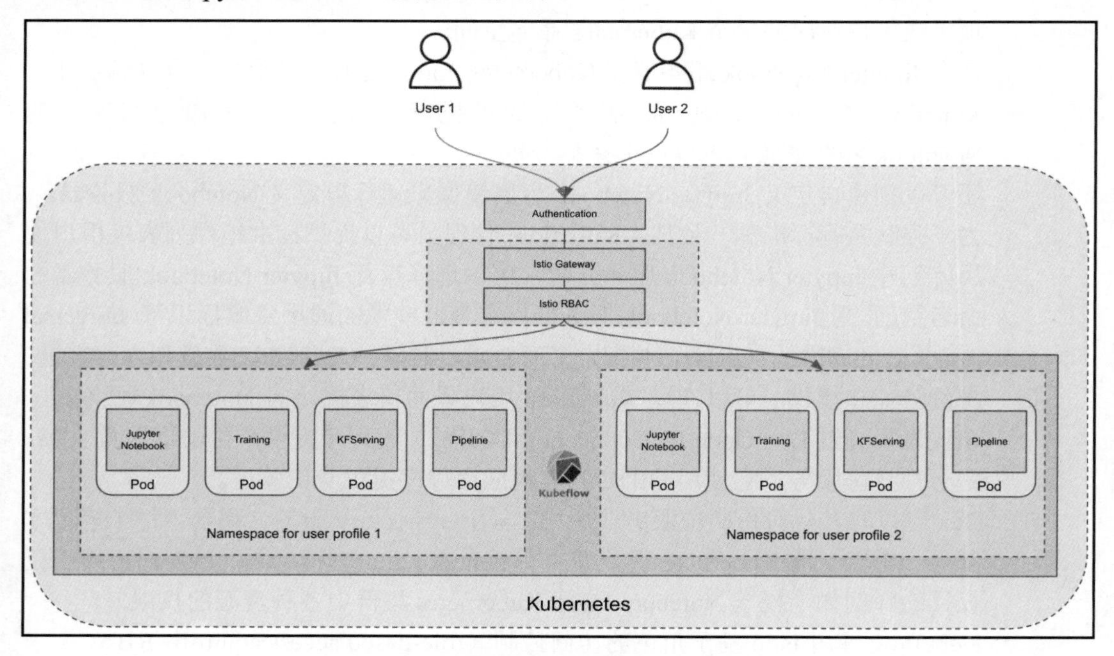

图 7.1　基于 Kubeflow 的数据科学环境

原　　文	译　　文
User 1	用户 1
User 2	用户 2
Authentication	身份验证
Istio Gateway	Istio 网关
Istio RBAC	Istio 基于角色的访问控制
Namespace for user profile 1	用户配置文件 1 的命名空间
Namespace for user profile 2	用户配置文件 2 的命名空间
Training	训练
Pipeline	管道

Kubeflow 提供了一个多租户 Jupyter Notebook 服务器环境，具有内置的身份验证和授权支持。让我们详细看看每个核心组件：

- Jupyter Notebook：作为数据科学家，你可以使用 Kubeflow Jupyter Notebook 服务器编写和运行 Python 代码，以在 Jupyter Notebook 中探索数据和构建模型。Kubeflow 可以生成多个 Jupyter Notebook 服务器，每个服务器都属于与团队、项目或用户对应的单个 Kubernetes 命名空间。

  每个 Jupyter Notebook 服务器在 Kubernetes Pod 内运行一个容器。默认情况下，Kubeflow Jupyter Notebook 服务器提供托管在公共容器镜像存储库中的 Notebook 容器镜像列表以供选择。

  还可以创建自定义 Jupyter Notebook 容器镜像来运行自定义 Notebook 服务器。为了强制执行标准和一致性，Kubeflow 管理员可以提供标准镜像列表供用户使用。创建 Jupyter Notebook 服务器时，可以选择运行 Jupyter Notebook 服务器的命名空间，为 Jupyter Notebook 服务器指定容器镜像的通用资源标识符（universal resource identifier，URI），并指定资源要求，例如，CPU/GPU 数量和内存容量。

- 身份验证和授权：可以通过 Kubeflow 用户界面仪表板访问 Notebook 服务器，该仪表板通过 Dex Open ID Connection（OIDC）为程序提供身份验证服务。Dex 是一种身份服务，它使用 OIDC 为其他应用程序提供身份验证。

  Dex 可以与其他身份验证服务（例如，active directory 服务）联合。每个笔记本都与一个默认的 Kubernetes 服务账户（default-editor）相关联，该账户可用于授权目的（例如，授予 Notebook 访问 Kubernetes 集群中各种资源的权限）。

  Kubeflow 使用 Istio 基于角色的访问控制（role-based access control，RBAC）来控制集群内流量。

  以下 YAML 文件通过将 ml-pipeline-services 服务角色附加到 default-editor 服务账

户（与 Kubeflow Notebook 关联）来授予对 Kubeflow Pipelines 服务的访问权限：

```
apiVersion: rbac.istio.io/v1alpha1
kind: ServiceRoleBinding
metadata:
    name: bind-ml-pipeline-nb-admin
    namespace: kubeflow
spec:
    roleRef:
        kind: ServiceRole
        name: ml-pipeline-services
    subjects:
    -   properties:
        source.principal: cluster.local/ns/admin/sa/
default-editor
```

- 多租户：Kubeflow 允许多个用户访问同一个 Kubeflow 环境，并支持按用户隔离资源（例如，Notebook 服务器等资源）。它通过为每个用户创建一个单独的命名空间来实现这一点，并使用 Kubernetes RBAC 和 Istio RBAC 来控制对不同命名空间及其资源的访问。

  对于基于团队的协作来说，命名空间的所有者可以使用 Kubeflow 仪表板用户界面中的 Manage Contributor（管理贡献者）功能直接授予其他用户对该命名空间的访问权限。

  要添加新的 Kubeflow 用户，你需要创建一个新的用户配置文件，这反过来会为配置文件创建一个新的命名空间。

  以下 YAML 文件一旦使用 kubectl 应用，就会创建一个名为 test-user 的新用户配置文件，其电子邮件地址为 test-user@kubeflow.org，它还将创建一个名为 test-user 的新命名空间：

```
apiVersion: kubeflow.org/v1beta1
kind: Profile
metadata:
   name: test-user
spec:
   owner:
       kind: User
       name: test-user@kubeflow.org
```

可以运行 kubectl get profiles 和 kubectl get namespaces 命令来验证配置文件和命名空间是否已创建。

创建用户并添加 Kubeflow Dex 身份验证服务后，新用户即可登录 Kubeflow Dashboard 并访问新创建的命名空间下的 Kubeflow 资源（如 Jupyter Notebook 服务器）。

现在我们已经了解了如何使用 Kubeflow 为实验和模型构建提供多用户 Jupyter Notebook 环境。接下来，让我们看看如何搭建模型训练环境。

7.3.2 搭建模型训练环境

如前文所述，机器学习平台通常提供单独的模型训练服务和基础设施，以支持机器学习管道中的大规模自动化模型训练。应该可以从实验环境（如 Jupyter Notebook）访问此专用训练服务，以便数据科学家可以启动模型训练作业作为实验的一部分，并且还应该可以从机器学习自动化管道访问它。

在基于 Kubernetes 的环境中，有两种主要的模型训练方法：

- 使用 Kubernetes Job 作业进行模型训练。
- 使用 Kubeflow 训练算子进行模型训练。

你可以根据自己的训练需求选择使用哪种方法。

现在让我们仔细看看这两种方法：

- 使用 Kubernetes Job 进行模型训练：正如我们在第 6 章“Kubernetes 容器编排基础设施管理”中所讨论的，Kubernetes Job 可创建一个或多个容器并运行它们直至完成。这种模式非常适合运行某些类型的机器学习模型训练作业，因为机器学习作业会运行一个训练循环直到完成，并且不会永远运行。

  例如，可以使用 Python 训练脚本和训练模型的所有依赖项打包容器，并使用 Kubernetes Job 加载容器和启动训练脚本。

  当脚本完成并退出时，Kubernetes 作业也结束了。如果使用 kubectl apply 命令提交，则以下示例 YAML 文件将启动模型训练作业：

```
apiVersion: batch/v1
kind: Job
metadata:
    name: train-churn-job
spec:
    template:
        spec:
            containers:
            -   name: train-container
                imagePullPolicy: Always
                image: <model training uri>
```

```
                command: ["python", "train.py"]
            restartPolicy: Never
    backoffLimit: 4
```

可以使用 kubectl get jobs 命令查询作业的状态，并使用 kubectl logs <pod name>命令查看详细的训练日志。

- 使用 Kubeflow 训练算子进行模型训练：Kubernetes Job 可以启动模型训练容器并在容器内运行训练脚本直至完成。由于 Kubernetes Job 的控制器没有关于训练作业的特定应用知识，它只能处理正在运行的作业的通用 Pod 部署和管理，例如，在 Pod 中运行容器、监控 Pod 和处理一般性的 Pod 失败。

  但是，一些模型训练作业，如集群中的分布式训练作业，需要对各个 Pod 之间的状态通信进行特殊的部署、监控和维护，这就是可以应用 Kubernetes 训练算子模式的地方。

Kubeflow 附带了一个预构建的训练算子的列表（如 TensorFlow、Pytorch 和 XGBoost 算子），可用于复杂的模型训练作业。

每个 Kubeflow 训练算子都有一个自定义资源（custom resource，CR），如针对 TensorFlow 作业的 TFJob CR，用于定义训练作业的特定配置，如训练作业中 Pod 的类型（如 master、worker 或 parameter server），或运行有关如何清理资源以及作业应运行多长时间的策略。

CR 的控制器负责配置训练环境，监控训练作业的具体状态，并维护所需的训练作业的具体状态。例如，控制器可以设置环境变量以使训练集群规范（如 Pod 类型和索引），可用于容器内运行的训练代码。控制器还可以检查训练过程的退出代码，如果退出代码指示永久失败，则使训练作业失败。

以下 YAML 文件示例模板代表了使用 TensorFlow 算子（tf-operator）运行训练作业的规范：

```
apiVersion: "kubeflow.org/v1"
kind: "TFJob"
metadata:
    name: "distributed-tensorflow-job"
spec:
    tfReplicaSpecs:
        PS:
            replicas: 1
            restartPolicy: Never
            template:
                spec:
```

```
                containers:
                -   name: tensorflow
                    image: <model training image uri>
                    command:
        Worker:
            replicas: 2
            restartPolicy: Never
            template:
                spec:
                    containers:
                    -   name: tensorflow
                        image: <model training image uri>
                        command:
```

在此示例模板中，规范将创建参数服务器的一个副本（参数服务器将跨不同容器聚合模型参数）和工作结点的两个副本（工作结点将运行模型训练循环并与参数服务器通信）。

算子会按照规范处理 TFJob 对象，将存储在系统中的 TFJob 对象与实际运行的服务和 Pod 保持一致，并将实际状态替换为期望的状态。

可以使用 kubectl apply -f <TFJob specs template>提交训练作业，并且可以使用 kubectl get tfjob 命令获取 TFJob 的状态。

作为数据科学家，你可以使用 kubectl 实用程序提交 Kubernetes 训练作业或 Kubeflow 训练作业，或者使用 Python（SDK）从 Jupyter Notebook 环境中提交。

例如，TFJob 对象有一个名为 kubeflow.tfjob 的 Python SDK，Kubernetes 有一个名为 kubernetes.client 的客户端 SDK，用于通过 Python 代码与 Kubernetes 和 Kubeflow 环境进行交互。还可以使用 Kubeflow Pipeline 组件调用训练作业，有关详细信息可以参考 7.3.13 节“Kubeflow Pipelines”。

7.3.3　使用模型注册表注册模型

模型注册表（Model Registry）是模型管理和治理的重要组成部分，是模型训练阶段和模型部署阶段之间的关键环节。在机器学习平台中实现模型注册表有若干个开源选项。

接下来，让我们看看用于模型管理的 MLflow 模型注册表。

7.3.4　MLflow 模型注册表

MLflow 是一个开源机器学习平台，旨在管理机器学习生命周期的各个阶段，包括实验管理、模型管理、再现性和模型部署。它有以下 4 个主要组成部分：

- 实验跟踪。
- 机器学习项目打包。
- 模型打包。
- 模型注册。

MLflow 的模型注册表组件为已经保存的模型提供了一个中央模型存储库，它可以捕获模型世系、模型版本、注释和描述等模型的详细信息，还将捕获从暂存（Staging）到生产（Production）的模型阶段转换（因此模型的状态可以被清楚地描述）。

要在团队环境中使用 MLflow 模型注册表，你需要设置一个 MLflow 跟踪服务器，其中数据库作为后端和模型工件的存储。MLflow 提供了一个用户界面和一个 API 来与其核心功能进行交互，包括它的模型注册表。

在模型注册表中注册模型后，可以通过用户界面或 API 来添加、修改、更新、转换或删除模型。图 7.2 显示了 MLflow 跟踪服务器及其关联模型注册表的架构设置。

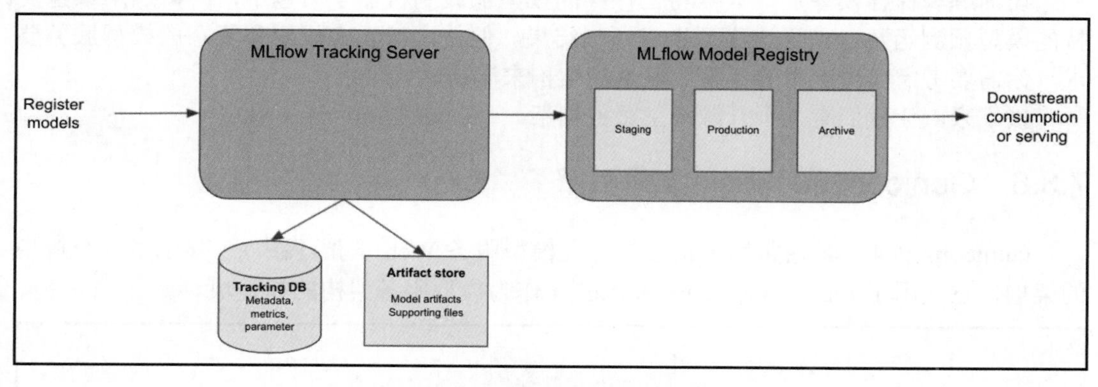

图 7.2　MLflow 跟踪服务器和模型注册表

原　文	译　文
Register models	注册模型
MLflow Tracking Server	MLflow 跟踪服务器
Tracking DB Metadata, metrics, parameter	跟踪数据库 元数据、指标、参数
Artifact store Model artifacts Supporting files	工件存储 模型工件 支持文件
MLflow Model Registry	MLflow 模型注册表
Staging	暂存

续表

原　　文	译　　文
Production	生产
Archive	存档
Downstream consumption or serving	下游使用或服务

MLflow 模型注册表的主要缺点之一是它不支持用户权限管理，因此任何有权访问跟踪服务器的用户都将能够访问和管理注册表中的所有模型。为了避免这个问题，可以实现一个外部自定义权利层来管理用户对模型注册表中不同资源的访问。

此外，MLflow 跟踪服务器也不提供内置的身份验证支持，因此需要外部身份验证服务器（如 Nginx）来提供身份验证支持。

7.3.5　使用模型服务框架

在训练和保存模型后，只需将已保存的模型加载到机器学习包中，即可调用该包支持的模型预测函数，使用该模型生成预测结果。但是，对于大规模和复杂的模型服务要求，你需要考虑实现专用的模型服务基础架构来满足这些需求。

接下来，让我们看几个开源模型服务框架。

7.3.6　Gunicorn 和 Flask 推理引擎

Gunicorn 和 Flask 通常用于构建自定义模型服务 Web 框架。图 7.3 显示了一个典型的架构，它使用了 Flask、Gunicorn 和 Nginx 作为模型服务架构的构建块。

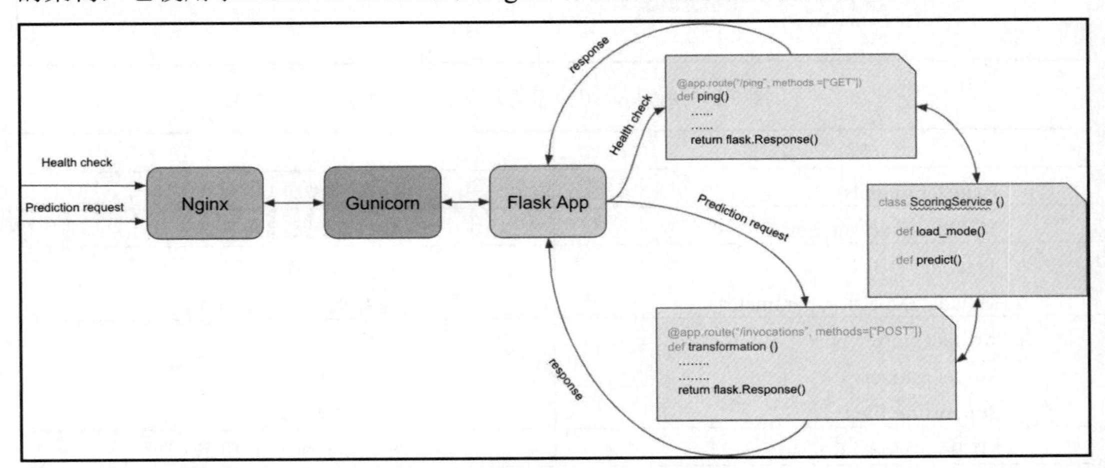

图 7.3　使用 Flask 和 Gunicorn 的模型服务架构

原　文	译　文	原　文	译　文
Health check	健康检查	response	响应
Prediction request	预测请求		

Flask 是一个基于 Python 的微型 Web 框架，用于快速构建 Web 应用程序。它是轻量级的，几乎不依赖外部库。使用 Flask 时，可以定义不同的调用路由并关联处理函数来处理不同的 Web 调用（例如，健康检查调用和模型调用）。

为了处理模型预测请求，Flask 应用程序会将模型加载到内存中并调用模型上的预测函数来生成预测结果。Flask 带有一个内置的 Web 服务器，但它不能很好地扩展，因为它一次只能支持一个请求。

这就是 Gunicorn 可以发挥作用的地方。Gunicorn 是一个用于托管 Web 应用程序（如 Flask 应用程序）的 Web 服务器，它可以并行处理多个请求并将流量有效地分配到托管的 Web 应用程序。当它收到一个 Web 请求时，会调用托管的 Flask 应用程序来处理请求（例如，调用函数来生成模型预测）。

除了将预测请求作为 Web 请求提供服务，企业推理引擎还需要处理安全的 Web 流量（如 SSL/TLS 流量），以及有多个 Web 服务器时的负载均衡，而这就是 Nginx 可以发挥作用的地方。Nginx 可以充当多个 Web 服务器的负载均衡器，并且可以更有效地处理 SSL/TLS 流量的终止，因此 Web 服务器不必处理它。

基于 Flask/Gunicorn 的模型服务架构可能是托管简单模型服务模式的不错选择，但对于更复杂的模式（如服务不同版本的模型、A/B 测试或大型模型服务），这种架构会有局限性。Flask/Gunicorn 架构模式还需要自定义代码（如 Flask 应用程序）才能工作，因为它不提供对不同机器学习模型的内置支持。

接下来，让我们回顾一些专门构建的模型服务框架，看看它们与基于 Flask 的自定义推理引擎有何不同。

7.3.7　TensorFlow Serving 框架

TensorFlow Serving 是一个生产级的开源模型服务框架，并为在 RESTFul 端点后面服务 TensorFlow 的模型提供现成可用的支持。它管理模型服务的模型生命周期，并提供对单个端点后面的版本化模型和多个模型的访问。

TensorFlow Serving 还内置了对金丝雀部署的支持。金丝雀部署（canary deployment）允许你部署模型以支持一部分的流量。

金丝雀部署

金丝雀的呼吸交换比人类更快，因此它们对于有毒气体非常敏感。早期矿井曾使用金丝雀作为井下有毒气体的预警物种。

金丝雀部署是在将更改推广到整个服务集群并使其对所有人可用之前，将更改仅应用于一小部分用户并进行测试，以验证新版本的健壮性、可用性、稳定性等。

除了实时推理支持外，还有一个批处理调度器功能，可以批处理多个预测请求并执行单个联合执行。使用 TensorFlow Serving 时，无须编写自定义代码来为模型提供服务。图 7.4 显示了 TensorFlow Serving 的架构。

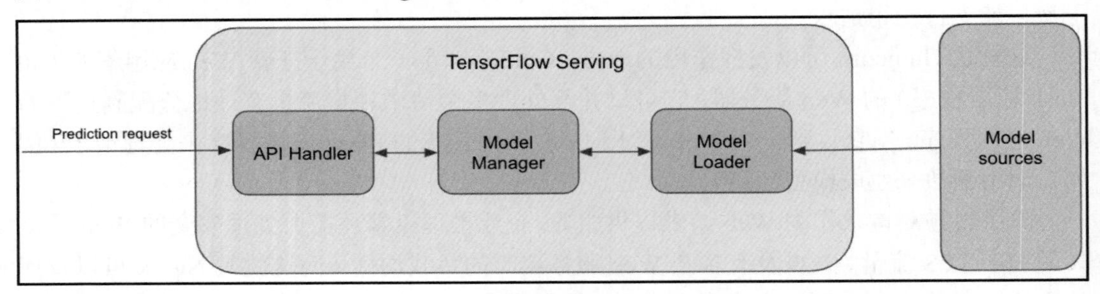

图 7.4　TensorFlow Serving 架构

原　　文	译　　文	原　　文	译　　文
Prediction request	预测请求	Model Loader	模型加载器
API Handler	API 处理程序	Model sources	模型源
Model Manager	模型管理器		

API 处理程序（API Handler）将为 TensorFlow Serving 提供 API，它带有一个内置的轻量级 HTTP 服务器，用来服务基于 RESTful 的 API 请求。

API 处理程序还支持 gRPC（这是一个远程过程调用协议）流量。gRPC 是一种更高效、更快速的网络协议，但使用起来比 REST 协议更复杂。

TensorFlow Serving 有一个称为可服务对象（Servable）的概念，它指的是处理任务的实际对象，如模型推断或查找表。例如，一个经过训练的模型被表示为一个可服务对象，它可以包含一个或多个算法和查找表或嵌入表（embedding table）。API 处理程序使用可服务对象来满足客户端请求。

模型管理器（Model Manager）将管理可服务对象的生命周期，包括加载可服务对象、服务可服务对象和卸载可服务对象。

当需要可服务对象来执行任务时，模型管理器将为客户端提供一个处理程序来访问可服务对象实例。模型管理器可以管理可服务对象的多个版本，这允许逐步推出不同版本的模型。

模型加载器（Model Loader）负责加载不同来源的模型，如 Amazon S3。当一个新模型被加载时，模型加载器将通知模型管理器有新模型可用，模型管理器将决定下一步应该做什么（例如，卸载之前的版本和加载新版本）。

TensorFlow Serving 可以扩展以支持非 TensorFlow 模型。例如，在其他框架中训练的模型可以转换为 ONNX 格式并使用 TensorFlow Serving 提供服务。ONNX 是一种通用格式，用于表示模型以支持跨不同机器学习框架的互操作性。

7.3.8 TorchServe 服务框架

TorchServe 是一个开源框架，用于为已经训练的 PyTorch 模型提供服务。

与 TensorFlow Serving 类似，TorchServe 提供了一个 REST API，用于通过其内置的 Web 服务器为模型提供服务。

凭借多模型服务、模型版本控制、服务器端请求批处理和内置监控等核心功能，TorchServe 可以大规模地为生产工作负载提供服务。

无须编写自定义代码来使用 TorchServe 托管 PyTorch 模型，TorchServe 带有一个用于托管模型的内置 Web 服务器。图 7.5 显示了 TorchServe 框架的架构组件。

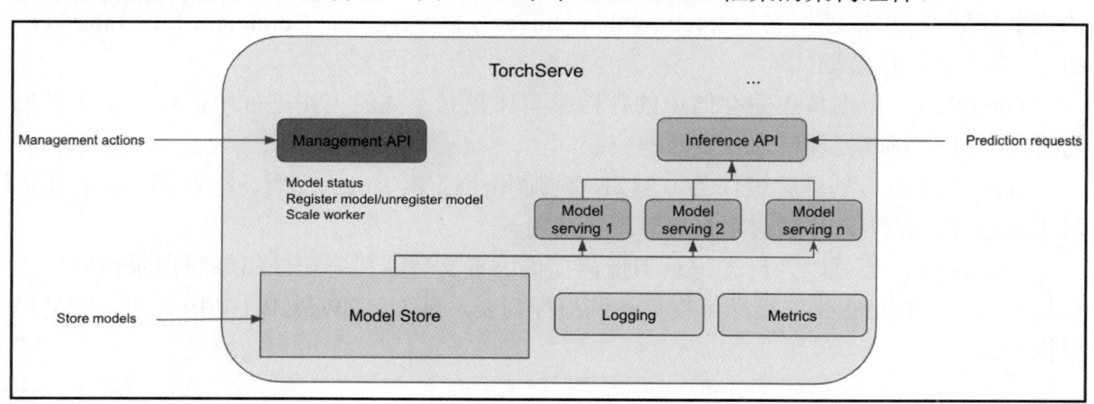

图 7.5　TorchServe 架构

原　文	译　文
Management actions	管理操作
Management API	管理 API

续表

原　　文	译　　文
Model status Register model/unregister model Scale worker	模型状态 注册模型/注销模型 扩展工作进程
Store models	存储模型
Model Store	模型存储
Inference API	推理 API
Prediction requests	预测请求
Model serving 1	模型服务 1
Model serving 2	模型服务 2
Model serving n	模型服务 n
Logging	日志
Metrics	指标

推理 API（Inference API）负责使用加载的 PyTorch 模型处理来自客户端应用程序的预测请求。它支持 REST 协议并提供预测 API，以及其他支持 API，例如，健康检查和模型解释 API。推理 API 可以处理多个模型的预测请求。

模型工件（Model artifact）被打包到单个存档文件中，并存储在 TorchServe 环境中的模型存储中。可以使用名为 torch-mode-archive 的命令行界面（Command-Line Interface，CLI）命令来打包模型。

TorchServe 后端将模型存储中的存档模型加载到不同的工作进程中，这些工作进程与推理 API 交互以处理请求并发回响应。

管理 API 负责处理管理任务，例如，注册和注销 PyTorch 模型、检查模型状态和扩展工作进程。管理 API 通常由系统管理员使用。

TorchServe 还可以为日志记录和指标提供内置支持。日志记录组件将记录访问日志和处理日志。TorchServe 指标可收集系统指标列表，例如，CPU/GPU 利用率和自定义模型指标。

7.3.9　KFServing 框架

TensorFlow Serving 和 TorchServe 是用于特定深度学习框架的独立模型服务框架，相比之下，KFServing 则是一个通用的多框架模型服务框架，支持不同的机器学习模型。

KFServing 使用 TensorFlow Serving 和 TorchServe 等独立模型服务框架作为后端模型

服务器。它是 Kubeflow 项目的一部分，可以为不同的模型格式提供可插拔架构。

图 7.6 显示了 KFServing 的组件。

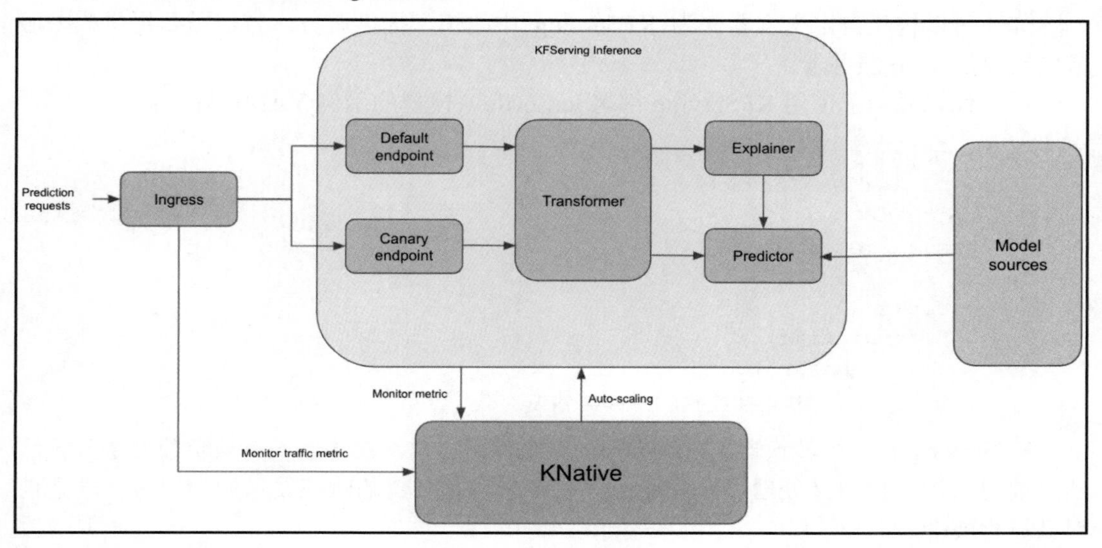

图 7.6　KFServing 组件

原　文	译　文
Prediction requests	预测请求
Ingress	入口网关
KFServing Inference	KFServing 推理
Default endpoint	默认端点
Canary endpoint	金丝雀端点
Transformer	转换器
Explainer	解释器
Predictor	预测器
Model sources	模型源
Monitor traffic metric	监控流量指标
Monitor metric	监控指标
Auto-scaling	自动缩放

作为一种通用的多框架模型服务解决方案，KFServing 为不同的模型类型提供了若干个现成可用的模型服务器——也称为预测器（Predictor）。这些模型类型包括 TensorFlow、PyTorch XGBoost、scikit-learn 和 ONNX。

借助 KFServing，你可以使用 REST 和 gRPC 协议来服务模型。要部署受支持的模型类型，只需定义一个 YAML 规范，指向数据存储中的模型工件即可。

你还可以构建自定义容器来为 KFServing 中的模型提供服务。容器需要提供模型服务实现以及 Web 服务器。

以下代码显示了使用 KFServing 部署 tensorflow 模型的示例 YAML 规范：

```
apiVersion: "serving.kubeflow.org/v1alpha2"
kind: "InferenceService"
metadata:
    name: "model-name"
spec:
    default:
        predictor:
            tensorflow:
                storageUri: <uri to model storage such as s3>
```

KFServing 有一个转换器（Transformer）组件，它允许在将输入有效负载发送到预测器之前对其进行自定义处理，并且还允许在将来自预测器的响应发送回调用客户端之前对其进行转换。

有时，你还需要为模型的预测结果提供解释，如哪些特征对预测的影响更大。在后面的章节中我们将介绍有关模型可解释性的更多细节。

KFServing 专为生产部署而设计，并提供了一系列生产部署功能。它的自动缩放（auto-scaling）功能允许模型服务器根据请求流量的大小而扩大/缩小。

使用 KFServing 可以部署默认模型服务端点和金丝雀端点（Canary Endpoint），并在两者之间拆分流量，以及在端点后面指定模型的修改版本。

对于操作支持，KFServing 还具有内置的监控功能（例如，监控请求数据和请求延迟）。

7.3.10　Seldon Core

Seldon Core 是另一个可用于在 Kubernetes 上部署模型的多框架模型服务框架。与 KFServing 相比，Seldon Core 提供了更丰富的模型服务功能，例如，为 A/B 测试和模型集成等用例提供模型服务推理图。

图 7.7 显示了 Seldon Core 框架的核心组件。

Seldon Core 可以为一些常见的机器学习库提供打包的模型服务器，包括用于 scikit-learn 模型的 SKLearn 服务器、用于 XGBoost 模型的 XGBoost 服务器、用于 TensorFlow 模型的 TensorFlow Serving 和基于 MLflow 服务器的模型服务。你还可以针对特定的模型服务需求构建自定义服务容器，并使用 Seldon Core 托管它。

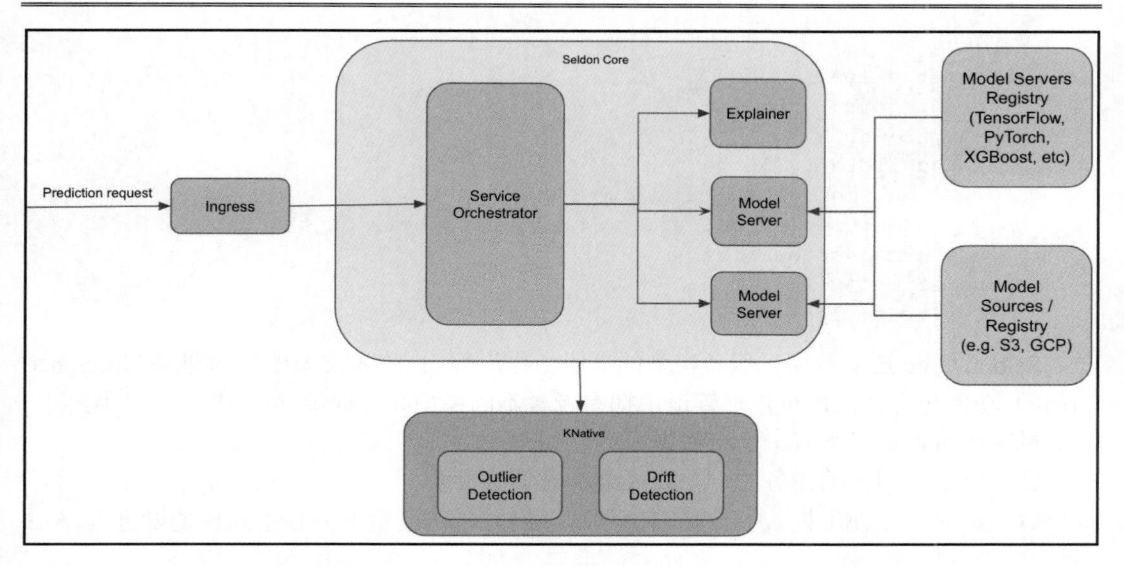

图 7.7　Seldon Core 模型服务框架核心组件

原　　文	译　　文
Prediction request	预测请求
Ingress	入口网关
Service Orchestrator	服务编排器
Explainer	解释器
Model Server	模型服务器
Outlier Detection	异常值检测
Drift Detection	漂移检测
Model Servers Registry (TensorFlow, PyTorch, XGBoost, etc)	模型服务器注册（TensorFlow、PyTorch、XGBoost 等）
Model Sources / Registry (e.g. S3,GCP)	模型源/注册表（如 S3、GCP）

以下模板演示了如何借助 Seldon Core 使用 SKLearn 服务器部署模型。你只需更改 modelUri 路径以指向云对象存储提供程序（如 Google Cloud Storage、Amazon S3 存储或 Azure Blob 存储）上的已保存模型。要使用该示例进行测试，可以将以下 modelUri 值更改为 Seldon Core 提供的示例（gs://seldon-models/sklearn/iris）：

```
apiVersion: machinelearning.seldon.io/v1alpha2
kind: SeldonDeployment
metadata:
   name: sklearn
```

```
spec:
    name: sklearn-model
    predictors:
    -   graph:
        children: []
        implementation: SKLEARN_SERVER
        modelUri: <model uri to model artifacts on the cloud storage>
        name: classifier
    name: default
    replicas: 1
```

Seldon Core 还支持用于服务模型的高级工作流程（也称为推理图）。推理图（Inference Graph）功能允许你在单个推理管道中拥有包含不同模型和其他组件的图。

推理图可以由以下若干个组件组成：

- 用于不同预测任务的一个或多个机器学习模型。
- 针对不同使用模式的流量路由管理，例如，将流量拆分到不同模型以进行 A/B 测试。
- 用于组合来自多个模型的结果的组件，例如，模型集成组件。
- 用于转换输入的请求（例如，执行特征工程）或输出的响应（例如，将数组格式作为 JSON 格式返回）的组件。

要在 YAML 中构建推理图规范，需要 seldondeployment YAML 文件中的以下关键组件：

- 预测器列表，每个预测器都有自己的 componentSpecs 部分，用于指定诸如容器镜像之类的详细信息。
- 描述每个 componentSpecs 部分的组件如何链接在一起的图。

以下示例模板显示了自定义金丝雀部署（canary-deployment）的推理图，用于将流量拆分为模型的两个不同版本：

```
apiVersion: machinelearning.seldon.io/v1alpha2
kind: SeldonDeployment
metadata:
    name: canary-deployment
spec:
    name: canary-deployment
    predictors:
    -   componentSpecs:
        -   spec:
            containers:
            -   name: classifier
                image: <container uri to model version 1>
```

```
        graph:
            children: []
            endpoint:
                type: REST
            name: classifier
            type: MODEL
        name: main
        replicas: 1
            traffic: 75
    -   componentSpecs:
        -   spec:
            containers:
            -   name: classifier
                image: <container uri to model version 2>
        graph:
            children: []
            endpoint:
                type: REST
            name: classifier
            type: MODEL
        name: canary
        replicas: 1
            traffic: 25
```

应用部署清单后，Seldon Core 算子负责创建为机器学习模型提供服务所需的所有资源。具体来说，算子将创建清单中定义的资源，将编排器添加到 Pod 以管理推理图的编排，并使用 Istio 等入口网关配置流量。

7.3.11　自动化机器学习管道工作流程

为了自动化前文介绍的核心机器学习平台组件，我们需要构建可以使用这些组件编排不同步骤的管道。自动化不仅提高了效率和生产力，还有助于加强一致性、实现可重复性并减少人为错误。有若干种开源技术可用于自动化机器学习工作流。

接下来，让我们看看 Apache Airflow 和 Kubeflow Pipelines。

7.3.12　Apache Airflow

Apache Airflow 是一个开源软件包，用于以编程方式编写、调度和监控多步骤工作流。它是一种通用的工作流编排工具，可用于定义各种任务的工作流，包括机器学习任务。

首先我们来了解一下 Airflow 的一些核心概念：

❑ 有向无环图（Directed Acyclic Graph，DAG）：DAG 定义了在管道中独立执行的独立任务。执行顺序可以像图一样可视化。
❑ 任务（Task）：任务是 Airflow 中的基本执行单元。任务在执行期间具有它们之间的依赖关系。
❑ 算子：算子是描述管道中单个任务的 DAG 组件，可以实现任务执行逻辑。Airflow 为常见任务提供了一系列算子，例如，用于运行 Python 代码的 Python 算子，或用于与 S3 服务交互的 Amazon S3 算子。实例化算子时会创建任务。
❑ 调度：DAG 可以按需运行或按预定调度运行。

Airflow 可以在单机或集群中运行，它也可以部署在 Kubernetes 基础架构上。图 7.8 显示了多结点 Airflow 部署。

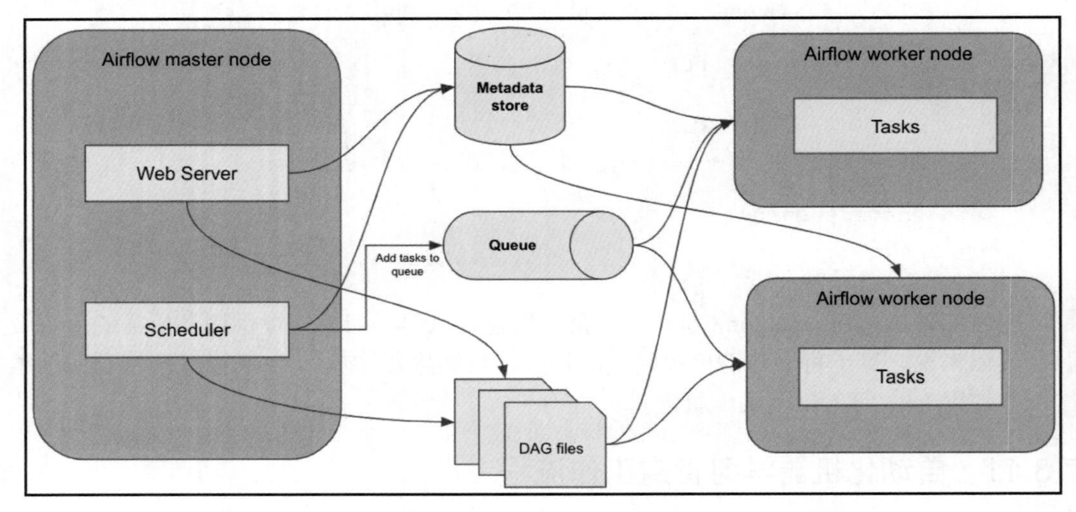

图 7.8　Apache Airflow 架构

原　　文	译　　文
Airflow master node	Airflow 主结点
Web Server	Web 服务器
Scheduler	调度程序
Add tasks to queue	将任务添加到队列
Metadata store	元数据存储
Queue	队列
DAG files	DAG 文件
Airflow worker node	Airflow 工作结点
Tasks	任务

主结点主要运行 Web 服务器和调度程序。调度程序负责调度 DAG 的执行。它将任务发送到队列，工作结点从队列中检索并运行任务。元数据存储用于存储 Airflow 集群和流程的元数据，例如，任务实例详细信息或用户数据。

可以使用 Python 编写 Airflow DAG。以下示例代码演示了如何使用 Python 中的两个 bash 算子创建一个基本的 Airflow DAG：

```
from airflow import DAG
from airflow.operators.bash_operator import BashOperator
from datetime import datetime, timedelta

default_args = {
    'owner': myname,
}

dag = DAG('test', default_args=default_args, schedule_
interval=timedelta(days=1))

t1 = BashOperator(
    task_id='print_date',
    bash_command='date',
    dag=dag)

t2 = BashOperator(
    task_id='sleep',
    bash_command='sleep 5',
    retries=3,
    dag=dag)

t2.set_upstream(t1)
```

Airflow 可以连接许多不同的来源，并为许多外部服务（如 AWS EMR 和 Amazon SageMaker）提供内置算子。在生产环境中已被众多企业广泛采用。

7.3.13　Kubeflow Pipelines

Kubeflow Pipelines 是一个 Kubeflow 组件，专为在 Kubernetes 上创作和编排端到端机器学习工作流而构建。

首先我们来了解一下 Kubeflow Pipelines 的一些核心概念：

- 管道（Pipeline）：管道描述了机器学习工作流、工作流中的所有组件，以及这些组件在管道中如何相互关联。
- 管道组件：管道组件在管道中执行任务。管道组件的示例可以是数据处理组件或模型训练组件。

- 实验：对于机器学习项目，实验将组织不同的试运行（模型训练）方式，这样你就可以轻松检查和比较不同的运行方式及其结果。
- 步骤：管道中一个组件的执行称为步骤。
- 运行触发器（run trigger）：可以使用运行触发器来启动管道的执行。运行触发器可以是定期触发器（例如，每隔两个小时运行一次）或计划触发器（例如，在特定日期和时间运行）。
- 输出工件：输出工件是管道组件的输出。输出工件的示例可以是模型训练指标或数据集的可视化。

Kubeflow Pipelines 可以作为 Kubeflow 的一部分进行安装。它带有自己的用户界面，后者是整个 Kubeflow 仪表板用户界面的一部分。

Pipelines 可以服务管理管道及其运行状态，并将它们存储在元数据数据库中。有一个编排和工作流控制器来管理管道和组件的实际执行。

图 7.9 显示了 Kubeflow 管道中的核心组件。

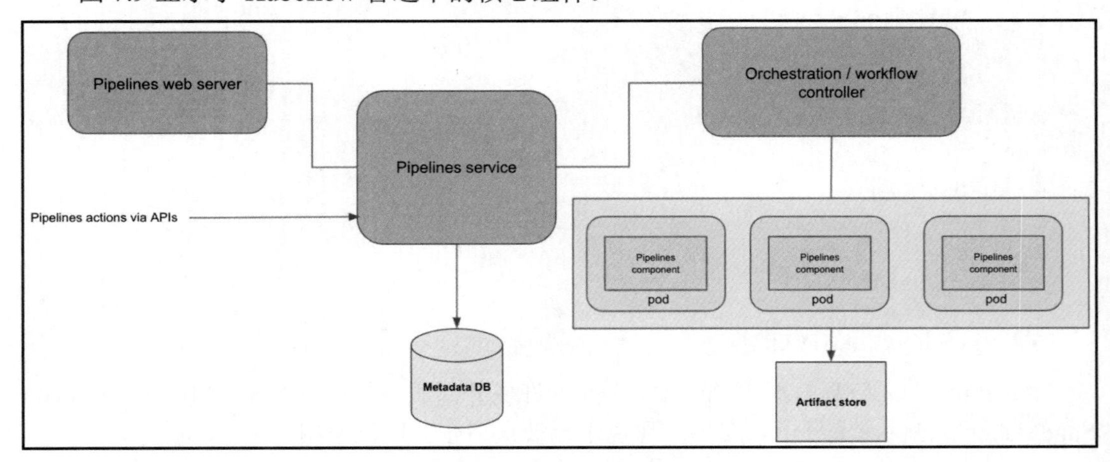

图 7.9 Kubeflow Pipelines 架构

原　　文	译　　文
Pipelines web server	Pipelines Web 服务器
Pipelines actions via APIs	通过 API 执行的 Pipelines 操作
Pipelines service	Pipelines 服务
Metadata DB	元数据数据库
Orchestration / workflow controller	编排/工作流控制器
Pipelines component	Pipelines 组件
Artifact store	Artifact 存储

使用 Python 中的管道 SDK 即可创建管道。

要创建和运行管道，请执行以下步骤：

（1）使用 Kubeflow SDK 创建管道定义。管道定义将指定组件列表以及它们如何在图中连接在一起。

（2）将定义编译成静态 YAML 规范，由 Kubeflow Pipelines 服务执行。

（3）向 Kubeflow Pipelines 服务注册规范，并从静态定义调用管道运行。

（4）Kubeflow Pipelines 服务调用 API 服务器创建资源来运行管道。

（5）编排控制器执行各种容器程序来完成管道运行。

现在我们已经了解了一些用于构建机器学习平台的开源工具。接下来，让我们将它们付诸实践，并使用这些工具来构建一个基本的机器学习平台。

7.4　动手练习——使用开源技术构建数据科学架构

本练习将使用多个开源机器学习平台软件构建一个机器学习平台。这个动手练习分为 3 个主要部分：

（1）安装 Kubeflow 并设置 Kubeflow Notebook。

（2）跟踪实验、管理模型、部署模型。

（3）使用 Kubeflow Pipelines 自动化机器学习步骤。

现在让我们开始第一部分——在 Amazon EKS 集群上安装 Kubeflow。

7.4.1　第 1 部分——安装 Kubeflow

我们将继续使用之前创建的 Amazon（EKS）基础设施并在其上安装 Kubeflow。

请按以下步骤操作：

（1）启动 AWS CloudShell：先登录你的 AWS 账户，选择 Oregon（俄勒冈）地区，然后再次启动 AWS CloudShell。

（2）安装 kfctl 实用程序：kfctl 实用程序是一个用于安装和管理 Kubeflow 的命令行实用程序。在 CloudShell shell 环境中逐一运行以下命令安装 kfctl：

```
sudo yum search tar

curl --silent --location "https://github.com/kubeflow/kfctl/releases/
download/v1.2.0/kfctl_v1.2.0-0-gbc038f9_linux.tar.gz" | tar xz -C /tmp
```

```
chmod +x /tmp/kfctl

sudo mv /tmp/kfctl ./bin/kfctl
```

（3）添加环境变量：现在可以添加环境变量，以便日后更容易执行命令。你需要提供 Amazon EKS 集群名称，可以在 AWS 管理控制台中查找 EKS 集群名称：

```
export CONFIG_URI="https://raw.githubusercontent.com/kubeflow/
manifests/v1.2-branch/kfdef/kfctl_aws.v1.2.0.yaml"

export AWS_CLUSTER_NAME=<cluster name>
mkdir ${AWS_CLUSTER_NAME} && cd ${AWS_CLUSTER_NAME}
```

（4）下载安装模板：kfctl_aws.yaml 文件包含设置 Kubeflow 的规范。可使用以下命令下载并使用集群详细信息对其进行修改：

```
wget -O kfctl_aws.yaml $CONFIG_URI

vim kfctl_aws.yaml
```

Vim 文本编辑器打开后，查找 Region（区域）参数，并使用正确的区域更新值。例如，如果你的 AWS 区域是 Oregon（俄勒冈），则该值应为 us-west-2。由于开源产品正在快速变化，随着 EKS 和 Kubeflow 的发展，该指令可能不再适用。

你还将在 yaml 文件中找到 username 和 password 对。默认用户名应为 admin@kubeflow.org，默认密码应为 12341234。可以将这些信息更改为其他名称，以使其更安全。记下 username 和 password 值，因为稍后你将需要它们来访问 Kubeflow 用户界面。

（5）安装 Kubeflow：现在可以使用 kfctl 实用程序安装 Kubeflow。运行以下命令开始安装 Kubeflow（这需要 3～5 分钟才能完成）：

```
kfctl apply -V -f kfctl_aws.yaml
```

安装完成后，可以通过运行 kubectl get namespaces 命令查看已安装的内容。你会注意到已经创建了一些命名空间：

- ❑ Kubeflow：你会发现所有与 Kubeflow 相关的 Pod 都在此命名空间中运行。
- ❑ Auth：Dex 身份验证 Pod 在此命名空间中运行。
- ❑ Istio-system：所有与 Istio 相关的组件（如 Istio Pilot 和 Istio Citadel）都在此命名空间中运行。

（6）启动 Kubeflow 仪表板：使用以下命令查找 Kubeflow 仪表板 URL：

```
kubectl get ingress -n istio-system
```

你应该会看到与图 7.10 类似的返回内容。ADDRESS（地址）标头下的 URL 就是 Kubeflow 仪表板的 URL。

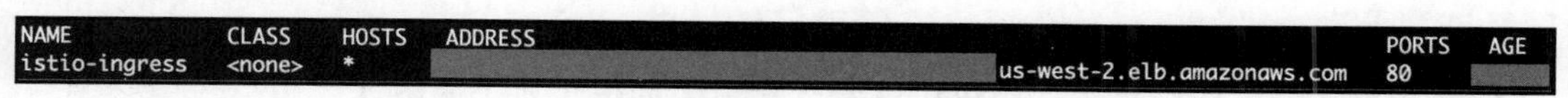

图 7.10　Kubeflow 仪表板 URL

打开浏览器窗口并复制和粘贴仪表板 URL 以启动仪表板。出现提示时，输入步骤(4)中的用户名和密码以登录仪表板。

系统将提示你选择工作区，保留默认管理员名称并按照屏幕上的说明完成安装。仪表板启动后，你将看到如图 7.11 所示界面。

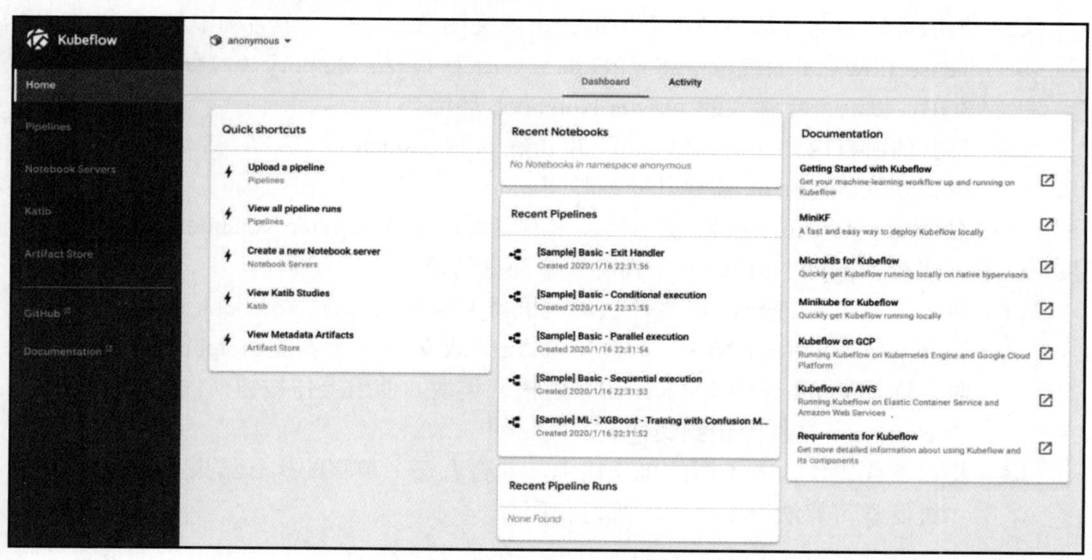

图 7.11　Kubeflow 仪表板

Kubeflow 仪表板允许你从这个单一界面导航到不同的 Kubeflow 组件。我们将使用此仪表板来配置和管理 Notebook 和跟踪管道。

（7）扩展集群：要运行 Notebook 和管道等 Kubeflow 应用程序，我们需要一个更大的集群，因此可以扩展集群以添加更多 Kubernetes 工作结点。

工作结点与结点组相关联，我们需要 nodegroup 名称来扩展它。可以通过运行以下命令来查找 nodegroup 的名称：

```
eksctl get nodegroup --cluster=<name of cluster>
```

现在可通过运行以下命令将结点组从两个现有结点扩展到 4 个结点：

```
eksctl scale nodegroup --cluster=<name of cluster>
--nodes=4 --name=<nodegroup name> --nodes-max=4
```

扩展过程将需要几分钟的时间。该过程完成后，可以运行 kubectl get nodes 命令以确认你现在有 4 个工作结点。你应该可以看到输出中列出了 4 个服务器。

（8）创建一个新的 Jupyter Notebook：现在我们已经成功地在 EKS 集群上设置了 Kubeflow。接下来，可以使用 Kubeflow 搭建一个 Jupyter Notebook 环境，用于代码编写和模型构建：

- 在 Kubeflow dashboard（仪表板）主页上，选择 Notebook Server（Notebook 服务器），单击+ NEW SERVER（新服务器）。
- 为服务器命名并从下拉列表中选择自定义图像。选择一个名称中包含 CPU with Tensorflow 2.x 的镜像。将 CPU 编号更改为 1，将 Memory（内存）大小更改为 3GB，以获得更强大的 Jupyter Notebook 环境。
- 将其他所有内容保留为默认值，单击底部的 Launch（启动）以启动该 Notebook。准备好该 Notebook 需要几分钟时间。

（9）使用 Jupyter Notebook：现在可以来看看新启动的 Jupyter Notebook 能够做什么。按照以下步骤在 Jupyter Notebook 中训练一个简单的模型：

- 将之前使用的 churn.csv 文件从本地机器上传到 Jupyter Notebook 中。
- 选择 File（文件）| New（新建）| Notebook 创建一个新的 Notebook。出现提示时，选择 Python 3 作为 Kernel（内核）类型。使用上传按钮（向上箭头图标）将 churn.csv 文件上传到文件夹。
- 将以下代码块输入不同的单元格中，并查看每个步骤的执行结果。这与第 3 章“机器学习算法”中所做的练习相同。

```
! pip3 install matplotlib
import pandas as pd
churn_data = pd.read_csv("churn.csv")
churn_data.head()

# 以下命令可以计算特征的各种统计信息
churn_data.describe()

# 以下命令可以显示不同特征的直方图
# 可以通过替换列名称来绘制其他特征的直方图
churn_data.hist(['CreditScore', 'Age', 'Balance'])
```

```
# 以下命令可以计算特征之间的相关性
churn_data.corr()

from sklearn.preprocessing import OrdinalEncoder
encoder = OrdinalEncoder()
churn_data['Geography_code'] = encoder.fit_
transform(churn_data[['Geography']])
churn_data['Gender_code'] = encoder.fit_transform(churn_data[['Gender']])
churn_data.drop(columns =['Geography','Gender','RowNumber','Surname'],
inplace=True)

# 导入 train_test_split 类以进行数据拆分
from sklearn.model_selection import train_test_split

# 将数据集拆分为训练集（占 80%）和测试集（占 20%）
churn_train, churn_test = train_test_split(churn_data, test_size=0.2)

# 拆分目标变量 Exited 特征
# 因为它是模型训练和后期验证所必须的
churn_train_X = churn_train.loc[:, churn_train.columns != 'Exited']
churn_train_y = churn_train['Exited']

churn_test_X = churn_test.loc[:, churn_test.columns != 'Exited']
churn_test_y = churn_test['Exited']

# 本示例将使用随机森林算法来训练模型
from sklearn.ensemble import RandomForestClassifier
bank_churn_clf = RandomForestClassifier(max_depth=2, random_state=0)
bank_churn_clf.fit(churn_train_X, churn_train_y)

# 使用 sklearn 库的 accuracy_score 类计算模型的准确率
from sklearn.metrics import accuracy_score

# 使用已经训练的模型生成测试数据集的预测结果
churn_prediction_y = bank_churn_clf.predict(churn_test_X)

# 使用 accuracy_score 类衡量准确率
accuracy_score(churn_test_y, churn_prediction_y)
```

恭喜！现在你已经使用 Kubeflow Jupyter Notebook 服务器成功训练了机器学习模型。在接下来的第 2 部分中，让我们亲身体验一下如何跟踪实验、管理模型和部署模型。

7.4.2 第 2 部分——跟踪实验和管理模型

要训练机器学习模型，你可能需要使用不同的算法、超参数和数据特征多次运行训练。很快你就会意识到，跟踪你所做的一切变得非常困难。

正如我们之前讨论的，MLflow 和 Kubeflow 具有实验跟踪功能。MLflow 跟踪可以在不同数据科学环境（如 Kubeflow Notebook 或你的本地机器）的训练脚本中的任何位置实现，而 Kubeflow 则在 Kubeflow Pipelines 的上下文中跟踪所有内容。在这部分练习中，我们将使用 MLflow 进行实验跟踪和模型管理。具体来说，我们将构建如图 7.12 所示的实验跟踪和模型管理架构。

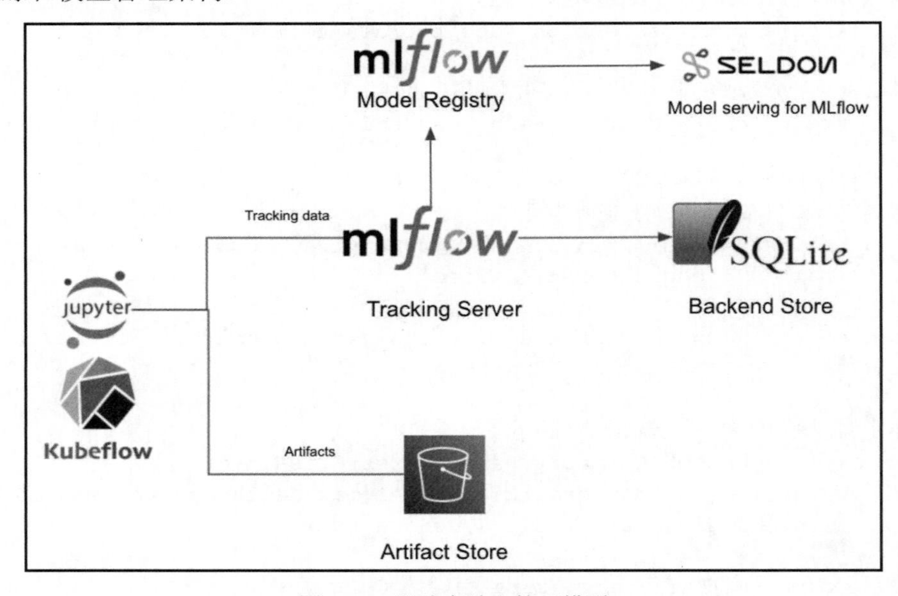

图 7.12　跟踪实验和管理模型

原　文	译　文
Model Registry	模型注册
Model serving for MLflow	为 MLflow 服务的模型
Tracking data	跟踪数据
Tracking Server	跟踪服务器
Backend Store	后端存储
Artifacts	工件
Artifact Store	工件存储

首先，让我们设置一个中央 MLflow 跟踪服务器，以便不同的数据科学环境都可以使用它进行跟踪。请按以下步骤操作：

（1）启动 EC2 实例：我们将在 EC2 实例上安装 MLflow 跟踪服务器。你可以将 MLflow 跟踪服务器安装为在 EKS 上运行的容器。在你一直使用的同一 AWS 区域中启动 EC2 实例。如果你不知道如何启动 EC2 实例，请按照以下网址的说明进行操作：

https://aws.amazon.com/ec2/getting-started/

创建 AWS 访问密钥对并使用 aws configure 命令将 AWS 访问密钥对信息添加到 EC2 服务器。如果你不知道如何创建 AWS 访问密钥对，请按照以下网址的说明进行操作：

https://docs.aws.amazon.com/powershell/latest/userguide/pstools-appendix-sign-up.html

确保 AWS 凭证对 S3 具有读/写权限，因为 MLflow 服务器需要使用 S3 作为工件的存储。

（2）安装 MLflow 包：在实例准备就绪后，使用 AWS 控制台中的 EC2 Instance Connect（实例连接）功能连接 EC2 实例。MLflow 可以很轻松地安装为 Python 包。在 EC2 终端窗口中运行以下命令以安装 MLflow 包：

```
sudo yum update
sudo yum install python3
sudo pip3 install mlflow
sudo pip3 install boto3
```

（3）安装数据库：MLflow 需要一个用于存储元数据的数据库。在此步骤中，你将安装一个数据库作为存储所有跟踪数据的后端。有许多不同的数据库选项，如 postgresql 和 sqlite。为简单起见，我们将安装一个 sqlite 数据库作为后端：

```
sudo yum install sqlite
```

（4）设置跟踪服务器：现在可以配置 mlflow 服务器了。

首先，创建一个名为 mlflowsvr 的目录，用于在 EC2 服务器上存储 sqlite 数据库文件，可以使用 mkdir Linux 命令来创建该目录。

接下来，创建一个名为 mlflow-tracking-<your initials>的 S3 存储桶来存储工件。

创建目录和 S3 存储桶后，运行以下命令来配置和启动跟踪服务器：

```
mlflow server --backend-store-uri sqlite:///mlflowsvr/mlsa.db \
--default-artifact-root s3://mlflow-tracking -host 0.0.0.0 -p 5000
```

（5）访问跟踪服务器站点：要访问该站点，你需要为 EC2 服务器打开安全组以允许端口 5000 开放。如果你不熟悉如何修改安全组规则，请查看 AWS 的相关说明。默认情况下，仅开放端口 22。

要访问 mlflow 跟踪服务器站点，请查找 EC2 的公共 DNS 名称并将其输入浏览器窗口。该地址应类似于以下示例：

```
http://<EC2 public DNS url>:5000
```

请注意，MLfLow 跟踪服务器没有内置安全性，因此跟踪服务器可以公开访问。你应该在不使用时停止/终止此跟踪服务器。对于跟踪服务器的安全访问，可以在跟踪服务器之前设置一个安全的反向代理服务器，不过这超出了本书的讨论范围。

（6）使用 Kubeflow 笔记本中的 MLflow 跟踪：现在可以使用跟踪服务器来跟踪实验。先启动之前从 Kubeflow 仪表板创建的 Jupyter Notebook，然后在屏幕上的 New（新建）下拉菜单中选择 Terminal（终端）以打开 Terminal（终端）控制台窗口。

在 Terminal（终端）窗口中，运行以下代码块以安装 AWS 命令行界面（Command Line Interface，CLI）并配置 AWS CLI 环境变量。

在运行 aws configure 命令时，会提示提供 AWS 访问密钥对值。MLflow 客户端将使用这些凭据将工件上传到 MLflow 跟踪服务器的 S3 存储桶：

```
pip3 install awscli
aws configure
```

接下来，通过选择 File（文件）| New（新建）| Notebook 创建一个新的 Notebook，并插入以下示例代码块。请先将<tracking server uri>替换为你自己的跟踪服务器统一资源标识符（Uniform Resource Identifier，URI），然后运行代码。

此代码块将在 Jupyter Notebook 上安装 mlflow 客户端库，并使用 mlflow.set_experiment()函数设置实验跟踪，使用 mlflow.sklearn.autolog()函数打开自动跟踪，最后使用 mlflow.sklearn.log_model()函数注册已经训练的模型。

```
! pip3 install mlflow

import pandas as pd
import mlflow
from sklearn.ensemble import RandomForestClassifier
from sklearn.model_selection import train_test_split
from sklearn.preprocessing import OrdinalEncoder

churn_data = pd.read_csv("churn.csv")

encoder = OrdinalEncoder()
```

```
churn_data['Geography_code'] = encoder.fit_
transform(churn_data[['Geography']])
churn_data['Gender_code'] = encoder.fit_transform(churn_data[['Gender']])
churn_data.drop(columns = ['Geography','Gender','RowNumber','Surname'],
inplace=True)

# 将数据集拆分为训练集（占 80%）和测试集（占 20%）
churn_train, churn_test = train_test_split(churn_data, test_size=0.2)

# 拆分目标变量 Exited 特征
# 因为它是模型训练和后期验证所必须的
churn_train_X = churn_train.loc[:, churn_train.columns != 'Exited']
churn_train_y = churn_train['Exited']

churn_test_X = churn_test.loc[:, churn_test.columns != 'Exited']
churn_test_y = churn_test['Exited']

# 设置 mlflow 跟踪服务器
tracking_uri = <tracking server uri>
mlflow.set_tracking_uri(tracking_uri)

mlflow.set_experiment('customer churn')
mlflow.sklearn.autolog()

with mlflow.start_run():
    bank_churn_clf = RandomForestClassifier(max_depth=2, random_state=0)
    bank_churn_clf.fit(churn_train_X, churn_train_y)
    mlflow.sklearn.log_model(sk_model=bank_churn_
clf, artifact_path="sklearn-model", registered_model_name="churn-model")
```

现在返回跟踪服务器站点并刷新页面。在 Experiment（实验）选项卡下，你应该会看到一个名为 customer churn（客户流失）的新实验。

先单击 customer churn（客户流失）链接以查看运行详细信息，然后单击 Model（模型）选项卡，你将看到一个称为 churn model（流失模型）的模型。

现在可以在 Jupyter Notebook 中再次运行相同的代码。你将看到一个新的运行并创建了一个新版本的模型。

（7）将模型部署到 Seldon Core：你已经成功训练了一个机器学习模型并在 MLflow 模型注册表中注册了该模型。接下来，让我们使用 Seldon Core 模型服务框架来部署这个模型。

让我们从模型注册表下载模型工件并将它们保存到 S3 中部署的存储桶中。为此，需要先创建一个名为 model-deployment-<your initial>的新 S3 存储桶。我们将使用 Seldon Core 的 SKLearn 服务器包来托管模型，它期望模型名称为 model.joblib。

运行以下代码块从模型注册表下载模型工件，将 model.pkl 文件复制到另一个目录，并将其命名为 model.joblib：

```
import mlflow.sklearn
import shutil
model_name = "churn-model"
model_version = <version>

sk_model = mlflow.sklearn.load_model(f"models:/{model_name}/
{model_version}")
mlflow.sklearn.save_model(sk_model, f"{model_name}_
{model_version}")

src = f"{model_name}_{model_version}/model.pkl"
des = f"skserver_{model_name}_{model_version}/model.joblib"

shutil.copyfile(src, des)
```

接下来，运行以下代码块将模型工件上传到目标 S3 存储桶：

```
import boto3
import os

targetbucket = "model-deployment-<your initial>"
prefix = f"mlflow-models/{model_name}_{model_version}"

def upload_objects(src_path, bucketname):
    s3 = boto3.resource('s3')
    my_bucket = s3.Bucket(bucketname)

    for path, dirs, files in os.walk(src_path):
        dirs[:] = [d for d in dirs if not d.startswith('.')]

        path = path.replace("\\","/")
        directory_name = prefix + path.replace(src_path,"")
        for file in files:
            my_bucket.upload_file(os.path.join(path, file),
directory_name + "/" + file)

local_dir = f"skserver_{model_name}_{model_version}
upload_objects (local_dir, targetbucket)
```

Seldon Core 部署需要访问 S3 存储桶才能下载模型。为了启用访问，我们创建了一个 secret 对象来存储 AWS 凭证，该凭证可以用来注入 Seldon Core 容器。

让我们使用以下.yaml 文件创建密钥，并在该文件上运行 kubectl apply 以设置密钥。将 AWS_ACCESS_KEY_ID 和 AWS_SECRET_ACCESS_KEY 的值替换为你自己的 AWS 访问密钥对，该密钥对有权访问模型的 S3 存储桶。

先在 CloudShell 中运行以下代码块来创建文件，然后在 CloudShell 中运行 kubectl apply -f aws_secret.yaml 命令来部署密钥：

```
cat << EOF > aws_secret.yaml
apiVersion: v1
kind: Secret
metadata:
    name: aws-secret
type: Opaque
data:
    AWS_ACCESS_KEY_ID: <<your aws access key>>
    AWS_SECRET_ACCESS_KEY: <<you aws secret access key>>
EOF
```

我们将使用 Seldon Core SKLearn 服务器来托管模型。为此，需要先创建一个部署.yaml 文件，如以下代码块所示。注意将<<S3 uri of model file>>占位符替换为刚刚上传的模型工件的 S3 uri。该 S3 uri 应该类似于 s3://model-deployment<your initials>/mlflow-models/sklearn-model/。

envSecretRefName: aws-secret 行告诉部署使用存储在密钥中的信息创建环境变量。运行 CloudShell 中的代码块以创建.yaml 文件：

```
cat << EOF > bank_churn.yaml
apiVersion: machinelearning.seldon.io/v1alpha2
kind: SeldonDeployment
metadata:
    name: bank-churn
spec:
    name: bank-churn
    predictors:
        -   graph:
            children: []
            implementation: SKLEARN_SERVER
            modelUri: <<S3 uri of model file>>
            envSecretRefName: aws-secret
            name: classifier
```

```
        name: default
        replicas: 1
EOF
```

创建文件后，运行 kubectl apply -f bank_churn.yaml 部署模型。

要检查部署的状态，请运行以下命令。第一个命令安装用于以 JSON 格式显示字符串的实用程序，第二个命令查询状态：

```
sudo yum -y install jq gettext bash-completion moreutils
kubectl get sdep bank-churn -o json | jq .status
```

可使用以下命令直接检查正在运行的容器内的任何日志的状态：

```
kubectl logs <pod name> -c <container name>
```

让我们在集群内测试新的 Seldon Core 端点。为此，可在集群内运行一个 Pod 并在 shell 中测试端点。使用以下代码块在 CloudShell 中创建模板，此模板将创建一个带有运行 Ubuntu 操作系统的容器的 Pod：

```
cat << EOF > ubuntu.yaml
apiVersion: v1
kind: Pod
metadata:
    name: ubuntu
    labels:
        app: ubuntu
spec:
    containers:
    -   name: ubuntu
        image: ubuntu:latest
        command: ["/bin/sleep", "3650d"]
        imagePullPolicy: IfNotPresent
    restartPolicy: Always
EOF
```

运行 kubectl apply -f ubuntu.yaml 部署该 Pod。

Pod 运行后，先运行 kubectl exec --stdin --tty ubuntu -- /bin/bash 以访问 Ubuntu shell，然后在 Ubuntu shell 中运行以下命令来安装 curl 实用程序：

```
apt update
apt upgrade
apt install curl
```

现在运行以下 curl 命令来调用端点：

```
curl -X POST http://bank-churn-default.default:
8000/api/v1.0/predictions \
    -d '{ "data": {"ndarray":[[123,544,37,2,79731,1,1,1,57558,1,1]] } }' \
    -H "Content-Type: application/json"
```

你应该会看到类似于以下内容的响应，它表示输出标签（0 和 1）的概率：

```
{"data":{"names":["t:0","t:1"],"ndarray":
[[0.8558529455725855,0.1441470544274145]]},"meta":{}}
```

图 7.13 显示了推理调用的数据流。

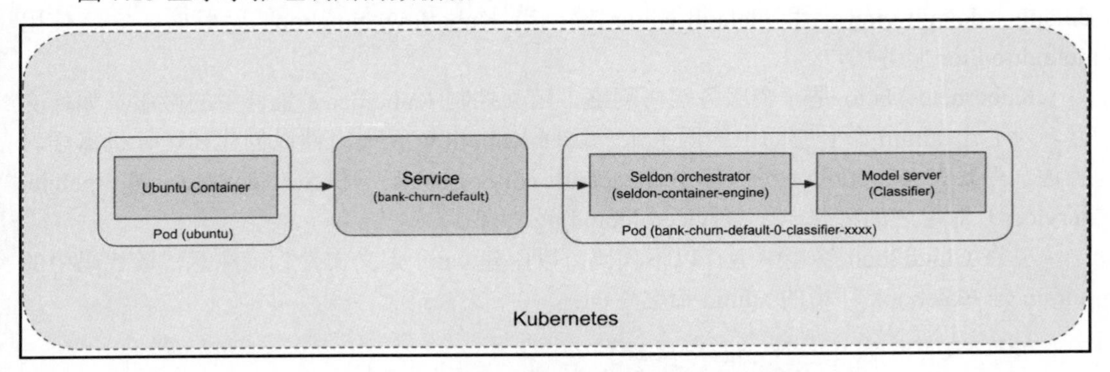

图 7.13　Seldon Core 托管模型的模型推理数据流

原　　文	译　　文
Ubuntu Container	Ubuntu 容器
Service	服务
Seldon orchestrator	Seldon 编排器
Model server(Classifier)	模型服务器（分类器）

在图 7.13 中可以看到，Ubuntu 容器是 curl http 命令启动的地方。HTTP 调用命中 bank-churn-default 服务，该服务充当 bank-churn-default-0-classifier-xxxx Pod 的抽象层。Pod 运行 Seldon 编排器容器和托管已训练模型的模型服务器容器。

恭喜！现在你已经成功配置了一个 MLflow 跟踪服务器，并在 Jupyter Notebook 中使用它来集中管理你的所有实验，你已经使用 Seldon Core SKLearn 服务器部署了你的模型。

接下来，我们将深入探讨如何使用自动化管道来自动化一切。

7.4.3　第 3 部分——使用机器学习管道实现自动化

机器学习过程涉及多个步骤，包括数据准备、特征工程、模型训练和模型部署。在数据科学家完成所有实验和模型构建任务后，整个过程应该使用机器学习管道实现自动化。

设计管道时需要考虑各种架构和技术选项。本练习将使用 Kubeflow Pipelines 平台编排步骤。当然，在开始之前，我们还需要添加一些配置以允许 Kubeflow Notebook 访问 Kubeflow Pipelines 服务。

7.4.4　授予命名空间服务账户访问 Istio 服务的权限

Kubeflow Notebook 使用了 Kubernetes admin 命名空间，它带有许多服务账户，如 default、default-viewer 和 default-editor 等。当 Kubeflow Notebook 运行时，它将使用 default-editor 服务账户。

Kubernetes Istio 是一个服务网格网络，用于控制 Kubernetes 集群中的微服务如何交互。为了让 admin 命名空间中的服务账户访问 Kubeflow 管道组件以创建和运行机器学习管道，需要在 Kubeflow 命名空间中的 default-editor 服务账户和 ServiceRole（ml-pipeline-services）对象之间创建一个 servicerolebinding 对象。

先在 CloudShell 终端中运行以下代码，以创建.yaml 定义文件。请注意，该代码中的 admin 是 Notebook 环境的 admin 命名空间：

```
cat << EOF > notebook_rbac.yaml
apiVersion: rbac.istio.io/v1alpha1
kind: ServiceRoleBinding
metadata:
    name: bind-ml-pipeline-nb-admin
    namespace: kubeflow
spec:
    roleRef:
        kind: ServiceRole
        name: ml-pipeline-services
    subjects:
    -   properties:
            source.principal: cluster.local/ns/admin/sa/default-editor
EOF
```

然后运行以下命令，配置应用到 Kubernetes 环境：

```
kubectl apply -f notebook_rbac.yaml
```

Envoy 是处理服务网格的所有入站和出站流量的 Istio 代理。当 Notebook 通过服务网格与 ml-pipeline 服务通信时，需要将 header 信息转发给 ml-pipeline 服务，以从 Notebook 建立用户身份。以下.yaml 文件启用了该功能。

在 CloudShell shell 环境中运行以下命令来创建文件：

```
cat << EOF > notebook_filter.yaml
apiVersion: networking.istio.io/v1alpha3
kind: EnvoyFilter
metadata:
    name: add-header
    namespace: admin
spec:
    configPatches:
    -   applyTo: VIRTUAL_HOST
        match:
            context: SIDECAR_OUTBOUND
            routeConfiguration:
                vhost:
                    name: ml-pipeline.kubeflow.svc.cluster.local:8888
                    route:
                        name: default
        patch:
            operation: MERGE
            value:
                request_headers_to_add:
                -   append: true
                    header:
                        key: kubeflow-userid
                        value: admin@kubeflow.org
    workloadSelector:
        labels:
            notebook-name: david
EOF
```

创建文件后，运行以下代码以在 admin 命名空间中设置标头过滤器：

```
kubectl apply -f notebook_filter.yaml
```

7.4.5　创建自动化管道

现在让我们创建一个可以执行以下操作的管道：

- 处理保存在数据湖中的数据，创建训练数据集，并将其保存在训练桶中。
- 运行模型训练作业。
- 使用 Seldon Core 模型服务组件部署模型。

我们将使用 Kubeflow Pipelines 跟踪整体管道状态，并且将继续跟踪实验细节以及管理 MLflow 模型注册表中的模型。具体来说，就是将构建如图 7.14 所示的架构。

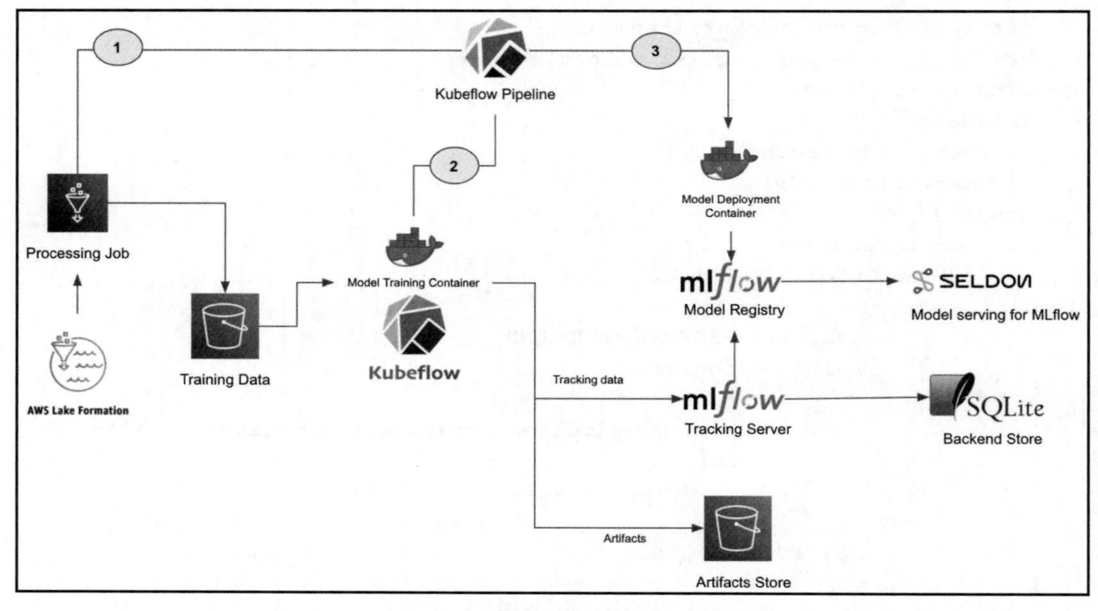

图 7.14　使用 Kubeflow Pipelines 的自动化管道

原　文	译　文
Processing Job	数据处理作业
Kubeflow Pipeline	Kubeflow 管道
Training Data	训练数据
Model Training Container	模型训练容器
Model Deployment Container	模型部署容器
Tracking data	跟踪数据
Tracking Server	跟踪服务器
Model Registry	模型注册表
Model serving for MLflow	MLflow 模型服务
Backend Store	后端存储
Artifacts	工件
Artifacts Store	工件存储

这一部分的练习需要创建一个新 Notebook。在 Jupyter Notebook 屏幕上，选择 New（新建）下拉菜单中的 Python 3 以创建一个新的空白 Notebook。在单元格中运行以下命令，以在新 Notebook 中安装 Kubeflow Pipelines 包：

```
!python3 -m pip install kfp --upgrade --user
```

现在可以组装一个管道，它包括以下 3 个主要步骤：

（1）数据处理。

（2）模型训练。

（3）模型部署。

以下代码可以将库导入 Notebook，其中包括 Kubeflow Pipelines SDK 包（KFP）。我们将使用一个基础 Docker 镜像（tensorflow/tensorflow:2.0.0b0-py3）来执行管道中的每个步骤（Kubeflow 组件）。在单元格中复制并运行以下代码块以导入库：

```
import kfp
import kfp.dsl as dsl
from kfp import compiler
from kfp import components
from kfp.aws import use_aws_secret

BASE_IMAGE = 'tensorflow/tensorflow:2.0.0b0-py3'
```

接下来，让我们定义工作流中的第一个组件——数据处理组件。

你将看到一个@dsl.python_component 装饰器，该装饰器允许你设置与组件关联的元数据。process_data()函数是我们将运行用以执行数据处理步骤的函数，该函数将调用我们在第 4 章“机器学习的数据管理”中定义的 GLUE 作业来处理银行流失数据集。

如前文所述，有若干种方法可以创建 Kubeflow 组件。为简单起见，我们创建的是一个 Python 函数算子组件，它允许直接运行 Python 函数（如 process_data()），而不是构建自定义容器。

components.func_to_container_op()函数采用 process_data()函数并将其添加到基本容器中。运行以下代码块来创建 process_data_op Kubeflow 组件：

```
@dsl.python_component(
    name='data_process_op',
    description='process data',
    base_image=BASE_IMAGE # 可以在此定义基础镜像
)

def process_data(glue_job_name: str, region: str ) -> str:
    import os
    import boto3
    import time

    print ('start data processing')
```

```
    # 启动 Glue 作业以处理数据
    client = boto3.client('glue', region_name= region)
    job_id = client.start_job_run(JobName = glue_job_name)

    # 等待作业完成
    job_state = "RUNNING"
    while job_state != "SUCCEEDED":
        time.sleep(60)
        status = client.get_job_run(JobName = glue_job_name,
RunId = job_id['JobRunId'])
        job_state = status['JobRun']['JobRunState']

    print ('data processing completed')
    return f"GLUE job id: {job_id['JobRunId']}"

process_data_op = components.func_to_container_op(
    process_data,
    base_image=BASE_IMAGE,
    packages_to_install =['boto3']
)
```

接下来可以创建一个模型训练组件。与之前的操作类似，我们需要安装一些软件包。在这里，可以将模型训练组件与 MLflow 集成以跟踪实验指标和模型工件。此外，请记住将<<your mlflow tracking server url>>替换为你自己的 mlflow 跟踪服务器 URL。

```
@dsl.python_component(
    name='model_training_op',
    description='model training step',
    base_image=BASE_IMAGE # 可以在此定义基础镜像
)
def train_model(bucket: str, key: str, region: str, previous_
output: str ) -> str :
    import os

    import boto3
    import mlflow
    import pandas as pd
    from sklearn.ensemble import RandomForestClassifier
    from sklearn.model_selection import train_test_split

    s3 = boto3.client('s3', region_name= region)
    response = s3.list_objects (Bucket = bucket, Prefix = key)
```

```
    key = response['Contents'][0]['Key']
    s3.download_file ('datalake-demo-dyping', key, "churn.csv")

    churn_data = pd.read_csv('churn.csv')

    # 将数据集拆分为训练集（占 80%）和测试集（占 20%）
    churn_train, churn_test = train_test_split(churn_data,
test_size=0.2)

    churn_train_X = churn_train.loc[:, churn_train.columns != 'exited']
    churn_train_y = churn_train['exited']

    churn_test_X = churn_test.loc[:, churn_test.columns != 'exited']
    churn_test_y = churn_test['exited']

    tracking_uri = <<your mlflow tracking server url>>

    mlflow.set_tracking_uri(tracking_uri)
    mlflow.set_experiment('Churn Experiment 3')

    with mlflow.start_run(run_name="churn_run_2") as run:
        bank_churn_clf = RandomForestClassifier(max_depth=2,
random_state=0)
        mlflow.sklearn.autolog()
        bank_churn_clf.fit(churn_train_X, churn_train_y)
        mlflow.sklearn.log_model(sk_model=bank_churn_clf,
artifact_path="sklearn-model", registered_model_name="churn-model")

    print (f"MLflow run id: {run.info.run_id}")
    return f"MLflow run id: {run.info.run_id}"

train_model_op = components.func_to_container_op(
    train_model,
    base_image=BASE_IMAGE,
    packages_to_install =['boto3', 'mlflow', 'scikit-learn', 'matplotlib'],
)
```

上述训练步骤将在 MLflow 模型注册表中注册模型。我们需要下载目标模型版本并将其上传到 S3 存储桶以进行部署步骤。

将以下代码块添加到 Notebook 中，这将创建一个 download_model_op 组件。请记住将 model-deployment-<your initials>替换为你自己的存储桶名称，并将<<your mlflow

tracking server>>替换为你自己的跟踪服务器。

```
@dsl.python_component(
    name='model_download_op',
    description='model training step',
    base_image=BASE_IMAGE # 可以在此定义基础镜像
)

def download_model(model_version: int, previous_output: str )-> str :
    import mlflow
    import os
    import shutil
    import boto3

    model_name = "churn-model"
    model_version = model_version

    tracking_uri = <<your mlflow tracking server>>

    mlflow.set_tracking_uri(tracking_uri)
    mlflow.set_experiment('Churn Experiment 3')

    sk_model = mlflow.sklearn.load_model(f"models:/{model_name}/
{model_version}")

    mlflow.sklearn.save_model(sk_model,f"{model_name}_{model_version}")

    os.mkdir(f"skserver_{model_name}_release")

    src = f"{model_name}_{model_version}/model.pkl"
    des = f"skserver_{model_name}_release/model.joblib"

    shutil.copyfile(src, des)

    targetbucket = "model-deployment-<your initials>"
    prefix = f"mlflow-models/{model_name}_release"

    def upload_objects(src_path, bucketname):
        s3 = boto3.resource('s3')
        my_bucket = s3.Bucket(bucketname)

        for path, dirs, files in os.walk(src_path):
            dirs[:] = [d for d in dirs if not d.startswith('.')]
```

```
            path = path.replace("\\","/")
            directory_name = prefix + path.replace(src_path,"")
            for file in files:
                my_bucket.upload_file(os.path.join(path, file),
directory_name + "/" + file)

    upload_objects (des, targetbucket)

    print (f"target bucket: {targetbucket}, prefix: {prefix} ")
    return f"target bucket: {targetbucket}, prefix: {prefix} "

model_download_op = components.func_to_container_op(
    download_model,
    base_image=BASE_IMAGE,
    packages_to_install =['boto3', 'mlflow', 'scikit-learn'],
)
```

现在已经为构建管道定义做好了准备。可以先使用@dsl.pipeline 装饰器构造管道定义，然后定义一个指定管道流的函数。

要运行管道，需要给与管道关联的服务账户（default-editor）添加一些额外的 Kubernetes 权限，以便将模型部署到集群。正确的方法是创建一个具有适当权限的新角色。

为简单起见，我们将重用现有的 cluster-admin 角色，该角色拥有部署模型所需的所有权限。要将服务账户（default-editor）与 cluster-admin 关联，我们需要创建 clusterrolebinding。

在 CloudShell shell 环境中运行以下代码块，先为 clusterrolebinding 对象创建一个.yaml 文件，然后运行 kubectl apply -f sa-cluster-binding.yaml 来建立绑定。

```
cat << EOF > sa-cluster-binding.yaml
apiVersion: rbac.authorization.k8s.io/v1
kind: ClusterRoleBinding
metadata:
    name: default-editor-binding
    namespace: admin
subjects:
-   kind: ServiceAccount
    name: default-editor
    namespace: admin
roleRef:
    kind: ClusterRole
    name: cluster-admin
    apiGroup: rbac.authorization.k8s.io
EOF
```

接下来，我们需要创建一个 Seldon Core 部署文件以供管道使用。在 Jupyter Notebook 环境中创建一个名为 bank_churn_deployment.yaml 的新文件，将以下代码复制到其中并保存。确保在保存文件之前替换<<S3 uri of model file>>。

```
apiVersion: machinelearning.seldon.io/v1alpha2
kind: SeldonDeployment
metadata:
    name: bank-churn
spec:
    name: bank-churn
    predictors:
    -   graph:
            children: []
            implementation: SKLEARN_SERVER
            modelUri: <<S3 uri of model file>>
            envSecretRefName: aws-secret
            name: classifier
        name: default
        replicas: 1
EOF
```

现在可以通过运行以下代码块来构建管道。

请注意，我们将在某些步骤中使用 AWS 凭证。为了安全地管理 AWS 凭证并将它们传递给组件，需要在构建管道之前在 admin 命名空间中创建一个新密钥。先在 CloudShell 终端中运行以下脚本，然后运行 kubectl apply -f aws_secret_admin.yaml。

此外，别忘记将<<your AWS access key>>和<<your AWS secret key>>替换为你自己的密钥。

```
cat << EOF > aws_secret_admin.yaml
apiVersion: v1
kind: Secret
metadata:
    name: aws-secret
    namespace: admin
type: Opaque
data:
    AWS_ACCESS_KEY_ID: <<your AWS access key>>
    AWS_SECRET_ACCESS_KEY: <<your AWS secret key>>
EOF
```

现在可以通过在 Jupyter Notebook 单元格中运行以下代码块来构建管道定义。该工作流程有以下 4 个步骤：

- precess_data_task。
- model_training_task。
- model_download_task。
- seldondeploy。

为简单起见，可以将默认值添加到管道中。同样，别忘记将<<aws region>>替换为你自己的区域。

```
@dsl.pipeline(
    name='bank churn pipeline',
    description='Train bank churn model'
)

def preprocess_train_deploy(
        bucket: str = 'datalake-demo-dyping',
        glue_job_name: str = 'customer-churn-processing',
        region: str = <<aws region>>,
        tag: str = '4',
        model: str = 'bank_churn_model',
        model_version: int = 1,
):

    precess_data_task = process_data_op(glue_job_name, region).
apply(use_aws_secret('aws-secret', 'AWS_ACCESS_KEY_ID', 'AWS_
SECRET_ACCESS_KEY', 'us-west-1'))

    model_training_task = train_model_op(bucket,'ml-customer-churn/
data/', region, precess_data_task.output).apply(use_aws_secret())

    model_download_task = model_download_op(model_version,
model_training_task.output).apply(use_aws_secret())

    seldon_config = yaml.load(open("bank_churn_deployment.yaml"))
    deploy_op = dsl.ResourceOp(
        name="seldondeploy",
        k8s_resource=seldon_config,
        action = "apply",
        attribute_outputs={"name": "{.metadata.name}"})

    deploy_op.after(model_download_task)
```

该管道定义需要注册到 Kubeflow Pipelines 服务。为此，需要编译前面的定义并将其保存到文件中。在新单元格中运行以下代码块以将定义编译到文件中。

```
import kfp.compiler as compiler

pipeline_filename = 'bank_churn_pipeline.tar.gz'
compiler.Compiler().compile(preprocess_train_deploy, pipeline_filename)
```

现在可以通过创建一个实验来注册和运行管道（用于组织不同实验的所有端到端工作流运行），并使用 run_pipeline()函数运行管道。请注意，我们还将使用 MLflow 来跟踪工作流的模型训练步骤的详细信息。

```
client = kfp.Client()
experiment = client.create_experiment(name='data_experiment',
namespace='admin')

arguments = {'model_version':1}
pipeline_func = preprocess_train_deploy
run_name = pipeline_func.__name__ + '_run'
run_result = client.run_pipeline(experiment.id, run_name,
pipeline_filename, arguments)
```

要监控管道执行的状态，可以切换到 Kubeflow Dashboard（仪表板）屏幕，先选择 Pipelines（管道），再选择 Experiments（实验），展开你的管道部分，然后单击 Run name（运行名称）列下的链接。你应该会看到你的管道执行图类似图 7.15。

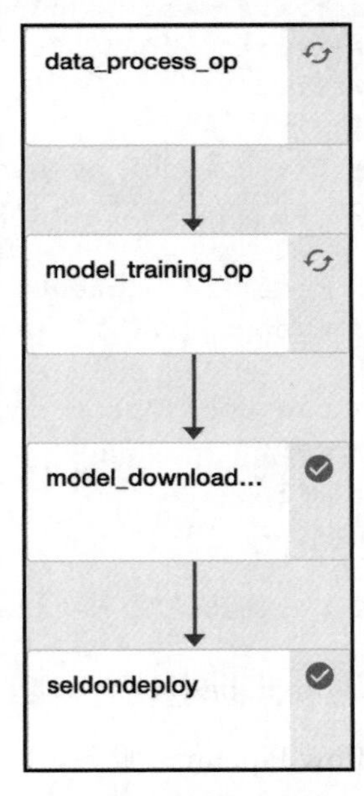

图 7.15　Kubeflow Pipelines 工作流执行

恭喜，你已经成功创建了一个简单的机器学习平台，能够处理数据、训练模型和部署模型。当然，你还必须构建一个简单的机器学习管道来自动化管道中的机器学习步骤，这是更快、更一致地部署模型的关键。

7.5　小　　结

本章详细介绍了典型机器学习平台的核心架构组件及其功能。我们还讨论了各种开源技术，如 Kubeflow、MLflow、TensorFlow Serving、Seldon Core、Apache Airflow 和 Kubeflow Pipelines。

本章还使用 Kubeflow Notebook 构建了数据科学环境，使用 MLflow 跟踪实验和模型，并使用 Seldon Core 部署模型。

最后，本章学习了如何使用 Kubeflow Pipelines 自动化多个机器学习工作流程步骤，包括数据处理、模型训练和模型部署。

尽管这些开源技术为构建潜在的复杂机器学习平台提供了很好的功能，但构建和维护此类环境仍然需要大量的工程工作和专业知识，对于大型机器学习平台而言尤其如此。因此，在第 8 章中，我们将开始研究用于构建和运营机器学习环境的完全托管、专门构建的机器学习解决方案。

第 8 章　使用 AWS 机器学习服务构建数据科学环境

虽然一些企业或组织选择使用开源技术自行构建机器学习平台，但许多其他组织更喜欢使用完全托管的机器学习服务作为其机器学习平台的基础。因此，本章将重点介绍 AWS 提供的完全托管的机器学习服务。具体来说，你将了解 Amazon SageMaker、完全托管的机器学习服务和其他相关服务，用于为数据科学家构建数据科学环境。

本章将介绍特定的 SageMaker 组件，如 SageMaker Notebook、SageMaker Studio、SageMaker Training 服务和 SageMaker Hosting 服务。我们还将讨论构建数据科学环境的架构模式，并提供构建数据科学环境的动手练习。

完成本章的学习后，你将熟悉 Amazon SageMaker、AWS CodeCommit 和 Amazon ECR，并能够使用这些服务构建数据科学环境，以及使用它来构建、训练和部署机器学习模型。

本章包含以下主题：

- 使用 SageMaker 的数据科学环境架构。
- 动手练习——使用 AWS 服务构建数据科学环境。

8.1　技 术 要 求

本章动手练习将需要访问 AWS 账户并拥有以下 AWS 服务：

- Amazon S3。
- Amazon SageMaker。
- AWS CodeCommit。
- Amazon ECR。

你还需要从以下网址下载数据集：

https://www.kaggle.com/ankurzing/sentiment-analysis-for-financial-news

本章使用的示例源代码可以在本书配套 GitHub 存储库中找到，其网址如下：

https://github.com/PacktPublishing/The-Machine-Learning-Solutions-Architect-Handbook/tree/main/Chapter08

8.2 使用 SageMaker 的数据科学环境架构

数据科学家需要使用数据科学环境，以通过不同的数据集和算法迭代进行不同的数据科学实验。他们需要编写和执行代码的工具，如 Jupyter Notebook 等，还需要用于大数据处理和特征工程的数据处理引擎，以及用于大规模模型训练的模型训练服务。

此外，数据科学环境还需要提供可以帮助你管理和跟踪不同实验运行的实用程序。为了管理源代码和 Docker 镜像等工件，数据科学家还需要一个代码存储库和 Docker 容器存储库。

Amazon SageMaker 提供端到端的机器学习功能，涵盖数据准备和数据标记、模型训练和调整、模型部署和模型监控等。它还提供其他支持功能，如实验跟踪、模型注册表、功能存储和管道等。图 8.1 说明了使用 Amazon SageMaker 和其他支持服务的基本数据科学环境架构。

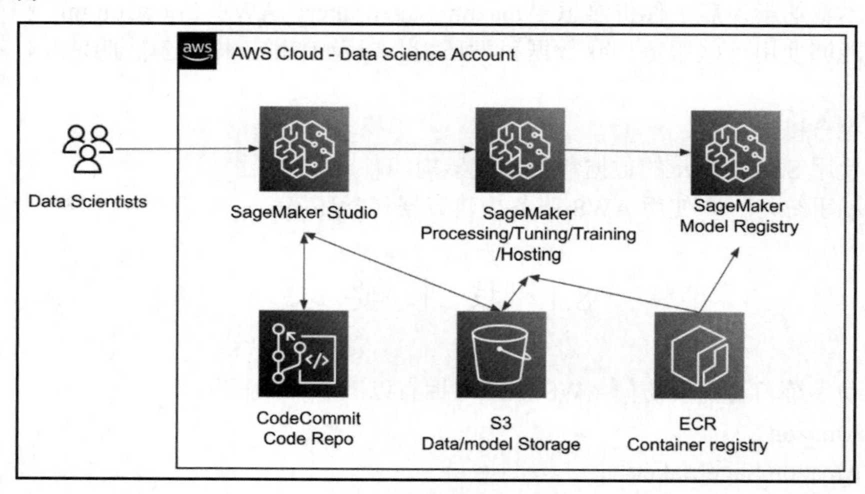

图 8.1　数据科学环境架构

原　文	译　文
Data Scientists	数据科学家
AWS Cloud - Data Science Account	AWS 云 - 数据科学账户
SageMaker Model Registry	SageMaker 模型注册表
Code Repo	代码存储库
S3 Data/model Storage	S3 数据/模型存储
ECR Container registry	ECR 容器注册表

接下来，让我们仔细看看其中的一些核心组件。

8.2.1　SageMaker Studio

SageMaker Studio 是 SageMaker 的数据科学集成开发环境（integrated development environment，IDE），它提供了核心功能，例如，用于运行实验的托管 Notebook，以及从单个用户界面访问的不同后端服务（如数据整理、模型训练和模型托管服务等）。它是数据科学家与 SageMaker 的大部分功能进行交互的主要界面。它还提供了一个 Python SDK，用于通过 Python Notebook 或脚本以编程方式与其后端服务进行交互。

图 8.2 显示了 SageMaker Studio 的关键组件。

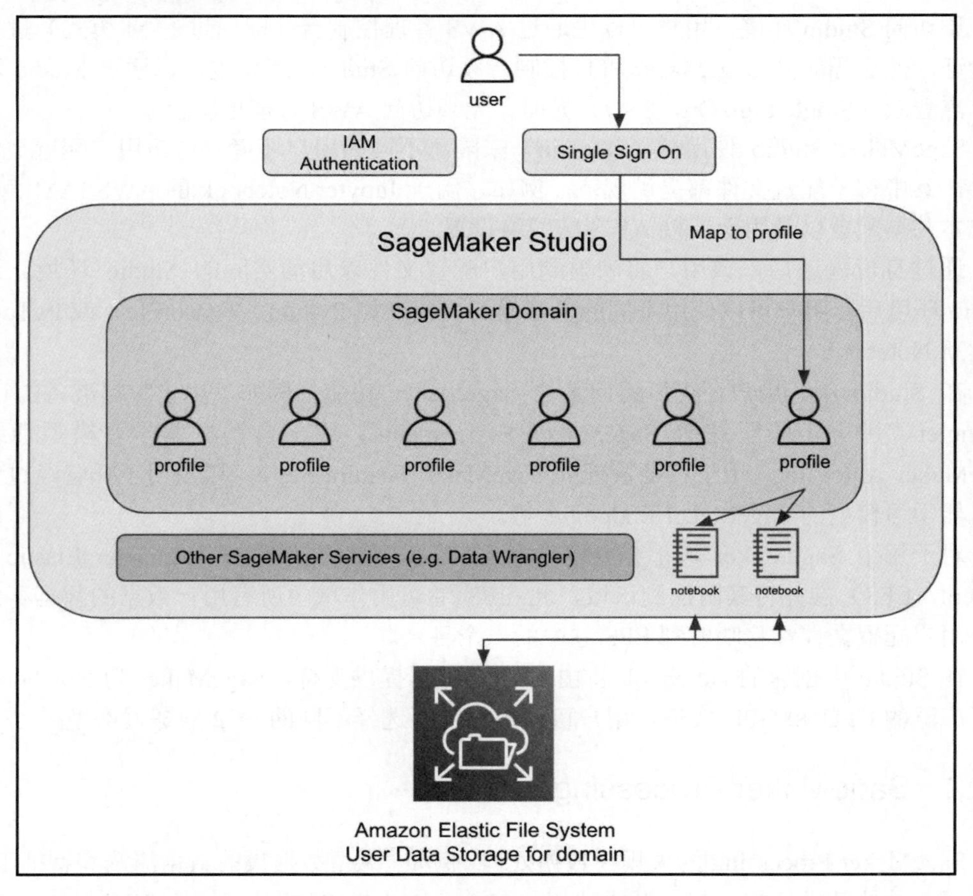

图 8.2　SageMaker Studio 架构

原　文	译　文
user	用户
IAM Authentication	IAM 身份验证
Single Sign On	单点登录
Map to profile	映射到配置文件
SageMaker Domain	SageMaker 域
Other SageMaker Services (e.g. Data Wrangler)	其他 SageMaker 服务（如数据整理）
notebook	笔记本
Amazon Elastic File System User Data Storage for domain	Amazon 弹性文件系统 域用户数据存储

要访问 Studio 环境，用户可以先通过 AWS 管理控制台（即通过 IAM 模式）进行身份验证，然后导航到 SageMaker 管理控制台以访问 Studio，或者也可以通过 Studio 环境的单点登录（Single Sign On，SSO）界面，无须访问 AWS 管理控制台。

SageMaker Studio 使用域（Domain）来隔离不同的用户环境。域是用户配置文件的集合，其中每个配置文件都提供规范，例如，用于 Jupyter Notebook 的 AWS IAM 角色、笔记本共享配置以及用于连接 AWS 的网络设置。

通过身份验证后，该用户将映射到用户配置文件以启动实际的 Studio 环境。进入 Studio 环境后，用户可以使用不同的机器学习内核（如 Python、TensorFlow 或 PyTorch）创建新 Notebook。

在 Studio 中，用户还可以访问其他 SageMaker 功能，例如，用于数据准备的 Data Wrangler、用于实验跟踪的 SageMaker Experiments、用于自动机器学习模型训练的 SageMaker AutoPilot、用于特征管理的 SageMaker Feature Store，以及用于托管经过训练的机器学习模型的 SageMaker Endpoints 等。

对于每个 SageMaker 域都会创建一个 Amazon 弹性文件系统（Amazon Elastic File System，EFS）卷并将其附加到该域，此 EFS 卷可用作域中所有用户数据的数据存储，每个用户配置文件都将映射到 EFS 卷中的一个目录。

在 Studio 中创建的 Notebook 将由 EC2 服务器提供支持，SageMaker 为 Notebook 提供了广泛的 CPU 和 GPU 实例，用户可以根据需要选择不同的 EC2 服务器类型。

8.2.2 SageMaker Processing

SageMaker Processing 为大规模数据处理（例如，大型数据集的数据清洗和特征工程）提供了单独的基础架构，它可以通过 SageMaker Python SDK 或 Boto3 SDK 从 Notebook

环境直接访问。

SageMaker Processing 使用 Docker 容器镜像来运行数据处理作业，它提供了若干个现成可用的内置容器，如 scikit-learn 容器和 Spark 容器。你还可以选择使用自定义容器进行数据处理。

图 8.3 显示了 SageMaker Processing 的架构。

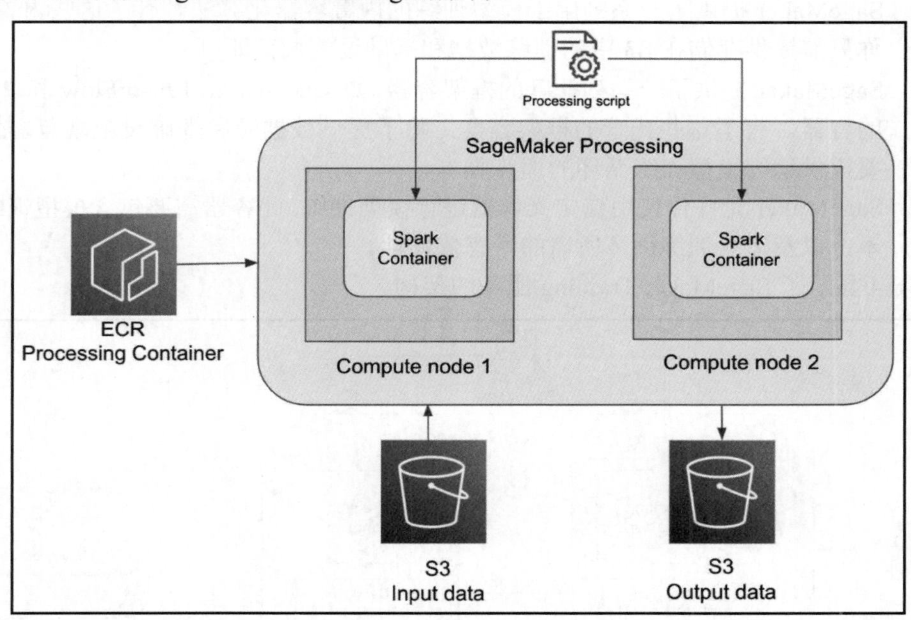

图 8.3　SageMaker Processing 的架构

原　　文	译　　文
ECR Processing Container	ECR 处理容器
Processing script	处理脚本
Spark Container	Spark 容器
Compute node 1	计算结点 1
Compute node 2	计算结点 2
S3 Input data	S3 输入数据
S3 Output data	S3 输出数据

当 SageMaker Processing 作业启动时，处理容器将从 Amazon ECR 中提取并加载到 EC2 计算集群中。S3 中的数据被复制到连接计算结点的存储中，以供数据处理脚本访问和处理。处理过程完成后，将输出数据复制回 S3 输出位置。

8.2.3 SageMaker Training 服务

SageMaker Training 服务为模型训练提供了一个单独的基础设施。SageMaker 提供了以下 3 种主要的模型训练方法：

- SageMaker 提供了一系列用于模型训练的内置容器化算法。有了这些内置算法，你只需提供存储在 S3 中的训练数据和基础设施规范即可。
- SageMaker 提供了一系列托管的框架容器，如 scikit-learn、TensorFlow 和 PyTorch 的容器。有了这些托管的框架容器，除了提供数据源和基础设施规范，你还需要提供运行模型训练循环的训练脚本。
- SageMaker 允许你使用自定义容器进行模型训练。此容器需要包含模型训练的脚本，以及运行训练循环所需的所有依赖项。

图 8.4 显示了 SageMaker Training 服务的架构。

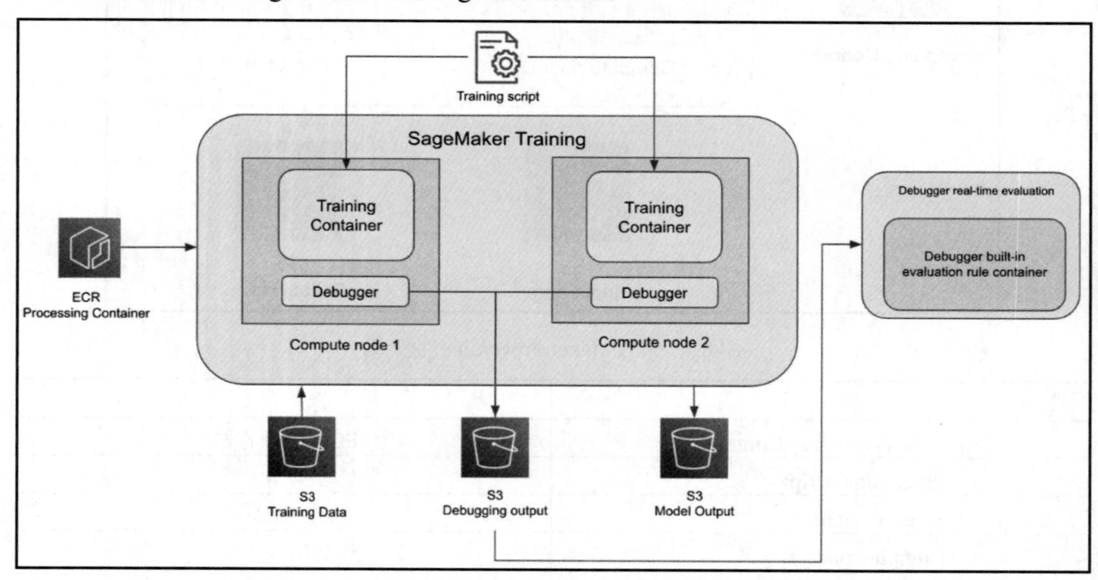

图 8.4　SageMaker Training 服务架构

原　文	译　文
ECR Processing Container	ECR 处理容器
Training script	训练脚本
Training Container	训练容器
Debugger	调试器

续表

原　文	译　文
Compute node 1	计算结点 1
Compute node 2	计算结点 2
S3 Training data	S3 训练数据
S3 Debugging output	S3 调试输出
S3 Model Output	S3 模型输出
Debugger real-time evaluation	调试器实时评估
Debugger built-in evaluation rule container	调试器内置评估规则容器

可以使用 AWS Boto3 开发工具包或 SageMaker Python 开发工具包来启动训练作业。

要运行训练作业，需要提供配置详细信息，例如，训练 Docker 镜像的 URL、训练脚本位置、框架版本、训练数据集和模型输出位置，以及基础架构的详细信息（如计算的实例类型和数量，以及网络详细信息等）。

默认情况下，SageMaker 会跟踪所有训练作业及其相关元数据，如算法、输入训练数据集 URL、超参数和模型输出位置。

训练作业还会将系统指标和算法指标发送到 AWS CloudWatch 以进行监控。训练日志也会发送到 CloudWatch 日志，以满足检查和分析需求。

SageMaker 训练作业还允许与 SageMaker 调试器服务集成。调试器服务允许训练作业捕获额外的细节，例如，系统指标（如 CPU/GPU 内存、网络和 I/O 指标）、深度学习框架指标（如不同神经网络层的模型训练指标），并对训练张量（如模型参数）进行建模并将它们保存到 S3。

可以配置实时调试器评估规则以监控这些统计信息，并在它们达到特定阈值时发出警报。内置评估规则的一些示例是梯度消失和模型过拟合。

8.2.4 SageMaker Tuning

为了优化模型的性能，你还需要尝试不同的超参数，例如，梯度下降和模型训练的学习率。某个算法可以包含大量的超参数，手动调整这些超参数将是一项高度劳动密集型的任务，因此，可以结合使用 SageMaker Tuning 服务和 SageMaker Training 作业，以自动调整模型训练超参数。

SageMaker Tuning 服务支持以下两种类型的超参数调整策略：

- 随机搜索：使用超参数值的随机组合来训练模型。
- 贝叶斯搜索（Bayesian Search）：将超参数搜索视为回归问题，回归的输入是超参数的值，输出是使用输入值训练模型后的模型性能指标。Tuning 服务使用从训练作业中收集的值来预测下一组将产生模型改进的值。

SageMaker Tuning 服务与 SageMaker Training 作业可结合在一起以优化超参数。它的工作原理是：先向训练作业发送不同的输入超参数值，然后选择返回最佳模型指标的超参数值。

8.2.5 SageMaker Experiments

可以使用 SageMaker Experiments 组织和跟踪实验。SageMaker Experiments 有以下两个核心概念：

- 试验（Trial）：试验是试运行所涉及的训练步骤的集合，可以包括试验组件，如 Processing、Training 和 Evaluation。可以使用一组元数据（如数据集源、超参数和模型训练指标）来丰富试验和试验组件。
- 实验（Experiment）：实验是试验的集合，因此你可以对所有试验进行分组，以便轻松比较不同的试验结果。

接下来，让我们看看 SageMaker Hosting。

8.2.6 SageMaker Hosting

当数据科学家使用不同的模型构建和实验时，有时需要在 API 后面托管模型，以便下游应用程序可以使用它进行集成测试。SageMaker Hosting 提供了此类功能。

SageMaker Hosting 托管服务包括：

（1）AWS CodeCommit：AWS CodeCommit 是一个完全托管的代码存储库，用于源代码版本控制。它类似于任何基于 Git 的存储库，可以与 SageMaker Studio 用户界面集成，以允许数据科学家在 AWS CodeCommit 中复制代码存储库，以及从存储库中提取文件或向存储库推送文件。对于数据科学环境，还可以使用其他代码存储库服务，如 GitHub 和 Bitbucket。

AWS CodeCommit 提供了 3 种不同的连接方式：

- HTTPS，允许 Git 客户端通过 HTTPS 协议连接存储库。
- SSH，允许 Git 客户端通过 SSH 协议连接存储库。
- HTTPS，这是你与 Git 远程代码提交（Git-remote-codecommit，GRC）实用程序一起使用的协议。此实用程序可将 Git 扩展为从 AWS CodeCommit 拉取代码和向 AWS CodeCommit 推送代码。

（2）Amazon ECR：Amazon ECR 是一个完全托管的 Docker 容器存储库和注册表服务。SageMaker 使用容器镜像进行数据处理、模型训练和模型托管，这些镜像可以存储在

Amazon ECR 中以进行管理和访问。

至此，我们已经了解了 AWS 中数据科学环境的核心架构组件。接下来，让我们通过动手练习来熟悉数据科学环境的配置操作，并执行一些数据科学实验和模型构建任务。

8.3　动手练习——使用 AWS 服务构建数据科学环境

本练习将使用 SageMaker 和 AWS CodeCommit 作为源代码控件来创建数据科学环境。

8.3.1　问题陈述

作为机器学习解决方案架构师，你的任务是在 AWS 上为证券研究（Equity Research）部门的数据科学家构建数据科学环境。证券研究部门的数据科学家有一些自然语言处理（NLP）问题（如检测金融评论短语中的情绪）。为数据科学家创建环境后，你还需要构建一个概念证明，以向数据科学家展示如何使用该环境构建和训练 NLP 模型。

8.3.2　数据集

数据科学家表示他们喜欢使用 BERT 模型来解决情感分析问题，他们计划使用金融短语数据集为模型建立一些初始基准。该数据集网址如下：

https://www.kaggle.com/ankurzing/sentiment-analysis-for-financial-news

8.3.3　操作步骤说明

要使用 SageMaker 和 AWS CodeCommit 作为源代码控件来创建数据科学环境，可以按照以下步骤进行：

- 设置 SageMaker Studio。
- 设置 CodeCommit。
- 在 Jupyter Notebook 中训练 BERT 模型。
- 使用 SageMaker Training 服务训练 BERT 模型。
- 部署模型。
- 将源代码保存到 CodeCommit 存储库。

8.3.4　设置 SageMaker Studio

按照以下步骤设置 SageMaker Studio 环境：

（1）要创建 SageMaker Studio 环境，需要在相应的 AWS 区域中设置域和用户配置文件。登录 AWS 管理控制台后，先导航到 SageMaker 管理控制台，然后单击左侧的 Amazon SageMaker Studio 链接。

（2）在屏幕右侧，选择 Quick Start（快速启动）选项。Quick Start（快速启动）选项将使用 IAM 模式进行身份验证。你可以保留默认用户名或将其更改为其他用户名。在 Execution role（执行角色）下拉菜单中选择 Create a new role（创建新角色）选项，保持弹出屏幕上的所有默认选项不变，然后创建角色。

执行角色可以提供访问不同资源（如 S3 存储桶）的权限，并将与稍后创建的 Studio Notebook 相关联。

（3）单击 Create（创建）按钮设置域和用户。设置域需要几分钟时间。

此外，还需要在幕后创建以下资源：

- 域的 S3 存储桶：域的名称应类似于 sagemaker-studio-<AWS account number>-XXXX。此存储桶可用于存储数据集和模型工件。
- 弹性文件系统卷：Studio 域使用此卷来存储用户数据。如果你导航到 EFS 管理控制台，则应该会看到已经创建了一个新文件系统。

设置完成后，你应该会看到如图 8.5 所示的屏幕。

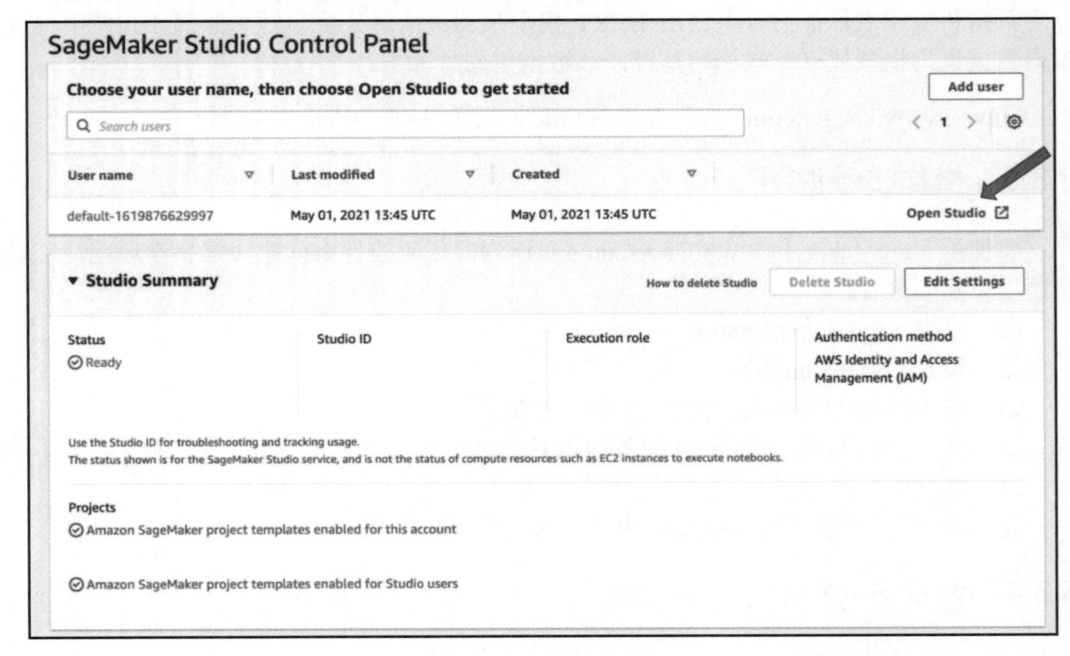

图 8.5　Studio 设置屏幕

要为新创建的用户启动 Studio 环境，可以单击 Launch app（启动应用程序）下拉菜单并选择 Studio。Studio 环境需要几分钟才会出现。一切准备就绪后，你将看到类似于图 8.6 所示的界面。

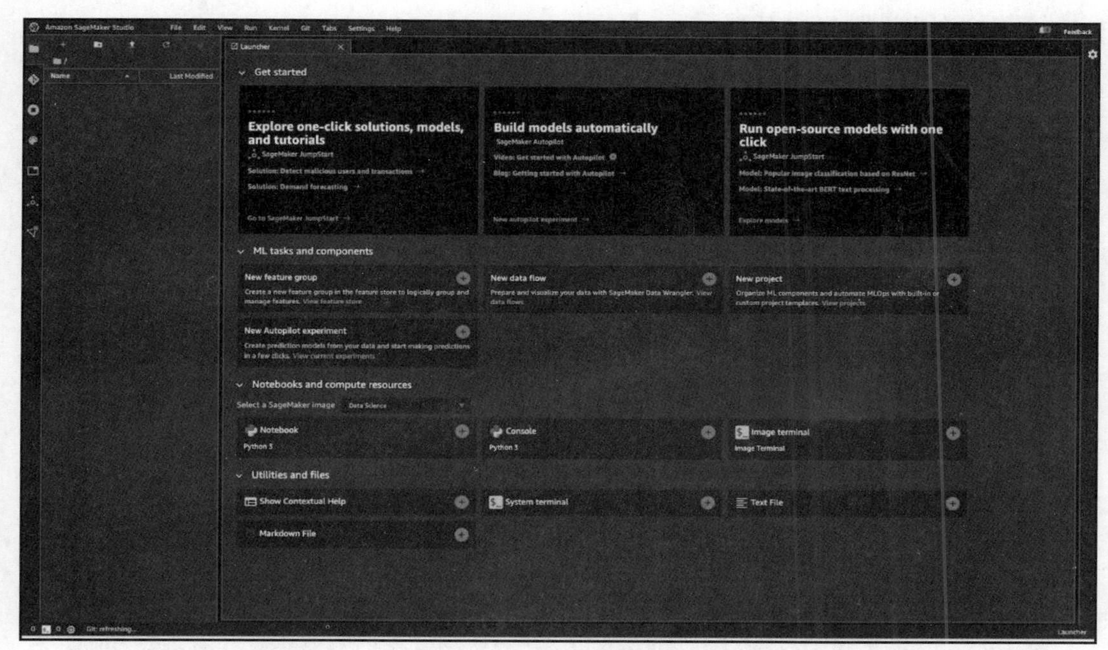

图 8.6　Studio 用户界面

现在我们已经配置了 Studio 环境，接下来可以为源代码版本控制设置一个 Amazon CodeCommit 存储库。

8.3.5　设置 CodeCommit

导航到 AWS CodeCommit 管理控制台，先单击左侧窗格中的 Repositories（存储库）链接，然后单击 Create repositories（创建存储库）以开始创建 CodeCommit 存储库。提供存储库的名称并选择 Create（创建）。

现在我们已经创建了一个新的存储库，可以配置新创建的 Studio 环境以使用这个新的存储库。可以采取多种方法来设置身份验证凭证以访问 CodeCommit 存储库。

- IAM 用户凭证（user credential）：为简单起见，可以创建一个新的 IAM 用户并将 AWSCodeCommitPowerUser 策略附加到该用户。将 AWS 凭证下载到你的本地计算机并在文件中查找 IAM 凭证。

接下来，在下拉菜单中选择 File（文件）| New（新建）| Terminal（终端），在 Studio 中打开一个终端。当新的 Terminal（终端）窗口打开后，运行 AWS Config 命令来设置 IAM 凭证。

- Studio Notebook 执行角色：还可以将 AWSCodeCommitPowerUser 策略附加到你在前面创建的 Studio Notebook 执行角色。为此，请先在 Studio 控制面板下查找你正在使用的 Studio 用户名下的 SageMaker 执行角色，然后使用 AWS IAM 服务将策略附加到角色。

你可以使用上述任意一种方法为 CodeCommit 配置身份验证。完成此操作后，可以复制之前创建的 CodeCommit 存储库。为此，请选择 Studio 用户界面中的 Git 下拉菜单，先选择 Clone a Repository（复制存储库）选项（见图 8.7），然后粘贴存储库的 HTTPS URL。你可以在 CodeCommit 管理控制台中复制存储库名称旁边的 HTTPS URL。

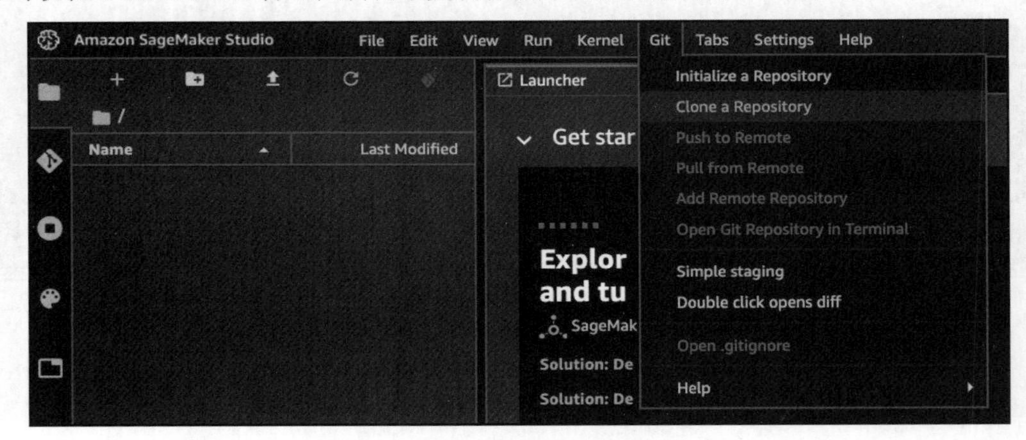

图 8.7　复制存储库

完成此操作后，应该会在文件夹视图中看到一个新文件夹。

现在我们已经创建了一个数据科学环境，接下来，可以使用它执行一些实验并构建一个机器学习模型。

8.3.6　在 Jupyter Notebook 中训练 BERT 模型

本练习将使用 BERT Transformer 训练一个金融情绪分析 NLP 模型，在第 3 章“机器学习算法”中已经介绍过该模型。

请按照以下步骤操作：

（1）在文件夹视图中先双击新复制的文件夹，然后从该文件夹的下拉菜单中选择 File（文件）| New（新建）| Notebook，创建一个新的笔记本来编写代码。当提示选择内核时，可以选择 Python 3（PyTorch 1.6 Python 3.6 GPU Optimized）。

还可以从菜单中选择 File（文件）| Rename Notebook（重命名笔记本）来重命名文件，使其成为更有意义的名称。

我们将使用财经新闻情绪数据集进行模型训练。该数据集的下载网址如下：

https://www.kaggle.com/ankurzing/sentiment-analysis-for-financial-news

请注意，你需要一个 Kaggle 账户才能下载它。下载后，你应该会得到一个 archive.zip 文件。

（2）将 archive.zip 文件上传到 Studio Notebook。在新笔记本所在的同一文件夹中创建一个名为 data 的新文件夹，并使用 Studio 用户界面中的 File Upload（文件上传）实用工具（显示为向上箭头图标）将其上传到 data 目录，或将其拖曳到 data 文件夹中。

可以使用 Terminal（终端）窗口中的解压缩实用程序解压缩 ZIP 文件。请注意，Amazon Linux 环境默认不附带解压缩实用程序，要安装此实用程序，请在 Terminal（终端）窗口中运行以下命令：

```
sudo yum install unzip
```

你应该能在其文件夹中看到若干个文件。解压缩完成之后，在 data 文件夹中可以看到一个名为 all_data.csv 的文件。

（3）现在需要为练习安装一些额外的包。在 Notebook 单元格内运行以下代码块以安装 Transformer 包。Transformer 包提供了一系列预训练的 Transformer，如 BERT。我们将使用这些 Transformer 来调优机器学习任务。

```
!pip install transformers
!pip install ipywidgets
```

请注意，某些代码块示例并不完整。你可以在以下 Notebook 中找到完整的代码示例：

https://github.com/PacktPublishing/The-Machine-Learning-Solutions-Architect-Handbook/blob/main/Chapter08/bert-financial-sentiment.ipynb

（4）安装好 ipywidgets 后，请重启 Notebook 的内核。

（5）将一些库导入 Notebook 并设置记录器（Logger）以进行记录：

```
import logging
import os
```

```
import sys
import numpy as np
import pandas as pd
import torch
from torch.utils.data import DataLoader, TensorDataset
from transformers import AdamW, BertForSequenceClassification,
BertTokenizer
from sklearn.preprocessing import OrdinalEncoder
from sklearn.model_selection import train_test_split
from types import SimpleNamespace
logger = logging.getLogger(__name__)
logger.setLevel(logging.DEBUG)
logger.addHandler(logging.StreamHandler(sys.stdout))
```

（6）现在可以加载 data 文件并对其进行处理。以下代码块将加载 data 文件并将数据拆分为训练集和测试集。

我们将从文件中选择前两列并将它们命名为 sentiment 和 article。

sentiment 列是标签列，它包含 3 个不同的唯一值（negative、neutral 和 positive），对应表示负面情绪、中性和正面情绪。由于它们是字符串值，因此可以使用 scikit-learn 库中的 OrdinalEncoder 将它们转换为相应整数（0、1、2）。

对于 article 列，则需要确定其最大长度。最大长度可用于为 Transformer 准备输入，因为 Transformer 需要固定长度：

```
filepath = './data/all-data.tsv'
data = pd.read_csv(filepath, encoding="ISO-8859-1",
    header=None, usecols=[0, 1],
    names=["sentiment", "article"])

ord_enc = OrdinalEncoder()
data["sentiment"] = ord_enc.fit_transform(data[["sentiment"]])
data = data.astype({'sentiment':'int'})

train, test = train_test_split(data)
train.to_csv("./data/train.csv", index=False)
test.to_csv("./data/test.csv", index=False)

MAX_LEN = data.article.str.len().max() # 这是句子的最大长度
```

（7）现在可以构建一个实用函数列表来支持数据加载和模型训练。我们需要将数据分批输入到 Transformer 模型中。以下 get_data_loader()函数可以将数据集加载到具有指定批量大小（batch Size）的 PyTorch DataLoader 类中。请注意，我们使用了 BertTokenizer 类将文章编码为标记（token）：

```
def get_data_loader(batch_size, training_dir, filename):
    logger.info("Get data loader")
    tokenizer = BertTokenizer.from_pretrained("bert-base-uncased",
do_lower_case=True)
    dataset = pd.read_csv(os.path.join(training_dir, filename))
    articles = dataset.article.values
    sentiments = dataset.sentiment.values input_ids = []
    for sent in articles:
        encoded_articles = tokenizer.encode(sent, add_special_
tokens=True)
        input_ids.append(encoded_articles)
...
        return tensor_dataloader
```

（8）下面的 train()函数将使用 BertForSequenceClassification 类运行训练循环。我们将使用预训练的 BERT 模型进行调优，而不是从头开始训练。我们将一次向 BERT 模型提供一批数据。请注意，以下代码还将检查服务器上是否有 GPU 设备。如果有，则将使用 cuda 设备进行 GPU 训练，而不是使用 cpu 进行 CPU 训练。

我们需要使用.to(device)函数手动将数据和 BERT 模型移动到同一个目标设备，以便训练可以在目标设备上进行，使数据驻留在同一设备的内存中。

本练习使用的优化器是 AdamW，它是梯度下降优化算法的一种变体。训练循环将运行指定的轮次数。一个轮次（epoch）就是指遍历整个训练数据集一次。

```
def train(args):
    use_cuda = args.num_gpus > 0
    device = torch.device("cuda" if use_cuda else "cpu")
    # 设置生成随机数字的种子
    torch.manual_seed(args.seed)
    if use_cuda:
        torch.cuda.manual_seed(args.seed)
    train_loader = get_data_loader(args.batch_size, args.data_
dir, args.train_file)
    test_loader = get_data_loader(args.test_batch_size, args.
data_dir, args.test_file)
    model = BertForSequenceClassification.from_pretrained(
        "bert-base-uncased",
        num_labels=args.num_labels,
        output_attentions=False,
```

```
        output_hidden_states=False, )
...
    return model
```

（9）我们还可以在训练期间使用单独的测试数据集来测试模型的性能。为此，可实现以下 test()函数，该函数由 train()函数调用：

```
def test(model, test_loader, device):
    def get_correct_count(preds, labels):
        pred_flat = np.argmax(preds, axis=1).flatten()
        labels_flat = labels.flatten()
        return np.sum(pred_flat == labels_flat), len(labels_flat)

    model.eval()
    _, eval_accuracy = 0, 0
    total_correct = 0
    total_count = 0
...
    logger.info("Test set: Accuracy: %f\n", total_correct/total_count)
```

（10）现在我们拥有了加载和处理数据、运行训练循环以及使用测试数据集测量模型指标所需的所有函数，这样就可以开始训练过程了。我们将使用 args 变量来设置各种值，如批量大小、数据位置和学习率，以供训练循环和测试循环使用。

```
args = SimpleNamespace(num_labels=3, batch_size=16, test_batch_ size=10,
epochs=3, lr=2e-5, seed=1,log_interval =50, model_dir = "model/",
data_dir="data/", num_gpus=1, train_file = "train.csv",
test_file="test.csv")
model = train(args)
```

运行上述代码后，你应该会看到每个批次和轮次的训练统计信息。模型也将保存在指定的目录中。

（11）现在我们来看看如何使用训练好的模型直接进行预测，为此必须实现若干个实用函数。以下 input_fn()函数接收 JSON 格式的输入并输出一个输入向量，该向量表示字符串输入及其关联的掩码。该输出将被发送到模型进行预测。

```
def input_fn(request_body, request_content_type):
    if request_content_type == "application/json":
        data = json.loads(request_body)
        if isinstance(data, str):
            data = [data]
        elif isinstance(data, list) and len(data) > 0 and
```

```
isinstance(data[0], str):
            pass
        else:
            raise ValueError("Unsupported input type. Input
type can be a string or a non-empty list. \
                            I got {}".format(data))

        tokenizer = BertTokenizer.from_pretrained("bert-base-uncased",
do_lower_case=True)

        input_ids = [tokenizer.encode(x, add_special_
tokens=True) for x in data]

        # 填充更短的句子
        padded = torch.zeros(len(input_ids), MAX_LEN)
        for i, p in enumerate(input_ids):
            padded[i, :len(p)] = torch.tensor(p)

        # 创建掩码
        mask = (padded != 0)

        return padded.long(), mask.long()
    raise ValueError("Unsupported content type: {}".
format(request_content_type))
```

（12）以下 predict_fn()函数将采用 input_fn()返回的 input_data 并使用经过训练的模型生成预测。请注意，如果服务器上有可用的 GPU 设备，则将使用 GPU。

```
def predict_fn(input_data, model):
    device = torch.device("cuda" if torch.cuda.is_available() else "cpu")
    model.to(device)
    model.eval()

    input_id, input_mask = input_data
    input_id = input_id.to(device)
    input_mask = input_mask.to(device)
    with torch.no_grad():
        y = model(input_id, attention_mask=input_mask)[0]
    return y
```

（13）现在可以运行以下代码来生成预测结果。将 article 的值替换为不同的金融新闻文本，并查看其结果。

```
import json
print("sentiment label : " + str(np.argmax(preds)))
article = "Operating profit outpaced the industry average"
request_body = json.dumps(article)
enc_data, mask = input_fn(request_body, 'application/json')
output = predict_fn((enc_data, mask), model)
preds = output.detach().cpu().numpy()
print("sentiment label : " + str(np.argmax(preds)))
```

接下来，让我们看看另一种训练 BERT 模型的方法。

8.3.7　使用 SageMaker Training 服务训练 BERT 模型

在 8.3.6 节中，我们直接在基于 GPU 的 Jupyter Notebook 中训练了 BERT 模型。除了预置基于 GPU 的 Notebook 实例，还可以预置成本较低的基于 CPU 的实例并将模型训练任务发送到 SageMaker 训练服务。

要使用 SageMaker Training 服务，需要对训练脚本进行一些很小的更改并创建一个单独的启动器脚本来启动训练。

在 8.2.3 节“SageMaker Training 服务”中已经介绍过，在 SageMaker 中训练模型有 3 种主要方法。由于 SageMaker 为 PyTorch 提供了托管容器，因此可以使用托管容器方法来训练模型。使用这种方法时，你将需要提供以下输入：

- 作为入口点的训练脚本以及依赖项。
- 训练作业使用的 IAM 角色。
- 实例类型和数量等基础设施。
- S3 中的数据（训练/验证/测试）位置。
- S3 中的模型输出位置。
- 用于训练模型的超参数。

启动训练作业时，SageMaker Training 服务将依次执行以下任务：

（1）启动训练作业所需的 EC2 实例。

（2）将数据从 S3 下载到训练主机。

（3）从 SageMaker ECR 注册表下载适当的托管容器并运行该容器。

（4）将训练脚本和依赖项复制到训练容器中。

（5）运行训练脚本并将超参数作为命令行参数传递给训练脚本。训练脚本将从容器中的特定目录加载训练/验证/测试数据，运行训练循环，并将模型保存到容器中的特定目录。

在容器中将设置若干个环境变量，以向训练脚本提供配置的详细信息，如数据和模型输出的目录。

（6）训练脚本成功退出后，SageMaker Training 服务会将已保存的模型工件从容器复制到 S3 中的模型输出位置。

现在让我们创建以下训练脚本，将其命名为 train.py，并将其保存在名为 code 的新目录中。可以看到，该训练脚本与 8.3.6 节“在 Jupyter Notebook 中训练 BERT 模型”中的代码几乎相同。

```
import argparse
import logging
import os
import sys
import numpy as np
import pandas as pd
import torch
from torch.utils.data import DataLoader, TensorDataset
from transformers import AdamW, BertForSequenceClassification,
BertTokenizer
    logger = logging.getLogger(__name__)
logger.setLevel(logging.DEBUG)
logger.addHandler(logging.StreamHandler(sys.stdout))
...

    train(parser.parse_args())
```

我们还在末尾添加了一个 if __name__ == "__main__": 部分。这一部分的代码可读取命令行参数的值和系统环境变量的值，例如，SageMaker 的数据目录（SM_CHANNEL_TRAINING）、模型输出目录（SM_MODEL_DIR）和主机上可用的 GPU 数量（SM_NUM_GPUS）。

请注意，上述代码示例并不完整。你可以在以下网址找到完整的代码示例：

https://github.com/PacktPublishing/The-Machine-Learning-Solutions-Architect-Handbook/blob/main/Chapter08/code/train.py

上述脚本需要托管训练容器中不可用的库包。你可以使用 requirements.txt 文件安装自定义库包。使用以下代码创建一个 requirements.txt 文件并将其保存在 code 目录中：

```
transformers==2.3.0
```

接下来，让我们创建一个启动器 Notebook，以使用 SageMaker Training 服务启动训练作业。该启动器 Notebook 将执行以下操作：

- 将训练和测试数据集上传到 S3 存储桶和文件夹。
- 使用 SageMaker SDK 设置 SageMaker PyTorch Estimator 以配置训练作业。
- 启动 SageMaker 训练作业。

在 code 文件夹所在的文件夹中创建一个名为 bert-financial-sentiment-launcher.ipynb 的新笔记本，并将以下代码块复制到一个笔记本单元格中。当系统提示你选择内核时，请选择 Python 3（Data Science）内核。

以下代码指定用于保存训练和测试数据集以及模型工件的 S3 存储桶。在配置 Studio 域时，可以使用之前在 8.3.4 节“设置 SageMaker Studio”中创建的存储桶。我们之前创建的训练和测试数据集将被上传到该存储桶中。get_execution_role()函数可以返回与 Notebook 关联的 IAM 角色，稍后我们将使用它来运行训练作业。

```
import os
import numpy as np
import pandas as pd
import sagemaker

sagemaker_session = sagemaker.Session()
bucket = <bucket name>
prefix = "sagemaker/pytorch-bert-financetext"
role = sagemaker.get_execution_role()

inputs_train = sagemaker_session.upload_data("./data/train.csv",
bucket=bucket, key_prefix=prefix)
inputs_test = sagemaker_session.upload_data("./data/test.csv",
bucket=bucket, key_prefix=prefix)
```

最后，我们必须设置 SageMaker PyTorch 评估器并开始训练工作。请注意，你还可以指定 PyTorch 框架版本和 Python 版本来设置容器。

为简单起见，我们将训练文件和测试文件的名称以及最大长度作为超参数传递。train.py 文件也可以修改为动态查找它们。

```
from sagemaker.pytorch import PyTorch
output_path = f"s3://{bucket}/{prefix}"

estimator = PyTorch(
    entry_point="train.py",
    source_dir="code",
    role=role,
```

```
    framework_version="1.6",
    py_version="py3",
    instance_count=1,
    instance_type="ml.p3.2xlarge",
    output_path=output_path,
    hyperparameters={
        "epochs": 4,
        "lr" : 5e-5,
        "num_labels": 3,
        "train_file": "train.csv",
        "test_file" : "test.csv",
        "MAX_LEN" : 315,
        "batch-size" : 16,
        "test-batch-size" : 10
    }
)
estimator.fit({"training": inputs_train, "testing": inputs_test})
```

训练作业完成后，你可以转到 SageMaker 管理控制台访问训练作业的详细信息和元数据。训练作业还会将输出发送到 CloudWatch 日志和 CloudWatch 指标，你可以通过单击训练作业详细信息页面上的相应链接导航到这些日志。

8.3.8　部署模型

在此步骤中，我们会将训练后的模型部署到 SageMaker RESTful 端点，以便它可以与下游应用程序集成。我们将使用托管的 PyTorch 服务容器来托管模型。

借助托管的 PyTorch 服务容器，你可以提供一个推理脚本先处理请求数据，然后再将其发送到模型以进行推理，以及控制如何调用模型进行推理。

（1）在 code 文件夹中创建一个名为 inference.py 的新脚本。你可能已经注意到，我们使用了与 8.3.6 节“在 Jupyter Notebook 中训练 BERT 模型”使用的相同函数进行预测。

```
import logging
import os
import sys
import json
import numpy as np
import pandas as pd
import torch
from torch.utils.data import DataLoader, TensorDataset
from transformers import BertForSequenceClassification,BertTokenizer
```

```
...
def model_fn(model_dir):
    ...
    loaded_model = BertForSequenceClassification.from_
pretrained(model_dir)
    return loaded_model.to(device)

def input_fn(request_body, request_content_type):
    ...
def predict_fn(input_data, model):
    device = torch.device("cuda" if torch.cuda.is_available() else "cpu")
    model.to(device)
    model.eval()
    ...
    return y
```

请注意，你需要为这两个函数使用相同的函数签名，因为 SageMaker 将查找确切的函数名称和参数列表。你可以在以下网址找到完整的源代码：

https://github.com/PacktPublishing/The-Machine-Learning-Solutions-Architect-Handbook/blob/main/Chapter08/code/inference.py

（2）接下来，需要修改 bert-financial-sentiment-launcher.ipynb 文件来创建端点。你可以直接从 SageMaker estimator 类部署经过训练的模型。当然，本示例将向你展示如何部署之前训练过的模型，因为这是最有可能的部署场景。

```
from sagemaker.pytorch.model import PyTorchModel
model_data = estimator.model_data
pytorch_model = PyTorchModel(  model_data=model_data,
                               role=role,
                               framework_version="1.6",
                               source_dir="code",
                               py_version="py3",
                               entry_point="inference.py")

predictor = pytorch_model.deploy(initial_instance_count=1,
instance_type="ml.m4.xlarge")
```

（3）部署该模型后，可以调用模型端点来生成一些预测。

```
predictor.serializer = sagemaker.serializers.JSONSerializer()
predictor.deserializer = sagemaker.deserializers.JSONDeserializer()
```

```
result = predictor.predict("The market is doing better than last year")
print("predicted class: ", np.argmax(result, axis=1))
```

（4）现在可以尝试不同的短语，看看该模型是否正确预测了情绪。你还可以通过导航到 SageMaker 管理控制台并单击端点来访问端点的详细信息。

为了避免端点的任何持续成本，可以考虑将其删除。在新单元格中运行以下命令即可删除端点：

```
predictor.delete_endpoint()
```

至此，你已经完成了模型的构建并最终确定了你的源代码。

接下来，让我们将源代码保存到 CodeCommit 存储库。

8.3.9　将源代码保存到 CodeCommit 存储库

将已更改的文件提交到源代码存储库涉及以下 3 个步骤：

（1）为源代码控制暂存文件。

（2）提交更改并提供更改摘要和说明。

（3）将更改推送到代码存储库。

现在可以将文件保存到 CodeCommit 存储库。单击 Studio 环境左窗格中的 Git 图标，你应该在 untracked（未跟踪）下看到文件列表。

出于测试目的，我们现在将单个文件推送到存储库。将鼠标悬停在文件上，直到右侧出现+号，单击+号开始跟踪更改并暂存文件。

要将更改提交到存储库，请先在左侧窗格底部的摘要文本框中输入一个简短的句子，然后单击 Commit（提交）。出现提示时输入姓名和电子邮件，单击顶部的 Git 图标将更改推送到存储库。要验证这一操作是否成功，请导航到 CodeCommit 存储库并查看是否已上传新文件。

恭喜，你已经完成了一个基本的数据科学环境的构建，并用它训练和部署了一个 NLP 模型来进行文本中的情感分析。如果你不想保留此环境以避免任何相关成本，请确保关闭 SageMaker Studio Notebook 的所有实例。

8.4　小　　结

本章讨论了如何为实验、模型训练和用于测试目的的模型部署构建数据科学环境，提供可扩展的基础架构。

我们详细介绍了使用 Amazon SageMaker、Amazon ECR、AWS CodeCommit 和 Amazon S3 等 AWS 服务构建完全托管的数据科学环境的核心架构组件。我们还练习了设置数据科学环境，并使用 SageMaker Studio Notebook 和 SageMaker Training Service 训练和部署了自然语言处理模型。

学完本章之后，你应该能够了解数据科学环境的关键组件，以及如何使用 AWS 服务构建一个环境并将其用于模型构建、训练和部署。在第 9 章中，我们将讨论如何通过自动化构建企业机器学习平台以实现扩展。

第 9 章　使用 AWS 机器学习服务构建企业机器学习架构

为了支持大量快速发展的机器学习计划，许多企业或组织都希望构建能够支持整个机器学习生命周期以及广泛的使用模式的企业机器学习平台，这种平台也是需要自动化和可扩展的。作为一名从业者，我经常被要求提供有关如何构建企业机器学习平台的架构指导。本章将介绍企业机器学习平台设计和实现的核心需求。我们将讨论工作流自动化、基础架构可扩展性和系统监控等主题。

本章将介绍用于构建技术解决方案的架构模式，这些解决方案可以自动化端到端的机器学习工作流程并大规模部署。我们还将深入研究其他核心企业机器学习架构组件，如企业级的模型训练、模型托管、特征存储和模型注册表。

本章包含以下主题：

- 企业机器学习平台的关键要求。
- 企业机器学习架构模式。
- 模型训练环境。
- 模型托管环境深入研究。
- 为机器学习工作流采用机器学习运维架构。
- 动手练习——在 AWS 上构建机器学习运维管道。

治理和安全是企业机器学习的另一个重要主题，我们将在第 11 章“机器学习治理、偏差、可解释性和隐私”中更详细地介绍该主题。首先让我们看看本章的技术要求。

9.1　技 术 要 求

本章 9.7 节“动手练习——在 AWS 上构建机器学习运维管道”将继续使用 AWS 环境。本章中提到的所有源代码都可以在以下网址找到：

https://github.com/PacktPublishing/The-Machine-Learning-Solutions-Architect-Handbook/tree/main/Chapter09

9.2　企业机器学习平台的关键要求

为了大规模交付机器学习的业务价值，企业或组织需要能够快速尝试不同的科学方法、机器学习技术和大规模数据集。

一旦机器学习模型经过训练和验证，就需要以最小的差异将它们部署到生产环境中。虽然传统的企业软件系统和机器学习平台在可扩展性和安全性等方面存在相似之处，但企业机器学习平台提出了许多独特的挑战，例如，与数据平台和高性能计算基础设施集成以进行大规模的模型训练。

一些具体的企业机器学习平台需求包括：

- 支持端到端的机器学习生命周期：企业机器学习平台需要支持数据科学实验和生产级操作/部署。在第 8 章“使用 AWS 机器学习服务构建数据科学环境”中，详细介绍了构建数据科学实验环境所需的关键架构组件。为了实现生产级操作和部署，企业机器学习平台还需要具有用于大规模的模型训练、模型管理、特征管理和模型托管的架构组件，并具有高可用性和可扩展性。
- 支持持续集成（continuous integration，CI）、持续训练（continuous training，CT）和持续部署（continuous deployment，CD）：企业机器学习平台不仅提供测试和验证代码以及组件的 CI 功能，还为数据和模型提供此类功能。机器学习的 CD 功能也不仅是部署单个软件，它是机器学习模型和推理引擎的结合。CT 功能是机器学习独有的，可以持续监控模型，当检测到数据漂移或模型漂移，或者训练数据发生变化时，可以触发自动模型再训练。

  数据漂移（data drift）是一种数据上的变化，是指生产中数据的特征在统计上与模型训练数据不同。

  模型漂移（model drift）是一种模型性能的变化，是指模型性能从模型训练阶段获得的性能下降。
- 机器学习运维（ML Operations，MLOps）支持：企业机器学习平台提供监控不同管道工作流、处理/训练作业和模型服务引擎的状态、错误和指标的功能。它还将监控基础架构级别的统计信息和资源使用情况。自动警报机制也是 MLOps 的关键组成部分。在可能的情况下，应实施自动故障恢复机制。
- 支持不同的语言和机器学习框架：企业机器学习平台允许数据科学家和机器学习工程师使用他们选择的编程语言和机器学习库来处理不同的机器学习问题。该框架需要支持 Python 和 R 等流行语言，以及 TensorFlow、PyTorch 和 scikit-learn

等机器学习包。

- ❑ 计算硬件资源管理：根据模型训练和推理需求以及成本考虑，企业机器学习平台需要支持不同类型的计算硬件，如 CPU 和 GPU。在适用的情况下，它还应该支持专门的机器学习硬件，如 AWS 的推理芯片。
- ❑ 与第三方系统和软件集成：企业机器学习平台很少孤立地工作，它需要与第三方软件或平台的集成能力，如工作流编排工具、容器注册表和代码存储库等。
- ❑ 身份验证和授权：企业机器学习平台需要提供不同级别的身份验证和授权控制，以管理对数据、工件和机器学习平台资源的安全访问。这种身份验证和授权可以是机器学习平台的内置功能，也可以由外部身份验证和授权服务提供。
- ❑ 数据加密：对于金融服务和医疗保健等受监管的行业，数据加密是一项关键要求。企业机器学习平台需要提供加密静态数据和传输中的数据的功能，通常使用客户管理的加密密钥。
- ❑ 工件管理：企业机器学习平台可以处理数据集并在机器学习生命周期的不同阶段生成不同的工件。为了建立可重复性并满足治理和合规性的要求，企业机器学习平台需要能够跟踪、管理和控制这些工件的版本。

至此，我们已经了解了企业机器学习平台的关键要求。接下来，让我们看看如何使用 AWS 机器学习和开发运维服务（如 SageMaker、CodePipeline 和 Step Functions）来构建企业级机器学习平台。

9.3　企业机器学习架构模式概述

在 AWS 上构建企业机器学习平台，首先要创建不同的环境以支持不同的数据科学和操作功能。图 9.1 显示了构成企业机器学习平台的核心环境。从单独的角度来看，在 AWS 云的语境中，图 9.1 中的每个环境都是一个单独的 AWS 账户。

正如我们在第 8 章“使用 AWS 机器学习服务构建数据科学环境”中所讨论的，数据科学家需要使用数据科学环境进行实验、模型构建和调优。一旦这些实验完成，数据科学家就会将他们的工作成果提交给适当的代码和数据存储库。下一步是使用数据科学家创建的算法、数据和训练脚本在受控和自动化的环境中训练和调整机器学习模型。这种受控和自动化的模型训练过程将有助于确保大规模的模型构建的一致性、可重复性和可追溯性。

以下是训练、托管和共享服务环境提供的核心功能和技术选项：

- ❑ 模型训练环境将管理模型训练的整个生命周期，这涵盖了从计算和存储基础设施资源配置到训练作业监控和模型持久化保存等全部过程。从技术选项的角度来看，你可以使用专有或开源技术构建你的训练基础设施，或者也可以选择完全托管的机器学习服务，如 SageMaker 训练服务。

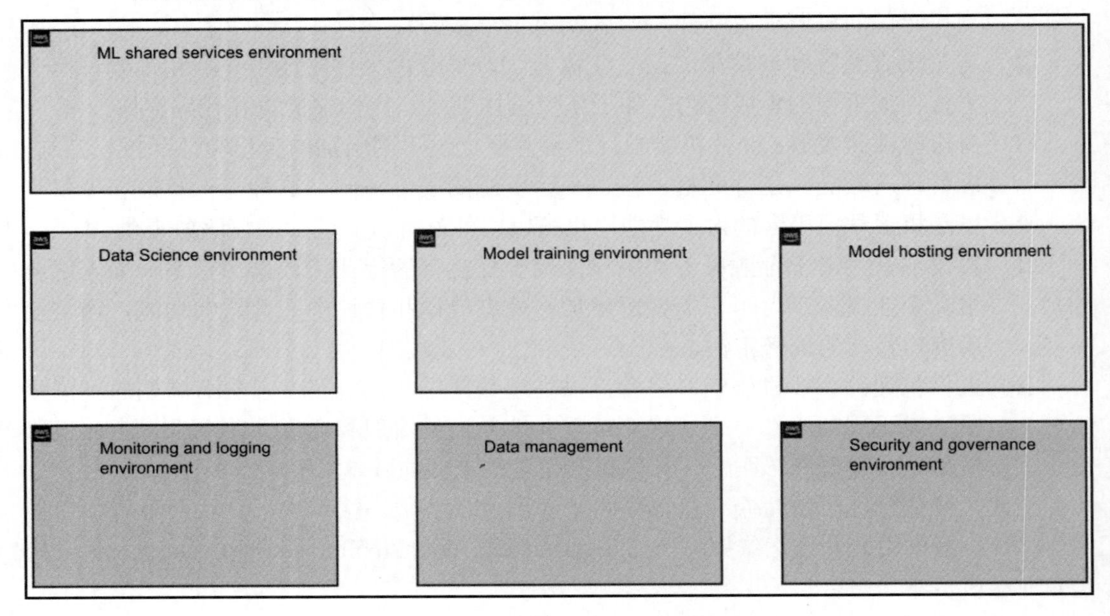

图 9.1　企业机器学习架构环境

原　　文	译　　文
ML shared services environment	机器学习共享的服务环境
Data Science environment	数据科学环境
Model training environment	模型训练环境
Model hosting environment	模型托管环境
Monitoring and logging environment	监控和记录环境
Data management	数据管理
Security and governance environment	安全和治理环境

- 模型托管环境可用于在 Web 服务端点或批量推理模式下为训练后的模型提供服务。模型托管环境可以提供服务（如 SageMaker 托管服务、基于 Kubernetes/Kubeflow 容器的模型服务、Lambda 或基于 EC2 的模型服务）运行不同的模型推理引擎。其他支持服务（如在线特征存储和 API 管理服务）也可以在模型托管环境中运行。

- 共享服务环境将托管通用服务工具，如工作流编排工具、CI/CD 工具、代码存储库、Docker 镜像存储库和私有库包工具。中央模型注册表也可以在模型注册和模型生命周期管理的共享服务环境中运行。服务配置功能，如通过基础设施即代码（Infrastructure as Code，IaC）或 API 在不同环境中创建资源，也可以在这个环境中运行。任何服务工单工具（如 ServiceNow）和服务配置工具（如 Service Catalog）都可以托管在此环境中。

除了核心机器学习环境，企业机器学习平台还需要其他依赖环境，如安全、治理、监控和日志记录。

- 安全和治理环境集中管理身份验证服务、用户凭证和数据加密密钥。安全审计和报告流程也在此环境中运行。诸如 AWS IAM、AWS KMS 和 AWS Config 之类的原生 AWS 服务可用于各种安全和治理功能。
- 监控和日志记录环境可以集中汇总来自其他环境的监控和日志记录数据，以便进一步处理和报告。通常需要开发自定义仪表板和警报机制，以提供对来自底层监控和日志数据的关键指标和警报的轻松访问。

至此，我们已经大致了解了企业机器学习平台的核心构建块。接下来，让我们深入了解其中若干个核心问题。请注意，我们可以遵循不同的模式和服务在 AWS 上构建机器学习平台。本章将介绍其中一种企业模式。

9.4　模型训练环境

在企业内部，模型训练环境是一个受控环境，具有明确定义的流程和政策说明如何使用以及谁可以使用它们。一般来说，它应该是一个由机器学习运维（MLOps）团队管理的自动化环境（当然它可以是自助服务），供数据科学家直接使用。

自动化模型训练和调优是模型训练环境的核心能力。为了支持广泛的用例，模型训练环境需要支持不同的机器学习和深度学习（deep Learning）框架、训练模式（如单结点和分布式训练）和硬件（不同的 CPU 和 GPU）。

模型训练环境将管理模型训练过程的生命周期，包括身份验证和授权、基础设施配置、数据移动、数据预处理、机器学习库部署、训练循环管理和监控、模型持久化保存和注册、训练作业管理和世系跟踪等。

从安全的角度来看，训练环境需要针对不同的隔离需求提供安全能力，如网络隔离、作业隔离和工件隔离等。为了协助运营支持，模型训练环境还需要能够记录训练状态、指标报告以及训练作业监控和警报。

接下来，让我们了解一下如何在企业设置的受控模型训练环境中使用 SageMaker Training 服务。

9.4.1 模型训练引擎

SageMaker 训练服务可以为一系列机器学习/深度学习库提供内置的建模训练功能。此外，你还可以自带 Docker 容器来满足自定义模型训练的需求。

以下是 SageMaker Python SDK 支持的部分选项：

- 训练 TensorFlow 模型：SageMaker 可以为 TensorFlow 模型提供内置训练容器。以下代码示例显示了如何通过 TensorFlow estimator API 使用内置容器训练 TensorFlow 模型：

```
from sagemaker.tensorflow import TensorFlow
tf_estimator = TensorFlow(
    entry_point="<Training script name>",
    role= "<AWS IAM role>",
    instance_count=<Number of instances),
    instance_type="<Instance type>",
    framework_version="<TensorFlow version>",
    py_version="<Python version>",)
tf_estimator.fit("<Training data location>")
```

- 训练 PyTorch 模型：SageMaker 为 PyTorch 模型提供了一个内置的训练容器。以下代码示例显示了如何使用 PyTorch estimator 训练 PyTorch 模型：

```
from sagemaker.pytorch import PyTorch
pytorch_estimator = PyTorch(
    entry_point="<Training script name>",
    role= "<AWS IAM role>",
    instance_count=<Number of instances),
    instance_type="<Instance type>",
    framework_version="<PyTorch version>",
    py_version="<Python version>",)
pytorch_estimator.fit("<Training data location>")
```

- 训练 XGBoost 模型：可以通过内置容器支持 XGBoost 训练。以下代码显示了如何使用 XGBoost estimator 训练 XGBoost 模型：

```
from sagemaker.xgboost.estimator import XGBoost
xgb_estimator = XGBoost(
    entry_point=" <Training script name>",
```

```
    hyperparameters=<List of hyperparameters>,
    role=<AWS IAM role>,
    instance_count=<Number of instances>,
    instance_type="<Instance type>",
    framework_version="<Xgboost version>")
xgb_estimator.fit("<train data location>")
```

- 训练 scikit-learn 模型：SageMaker 也可以为 scikit-learn 模型提供内置训练容器。以下代码示例展示了如何使用内置容器训练 scikit-learn 模型：

```
from sagemaker.sklearn.estimator import SKLearn
sklearn_estimator = SKLearn(
    entry_point=" <Training script name>",
    hyperparameters=<List of hyperparameters>,
    role=<AWS IAM role>,
    instance_count=<Number of instances>,
    instance_type="<Instance type>",
        framework_version="<sklearn version>")
Sklearn_estimator.fit("<training data>")
```

- 使用自定义容器训练模型：还可以构建自定义训练容器并使用 SageMaker Training 服务进行模型训练。

  以下代码提供了一个示例：

```
from sagemaker.estimator import Estimator
custom_estimator = Estimator (
    Custom_training_img,
    role=<AWS IAM role>,
    instance_count=<Number of instances>,
    instance_type="<Instance type>")
custom_estimator.fit("<training data location>")
```

除了使用 SageMaker Python SDK 启动训练，还可以使用 boto3 库和 SageMaker CLI 命令开始训练作业。

9.4.2 自动化支持

SageMaker Training 服务通过一组 API 公开，并且可以通过与外部应用程序或工作流工具（如 Airflow 和 AWS Step Functions）集成来实现自动化。例如，它可以是端到端机器学习工作流的基于 Airflow 的管道中的步骤之一。

一些工作流工具（如 Airflow 和 AWS Step Functions）还提供了与 SageMaker 相关的

特定连接器，以更无缝地与 SageMaker Training 服务进行交互。

SageMaker Training 服务还提供 Kubernetes 算子，因此可以作为 Kubernetes 应用程序流程的一部分进行集成和自动化。

以下示例代码显示了如何通过 AWS boto3 开发工具包使用低级 API 启动训练作业：

```
import boto3
client = boto3.client('sagemaker')
response = client.create_training_job(
    TrainingJobName='<job name>',
    HyperParameters={<list of parameters and value>},
    AlgorithmSpecification={...},
    RoleArn='<AWS IAM Role>',
    InputDataConfig=[...],
    OutputDataConfig={...},
    ResourceConfig={...},
    ...
}
```

对于使用 Airflow 作为工作流工具的情况，以下示例显示了如何将 Airflow SageMaker 算子用作工作流定义的一部分。在这里，train_config 包含训练配置详细信息，如训练评估器、训练实例类型和数量以及训练数据位置。

```
import airflow
from airflow import DAG
from airflow.contrib.operators.sagemaker_training_operator
import SageMakerTrainingOperator
default_args = {
    'owner': 'myflow',
    'start_date': '2021-01-01'
}

dag = DAG( 'tensorflow_training', default_args=default_args,
          schedule_interval='@once')

train_op = SageMakerTrainingOperator(
    task_id='tf_training',
    config=train_config,
    wait_for_completion=True,
    dag=dag)
```

SageMaker 还有一个名为 SageMaker Pipelines 的内置工作流自动化工具，因此我们可以使用 SageMaker TrainingStep API 创建训练步骤，并成为更大的 SageMaker Pipelines 工

作流程的一部分。

9.4.3　模型训练生命周期管理

SageMaker training 可以管理模型训练过程的生命周期，它使用 AWS IAM 作为对其功能进行身份验证和授权访问的机制。一旦获得授权，它就会提供所需的基础设施，为不同的模型训练需求部署软件栈，将数据从源移动到训练结点，并开始训练工作。完成训练作业后，将模型工件保存到 S3 输出桶中，训练的基础设施则释放还原。

为了进行世系跟踪，需要捕获模型训练元数据，如源数据集、模型训练容器、超参数和模型输出位置等。来自训练作业运行的任何日志记录都保存在 CloudWatch Logs 中，而 CPU 和 GPU 利用率等系统指标则记录在 CloudWatch 指标中。

基于整个端到端机器学习平台架构，模型训练环境还可以托管用于数据预处理、模型验证和模型训练后处理的服务，因为这些是端到端机器学习流程中的重要步骤。有多种技术可供选择，如 SageMaker Processing 服务和 AWS Lambda。

9.5　模型托管环境深入研究

企业级模型托管环境需要以安全、高性能和可扩展的方式支持广泛的机器学习框架，它应该附带一个预先构建的推理引擎列表，可以在 RESTful API 或通过 gRPC 协议提供现成可用的通用模型。它还需要具有灵活性来托管定制的推理引擎，以满足独特的需求。用户还应该能够访问不同的硬件设备，如 CPU、GPU 和专用芯片，以满足不同的推理需求。

一些模型推理模式需要更复杂的推理图，如流量拆分、请求转换或模型集成支持。模型托管环境可以提供此功能作为现成可用的功能，或提供用于构建自定义推理图的技术选项。

其他常见的模型托管功能包括概念漂移检测（concept drift detection）和模型性能漂移检测（model performance drift detection）。当生产数据的统计特征偏离用于模型训练的数据时，就会出现概念漂移。概念漂移的一个例子是生产中特征的均值和标准偏差与训练数据集的显著变化。

模型托管环境中的组件可以通过其 API、脚本或 IaC 部署（如 AWS CloudFormation）参与自动化工作流程。例如，可以使用 CloudFormation 模板或通过调用其 API 作为自动化工作流的一部分来部署 RESTful 端点。

从安全性角度来看，模型托管环境需要提供身份验证和授权控制来管理对控制平面（指管理功能）和数据平面（指模型端点）的访问。

出于审计目的，应记录针对托管环境执行的访问和操作。对于操作支持，托管环境需要启用状态记录和系统监控，以支持系统的可观察性和问题故障排除。

SageMaker Hosting 服务是一项完全托管的模型托管服务。与本书前面介绍的 KFServing 和 Seldon Core 类似，SageMaker Hosting 服务也是一种多框架模型服务。

接下来，让我们仔细看看它用于企业级模型托管的各种功能。

9.5.1　推理引擎

SageMaker 可以为多个机器学习框架提供内置推理引擎，这些框架包括 scikit-learn、XGBoost、TensorFlow、PyTorch 和 Spark ML。SageMaker 将这些内置推理引擎作为 Docker 容器提供。要建立 API 端点来服务模型，你只需要提供模型工件和基础设施配置即可。

以下是模型服务选项的列表：

- 为 TensorFlow 模型提供服务：SageMaker 使用 TensorFlow Serving 作为 TensorFlow 模型的推理引擎。以下代码示例显示了如何使用 SageMaker Hosting 服务部署 TensorFlow Serving 模型：

```
from sagemaker.tensorflow.serving import Model
tensorflow_model = Model(
    model_data=<S3 location of the Spark ML model artifacts>,
    role=<AWS IAM role>,
    framework_version=<tensorflow version>
)
tensorflow_model.deploy(
    initial_instance_count=<instance count>, instance_type=
<instance type>
)
```

- 为 PyTorch 模型提供服务：SageMaker Hosting 在后台使用 TorchServe 为 PyTorch 模型提供服务。以下代码示例显示了如何部署 PyTorch 模型：

```
from sagemaker.pytorch.model import PyTorchModel

pytorch_model = PyTorchModel(
    model_data=<S3 location of the PyTorch model artifacts>,
    role=<AWS IAM role>,
    framework_version=<PyTorch version>
)
```

```
pytorch_model.deploy(
    initial_instance_count=<instance count>, instance_type=
<instance type>
)
```

- 为 Spark 机器学习模型提供服务：对于基于 Spark 机器学习的模型，SageMaker 使用 MLeap 作为后端来为 Spark 机器学习模型提供服务。这些 Spark 机器学习模型需要序列化为 MLeap 格式。以下代码示例显示了如何使用 SageMaker Hosting 服务部署 Spark 机器学习模型：

```
import sagemaker
from sagemaker.sparkml.model import SparkMLModel
sparkml_model = SparkMLModel(
    model_data=<S3 location of the Spark ML model artifacts>,
    role=<AWS IAM role>,
    sagemaker_session=sagemaker.Session(),
    name=<Model name>,
    env={"SAGEMAKER_SPARKML_SCHEMA": <schema_json>}
)

sparkml_model.deploy(
    initial_instance_count=<instance count>, instance_type=
<instance type>
)
```

- 为 XGBoost 模型提供服务：SageMaker 提供了一个 XGBoost 模型服务器，用于为经过训练的 XGBoost 模型提供服务。在底层，它使用 Nginx、Gunicorn 和 Flask 作为模型服务架构的一部分。入口 Python 脚本会加载经过训练的 XGBoost 模型，并且可以选择执行数据前处理或执行数据后处理：

```
from sagemaker.xgboost.model import XGBoostModel
xgboost_model = XGBoostModel(
    model_data=<S3 location of the Xgboost ML model artifacts>,
    role=<AWS IAM role>,
    entry_point=<entry python script>,
    framework_version=<xgboost version>
)

xgboost_model.deploy(
    instance_type=<instance type>,
    initial_instance_count=<instance count>
)
```

- 为 scikit-learn 模型提供服务：SageMaker 提供了一个内置的服务容器为基于 scikit-learn 的模型提供服务。该技术栈类似于 Xgboost 模型服务器的技术栈，代码示例如下：

```
from sagemaker.sklearn.model import SKLearnModel
sklearn_model = SKLearnModel(
    model_data=<S3 location of the Xgboost ML model artifacts>,
    role=<AWS IAM role>,
    entry_point=<entry python script>,
    framework_version=<scikit-learn version>
)
sklearn_model.deploy(instance_type=<instance type>,
initial_instance_count=<instance count>)
```

- 使用自定义容器为模型提供服务：对于你创建的自定义推理容器来说，可以按照类似的语法来部署模型，其主要区别在于需要提供自定义推理容器镜像的 uri。以下代码示例显示了如何使用自定义容器部署模型：

```
from sagemaker.model import Model
custom_model = Model(
    Image_uri = <custom model inference container image uri>,
    model_data=<S3 location of the ML model artifacts>,
    role=<AWS IAM role>,
    framework_version=<scikit-learn version>
)
custom_model.deploy(instance_type=<instance type>,
initial_instance_count=<instance count>)
```

可在以下网址找到有关构建自定义推理容器的详细文档：

https://docs.aws.amazon.com/sagemaker/latest/dg/adapt-inference-container.html

SageMaker Hosting 提供的推理管道功能允许你创建线性容器序列（最多 15 个），以便在调用模型进行预测之前和之后执行自定义数据处理。SageMaker Hosting 可以支持模型的多个版本之间的流量拆分以进行 A/B 测试。

可以使用 AWS CloudFormation 模板配置 SageMaker 托管。还可以将 AWS CLI 用于脚本自动化，并且可以通过其 API 集成到自定义应用程序中。

现在让我们来看看不同端点部署自动化方法的一些代码示例。

- 以下是 SageMaker 端点部署的 CloudFormation 代码示例：

```
Description: "Model hosting cloudformation template"
Resources:
```

```
    Endpoint:
        Type: "AWS::SageMaker::Endpoint"
        Properties:
            EndpointConfigName:
                !GetAtt EndpointConfig.EndpointConfigName
    EndpointConfig:
        Type: "AWS::SageMaker::EndpointConfig"
        Properties:
            ProductionVariants:
              - InitialInstanceCount: 1
                InitialVariantWeight: 1.0
                InstanceType: ml.t2.large
                ModelName: !GetAtt Model.ModelName
                VariantName: !GetAtt Model.ModelName
    Model:
        Type: "AWS::SageMaker::Model"
        Properties:
            PrimaryContainer:
                Image: <container uri>
            ExecutionRoleArn: !GetAtt ExecutionRole.Arn
...
```

上述代码片段末尾的省略号（...）表示该代码不全，你可以在以下网址找到完整代码：

https://github.com/PacktPublishing/The-Machine-Learning-Solutions-Architect-Handbook/blob/main/Chapter09/sagemaker_hosting.yaml

- 以下是 SageMaker 端点部署的 AWS CLI 示例：

```
Aws sagemaker create-model --model-name <value>
--execution-role-arn <value>
aws sagemaker Create-endpoint-config --endpoint-configname
<value> --production-variants <value>
aws sagemaker Create-endpoint --endpoint-name <value>
--endpoint-config-name <value>
```

如果内置的推理引擎不能满足你的要求，也可以使用自定义 Docker 容器来为你的机器学习模型提供服务。

9.5.2　身份验证和安全控制

SageMaker Hosting 服务使用 AWS IAM 作为对其控制平面 API（如用于创建端点的

API）和数据平面 API（如用于调用托管模型端点的 API）的访问的机制。如果需要支持数据平面 API 的其他认证方式，如 OpenID Connect（OIDC），则可以将代理服务作为前端来管理用户认证。一种常见的模式是使用 AWS API Gateway 前端 SageMaker API 进行自定义身份验证管理，以及其他 API 管理功能，如计量和限制管理。

9.5.3 监控和日志记录

SageMaker 提供现成可用的监控和日志记录功能，以协助支持操作。它可以监控系统资源指标（如 CPU/GPU 利用率）和模型调用指标（如调用次数、模型延迟和故障）。这些监控指标和任何模型处理日志都将由 AWS CloudWatch 指标和 CloudWatch Logs 捕获。

9.6 为机器学习工作流采用机器学习运维架构

在传统软件开发和部署的过程中，广泛采用的是开发运维（DevOps）架构。类似地，在机器学习管道的构建和部署的过程中，可以采用机器学习运维（MLOps）架构，以强化数据科学家/机器学习工程师、数据工程和运营团队之间的合作。具体来说，MLOps 实践可在端到端机器学习生命周期中提供以下优势：

- 流程一致性：MLOps 实践的目标是在机器学习模型构建和部署流程中创建一致性。流程一致性提高了机器学习工作流的效率，并确保机器学习工作流的输入和输出的高度确定性。
- 工具和流程的可重用性：MLOps 实践的核心目标之一是创建可重用的技术工具和模板，以便更快地采用和部署新的机器学习用例。这可以包括通用工具，如代码和库的存储库、包和镜像的构建工具、管道编排工具、模型注册表，以及用于模型训练和模型部署的通用基础设施。

  从可重用模板的角度来看，这可以包括用于 Docker 镜像构建的常见可重用脚本、工作流编排定义，以及用于模型构建和模型部署的 CloudFormation 脚本。
- 模型构建的可重复性：机器学习具有高度迭代性，并涉及使用不同数据集、算法和超参数的大量实验和模型的训练运行。

  MLOps 流程需要捕获用于构建机器学习模型的所有数据输入、源代码和工件，并根据这些输入数据、代码和工件为最终模型建立模型世系。这对于实验跟踪以及达到治理和控制目的都很重要。

- 交付的可扩展性：MLOps 流程和相关工具使大量机器学习管道能够并行运行以实现高交付吞吐量。不同的机器学习项目团队可以独立使用标准 MLOps 流程和通用工具，而不会产生资源争用、环境隔离和治理等方面的冲突。
- 流程和操作的可跟踪性：MLOps 可以提高流程和机器学习管道的可跟踪性。这包括捕获机器管道执行的详细信息、依赖关系和跨不同步骤的世系、作业执行状态、模型训练和部署详细信息、批准跟踪以及操作人员执行的操作。

现在我们已经熟悉了 MLOps 实践的预期目标和好处，接下来让我们看看在 AWS 上 MLOps 的具体操作流程和技术架构。

9.6.1　机器学习运维架构的组件

最重要的机器学习运维（MLOps）概念之一是自动化管道，它将执行一系列任务，如数据处理、模型训练和模型部署。该管道可以是线性步骤序列，也可以是更复杂的 DAG，可并行执行多个任务。MLOps 架构还具有多个存储库用于存储不同的资产和元数据，作为管道执行的一部分。

图 9.2 显示了 MLOps 操作中涉及的核心组件和任务。

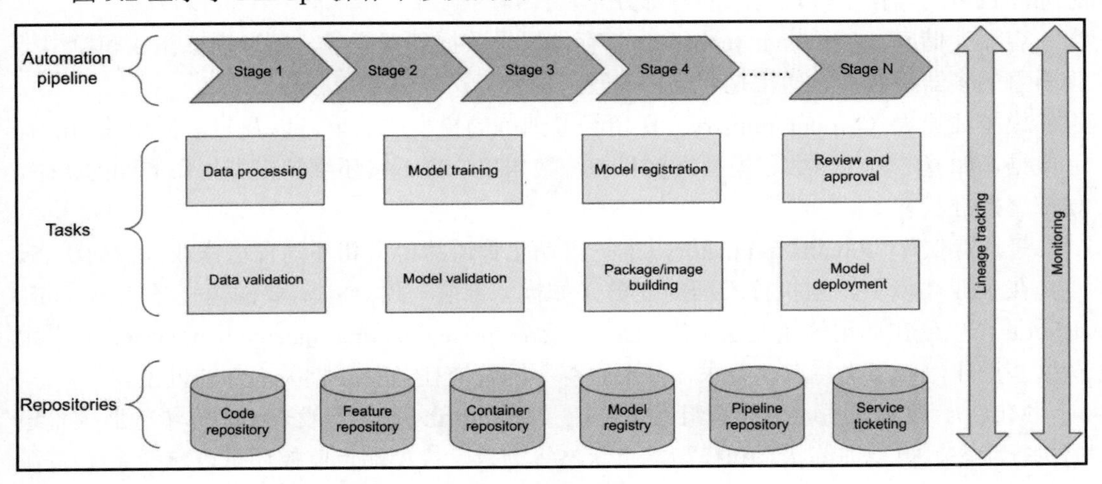

图 9.2　MLOps 组件

原　文	译　文	原　文	译　文
Automation pipeline	自动化管道	Tasks	任务
Stage1，2，3，4	阶段 1、2、3、4	Data processing	数据处理
Stage N	阶段 N	Data validation	数据验证

续表

原　文	译　文	原　文	译　文
Model training	模型训练	Feature repository	特征存储库
Model validation	模型验证	Container repository	容器存储库
Model registration	模型注册	Model registry	模型注册表
Package/image building	包/镜像构建	Pipeline repository	管道存储库
Review and approval	审核和批准	Service ticketing	服务工单
Model deployment	模型部署	Lineage tracking	世系跟踪
Repositories	存储库	Monitoring	监控
Code repository	代码存储库		

MLOps 架构中的代码存储库（Code repository）不仅可以作为数据科学家和工程师的源代码控制机制，而且是启动不同管道执行的触发机制。例如，当数据科学家将更新的训练脚本提交到代码存储库时，即可触发模型训练管道执行。

特征存储库（Feature repository）存储可重用的机器学习特征，并且可以成为数据处理/特征工程工作的目标。特征存储库中的特征可以是适用的训练数据集的一部分，特征存储库也可用作模型推理请求的一部分。

容器存储库（Container repository）存储用于数据处理任务、模型训练作业和模型推理引擎的容器镜像，它通常是容器构建管道的目标。

模型注册表（Model registry）保留经过训练的模型的清单，以及与模型相关的所有元数据，如算法、超参数、模型指标和训练数据集位置。它还维护模型生命周期的状态，如部署批准状态。

管道存储库（Pipeline repository）维护自动化管道的定义和不同管道作业执行的状态。

在企业环境中，当执行不同的任务（如模型部署）时，也需要创建任务工单（task ticket），以便在通用的企业工单管理系统（enterprise ticketing management system）中跟踪这些操作。为了支持审计要求，需要跟踪不同管道任务及其相关工件的世系。

MLOps 架构的另一个关键组件是监控（Monitoring）。一般来说，你希望监控管道的执行状态、模型训练状态和模型端点状态等项目。模型端点监控还可以包括系统/资源性能监控、模型统计指标监控、漂移和异常值监控以及模型可解释性监控等。可以在某些执行状态上触发警报，以调用所需的人工或自动化操作。

AWS 为实现 MLOps 架构提供了多种技术选项。图 9.3 显示了这些技术服务在企业 MLOps 架构中的适用位置。

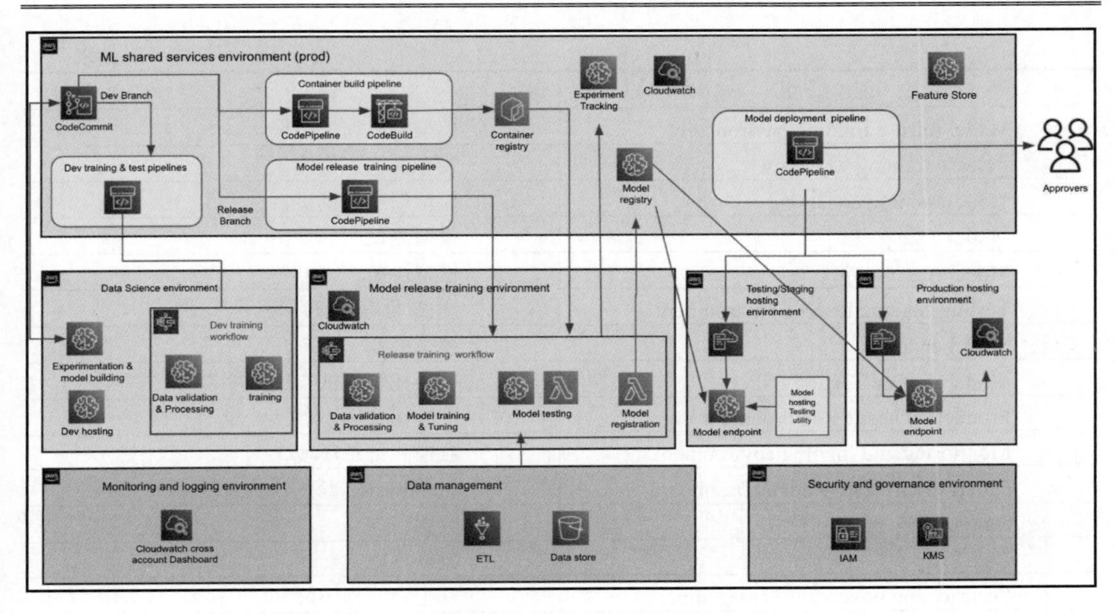

图 9.3　使用 AWS 服务的 MLOps 架构

原　文	译　文
ML shared services environment (prod)	机器学习共享服务环境（产品）
Dev Branch	开发分支
Dev training & test pipelines	开发训练和测试管道
Release Branch	发布分支
Container build pipeline	容器构建管道
Model release training pipeline	模型发布训练管道
Container registry	容器注册表
Experiment Tracking	实验跟踪
Model registry	模型注册表
Model deployment pipeline	模型部署管道
Feature Store	特征存储
Approvers	审批者
Data Science environment	数据科学环境
Experimentation & model building	实验和模型构建
Dev hosting	开发托管
Dev training workflow	开发训练工作流
Data validation & Processing	数据验证和处理
training	训练

续表

原　　文	译　　文
Model release training environment	模型发布训练环境
Release training workflow	发布训练工作流
Model training & Tuning	模型训练和调优
Model testing	模型测试
Model registration	模型注册
Testing/Staging hosting environment	测试/暂存托管环境
Model endpoint	模型端点
Model hosting Testing utility	模型托管测试实用程序
Production hosting environment	产品托管环境
Monitoring and logging environment	监控和记录环境
Cloudwatch cross account Dashboard	Cloudwatch 跨账户仪表板
Data management	数据管理
Data store	数据存储
Security and governance environment	安全和治理环境

如前文所述，共享服务环境可托管用于管道管理和执行的通用工具，以及代码存储库和模型注册表等通用存储库。

在这里，我们使用了 AWS CodePipeline 来编排整个 CI/CD 管道。AWS CodePipeline 是一种持续交付服务，可与 AWS CodeCommit 和 Bitbucket 等不同的代码存储库进行本地集成。它可以从代码存储库中获取文件，并使它们可用于下游任务，例如，使用 AWS CodeBuild 服务构建容器，或在模型训练环境中训练模型。

你可以创建不同的管道以满足不同的需求。管道可以通过 API 或 CodePipeline 管理控制台按需触发，也可以由代码存储库中的代码更改触发。根据你的要求，可以创建不同的管道。在图 9.3 中可以看到以下 4 个示例管道：

- 用于构建不同容器镜像的容器构建管道。
- 用于训练模型以供发布的模型训练管道。
- 用于将经过训练的模型部署到生产环境的模型部署管道。
- 在数据科学环境中用于模型训练和部署测试的开发、训练和测试管道。

代码存储库是 MLOps 环境中最重要的组件之一。它不仅被数据科学家/机器学习工程师和其他工程师用来持久化保存代码工件，而且可用作 CI/CD 管道的触发机制。这意味着当数据科学家/机器学习工程师提交代码更改时，它可以自动启动 CI/CD 管道。例如，如果数据科学家对模型训练脚本进行了更改，并希望在开发环境中测试自动化训练管道，则可以将代码提交到开发分支以在开发环境中启动模型训练管道。当准备好进行生产发布部署时，数据科学家可以将代码提交/合并到发布分支以启动生产发布管道。

在此 MLOps 架构中，使用了 AWS 弹性容器注册表 Elastic Container Registry（ECR）作为中央容器注册表服务。ECR 可用于数据处理、模型训练和模型推理等的容器存储。你可以标记容器镜像以指示不同的生命周期状态，如开发或生产阶段。

SageMaker 模型注册表（Model Registry）用作中央模型存储库。由于中央模型存储库可以驻留在共享服务环境中，因此可以被不同的项目访问。所有经过正式训练和部署周期的模型都应在中央模型存储库中进行管理和跟踪。

SageMaker 特征存储（Feature Store）为不同项目使用的可重用功能提供了一个通用特征存储库。它可以驻留在共享服务环境中，也可以是数据平台的一部分。特征通常在数据管理环境中预先计算并发送到 SageMaker Feature Store，以便在模型训练环境中进行离线模型训练，以及不同模型托管环境的在线推理。

SageMaker Experiments 用于跟踪实验和试验。可以在 SageMaker Experiments 中跟踪管道执行中不同组件生成的元数据和工件。例如，管道中的处理步骤可以包含诸如输入数据和处理数据位置之类的元数据，而模型训练步骤则可以包含诸如用于训练的算法和超参数、模型指标和模型工件的位置之类的元数据。这些元数据可用于比较不同运行的模型训练，也可用于建立模型的世系。

9.6.2 监控和记录

机器学习平台在监控方面提出了一些独特的挑战。除了监控常见的软件系统相关指标和状态（如基础设施利用率和处理状态），机器学习平台还需要监控与特定模型和数据相关的指标和性能。此外，与易于理解的传统系统级监控不同，机器学习模型的不透明性使其系统天生难以理解。因此，接下来我们将仔细探讨机器学习平台的 3 个主要监控领域：

- 模型训练监控。
- 模型端点监控。
- 机器学习管道监控。

9.6.3 模型训练监控

模型训练监控提供对训练进度的可见性，并可以帮助识别训练过程中的训练瓶颈和出错状况。它支持诸如训练作业进度报告和响应、模型训练性能进度评估和响应、训练问题故障排除、数据和模型偏差检测、模型可解释性和响应等操作流程。具体来说，我们希望在模型训练期间监控以下关键指标和状况：

- 通用系统和资源利用率以及错误指标：这些指标可以让你了解基础设施资源（如CPU、GPU、磁盘 I/O 和内存）如何用于模型训练。这些信息可为不同的模型训练需求做出不同的基础设施配置决策。
- 训练作业事件和状态：这些指标提供了训练作业进度的可见性，如作业开始、运行、完成和失败的详细信息。
- 模型训练指标：这些模型训练指标，如损失曲线和准确率报告，可帮助你了解模型的性能。
- 偏差检测指标和模型可解释性报告：这些指标可帮助你了解训练数据集或机器学习模型中是否存在任何偏差。还可以监控和报告模型的可解释性，以帮助你了解高重要性特征与低重要性特征。
- 模型训练瓶颈和训练问题：这些指标可以提供对训练问题的可见性，如梯度消失、权重初始化不佳和过拟合，以帮助确定所需的数据、算法和训练配置的更改。CPU 和 I/O 瓶颈、负载平衡不均匀和 GPU 利用率低等指标有助于确定基础架构配置的更改，从而实现更高效的模型训练。

有多种原生 AWS 服务可在 AWS 上用来构建模型训练架构。图 9.4 显示了为基于 SageMaker 的模型训练环境构建监控解决方案的示例架构。

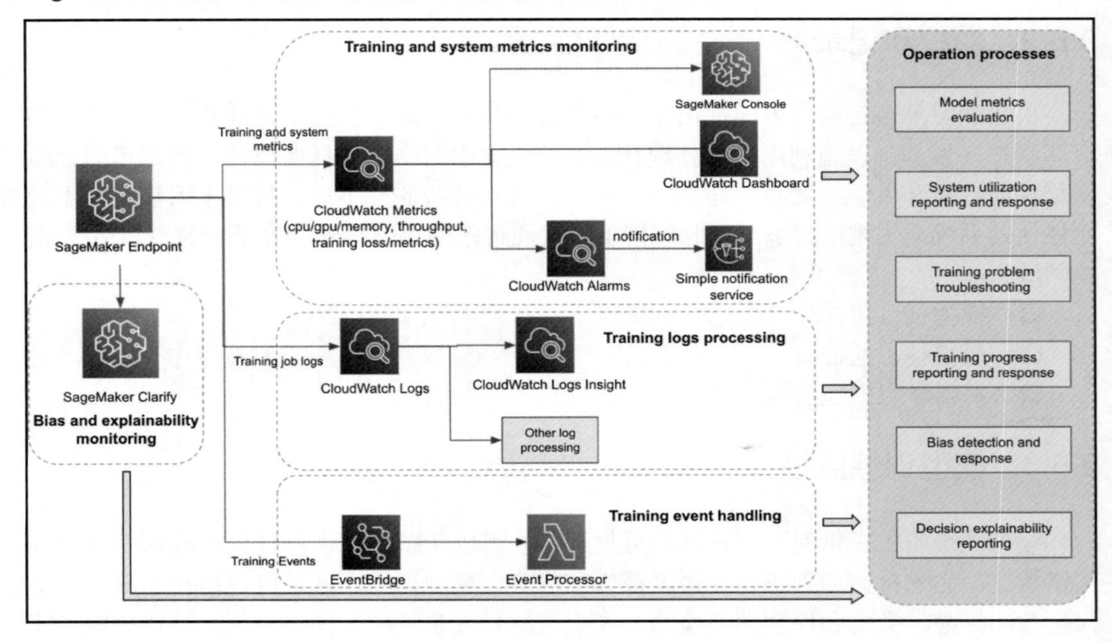

图 9.4　模型训练监控架构

原　文	译　文
Training and system metrics monitoring	训练和系统指标监控
SageMaker Endpoint	SageMaker 端点
Bias and explainability monitoring	偏差和可解释性监控
Training and system metrics	训练和系统指标
CloudWatch Metrics (cpu/gpu/memory, throughput, training loss/metrics)	CloudWatch 指标（cpu/gpu/内存、吞吐量、训练损失/指标）
SageMaker Console	SageMaker 控制台
CloudWatch Dashboard	CloudWatch 仪表板
notification	通知
Simple notification service	简单通知服务
Training job logs	训练作业日志
Other log processing	其他日志处理
Training logs processing	训练日志处理
Training Events	训练事件
Event Processor	事件处理器
Training event handling	训练事件处理
Operation processes	操作流程
Model metrics evaluation	模型指标评估
System utilization reporting and response	系统利用率报告和响应
Training problem troubleshooting	训练问题故障排除
Training progress reporting and response	训练进度报告和响应
Bias detection and response	偏差检测和响应
Decision explainability reporting	决策可解释性报告

此架构让你可以监控训练和系统指标，并执行日志捕获和处理、训练事件捕获和处理操作，以及对训练偏差和可解释性报告进行建模。它有助于启用操作流程，如训练进度和状态报告、模型指标评估、系统资源利用率报告和响应、训练问题故障排除、偏差检测和模型决策可解释性报告等。

在模型训练期间，SageMaker 可以将模型训练指标（如训练损失和模型准确率）发送到 AWS CloudWatch，以帮助进行模型训练评估。

AWS CloudWatch 是 AWS 的监控和可观察性服务，它可以从其他 AWS 服务收集指标和日志，并提供用于可视化和分析这些指标和日志的仪表板。

系统利用率指标（如 CPU/GPU/内存利用率）也将报告给 CloudWatch 进行分析，以帮助你了解任何基础设施限制或未被充分利用的情况。

可以为单个指标或复合指标创建 CloudWatch 警报，以自动化通知或响应。例如，你可以创建关于 CPU/GPU 利用率低的警报，以帮助主动识别训练作业的次优硬件配置。当触发警报时，它可以发送自动通知（如短信和电子邮件）以支持通过 AWS 简单通知服务（Simple Notification Service，SNS）进行查验。

可以使用 CloudWatch Logs 来收集、监控和分析你的训练作业发出的日志，你可以使用这些捕获的日志来了解训练作业的进度并识别错误和模式，以帮助解决任何模型训练问题。例如，CloudWatch Logs 日志可能包含错误，如运行模型训练的 GPU 内存不足，或在访问特定资源以帮助解决模型训练问题时出现了权限问题等。

默认情况下，CloudWatch Logs 提供了一个名为 CloudWatch Logs Insights 的用户界面工具，用于使用专门构建的查询语言以交互方式分析日志。

或者，也可以将这些日志转发到 Elasticsearch 集群进行分析和查询。这些日志可以聚合在指定的日志和监控账户中，以集中管理日志访问和分析。

SageMaker 训练作业还可以发送事件，如训练作业状态从 Running（运行中）变为 Completed（已完成）。你可以根据这些不同的事件创建自动通知和响应机制。例如，可以在训练作业失败时向数据科学家发送通知，并附上失败的原因。也可以自动将这些故障响应到不同的状态，如在特定故障条件下重新训练模型。

SageMaker Clarify 组件可以检测数据和模型偏差，并提供关于训练模型的模型可解释性报告。你可以在 SageMaker Studio 用户界面或 SageMaker API 中访问这些偏差和模型可解释性报告。

SageMaker Debugger 调试器组件可以检测模型训练问题，如非收敛条件、资源利用瓶颈、过拟合、梯度消失或梯度变得太小而无法进行有效参数更新等状况。发现训练异常时还可以发送警报。

9.6.4 模型端点监控

模型端点监控提供对建模服务基础设施性能的可见性，以及特定于模型的指标，如数据漂移、模型漂移和推理可解释性等。

以下是模型端点监控的一些关键指标：

- 通用系统和资源利用率以及错误指标：这些指标可让你了解基础设施资源（如 CPU、GPU 和内存）如何用于模型服务。这些指标可以帮助为不同模型服务需求配置基础设施做出决策。
- 数据统计监控指标：数据的统计性质可能会随着时间而改变，这可能会导致机器学习模型的性能低于原始基准。这些指标可以包括基本统计偏差，如平均值和标准差，以及数据分布变化等。

- 模型质量监控指标：这些模型质量指标提供了模型性能偏离原始基准的可见性。这些指标包括回归指标（如 MAE 和 RMSE）和分类指标（如混淆矩阵、F1、精确率、召回率和准确率）。
- 模型推理可解释性：这些指标提供了基于每个预测的模型可解释性，以帮助你了解哪些特征对预测做出的决策影响最大。
- 模型偏差监控指标：与训练的偏差检测类似，偏差指标可以帮助我们在推理时了解模型偏差。

模型监控架构依赖许多相同的 AWS 服务，包括 CloudWatch、EventBridge 和 SNS。图 9.5 显示了基于 SageMaker 的模型监控解决方案的架构。

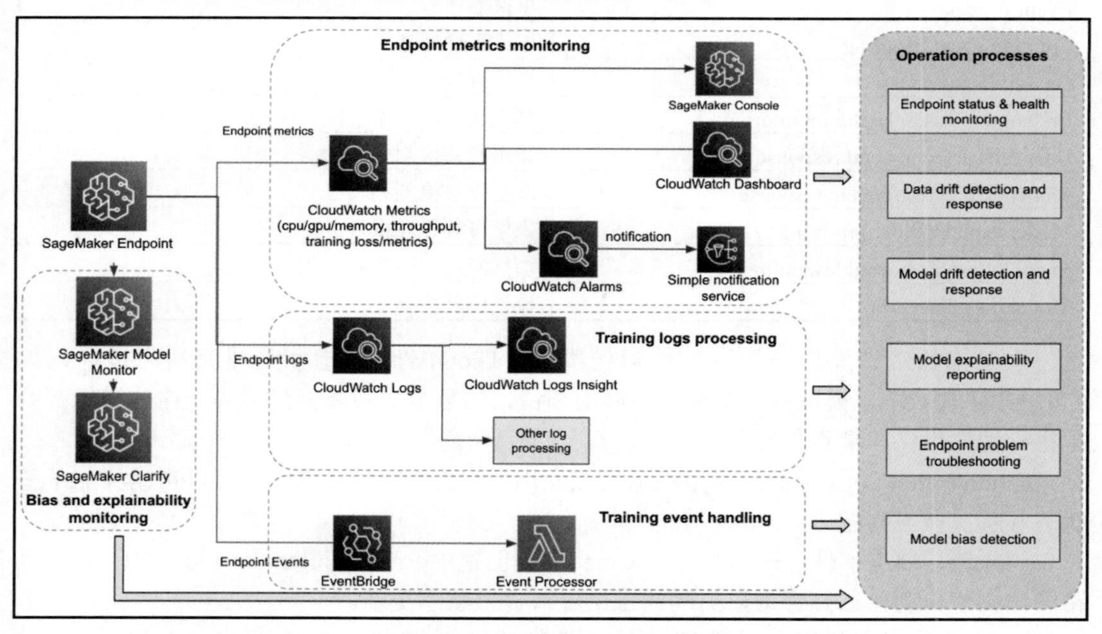

图 9.5　模型端点监控架构

原　　文	译　　文
Endpoint metrics monitoring	端点指标监控
SageMaker Endpoint	SageMaker 端点
Bias and explainability monitoring	偏差和可解释性监控
Endpoint metrics	端点指标
CloudWatch Metrics (cpu/gpu/memory, throughput, training loss/metrics)	CloudWatch 指标（cpu/gpu/内存、吞吐量、训练损失/指标）

续表

原　文	译　文
SageMaker Console	SageMaker 控制台
CloudWatch Dashboard	CloudWatch 仪表板
notification	通知
Simple notification service	简单通知服务
Endpoint logs	端点日志
Other log processing	其他日志处理
Training logs processing	训练日志处理
Endpoint Events	端点事件
Event Processor	事件处理器
Training event handling	训练事件处理
Operation processes	操作流程
Endpoint status & health monitoring	端点状态和健康监控
Data drift detection and response	数据漂移检测和响应
Model drift detection and response	模型漂移检测和响应
Model explainability reporting	模型可解释性报告
Endpoint problem troubleshooting	端点问题故障排除
Model bias detection	模型偏差检测

该架构的工作原理与模型训练架构类似。CloudWatch 指标将捕获端点指标，如 CPU/GPU 利用率、模型调用指标（如调用和错误的数量）和模型延迟等。这些指标有助于执行硬件优化和端点扩展等操作。

CloudWatch Logs 将捕获模型服务端点发出的日志，这些日志信息可以帮助我们了解状态并解决技术问题。

同样地，端点事件——如状态从 Creating（创建中）变为 InService（服务中），可以帮助你构建自动化通知管道以启动纠正措施或提供状态更新。

除了与系统和状态相关的监控外，该架构还通过 SageMaker Model Monitor 和 SageMaker Clarify 的组合支持与数据和模型相关的监控。具体来说，SageMaker Model Monitor 可以帮助你监控数据漂移和模型质量。

对于数据漂移，SageMaker Monitor 可以使用训练数据集创建基线统计指标，如标准差、平均值、最大值、最小值和数据集特征的数据分布等。首先它将使用这些指标和其他数据特征（如数据类型和完整性）来建立约束。然后，它将捕获生产环境中的输入数据，计算其指标，将这些数据的指标与基线指标/约束进行比较，并报告基线漂移。

Model Monitor 还可以报告数据质量问题，如不正确的数据类型和缺失值。

可以将数据漂移指标发送到 CloudWatch Metrics 以进行可视化分析，并且可以将 CloudWatch Alarms 配置为在指标超过预定义阈值时触发通知或自动响应。

对于模型质量监控，首先，SageMaker Monitor 可以使用包含预测和真实标签的基线数据集创建基线指标（例如，针对回归模型的 MAE 指标和针对分类模型的准确率指标）。然后，它将捕获生产中的预测，提取基本事实标签，并将基本事实与预测合并，以计算各种回归和分类指标，最后将这些指标与基线指标进行比较。

与数据漂移指标类似，可以将模型质量指标发送到 CloudWatch Metrics 以进行可视化分析，并且可以配置 CloudWatch Alarms 以实现自动通知和响应。

图 9.6 显示了 SageMaker Model Monitor 的工作原理。

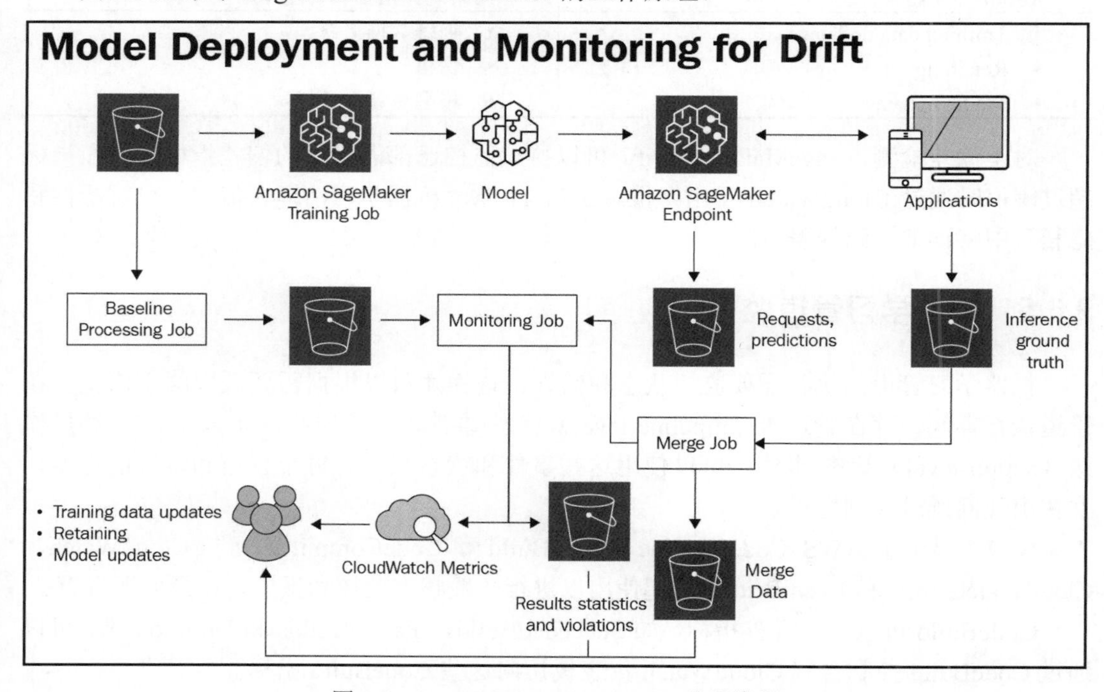

图 9.6　SageMaker Model Monitor 处理流程

原　文	译　文
Model Deployment and Monitoring for Drift	模型部署和漂移监控
Baseline Processing Job	基线处理作业
Amazon SageMaker Training Job	Amazon SageMaker 训练作业
Model	模型

续表

原　文	译　文
Amazon SageMaker Endpoint	Amazon SageMaker 端点
Applications	应用程序
Inference ground truth	推理 基本事实
Requests, predictions	请求，预测
Merge Job	合并作业
Monitoring Job	监控作业
Merge Data	合并数据
Results statistics and violations	结果统计指标和与基本事实不符的情况
• Training data updates • Retaining • Model updates	• 训练数据更新 • 保留 • 模型更新

对于偏差检测，SageMaker Clarify 可以持续监控已部署模型的偏差指标，并在指标超过阈值时通过 CloudWatch 发出警报。在第 11 章“机器学习治理、偏差、可解释性和隐私”中将详细介绍偏差检测。

9.6.5 机器学习管道监控

机器学习管道的执行需要监控状态和错误，这样才可以根据需要采取纠正措施。在管道执行期间，存在管道级（pipeline-level）状态/事件以及阶段级（stage-level）和操作级（action-level）状态/事件。可以使用这些事件和状态来了解每个管道和阶段的进度，并在出现问题时收到警报。

图 9.7 显示了 AWS CodePipeline、CodeBuild 和 CodeCommit 如何与 CloudWatch、CloudWatch Logs 和 EventBridge 一起使用以进行一般状态监控和报告，以及问题排查。

CodeBuild 可以发送各种指标，如 SuceededBuilds、FailedBuilds 和 Duration 等。可以通过 CodeBuild 控制台和 CloudWatch 仪表板访问这些 CodeBuild 指标。

CodeBuild、CodeCommit 和 CodePipeline 都可以向 EventBridge 发出事件以报告详细的状态更改并触发自定义事件处理，如通知，或将事件记录到另一个数据存储库以进行事件归档。所有这 3 项服务都可以将详细日志发送到 CloudWatch Logs，以支持故障排除或详细错误报告等操作。

Step Functions 还可以向 CloudWatch 提供监控指标列表，如执行指标（包括执行失败、成功、中止和超时）和活动指标（包括活动开始、已计划和成功）。你可以在管理控制台中查看这些指标并设置阈值以设置警报。

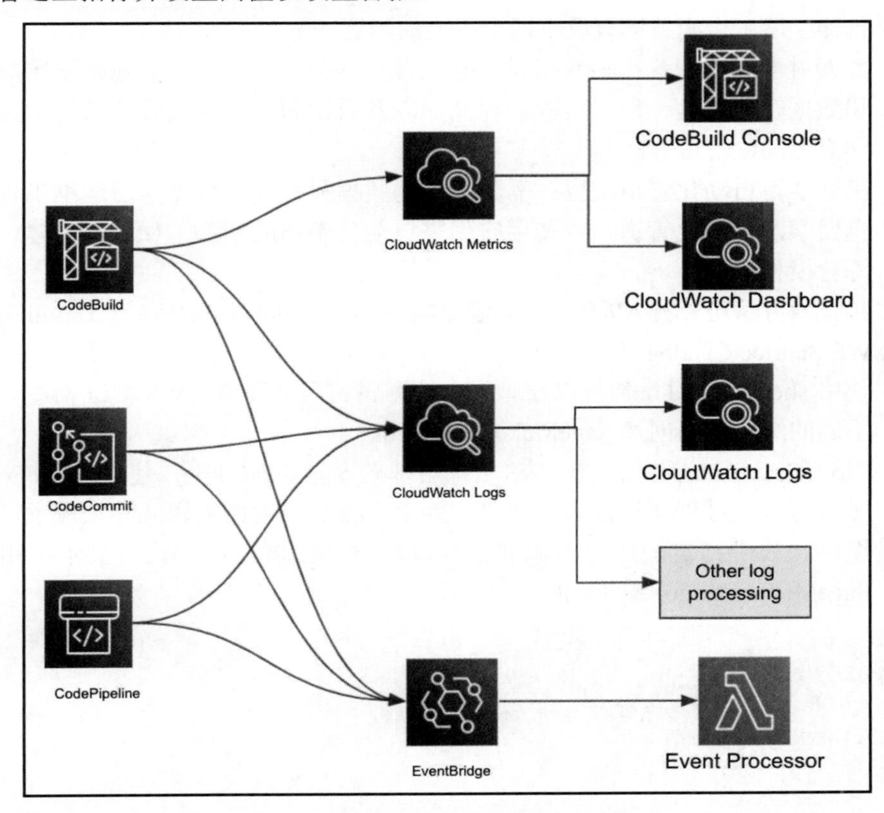

图 9.7　机器学习 CI/CD 管道监控架构

原　文	译　文
CodeBuild Console	CodeBuild 控制台
CloudWatch Dashboard	CloudWatch 仪表板
Other log processing	其他日志处理
Event Processor	事件处理器

9.6.6　服务配置管理

企业级机器学习平台管理的另一个关键组件是服务配置管理（service provisioning management）。对于大规模的服务配置和部署，应采用自动化和受控的过程。在这里，我们将专注于配置机器学习平台本身，而不是配置 AWS 账户和网络，这些应该是已经预先为机器学习平台配置的基础环境。

对于机器学习平台配置，有以下两个主要的配置任务：

- 数据科学环境配置：为数据科学家配置数据科学环境，主要包括配置数据科学和数据管理工具、用于实验的存储，以及数据源的访问权限和预先构建的机器学习自动化管道等。
- 机器学习自动化管道配置：需要提前为数据科学家和机器学习运维工程师配置机器学习自动化管道，以使用它们来自动化不同的任务，如容器构建、模型训练和模型部署等。

有多种技术方法可以在AWS上自动配置服务，如使用配置shell脚本、CloudFormation脚本和AWS Service Catalog等。

- 使用shell脚本时，你可以在脚本中按顺序调用不同的AWS CLI命令，以配置不同的组件，如创建SageMaker Notebook。
- CloudFormation是用于在AWS上部署基础设施的IaC服务。使用CloudFormation时，可以通过创建模板来描述可作为单个栈启动的所需资源和依赖项。执行模板时，栈中指定的所有资源和依赖项将自动部署。以下代码显示了用于部署SageMaker Studio域的模板：

```
Type: AWS::SageMaker::Domain
Properties:
    AppNetworkAccessType: String
    AuthMode: String
    DefaultUserSettings:
        UserSettings
    DomainName: String
    KmsKeyId: String
    SubnetIds:
      - String
    Tags:
      - Tag
    VpcId: String
```

- AWS Service Catalog允许你创建不同的IT产品以部署在AWS上。这些IT产品可以包括SageMakenotebooks、CodeCommit存储库和CodePipeline工作流定义等。AWS Service Catalog使用CloudFormation模板来描述IT产品。借助AWS Service Catalog，管理员可以使用CloudFormation模板创建IT产品，先按产品组合（portfolio）来组织这些产品，并授予最终用户访问权限。然后，最终用户从Service Catalog产品组合中访问这些产品。图9.8显示了创建Service Catalog

产品并从 Service Catalog 服务启动产品的流程。

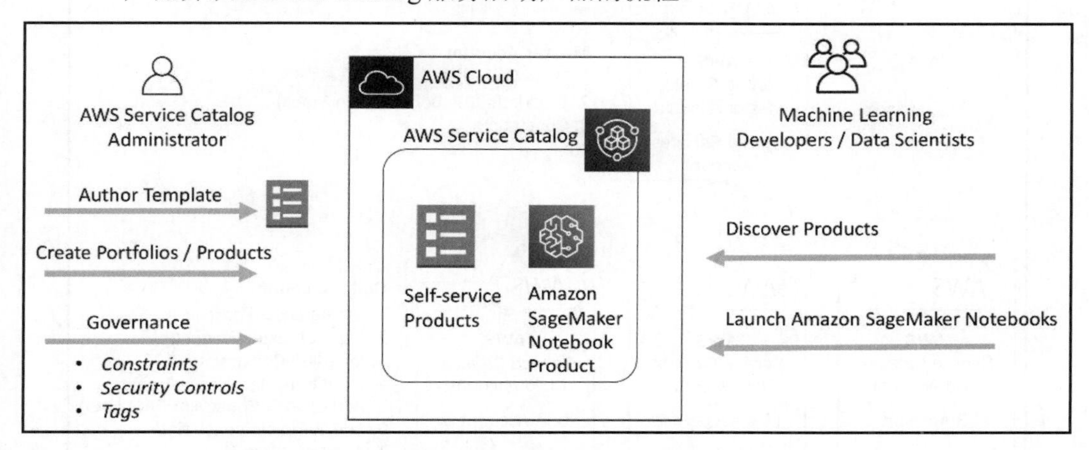

图 9.8　Service Catalog 工作流程

原　　文	译　　文
AWS Service Catalog Administrator	AWS Service Catalog 管理员
Author Template	编写模板
Create Portfolios/Products	创建组合/产品
Governance	治理
• Constraints • Security Controls • Tags	• 约束 • 安全控制 • 标签
AWS Cloud	AWS 云
Self-service Products	自助服务产品
Amazon SageMaker Notebook Product	Amazon SageMaker Notebook 产品
Machine Learning Developers / Data Scientists	机器学习开发者/数据科学家
Discover Products	发现产品
Launch Amazon SageMaker Notebooks	启动 Amazon SageMaker 笔记本

对于大规模和受管控的 IT 产品管理，Service Catalog 是推荐的方法。Service Catalog 支持多种部署选项，包括单个 AWS 账户部署和中心辐射型跨账户部署。顾名思义，中心辐射型跨账户部署（hub-and-spoke cross-account deployment）允许你集中管理所有产品并使其在不同账户中可用。在我们的企业机器学习参考架构中，就使用了中心辐射型架构来支持数据科学环境和机器学习管道的配置，如图 9.9 所示。

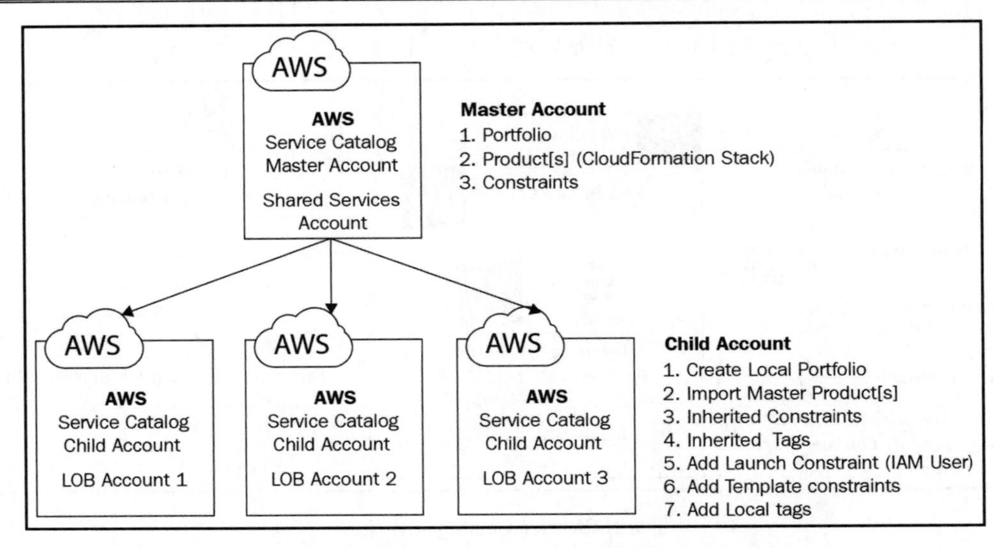

图 9.9　用于企业机器学习产品管理的中心辐射型 Service Catalog 架构

原　文	译　文
AWS Service Catalog Master Account	AWS Service Catalog 主账户
Shared Services Account	共享服务账户
AWS Service Catalog Child Account	AWS Service Catalog 子账户
LOB Account 1	业务线（LOB）账户 1
LOB Account 2	业务线（LOB）账户 2
LOB Account 3	业务线（LOB）账户 3
Master Account 1. Portfolio 2. Product[s] (CloudFormation Stack) 3. Constraints	主账户 1．产品组合 2．产品（CloudFormation 栈） 3．约束
Child Account 1. Create Local Portfolio 2. Import Master Product[s] 3. Inherited Constraints 4. Inherited Tags 5. Add Launch Constraint (IAM User) 6. Add Template constraints 7. Add Local tags	子账户 1．创建本地产品组合 2．导入主产品 3．继承的约束 4．继承的标签 5．添加启动约束（IAM 用户） 6．添加模板约束 7．添加本地标签

上述架构在共享服务账户中设置了中央产品组合。所有产品，如新创建的 Studio 域、

新的 Studio 用户配置文件、CodePipeline 定义和训练管道定义，都在中央账户内集中管理。一些产品可以由不同的数据科学账户共享，为数据科学家和团队创建数据科学环境。其他一些产品则与模型训练账户共享，用于建立机器学习训练管道。

至此，我们已经了解了企业级机器学习平台的核心组件。接下来，让我们动手构建一个管道来实现自动化模型训练和部署。

9.7　动手练习——在 AWS 上构建机器学习运维管道

本练习将着手构建企业机器学习运维（MLOps）管道的简化版本。为简单起见，本练习不会为企业模式使用多账户架构。相反，我们将在单个 AWS 账户中构建若干个核心功能。图 9.10 显示了将要构建的内容架构。

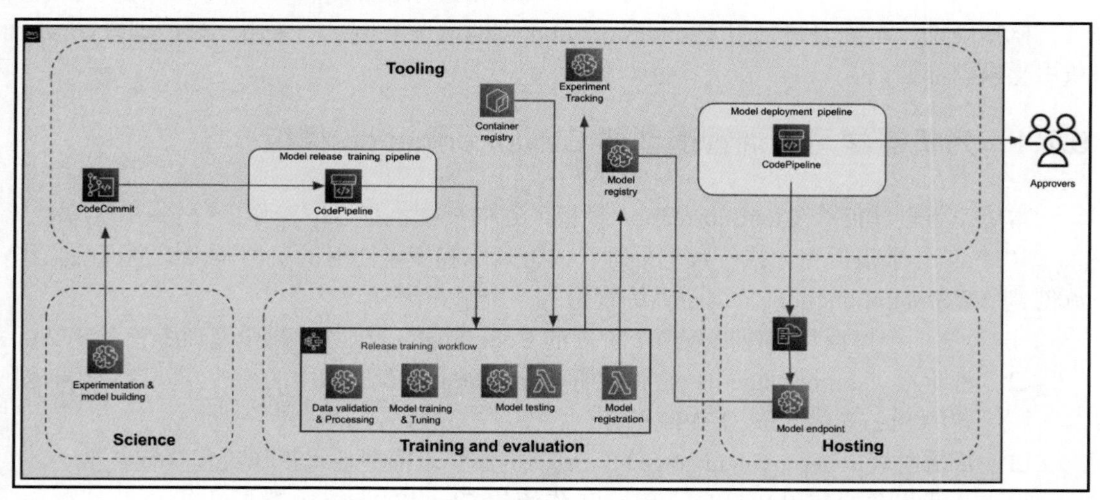

图 9.10　动手练习的架构

原　文	译　文
Tooling	工具
Model release training pipeline	模型发布训练管道
Container registry	容器注册表
Experiment Tracking	试验跟踪
Model registry	模型注册表
Model deployment pipeline	模型部署管道
Approvers	批准者

续表

原　文	译　文
Science	科学
Experimentation & model building	实验和模型构建
Training and evaluation	训练和评估
Release training workflow	发布训练工作流程
Data validation & Processing	数据验证和处理
Model training & Tuning	模型训练和调优
Model testing	模型测试
Model registration	模型注册
Hosting	托管
Model endpoint	模型端点

概括地说，本练习将使用 CloudFormation 创建两条管道：一条用于模型训练，另一条用于模型部署。

9.7.1　为机器学习培训管道创建 CloudFormation 模板

本练习将创建两个 CloudFormation 模板，它们分别执行以下操作：

（1）第一个模板将为执行数据处理、模型训练和模型注册的机器学习模型训练工作流创建 AWS Step Functions。这是训练管道的一个组成部分。

（2）第二个模板将创建以下两个阶段的 CodePipeline 机器学习模型训练管道定义：

- 源阶段（source stage），它将侦听 CodeCommit 存储库中的更改，以启动我们创建的 Step Functions 工作流执行。
- 部署阶段（deployment stage），启动机器学习模型训练工作流程执行。

现在让我们开始使用 Step Functions 工作流的 CloudFormation 模板。

（1）先创建一个名为 AmazonSageMaker-StepFunctionsWorkflowExecutionRole 的 Step Functions 工作流执行角色，然后创建以下 IAM 策略并将其附加到该角色。Step Functions 工作流将使用此角色来提供调用各种 SageMaker API 的权限。

```
{
    "Version": "2012-10-17",
    "Statement": [
        {
            "Effect": "Allow",
            "Action": [
```

```
                "sagemaker:CreateModel",
                "sagemaker:DeleteEndpointConfig",
                "sagemaker:DescribeTrainingJob",
                "sagemaker:CreateEndpoint",
                "sagemaker:StopTrainingJob",
                "sagemaker:CreateTrainingJob",
                "sagemaker:UpdateEndpoint",
                "sagemaker:CreateEndpointConfig",
                "sagemaker:DeleteEndpoint"
            ],
            "Resource": [
                "arn:aws:sagemaker:*:*:*"
            ]
        },
    ...
}
```

请注意记下新创建的 IAM 角色的 ARN，因为下一步将需要它。

你可以在以下网址找到完整的代码示例：

https://github.com/PacktPublishing/The-Machine-Learning-Solutions-Architect-Handbook/blob/main/Chapter09/AmazonSageMaker-StepFunctionsWorkflowExecutionRole-policy.json

（2）将以下代码块复制并保存到本地文件，将该文件命名为 training_workflow.yaml。

```
AWSTemplateFormatVersion: 2010-09-09
Description: 'AWS Step Functions sample project for
training a model and save the model'
Parameters:
    StepFunctionExecutionRoleArn:
        Type: String
        Description: Enter the role for Step Function
Workflow execution
        ConstraintDescription: requires a valid arn value
        AllowedPattern: 'arn:aws:iam::\w+:role/.*'
Resources:
    TrainingStateMachine2:
        Type: AWS::StepFunctions::StateMachine
        Properties:
            RoleArn: !Ref StepFunctionExecutionRoleArn
            DefinitionString: !Sub |
                {
                    "StartAt": "SageMaker Training Step",
```

```
                    "States": {
                        "SageMaker Training Step": {
                            "Resource":
"arn:aws:states:::sagemaker:createTrainingJob.sync",
...
```

此 CloudFormation 模板将创建一个带有训练步骤和模型注册步骤的 Step Functions 状态机。训练步骤将训练我们在第 8 章“使用 AWS 机器学习服务构建数据科学环境”中训练的相同 BERT 模型。为简单起见，我们还将重用相同的源数据和训练脚本来演示本章中阐释过的机器学习运维概念。可以看到，本示例使用了 CloudFormation 来演示如何管理 IaC。数据科学家还可以选择通过 Step Functions 数据科学 SDK 来使用 Python 脚本创建管道。

可以在以下网址找到完整的文件：

https://github.com/PacktPublishing/The-Machine-Learning-Solutions-Architect-Handbook/blob/main/Chapter09/training_workflow.yaml

（3）在 CloudFormation 控制台中启动新创建的云模板。你要确保在出现提示时为 StepFunctionExecutionRoleArn 字段提供值，这就是在步骤（1）中记下的 ARN。CloudFormation 执行完成后，转到 Step Functions 控制台进行测试。

（4）在 Step Functions 控制台中测试工作流以确保其正常工作。先导航到新创建的 Step Functions state machine（Step Functions 状态机），然后单击 Start Execution（开始执行）。当系统提示你输入任何内容时，复制并粘贴以下 JSON 作为执行的输入。

```
{
    "TrainingImage": "<aws hosting account>.dkr.ecr.<aws
region>.amazonaws.com/pytorch-training:1.3.1-gpu-py3",
    "S3OutputPath": "s3://<your s3 bucket name>/sagemaker/
pytorch-bert-financetext",
    "SageMakerRoleArn": "arn:aws:iam::<your aws account>:
role/service-role/<your sagemaker execution role>",
    "S3UriTraining": "s3://<your AWS S3 bucket>/sagemaker/
pytorch-bert-financetext/train.csv",
    "S3UriTesting": "s3://<your AWS S3 bucket>/sagemaker/
pytorch-bert-financetext/test.csv",
    "InferenceImage": " aws hosting account>.dkr.ecr. <aws
region>.amazonaws.com/pytorch-inference:1.3.1-cpu-py3",
    "SAGEMAKER_PROGRAM": "train.py",
    "SAGEMAKER_SUBMIT_DIRECTORY": "s3:// <your AWS S3
```

```
bucket> /berttraining/source/sourcedir.tar.gz",
    "SAGEMAKER_REGION": "<your aws region>"
}
```

这些是 Step Functions 工作流将使用的输入值。请注意将实际值替换为你的环境的值。有关训练镜像的 AWS 托管账户信息，可以访问：

https://github.com/aws/deep-learning-containers/blob/master/available_images.md

（5）在 Step Functions 控制台中检查处理状态，确保模型已正确训练和注册。一切完成后，将在步骤（4）中输入的 JSON 保存到名为 sf_start_params.json 的文件中。

启动你在第 8 章“使用 AWS 机器学习服务构建数据科学环境”中创建的 SageMaker Studio 环境，导航到已复制 CodeCommit 存储库的文件夹，并将 sf_start_params.json 文件上传到其中。将更改提交到代码存储库并验证它是否已在存储库中。下文将会使用 CodeCommit 存储库中的该文件。

9.7.2 为 CodePipeline 训练管道创建 CloudFormation 模板

现在可以为 CodePipeline 训练管道创建 CloudFormation 模板。此管道将侦听对 CodeCommit 存储库的更改并调用刚刚创建的 Step Functions 工作流。

（1）将以下代码块复制并保存到名为 mlpipeline.yaml 的文件中。这是构建训练管道的模板。

```
Parameters:
    BranchName:
        Description: CodeCommit branch name
        Type: String
        Default: master
    RepositoryName:
        Description: CodeCommit repository name
        Type: String
        Default: MLSA-repo
    ProjectName:
        Description: ML project name
        Type: String
        Default: FinanceSentiment
    MlOpsStepFunctionArn:
        Description: Step Function Arn
        Type: String
        Default: arn:aws:states:ca-central-1:300165273893:
```

```
stateMachine:TrainingStateMachine2-89fJblFk0h7b
Resources:
    CodePipelineArtifactStoreBucket:
        Type: 'AWS::S3::Bucket'
        DeletionPolicy: Delete
    Pipeline:
        Type: 'AWS::CodePipeline::Pipeline'
...
```

你可在以下网址找到完整的文件：

https://github.com/PacktPublishing/The-Machine-Learning-Solutions-Architect-Handbook/blob/main/Chapter09/mlpipeline.yaml

（2）类似地，可以在 CloudFormation 控制台中启动此云模板以创建用于执行的管道定义。执行 CloudFormation 模板后，可导航到 CodePipeline 管理控制台以验证管道定义是否已创建。CloudFormation 还将自动执行新创建的管道，因此你应该看到它已经运行了一次。可以通过单击 SageMaker management（SageMaker 管理）控制台中的 Release change（发布更改）按钮再次对其进行测试。

9.7.3　通过事件启动 CodePipeline 执行

我们希望能够在 CodeCommit 存储库中进行更改（如代码提交）时启动 CodePipeline 执行。要启用此功能，需要创建一个 CloudWatch 事件来监控此更改并启动管道。

请按以下步骤操作：

（1）将以下代码块添加到 mlpipeline.yaml 文件中（放在 Outputs 部分之前），并将文件保存为 mlpipeline_1.yaml。

```
AmazonCloudWatchEventRole:
    Type: 'AWS::IAM::Role'
    Properties:
        AssumeRolePolicyDocument:
            Version: 2012-10-17
            Statement:
              - Effect: Allow
                Principal:
                    Service:
                      - events.amazonaws.com
                Action: 'sts:AssumeRole'
            Path: /
```

```
        Policies:
          - PolicyName: cwe-pipeline-execution
            PolicyDocument:
...
```

你可在以下网址找到完整文件：

https://github.com/PacktPublishing/The-Machine-Learning-Solutions-Architect-Handbook/blob/main/Chapter09/mlpipeline_1.yaml

（2）现在运行此 CloudFormation 模板以创建新管道。可以通过删除 CloudFormation 栈来删除之前创建的管道。这将再次自动运行管道，等到管道执行完成后再开始下一步。

（3）现在可以通过提交对代码存储库的更改来测试管道的自动执行。在已复制的代码存储库目录中找到一个文件。创建一个名为 pipelinetest.txt 的新文件并将更改提交到代码存储库。导航到 CodePipeline 控制台，你应该会看到 codecommit-events-pipeline 管道开始运行。

恭喜！你已成功使用 CloudFormation 构建了基于 CodePipeline 的机器学习训练管道，该管道将在 CodeCommit 存储库中发生文件更改时自动运行。

接下来，让我们为模型构建机器学习部署管道。

9.7.4　为机器学习部署管道创建 CloudFormation 模板

要开始创建部署，请执行以下步骤：

（1）复制以下代码块并创建一个名为 mldeployment.yaml 的文件。此 CloudFormation 模板将使用 SageMaker 托管服务部署模型，以确保输入你的环境中的正确模型名称。

```
Description: Basic Hosting of registered model
Parameters:
ModelName:
Description: Model Name
Type: String
Default: <mode name>
Resources:
Endpoint:
Type: AWS::SageMaker::Endpoint
Properties:
EndpointConfigName: !GetAtt EndpointConfig.EndpointConfigName
EndpointConfig:
Type: AWS::SageMaker::EndpointConfig
```

```
Properties:
ProductionVariants:
InitialInstanceCount: 1
InitialVariantWeight: 1.0
InstanceType: ml.m4.xlarge
ModelName: !Ref ModelName
VariantName: !Ref ModelName
Outputs:
    EndpointId:
Value: !Ref Endpoint
    EndpointName:
Value: !GetAtt Endpoint.EndpointName
```

（2）使用此文件创建 CloudFormation 栈并验证是否已创建 SageMaker 端点。现在，将 mldeployment.yaml 文件上传到代码存储库目录并将更改提交到 CodeCommit。请注意，该文件将由 CodePipeline 部署管道使用，后续步骤将创建该管道。

（3）在创建部署管道之前，需要一个模板配置文件，用于在部署模板执行时将参数传递给它。本示例需要将模型名称传递给管道。

复制以下代码块，将其保存到 mldeployment.json 文件中，并将其上传到 Studio 中的代码存储库目录，然后将更改提交到 codecommit。

```
{
    "Parameters" : {
        "ModelName" : <name of the financial sentiment model
you have trained>
    }
}
```

（4）现在可以创建一个 CodePipeline 管道 CloudFormation 模板以用于自动模型部署。该管道有以下两个主要阶段：

- 第一阶段将从 CodeCommit 存储库中获取源代码（如我们刚刚创建的配置文件和 mldeployment.yaml 模板）。
- 第二阶段可以为我们之前创建的 mldeployment.yaml 文件创建 CloudFormation 更改集。所谓更改集（change set）就是新模板和现有 CloudFormation 栈之间的差异。它先添加了一个手动批准步骤，然后部署 CloudFormation 模板的 mldeployment.yaml 文件。

此 CloudFormation 模板还将创建支持资源，包括用于存储 CodePipeline 工件的 S3 存储桶、用于运行 CodePipeline 的 IAM 角色，以及另一个用于 CloudFormation 的 IAM 角色（后者可为 mldeployment.yaml 创建栈）。

（5）复制以下代码块并将文件保存为 mldeployment-pipeline.yaml。

```
Parameters:
    BranchName:
        Description: CodeCommit branch name
        Type: String
        Default: master
    RepositoryName:
        Description: CodeCommit repository name
        Type: String
        Default: MLSA-repo
    ProjectName:
        Description: ML project name
        Type: String
        Default: FinanceSentiment
    CodePipelineSNSTopic:
        Description: SNS topic for NotificationArn
        Default: arn:aws:sns:ca-central-1:300165273893:CodePi
pelineSNSTopicApproval
        Type: String
    ProdStackConfig:
        Default: mldeploymentconfig.json
        Description: The configuration file name for the
production WordPress stack
        Type: String
    ProdStackName:
        Default: FinanceSentimentMLStack1
        Description: A name for the production WordPress stack
        Type: String
    TemplateFileName:
        Default: mldeployment.yaml
        Description: The file name of the WordPress template
        Type: String
    ChangeSetName:
        Default: FinanceSentimentchangeset
        Description: A name for the production stack change set
        Type: String
Resources:
    CodePipelineArtifactStoreBucket:
        Type: 'AWS::S3::Bucket'
        DeletionPolicy: Delete
```

```
    Pipeline:
. . . . .
```

你可在以下网址找到完整的代码示例：

https://github.com/PacktPublishing/The-Machine-Learning-Solutions-Architect-Handbook/blob/main/Chapter09/mldeployment-pipeline.yaml

（6）现在可以在 CloudFormation 控制台中启动新创建的 mldeployment-pipeline.yaml 模板以创建部署管道，然后从 CodePipeline 控制台运行该管道。

恭喜！你已成功创建并运行 CodePipeline 部署管道以部署来自 SageMaker 模型注册表的模型。

9.8 小　　结

本章详细讨论了构建企业机器学习平台以满足端到端机器学习生命周期支持、流程自动化和分离不同环境等需求的关键要求。我们还讨论了架构模式以及如何使用 AWS 服务在 AWS 上构建企业机器学习平台。

本章讨论了不同机器学习环境的核心能力，包括训练、托管和共享服务。完成本章内容的学习之后，你现在应该对企业机器学习平台有了很好的了解，并且也掌握了使用 AWS 服务构建平台的关键注意事项，在构建机器学习运维架构的组件以及自动化模型训练和部署方面也积累了一些实践经验。

在第 10 章中，我们将探讨高级机器学习工程。

第 10 章　高级机器学习工程

到目前为止，你应该已经很好地理解了机器学习解决方案架构师在机器学习生命周期的不同阶段有效工作所需的核心基本技能。本章将深入探讨若干个高级机器学习主题。具体来说，我们将介绍大型模型和大型数据集的各种分布式模型训练选项。此外，本章还将讨论减少模型推理延迟的各种技术方法，并提供分布式模型训练的动手练习。

本章包含以下主题：

- 通过分布式训练方式训练大规模模型。
- 使用数据并行进行分布式模型训练。
- 使用模型并行进行分布式模型训练。
- 实现低延迟模型推理。
- 动手练习——使用 PyTorch 运行分布式模型训练。

10.1　技术要求

本章的动手练习部分将需要访问你的 AWS 环境。

本章所有代码示例都可在以下网址找到：

https://github.com/PacktPublishing/The-Machine-Learning-Solutions-Architect-Handbook/blob/main/Chapter10

10.2　通过分布式训练方式训练大规模模型

随着机器学习算法变得越来越复杂，可用于机器学习的数据变得越来越大，模型训练可能成为机器学习生命周期中的一大瓶颈。

在单个机器/设备上训练模型时，如果使用的是大型数据集，则可能会变得很慢，或者当模型太大而无法放入单个设备的内存中时，则训练根本无法进行。图 10.1 显示了近年来语言模型的发展速度以及模型大小的增长。

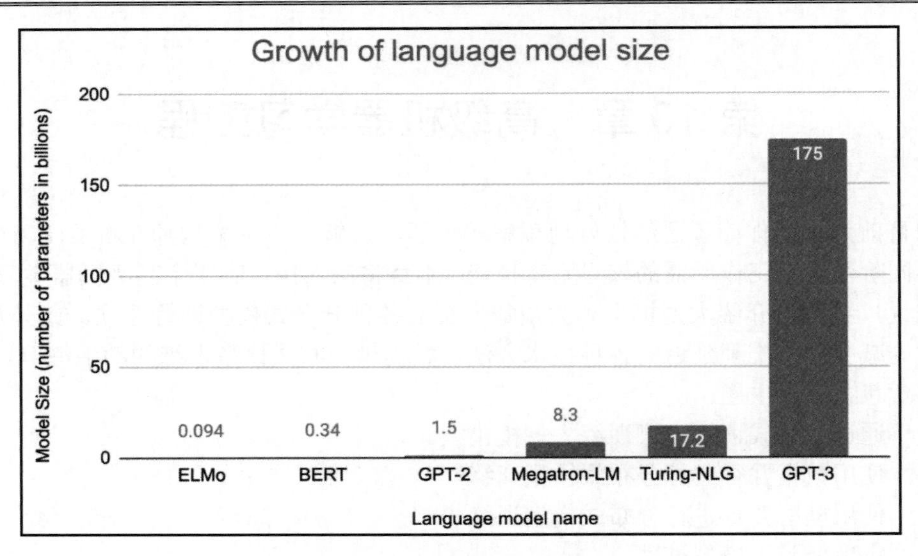

图 10.1 语言模型的增长

原　　文	译　　文
Growth of language model size	语言模型大小的增长
Model Size (number of parameters in billions)	模型大小（参数数量，单位：百万）
Language model name	语言模型名称

为了解决用大数据训练大型模型的挑战，我们可以考虑转向分布式训练。分布式训练允许在单个结点或多个结点上跨多个设备训练模型，以便可以跨这些设备和结点拆分数据或模型以进行模型训练。

分布式训练主要有以下两种类型：

- ❑ 数据并行（data parallelism）。
- ❑ 模型并行（model parallelism）。

在深入了解分布式训练的细节之前，让我们快速看一下神经网络是如何训练的。图 10.2 显示了深度神经网络的训练方式。

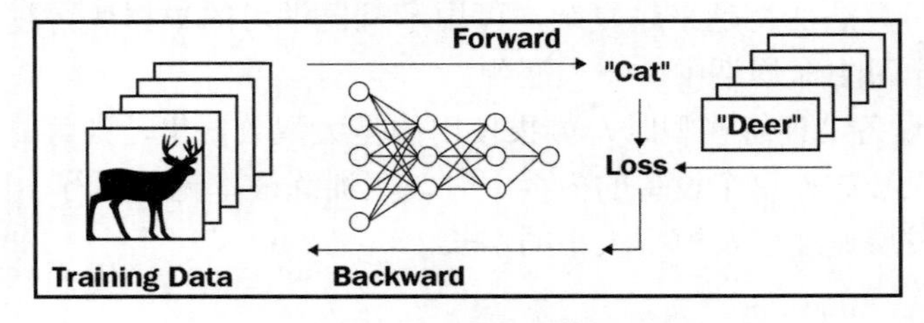

图 10.2 深度神经网络训练

原　　文	译　　文	原　　文	译　　文
Training Data	训练数据	"Deer"	"鹿"
Forward	前向	Loss	损失
"Cat"	"猫"	Backward	后向

在图 10.2 中可以看到，训练数据在前向传递中被发送到人工神经网络（artificial neural network，ANN）。在前向传播结束时计算损失（即预测值和真实值之间的差异），而后向传播则计算所有参数的梯度。这些参数将更新为下一步的新值，直到损失最小化。

接下来，我们将研究如何使用数据并行进行分布式模型训练。

10.3　使用数据并行进行分布式模型训练

数据并行分布式训练允许你将大型训练数据集拆分为较小的子集，并在不同的设备和结点中并行训练较小的子集。这允许你在可用设备上并行运行多个训练过程以加快训练速度。要使用数据并行分布式训练，需要底层的机器学习框架和算法的支持。

如前文所述，训练深度学习（deep learning，DL）模型的一个关键任务是先计算每批数据的损失函数的梯度，然后用梯度信息更新模型参数以逐渐减少损失。数据并行分布式训练背后的基本概念不是在单个设备中运行梯度计算和参数更新，而是使用相同的算法并行运行多个训练过程，每个过程使用训练数据集的不同子集。

图 10.3 显示了数据并行训练背后的主要概念。

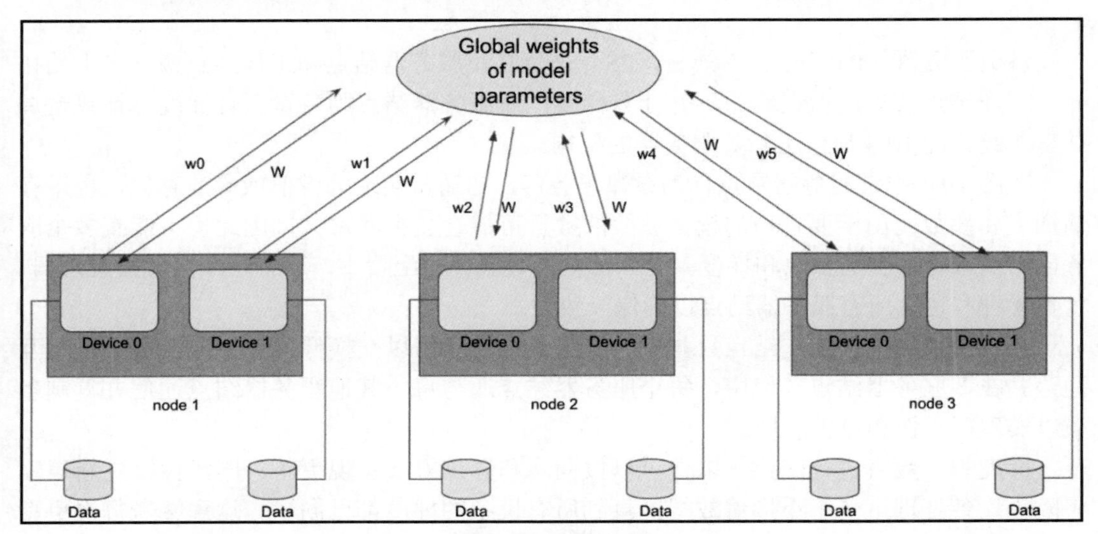

图 10.3　数据并行概念

原　文	译　文	原　文	译　文
Global weights of model parameters	模型参数的全局权重	Device	设备
node	结点	Data	数据

在图 10.3 中可以看到，集群中有 3 个结点参与分布式数据并行训练作业，每个结点有两个设备。每个设备计算的部分梯度由结点上每个设备的 w0～w5 表示，而 W 则是模型参数的全局权重。具体来说，数据并行分布式训练主要有以下几个步骤：

（1）每个结点中的每个设备（CPU 或 GPU）都加载相同算法的副本和训练数据的子集。

（2）每个设备运行一个训练循环来计算梯度（w0～w5）以优化其损失函数，并在每个训练步骤与集群中的其他设备交换梯度。

（3）聚合来自所有设备的梯度，并使用聚合梯度计算公共模型参数（W）。

（4）每个设备取得新计算的通用模型参数（W），继续进行下一步的模型训练。

（5）重复步骤（2）～（4），直到模型训练完成。

由此可见，在分布式训练环境中，跨进程有效地交换梯度和参数是机器学习系统工程设计的最重要方面之一。

多年来，研究人员已经开发了若干种分布式训练拓扑，以优化跨不同训练过程的通信。本章将讨论两种最广泛采用的数据并行分布式训练拓扑。

10.3.1　参数服务器概述

参数服务器（Parameter Server，PS）是建立在服务器结点和工作结点概念之上的拓扑。工作结点负责运行训练循环并计算梯度，而服务器结点则负责聚合梯度并计算全局共享参数。图 10.4 显示了参数服务器的架构。

在图 10.4 中，服务器结点称为参数服务器，它通常实现为键值或向量存储，用于存储梯度和参数。由于要管理的模型参数的数量可能会变得非常大，因此也可能有多个服务器结点来管理全局参数和梯度聚合。在多参数服务器配置中，还有一个服务器管理器，负责管理和协调所有服务器结点以确保一致性。

在这种架构中，工作结点只与参数服务器结点通信以交换梯度和参数，而不是相互通信。在多服务器结点环境中，每个服务器结点还与每个其他服务器结点通信并复制参数以实现可靠性和可扩展性。

梯度和参数将进行交换，以便可以按同步和异步方式实现更新。同步梯度更新策略将阻止设备处理下一个小批量数据，直到所有设备的梯度都已同步。这意味着每次更新都必须等待最慢的设备完成。这可能会减慢训练速度，并使训练过程在设备故障方面的鲁棒性降低。但是，从积极的方面来说，同步更新不必担心过时的梯度，这会导致更高的模型准确率。

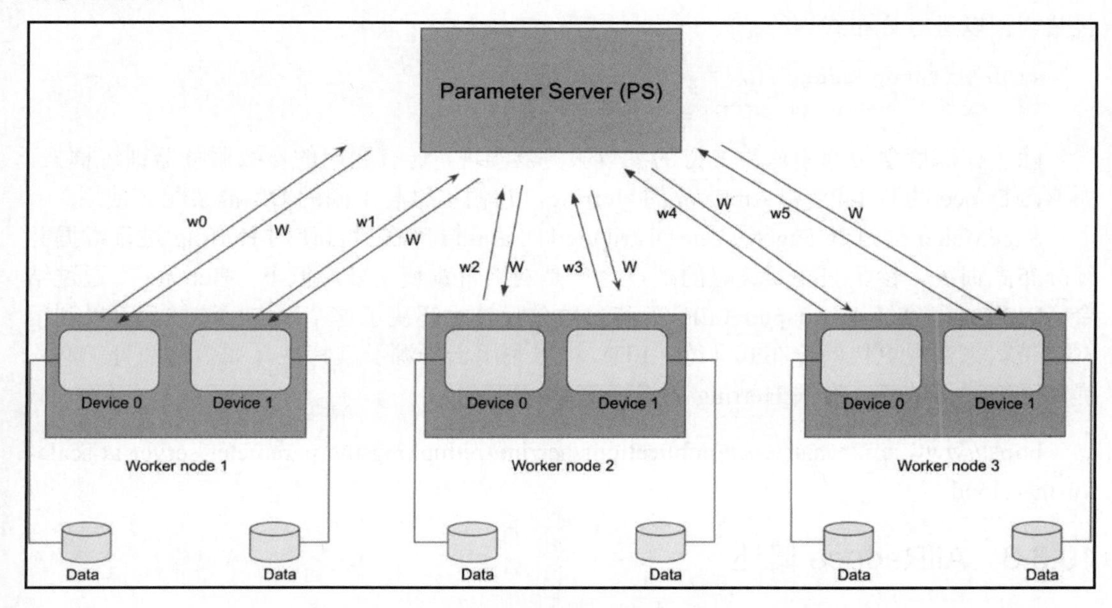

图 10.4　参数服务器架构

原　文	译　文	原　文	译　文
Parameter Server (PS)	参数服务器（PS）	Device	设备
Worker node	工作结点	Data	数据

相应地，异步更新的优点是不需要等待所有设备同步后再处理下一个小批量数据，但其缺点是可能会导致模型的准确率降低。

10.3.2　在框架中实现参数服务器

参数服务器分布式训练原生支持多个深度学习框架，如 TensorFlow。具体来说，TensorFlow 通过其 ParameterServerStrategy API 原生支持基于参数服务器的分布式训练。

以下代码示例演示了如何为 TensorFlow 实例化 ParameterServerStrategy API：

```
strategy = tf.distribute.experimental.ParameterServerStrategy(
    cluster_resolver)
```

在此代码示例中，cluster_resolver 参数有助于发现和解析工作结点的 IP 地址。

ParameterServerStrategy 可以直接与 Keras 的 model.fit()函数或自定义训练循环一起使用，方法是使用 strategy.scope()语法包装模型。请参阅以下示例语法，了解如何使用 scope()包装模型以进行分布式训练：

```
with strategy.scope()
    model = <model architecture definition>
```

除了在深度学习库中原生支持的参数服务器实现，还有通用的参数服务器训练框架，如 ByteDance 的 BytePS 和 Amazon 的 Herring，它们可以与不同的 DL 框架配合使用。

SageMaker 通过其 SageMaker Distributed Training 库在后台使用 Herring 进行数据并行分布式训练。参数服务器策略的缺点之一是网络带宽使用效率低下。Herring 库通过结合 AWS Elastic Fabric Adapter（EFA）和参数分片技术解决了这个缺点，该技术可以利用网络带宽来实现更快的分布式训练。EFA 可以利用云资源及其特性（如多路径骨干网）提高网络通信效率。有关 Herring 的详细信息，可访问：

https://www.amazon.science/publications/herring-rethinking-the-parameter-server-at-scale-for-the-cloud

10.3.3　AllReduce 概述

虽然参数服务器架构易于理解和设置，但它也带来了一些挑战。例如，参数服务器架构需要额外的参数服务器结点，而且服务器结点和工作结点之间也很难确定正确的比例，以确保服务器结点不会成为瓶颈。

AllReduce 拓扑试图通过消除服务器结点并将所有梯度聚合和全局参数更新分配给所有工作结点来解除参数服务器的一些限制，因此被称为 AllReduce。

图 10.5 显示了 AllReduce 的拓扑架构。

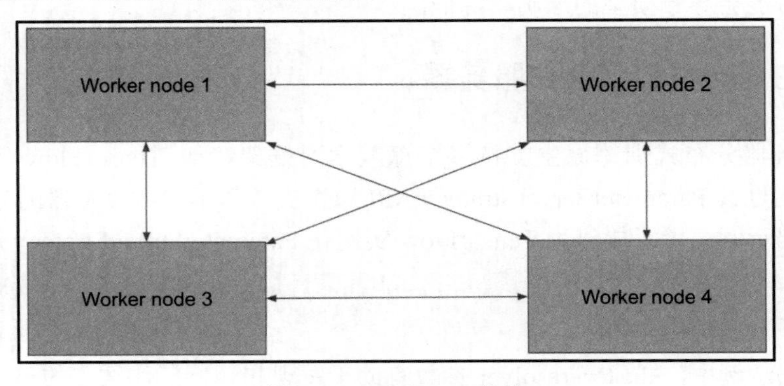

图 10.5　AllReduce 架构

原　　文	译　　文
Worker node	工作结点

在 AllReduce 拓扑中，每个结点在每个训练步骤向所有其他结点发送参数梯度，并在使用下一个训练步骤计算新参数之前，在本地聚合梯度并执行归约（reduce）函数（如 average、sum 或 max）。由于每个结点都需要与其他所有结点通信，因此导致了结点之间有大量网络通信，并且由于每个结点都拥有所有梯度的副本，因此该拓扑使用了重复的计算和存储。

更高效的 AllReduce 架构是 Ring AllReduce。在这种架构中，每个结点只向其下一个相邻结点发送一些梯度，每个结点负责为分配给它计算的全局参数聚合梯度。

这种架构大大减少了集群中的网络通信量和计算开销，因此模型训练效率更高。图 10.6 显示了 Ring AllReduce 架构。

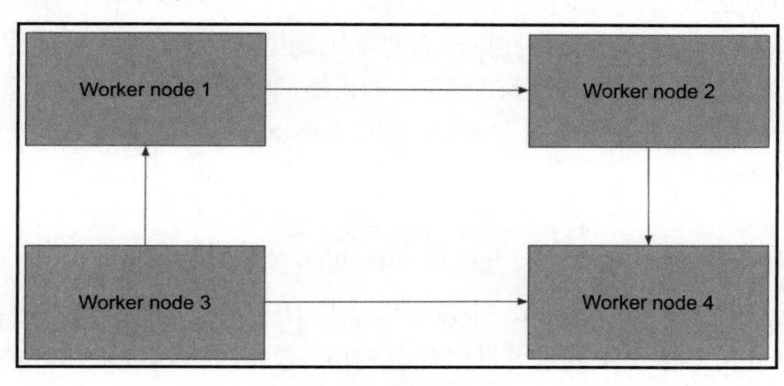

图 10.6　Ring AllReduce 架构

原　　文	译　　文
Worker node	工作结点

10.3.4　在框架中实现 AllReduce 和 Ring AllReduce

AllReduce 和 Ring AllReduce 架构在多个深度学习框架中被原生支持，包括 TensorFlow 和 PyTorch。

TensorFlow 通过其 tf.distribute.MirroredStrategy API 在一台机器上支持跨多个 GPU 的 AllReduce 分布式训练。使用这种策略时，每个 GPU 都有一个模型副本，并且所有模型参数都在不同的设备上进行镜像。一种高效的 AllReduce 机制用于保持这些参数同步。以下代码示例显示了如何实例化 MirroredStrategy API：

```
strategy = tf.distribute.MirroredStrategy()
```

对于多机分布式训练，TensorFlow 可使用 tf.distribute.MultiWorkerMirroredStrategy API。与 MirroredStrategy 类似，MultiWorkerMirroredStrategy 将在所有机器的所有设备上创建所有参数的副本，并将它们与 AllReduce 机制同步。

以下代码示例显示了如何实例化 MultiWorkerMirroredStrategy API：

```
strategy = tf.distribute.MultiWorkerMirroredStrategy()
```

与 ParameterServerStrategy 类似，MirroredStrategy 和 MultiWorkerMirroredStrategy 可以与 keras model.fit()函数或自定义训练循环一起使用。要将模型与训练策略相关联，可以使用相同的 strategy.scope()语法。

PyTorch 还通过其 torch.nn.DataParallel 和 torch.nn.parallel.DistributedDataParallel API 为基于 AllReduce 的分布式训练提供原生支持。

torch.nn.DataParallel API 支持在同一台机器上跨 GPU 的单进程多线程，而 torch.nn.parallel.DistributedDataParallel 则支持跨 GPU 和机器的多处理。

以下代码示例展示了如何使用 DistributedDataParallel API 启动分布式训练集群并为分布式训练包装模型：

```
torch.distributed.init_process_group(...)
model = torch.nn.parallel.DistributedDataParallel(model, ...)
```

通用 Ring AllReduce 架构的另一个流行实现是 Horovod，它是由 Uber 公司的工程师创建的。Horovod 可与多个深度学习框架配合使用，包括 TensorFlow 和 PyTorch。可以在以下网址找到有关 Horovod 的更多信息：

https://github.com/horovod/horovod

10.4　使用模型并行进行分布式模型训练

由于当今发生的大多数分布式训练都涉及处理大型数据集的数据并行性，因此，模型并行性在其应用方面仍处于初期阶段。但是，最先进的大型深度学习算法（如 BERT、GPT 和 T5）的应用正在推动模型并行性的日益普及。众所周知，这些模型的质量会随着模型的大小而增加，并且这些大型自然语言处理模型需要大量内存来存储模型的状态（包括模型的参数、优化器状态和梯度）以及其他开销。

因此，这些模型无法纳入单个 GPU 的内存中。虽然数据并行有助于解决大型数据集的挑战，但由于其对内存大小的要求，它无法帮助训练大型模型。模型并行性允许你将单个大型模型拆分到多个设备上，以便跨多个设备的总内存足以容纳模型的副本。由于跨多个设备的更大总内存，模型并行性还允许更大的模型训练批量。

模型并行分布式训练的模型拆分主要有以下两种方式：

- 按层拆分。
- 按张量拆分。

接下来，让我们仔细看看这两种方法。

10.4.1　朴素模型并行性概述

由于人工神经网络由许多层组成，因此拆分模型的方法之一就是将层分布在多个设备上。例如，你有一个 8 层的多层感知器（multi-layer perceptron，MLP）网络和两个 GPU（GPU0 和 GPU1），则可以简单地将前 4 层放在 GPU0 中，将后 4 层放在 GPU1 中。

在训练期间，模型的前 4 层会像你通常在单个设备中训练模型一样进行训练。前 4 层训练完成后，第 4 层的输出将从 GPU0 复制到 GPU1，从而产生通信开销。从 GPU0 获得输出后，GPU1 继续训练 5～8 层。

图 10.7 说明了跨多个设备按层拆分模型。

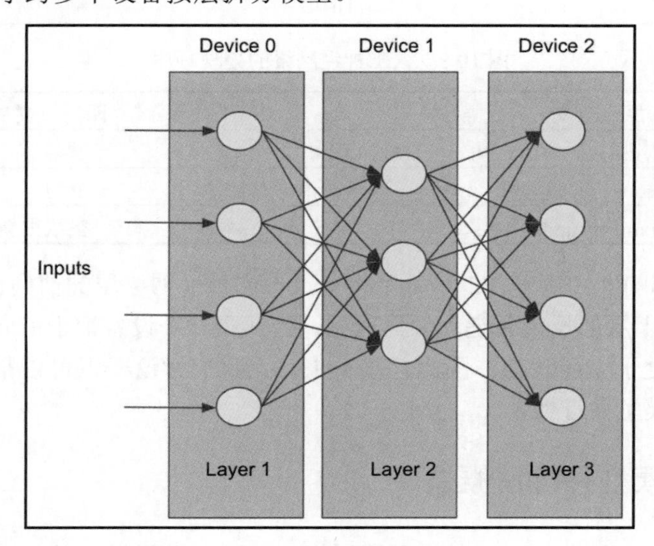

图 10.7　朴素模型并行性

原　文	译　文	原　文	译　文
Inputs	输入	Layer	层
Device	设备		

通过拆分实现模型并行性需要相关训练任务的知识。设计一个有效的模型并行策略并不是一项简单的任务。以下是一些有助于层拆分设计的启发式方法：

- 将相邻的层放置在同一设备上，以最大限度地减少通信开销。
- 平衡设备之间的工作负载。
- 不同的层具有不同的计算和内存利用率属性。

训练人工神经网络模型本质上是一个顺序过程，这意味着网络层是按顺序处理的，而后向过程只有在前向过程完成后才会开始。当你在多个设备上拆分层时，只有当前处理层的设备才会忙碌，其他设备将处于空闲状态，这样会浪费计算资源，从而造成硬件资源的浪费。图 10.8 显示了处理一批数据的前向和后向传递的序列。

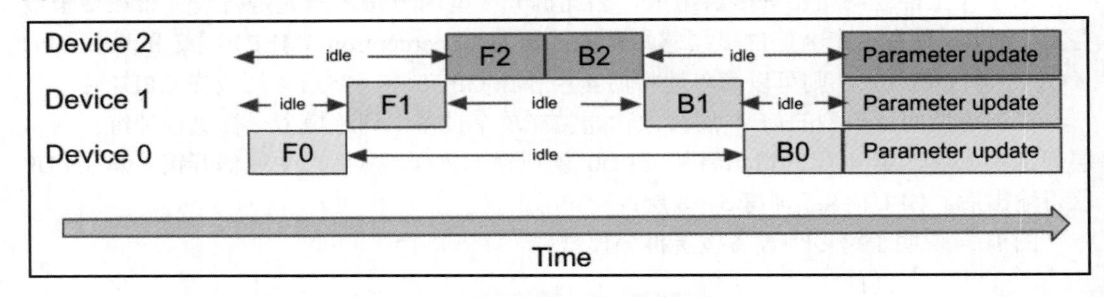

图 10.8　人工神经网络的处理顺序

原　文	译　文
Device	设备
idle	空闲
Parameter update	参数更新

在图 10.8 中，F0、F1 和 F2 是每个设备上不同神经网络层的前向传递。B2、B1 和 B0 则是每个设备上层的反向传递。如你所见，当其中一个设备忙于前向传递或后向传递时，其他设备均处于空闲状态。因此，接下来，让我们讨论一下可以帮助提高资源利用率的方法（管道模型并行性）。

10.4.2　管道模型并行性概述

为了解决资源空闲问题，可以实现管道模型并行。管道模型并行改进了朴素模型的并行性，以便不同的设备可以在训练管道的不同阶段并行工作在较小的数据块上，通常称为微批处理（micro-batch）。图 10.9 显示了管道模型并行性的工作原理。

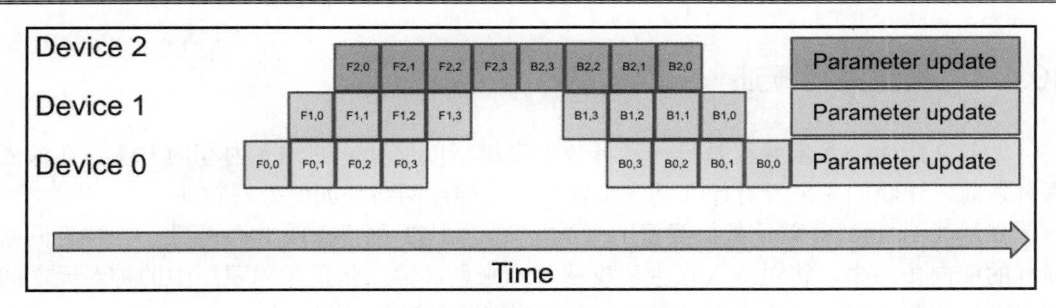

图 10.9　管道模型并行性

原　文	译　文	原　文	译　文
Device	设备	Parameter update	参数更新
Time	时间		

借助管道模型并行性，我们不是在每次完整的前向和后向传递中处理一批数据，而是将一批数据分解为更小的小批量。在图 10.9 中，Device 0 完成第一个微批处理的正向传递后，Device 1 可以在 Device 1 正向传递的输出上开始其正向传递。Device 0 不再等待 Device 1 和 Device 2 完成它们的前向传递和后向传递，而是开始处理下一个微批处理数据。这样调度的管道允许更高的硬件资源利用率，从而加快模型训练。

管道并行性还有其他变体。其中一个示例是交错并行，它将尽可能优先考虑向后执行。这提高了端到端模型训练设备的利用率。图 10.10 显示了交错管道（interleaved pipeline，也称为交错流水线）的工作原理。

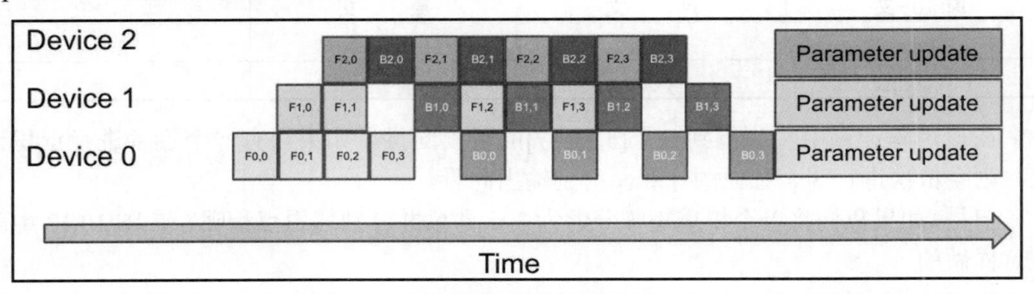

图 10.10 交错管道

原　文	译　文	原　文	译　文
Device	设备	Parameter update	参数更新
Time	时间		

接下来，让我们了解一下张量并行性（tensor parallelism），也称为张量切片（tensor slicing）。

10.4.3　张量并行概述

如前文所述，张量并行是另一种拆分大型模型以使其能够纳入内存的方法。在深入探讨之前，让我们先来看看什么是张量以及人工神经网络是如何处理它的。

张量（tensor）是单一数据类型的多维矩阵，如 32 位浮点或 8 位整数。在神经网络训练的前向传递中，将对输入张量和权重矩阵张量（输入张量和隐藏层中的神经元之间的连接）使用点积。有关点击（dot product）的详细信息，可访问：

https://en.wikipedia.org/wiki/Dot_product

图 10.11 说明了输入向量和权重矩阵之间的点积。

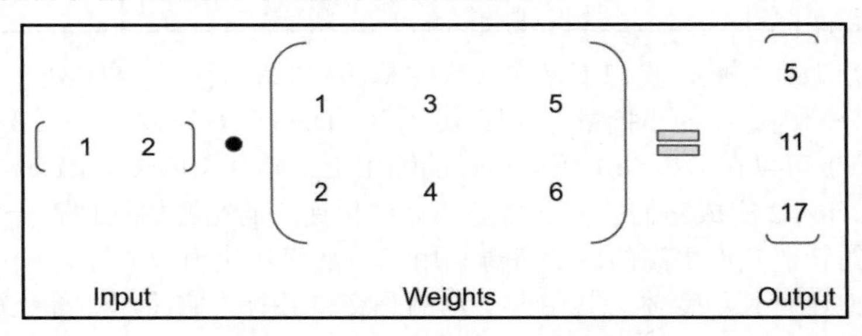

图 10.11　矩阵计算

原　文	译　文	原　文	译　文
Input	输入	Output	输出
Weights	权重		

在该矩阵计算中，你得到一个[5,11,17]的输出向量。如果只有一个设备进行点积计算，则会依次进行 3 个独立的计算，得到输出向量。

但是，如果我们将单个权重矩阵分解为 3 个向量并分别使用点积呢？在图 10.12 中就是这样做的。

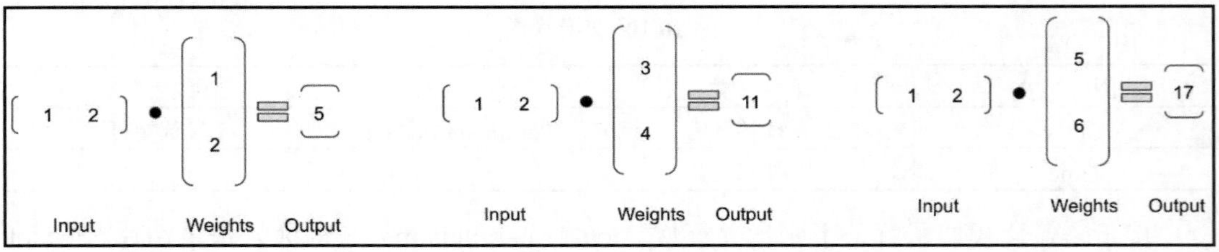

图 10.12　拆分矩阵计算

原　　文	译　　文	原　　文	译　　文
Input	输入	Output	输出
Weights	权重		

如图 10.12 所示，你将获得 3 个单独的值，它们与图 10.11 中的输出向量中的各个值相同。如果有 3 个单独的设备来执行点积计算，则可以并行执行这 3 个点积计算，并在需要时将这些值组合成一个向量。这就是张量并行工作的基本概念。

借助张量并行性，每个设备都可以独立工作而不需要任何通信，只有在最后需要同步结果时才进行通信。这种策略允许更快的张量处理，因为多个设备可以并行工作以减少训练时间并提高计算设备的利用率。

10.4.4　实现模型并行训练

要实现模型并行，可以手动设计并行策略，具体来说，就是决定如何跨不同设备和结点拆分层和张量以及它们的位置。当然，要有效地做到这一点并非易事，对于大型集群而言更是如此。

为了使模型并行实现更容易，人们已经开发出了若干个模型并行库包。下文将仔细研究其中一些库。请注意，我们将讨论的框架可以同时支持数据并行性和模型并行性，并且这两种技术通常会一起用于使用大型训练数据集训练大型模型。

10.4.5　Megatron-LM 概述

Megatron-LM 是英伟达公司开发的开源分布式训练框架，它支持数据并行、张量并行和管道模型并行，以及这三者的组合，可用于超大规模的模型训练。

Megatron-LM 实现了基于微批处理的管道模型并行性，以提高设备利用率。它还实现了定期管道刷新，以确保优化器步骤在设备之间同步。

Megatron-LM 支持如下两种不同的管道调度：

- ❑ 默认调度的工作方式是先完成所有微批处理的正向传递，然后再开始所有批次的反向传递。
- ❑ 交错阶段调度的工作方式是在单个设备上运行多个不同层的子集，而不是仅运行单个连续层的集合。这可以进一步提高设备的利用率并减少空闲时间。

Megatron-LM 为基于 Transformer 的模型实现了特定的张量并行策略。Transformer 主要由自注意力（self-attention）块组成，接着是两层 MLP。对于 MLP 部分，Megatron-LM 将按列拆分权重矩阵。自注意力头部的矩阵也按列划分。图 10.13 显示了 Transformer 的不同部分是如何拆分的。

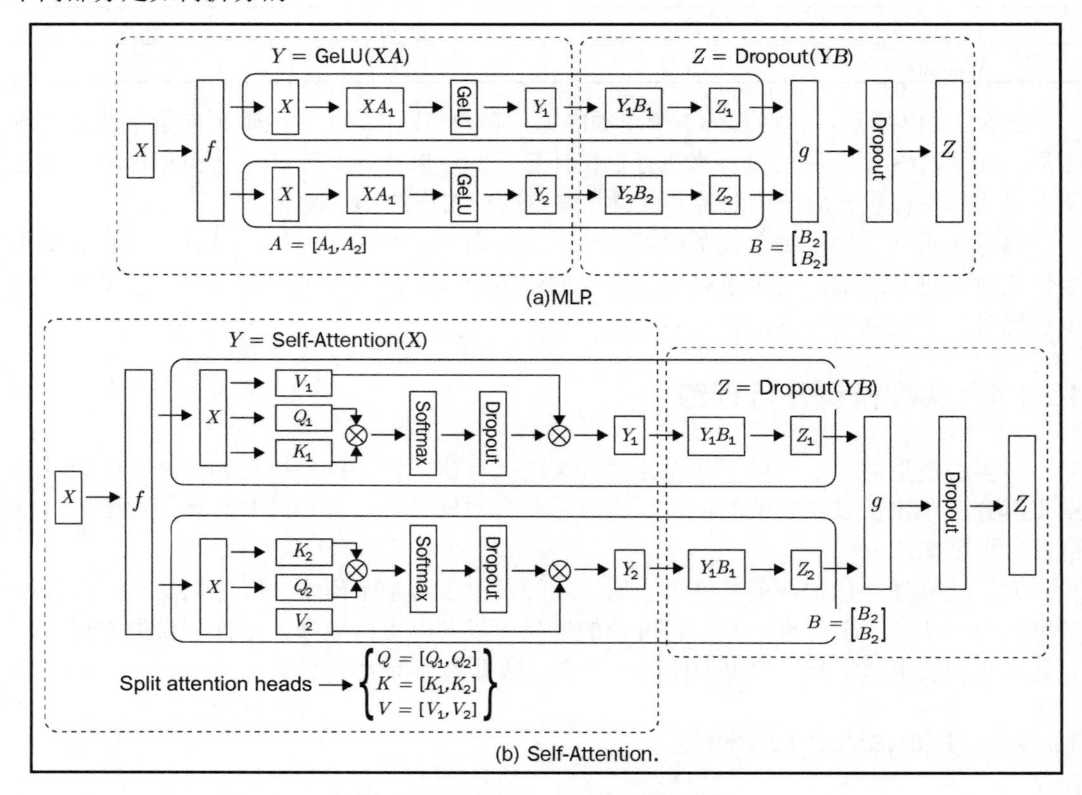

图 10.13　Transformer 的张量并行性

原　　文	译　　文
Split attention heads	拆分自注意力头部

结合使用数据并行性、管道模型并行性和张量并行性，Megatron-LM 可用于训练跨数千个 GPU 扩展的超大型基于 Transformer 的模型（具有一万亿个参数）。

提示：

Megatron 这个名称和 Transformer 自然脱不了关系。Transformer 的开发者表示其取名寓意就是“变形金刚”，而 Megatron 则是《变形金刚》中的大反派“威震天”。

使用 Megatron-LM 进行训练涉及以下关键步骤：

（1）使用 initialize_megatron()函数初始化 Megatron 库。

（2）通过包装原始模型，使用 setup_model_and_optimizer()函数设置 Megatron 模型

优化器。

（3）使用 train()函数训练模型，该函数可将 Megatron 模型和优化器作为输入。

Megatron-LM 已被用于许多大型模型训练项目，如 BERT、GPT 和 Biomedical 领域语言模型。其可扩展的架构可用于训练具有数万亿参数的模型。

10.4.6 DeepSpeed 概述

DeepSpeed 是微软开发的开源分布式训练框架。与 Megatron-LM 类似，DeepSpeed 也支持张量切片并行、管道并行和数据并行。

DeepSpeed 实现了基于微批处理的管道模型并行性，其中一个批处理被分解为微批处理，可以由不同的设备并行处理。具体来说，DeepSpeed 将实现交错管道并行，以优化资源效率和利用率。

与 Megatron-LM 类似，DeepSpeed 可以结合使用数据并行性、管道模型并行性和张量并行性来训练超大型深度神经网络。这也称为 DeepSpeed 3D 并行性。

DeepSpeed 框架的一项核心功能是其零冗余优化器（Zero Redundancy Optimizer，ZeRO）。ZeRO 能够通过跨设备分区参数、优化器状态和梯度来有效管理内存，而不是在所有设备中保留副本。在需要时，分区也可在运行时组合在一起。

与常规数据并行技术相比，ZeRO 可以将内存占用减少 8 倍。ZeRO 还能够同时使用 CPU 和 GPU 内存来训练大型模型。

基于注意力的机制在深度学习模型（如 Transformer 模型）中被广泛采用，以处理文本和图像输入。但是，由于其庞大的内存和计算要求，它处理长输入序列的能力受到限制。DeepSpeed 通过实现稀疏注意力内核（一种通过块稀疏计算减少注意力计算的计算和内存需求的技术）来帮助缓解这个问题。

大规模分布式训练的一个主要瓶颈是由于梯度共享和更新而导致的通信开销。通信压缩（如 1 位压缩）已被用作减少通信开销的有效机制。DeepSpeed 有一个 1 位 Adam 优化器的实现，它可以将通信开销减少 5 倍，以提高训练速度。

1 位压缩（1-bit compression）的工作原理是使用 1 位表示每个数字，并结合误差补偿，它会记住梯度压缩期间的误差并将误差加到下一步以补偿误差。

要使用 DeepSpeed，你需要修改训练脚本才能运行分布式训练。以下步骤解释了你需要对训练脚本进行的主要更改：

（1）使用 deepspeed.initialize()函数包装模型并返回 DeepSpeed 模型引擎。该模型引擎将用于运行前向传递和后向传递。

（2）使用返回的 DeepSpeed 模型引擎运行前向传播、后向传播和阶跃函数（step

function）来更新模型参数。

DeepSpeed 主要支持 PyTorch 框架，并且需要对代码进行少量更改才能采用 PyTorch 进行模型训练。DeepSpeed 已用于训练具有数千亿参数的模型，并且训练速度非常快。有关 DeepSpeed 的更多信息，可访问：

https://www.deepspeed.ai

10.4.7 SageMaker 分布式训练库概述

Amazon 的 SageMaker Distributed Training（SMD）库是 Amazon SageMaker 服务产品的一部分。SMD 支持数据并行性（通过在后台使用 Herring）和交错管道模型并行性。与需要手动决定模型分区的 DeepSpeed 和 Megatron-LM 不同，SageMaker Model Parallel（SMP）具有自动模型拆分的功能。

SMP 的这种自动模型拆分功能可平衡设备之间的内存和通信限制，以优化性能。自动模型拆分发生在第一个训练步骤中，其中模型的一个版本在 CPU 内存中构建。它通过分析图做出分区决策，将不同的模型分区加载到不同的 GPU 中。

分区软件将对 TensorFlow 和 PyTorch 执行特定于框架的分析，以确定分区决策。它考虑了变量/参数共享、参数大小和约束等图结构，以平衡每个设备的变量数量和操作数量，从而做出拆分决策。

要使用 SageMaker Distributed Training，你需要对现有训练脚本进行一些更改并创建 SageMaker 训练作业。TensorFlow 和 PyTorch 有不同的说明。

以下是 PyTorch 框架的示例：

（1）修改 PyTorch 训练脚本。

- 调用 smp.init()来初始化库。
- 使用 smp.DistributedModel()包装模型。
- 使用 smp.DistributedOptimizer()包装优化器。
- 通过 torch.cuda.set_device(smp.local_rank())将每个进程限制在自己的设备上。
- 使用包裹模型执行前向传递和后向传递。
- 使用分布式优化器更新参数。

（2）使用 SageMaker PyTorch Estimator 创建 SageMaker 训练作业并启用 SMP 分布式训练。

本节讨论了用于运行分布式训练的不同分布式训练策略和框架。虽然分布式模型训练允许我们训练非常大的模型，但是由于模型的大小和其他技术限制，在大型模型上运行推理可能会导致高延迟。因此，接下来，让我们讨论一下可以实现低延迟推理的各种技术。

10.5　实现低延迟模型推理

随着机器学习模型不断增长并部署到不同的硬件设备，延迟可能成为某些需要低延迟和高吞吐量推理的用例的问题，如实时欺诈检测。

为了减少实时应用程序的整体模型推理的延迟，可以考虑使用不同的优化技术，包括：

- 硬件加速。
- 模型优化。
- 图和算子优化。
- 模型编译器。
- 推理引擎优化。

在进行具体优化技术的讨论之前，我们不妨先来了解一下模型推理是如何工作的，特别是深度学习模型，因为这是大多数推理优化过程所关注的。

10.5.1　模型推理的工作原理和可优化的机会

如前文所述，深度学习模型被构建为具有结点和边的计算图，其中结点代表不同的操作，而边则代表数据流。此类操作的示例包括加法、矩阵乘法、激活函数（如 Sigmoid 和 ReLU）和池化。这些操作可以将张量作为输入执行计算，并产生张量作为输出。

例如，c=matmul(a,b)操作将 a 和 b 作为输入张量，并产生 c 作为输出张量。

TensorFlow 和 PyTorch 等深度学习框架具有内置的算子来支持不同的操作。算子的实现也称为内核（kernel）。

在训练模型的推理时间内，深度学习框架的运行时将遍历计算图并为图中的每个结点调用适当的内核（如 add 或 Sigmoid）。内核将从前面的算子中获取各种输入，如推理数据样本、学习的模型参数和中间输出，并根据计算图定义的数据流进行特定的计算，以产生最终的预测结果。

一个经过训练的模型的大小主要取决于图中的结点数和模型参数的个数及其数值精度（如 32 位浮点数、16 位浮点数或 8 位整数）。

英伟达（Nvidia）和英特尔（Intel）等不同的硬件供应商也为常见的计算图操作提供了特定硬件的内核实现。CuDNN 是 Nvidia 的库，用于为其 GPU 设备优化内核实现，而

MKL-DNN 则是 Intel 的库，用于 Intel 芯片的优化内核实现。

这些与特定硬件相关的实现利用了底层硬件架构的独特功能。它们可以比深度学习框架实现的内核执行得更好，因为框架实现与硬件无关。

至此，你应该对推理的工作原理有了基本的了解。接下来，让我们讨论一些可以用来改善模型延迟的常见优化技术。

10.5.2 硬件加速

不同的硬件会为不同的机器学习模型产生不同的推理延迟性能。用于模型推理的常用硬件包括 CPU、GPU、专用集成电路（application-specific integrated circuit，ASIC）、现场可编程门阵列（field-programmable gate array，FPGA）和边缘硬件（如 Nvidia Jetson Nano）。以下我们将讨论其中一些硬件的核心架构特征，以及如何设计它们才能帮助模型推理加速。

1. 中央处理器

中央处理器（CPU）是运行计算机程序的通用芯片。它由如下 4 个主要构建块组成：

- ❑ 控制单元是 CPU 的大脑，它将发出 CPU 的计算指令。也就是说，它将对诸如内存之类的其他组件发出指令。
- ❑ 算术逻辑单元（arithmetic logic unit，ALU）是对输入数据执行算术和逻辑运算（如加、减法）的基本单元。
- ❑ 地址生成单元将用于计算访问内存的地址。
- ❑ 内存管理用于所有内存组件，如主内存和本地缓存。CPU 也可以由多个内核组成，每个核心都有一个控制单元和 ALU。

CPU 中并行执行的程度主要取决于它有多少个核心。除了超线程（英特尔专有的同步多线程实现）之外，每个核心通常一次运行一个线程。它拥有的核心越多，并行执行的程度就越高。

CPU 旨在处理大量指令集并管理许多其他组件的操作，它通常具有高性能和复杂的核心，但核心数并不多。例如，英特尔至强处理器最多可以有 56 个核心。

如果低延迟是主要的要求，则 CPU 通常不适合基于神经网络的模型推理。神经网络推理主要涉及可以大规模并行化的操作（如矩阵乘法）。由于 CPU 的核心总数通常很少，因此无法大规模并行化以满足神经网络推理的需求。从积极的方面来说，CPU 更具成本效益，并且通常具有良好的内存容量来托管更大的模型。

2. 图形处理器

GPU 的设计与 CPU 的设计相反。它没有若干个强大的核心，而是拥有数千个功能较弱的核心，旨在高效地执行一小组指令。GPU 核心的基本设计类似于 CPU，它也包含一个控制单元、ALU 和一个本地内存缓存。但是，GPU 控制单元处理的指令集要简单得多，本地内存也要小得多。

当 GPU 处理指令时，它会调度线程块，并且在每个线程块内所有线程都执行相同的操作，但对不同的数据块则执行所谓的单指令多数据（Single Instruction Multiple Data，SIMD）并行化方案。这种架构非常适合深度学习模型的工作方式，其中许多神经元对不同的数据块执行相同的操作（主要是矩阵乘法）。

Nvidia GPU 架构包含以下两个主要组件：

- 全局内存组件。
- 流式多处理器（streaming multiprocessor，SM）组件。

SM 类似于 CPU，每个 SM 都有许多计算机统一设备架构（Computer Unified Device Architecture，CUDA）核心，即执行不同算术运算的特殊功能单元。它还有一个小的共享内存和缓存，以及许多寄存器。

CUDA 核心负责浮点/整数运算、逻辑计算和分支等功能。前面提到的线程块是由流式多处理器执行的，全局内存位于同一个 GPU 板上，在训练机器学习模型时，模型和数据都需要加载到全局内存中。

在多 GPU 配置中，可以使用低延迟和高吞吐量的通信通道，如 Nvidia NVLink，它提供高达 600GB/s 的带宽，几乎是 PCIe4 带宽的 10 倍。

GPU 非常适合低延迟和高吞吐量的神经网络模型推理，因为它们拥有大量用于大规模并行的 CUDA 核心。

3. 专用集成电路

专用集成电路（application-specific integrated circuit，ASIC）是 GPU 的主要替代品。ASIC 芯片专为用于计算和数据流的特定深度学习架构而设计，因此比 GPU 速度更快且功耗更低。例如，Google 的张量处理单元（Tensor Processing Unit，TPU）具有专为高效矩阵计算而设计的专用矩阵单元（Matrix Unit，MXU），而 AWS 则提供了 Inferentia 芯片，这是一种专为模型推理而设计的 ASIC。

为了加速模型推理，Amazon Inferentia 芯片和 Google 的 TPU 芯片都使用脉动阵列机制（systolic array mechanism）来加速深度神经网络的算术计算。虽然 CPU 和 GPU 等通用芯片在不同的 ALU 计算之间都使用本地寄存器来传输数据和结果，但脉动阵列允许你链接多个 ALU 以减少寄存器访问并加快处理速度。

图 10.14 显示了脉动阵列架构与 CPU 和 GPU 中使用的常规架构之间的数据流动方式。

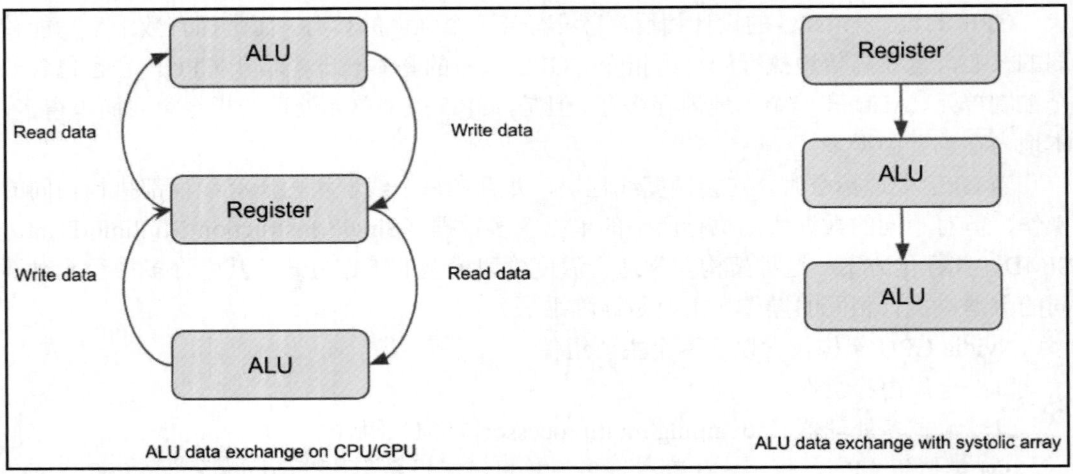

图 10.14　脉动阵列处理与 CPU/GPU 处理

原　　文	译　　文
Read data	读取数据
Write data	写入数据
ALU	算术逻辑单元
Register	寄存器
ALU data exchange on CPU/GPU	CPU/GPU 上的 ALU 数据交换
ALU data exchange with systolic array	ALU 与脉动阵列的数据交换

Amazon Inferentia 芯片可直接与 Amazon SageMaker 一起使用，以改善推理延迟状况。可以通过选择一种受支持的 Inferentia 芯片进行模型部署来做到这一点。

10.5.3　模型优化

当你为深度学习模型推理处理计算图时，神经网络的大小（如其层数、神经元等）、模型参数的数量以及模型参数的数值精度都会直接影响模型推理的性能。

模型优化方法侧重于减少神经网络的大小、模型参数的数量和数值精度，以减少推理延迟。一般来说，模型优化有两种主要方法：量化和修剪。

1. 量化

传统的深度神经网络使用 32 位浮点数（FP32）进行训练。但是，对于许多神经网络来说，并不需要 FP32 这样高的精度。

深度学习量化（quantization）是一种网络压缩方法，它使用较低精度的数字（如 16 位浮点数（FP16）或 8 位整数（INT8），而不是 FP32）来表示静态模型参数并使用动态数据输入/激活函数执行数值计算，同时对模型性能的影响很小或没有影响。

例如，INT8 表示占用的空间是 FP32 表示所占用空间的 1/4，这显著降低了神经网络的内存需求和计算成本，意味着它可以改善模型推理的整体延迟。

有不同类型的量化算法，包括均匀和非均匀量化算法。这两种方法都可以将连续域中的真实值映射到量化域中的离散的较低精度值。在使用均匀量化算法的情况下，量化域中的量化值是均匀分布的，而在使用非均匀量化算法的情况下，量化值是变化的。

图 10.15 显示了均匀量化和非均匀量化算法之间的区别。

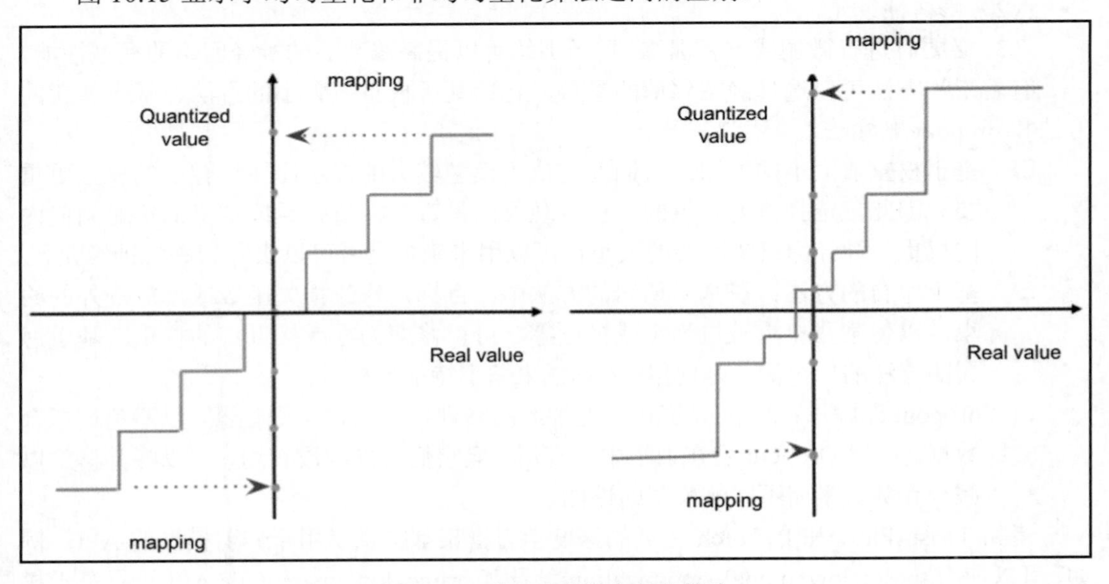

图 10.15　均匀和非均匀量化算法

原　文	译　文	原　文	译　文
Quantized value	量化的值	Real value	真实值
mapping	映射		

量化可以在训练后和训练期间进行（量化感知训练）。训练后量化采用经过训练的模型量化权重，并重新生成量化模型。量化感知训练涉及微调全精度模型。在训练过程中，精度较高的实数会减少为精度较低的数。

量化支持在深度学习框架（如 PyTorch 和 TensorFlow）中受到原生支持。例如，PyTorch

通过其 torch.quantization 包支持这两种量化形式，而 TensorFlow 则通过 tf.lite 包支持量化。

2. 修剪

修剪（pruning）也称为稀疏（sparsity），是另一种网络压缩技术，它消除了一些不影响模型性能的模型权重和神经元，以减小模型的尺寸，从而加快推理速度。例如，通常可以删除接近零值的权重或冗余权重。

修剪技术可以分为静态修剪和动态修剪。静态修剪在模型部署之前离线进行，而动态修剪则在运行时执行。以下将讨论静态修剪的一些关键概念和方法。

静态修剪主要包括以下 3 个步骤：

（1）修剪目标的参数选择。

（2）修剪神经元。

（3）必要时进行微调或重新训练。重新训练可以提高修剪后的神经网络的模型性能。

有若干种方法可以选择静态修剪的参数，包括基于权重值大小的方法、基于惩罚的方法和 dropout 删除法：

- 基于权重值大小的方法：人们普遍认为模型较大的权重比模型较小的权重更重要。因此，选择修剪权重的一种直观方法是查看零值权重或定义的绝对阈值内的权重。神经网络激活层的大小也可以用来确定是否可以去除相关的神经元。
- 基于惩罚的方法：在基于惩罚的方法中，目标是修改损失函数或添加额外的约束，以使某些权重被迫为零或接近零。可以修剪为零或接近零的权重。基于惩罚的方法的一个例子是使用 LASSO 来缩小特征的权重。
- dropout 删除法：dropout 层在深度神经网络训练中用作正则化器，以避免过拟合数据。虽然 Dropout 层在训练中很有用，但它们对推理没有用，可以将其移除以减少参数数量而不影响模型的性能。

诸如 TensorFlow 和 PyTorch 之类的深度学习框架都提供了用于修剪模型的 API。例如，可以使用 tensorflow_model_optimization 包及其 prune_low_magnitude API 进行基于权重值大小的修剪。PyTorch 则通过其 torch.nn.utils.prune API 提供了模型修剪支持。

10.5.4　图和算子优化

除了硬件加速和模型优化，还有一些其他优化技术专注于计算图的执行优化，以及特定于硬件的算子和张量优化。

1. 图优化

图优化侧重于减少计算图中执行的操作数量以加快推理速度。有多种技术可用于图优化，包括算子融合、死代码消除和常量折叠等。

- ❑ 算子融合（operator fusion）是指将子图中的多个操作组合成一个操作以改善延迟。在具有多个操作的子图的典型执行中，需要访问系统内存以进行读/写，以在操作之间传输数据，这是一项很昂贵的任务。算子融合减少了内存访问次数，并优化了整体计算，因为计算现在发生在单个内核中，而中间结果并没有保存到内存中。由于执行的操作数量较少，这种方法还减少了内存占用。

  图 10.16 展示了图算子融合的概念。

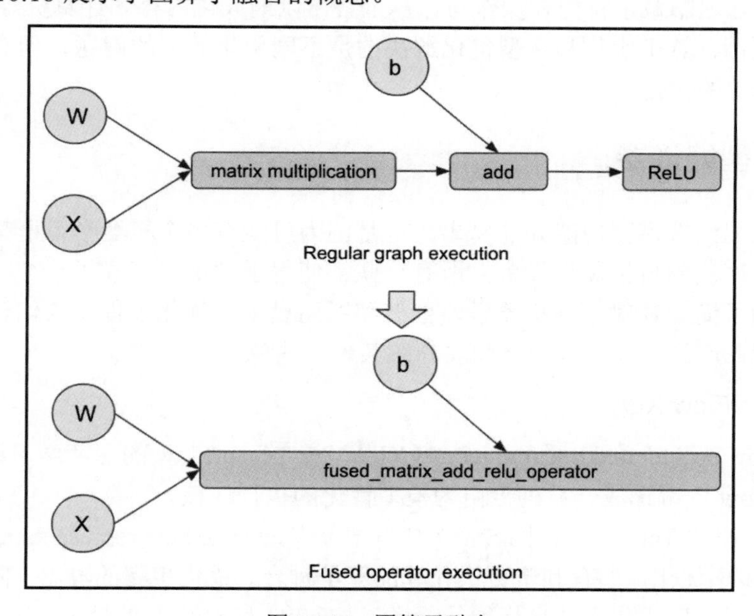

图 10.16　图算子融合

原　文	译　文	原　文	译　文
matrix multiplication	矩阵乘法	Regular graph execution	常规图执行
add	加法	Fused operator execution	融合之后的算子执行

在图 10.16 中，矩阵乘法、加法和 ReLU 算子被融合到单个算子中，以便在单个内核中执行，以减少内存访问和启动多个内核所需的时间。

- ❑ 常量折叠（constant folding）是在编译时而不是在运行时评估常量以加快运行时处理的过程。例如，假设有表达式 A = 100 + 200，则 A 可以在编译时赋值 300，而不必在运行时动态计算，后者需要更多的计算周期。
- ❑ 无用代码消除（dead code elimination）可以删除那些不影响程序结果的代码，这确保了程序不会将计算浪费在无用的操作上。

2．算子优化

算子优化（也称为张量优化）侧重针对特定模型与特定硬件相关的优化。不同的硬件设备具有不同的内存布局和计算单元，因此，通常需要针对硬件进行优化以充分利用硬件架构。人们已经开发了多种技术来针对不同的硬件设备进行算子优化，包括：

- 嵌套并行性，它可以利用 GPU 内存层次结构，并通过共享内存区域实现跨线程的数据重用。
- 内存延迟隐藏，将内存操作与计算重叠，以最大化内存和计算资源。

虽然图优化、算子优化和模型优化解决的是不同优化领域的问题，但它们通常结合起来提供端到端的优化。

10.5.5 模型编译器

手动优化端到端模型性能并非易事。这是因为可能有多个机器学习框架，并且在优化时需要面对广泛的目标硬件设备，所有这些都使得手动优化变成了一个非常具有挑战性的问题。为了简化针对不同机器学习框架和不同设备的优化过程，人们已经开发了若干种开源和商业产品。以下我们将简要介绍其中一些包。

1．TensorFlow XLA

TensorFlow accelerated linear algebra（XLA）是 TensorFlow 的深度学习编译器，它可以将 TensorFlow 图编译成一系列专门为模型优化的执行内核。

XLA 先将原始 TensorFlow 图转换为中间表示（intermediate representation，IR），然后对 IR 执行多项优化，如有利于更快计算的算子融合。优化步骤的输出，随后用于生成特定硬件的代码，以优化不同目标硬件设备（如 CPU 和 GPU）的性能。

XLA 在 Google 公司产品中多用于加速器。

2．PyTorch Glow

PyTorch Glow 是一个适用于多个深度学习框架的深度学习编译器。与 XLA 类似，它也使用 IR 来表示原始计算图以执行优化。

与 XLA 不同的是，PyTorch Glow 使用两层 IR。第一层用于执行特定领域的优化，如量化；第二层 IR 层用于与内存相关的优化，如内存延迟隐藏。在第二层 IR 优化之后，生成与目标设备相关的代码，用于在不同设备上运行模型。

3．Apache TVM

Apache 张量虚拟机（tensor virtual machine，TVM）是一个用于模型优化的开源编译器框架。它将针对不同的目标 CPU、GPU 和专用硬件设备优化和编译使用不同框架（如 PyTorch 和 TensorFlow）构建的模型，以提高性能。

TVM 支持不同层次的优化，包括针对特定硬件的图优化和算子优化。它还带有一个运行时，用于有效地执行已编译的模型。

TVM 的一个关键功能是 AutoTVM，它可以使用机器学习算法为不同的硬件设备搜索代码执行的最佳序列。通过使用供应商提供的优化库（如 cuDNN），这种基于机器学习的搜索算法可以显著优于基准性能。此外，这种基于机器学习的方法还可以为大量硬件设备实现高效的编译扩展。

4. Amazon SageMaker Neo

Amazon SageMaker Neo 是 SageMaker 中的模型编译功能。它主要使用 Apache TVM 作为底层编译器库。借助 SageMaker Neo，你可以使用在 TensorFlow 和 PyTorch 等不同机器学习/深度学习框架中训练过的模型，选择 Intel、Apple、ARM 和 Nvidia 等目标处理器后，SageMaker Neo 即可为目标硬件编译优化模型。

Neo 还为每个目标平台提供了一个运行时库来加载和执行编译好的模型。SageMaker Neo 是一种托管产品，因此你无须管理用于模型编译和部署的底层基础架构和流程。

10.5.6 推理引擎优化

一种常见的模型部署模式是使用开源推理引擎或商业托管平台进行模型服务。因此，推理引擎优化是另一种有助于减少模型延迟和推理吞吐量的方法。本节将讨论一些注意事项。请注意，推理引擎优化没有通用规则，因为它们可能是与特定引擎和模型相关的，所以测试和验证最终部署的不同配置非常重要。

1. 推理批处理

如果你有大量推理请求，并且对单个预测请求没有严格的延迟要求，那么推理批处理是一种有助于减少请求的总推理时间的技术。

使用推理批处理时，不是每个请求都要运行一次预测，而是将多个请求放在一起，作为一个批处理发送到推理引擎。这种技术减少了请求往返的总数，从而减少了总推理时间。

TensorFlow Serving 和 TorchServe 等推理引擎都为推理批处理提供了内置支持。有关 TorchServe 和 TensorFlow Serving 推理批处理配置的详细信息，可访问：

- https://pytorch.org/serve/batch_inference_with_ts.html
- https://www.tensorflow.org/tfx/serving/serving_config#batching_configuration

2. 启用并行服务会话

如果你的模型托管服务器有多个计算核心，则可以配置并行服务会话的数量以最大限度地利用这些核心。例如，可以根据可并行运行多个服务会话的核心数量来配置 TensorFlow Serving 中的 TENSORFLOW_INTRA_OP_PARALLELISM 设置，以优化吞吐量。TorchServe 设置了每个模型的工作线程数和并行优化的线程数。

3. 选择通信协议

TensorFlow 和 TorchServe 等推理引擎提供了对 gRPC 协议的支持，这是一种比 REST 协议更快的序列化格式。gPRC 协议提供了更好的整体性能，但对于不同的模型，其性能可能不一样。对于某些特定要求来说，REST 协议可能是你的首选。

至此，你已经了解了大规模训练和低延迟模型推理的技术方法。接下来，让我们实践一下使用 SageMaker 和 PyTorch 进行分布式训练的方法。

10.6 动手练习——使用 PyTorch 运行分布式模型训练

本练习将使用 SageMaker Training 服务来运行数据并行分布式训练。我们将使用 PyTorch 的 torch.nn.parallel.DistributedDataParallel API 作为分布式训练框架，在小型集群上运行训练作业。为简便起见，我们将重用第 8 章“使用 AWS 机器学习服务构建数据科学环境”中动手练习的数据集和训练脚本。

10.6.1 修改训练脚本

首先需要在训练脚本中添加分布式训练支持。为此可以创建 train.py 文件的副本，将它重命名为 train-dis.py，然后打开 train-dis.py 文件，执行以下 3 项修改：

- ❑ 修改 train()函数。
- ❑ 修改 get_data_loader()函数。
- ❑ 为多设备服务器结点添加多处理启动支持。

你可以从以下网址下载修改后的 train-dis.py 文件。

https://github.com/PacktPublishing/The-Machine-Learning-Solutions-Architect-Handbook/tree/main/Chapter10

接下来，让我们仔细看看上述 3 项修改。

10.6.2 修改 train()函数

你需要对 train()函数进行一些更改以启用分布式训练。以下是所需的关键更改：

- 进程组初始化：为了启用分布式训练，需要在每个设备上初始化和注册训练进程，使其包含在训练组中，可以通过调用 torch.distributed.init_process_group()函数来实现。此函数将阻塞，直到所有进程都已注册。在此初始化步骤中，我们需要熟悉一些概念。
  - 世界大小（World size）：这是分布式训练组中的进程总数。由于我们将在每个设备（CPU 或 GPU）上运行一个进程，因此世界大小也与训练集群中的设备总数相同。例如，如果你有两台服务器并且每台服务器有两个 GPU，那么这个训练组的世界大小就是 4。torch.distributed.init_process_group()函数通过此信息来了解分布式训练作业中要包含多少进程。
  - 排名（rank）：这是分配给训练组中每个进程的唯一索引。例如，世界大小为 4 的训练组中所有进程的排名将为[0,1,2,3]。此唯一索引有助于唯一标识训练组中的每个进程以进行通信。
  - 本地排名（local rank）：唯一标识服务器结点中的设备。例如，如果服务器结点中有两个设备，则这两个设备的本地排名将为[0,1]。本地排名允许你通过选择特定设备来加载模型和数据以进行模型训练。
  - 后端（backend）：这是用于在不同进程之间交换和聚合数据的低级通信库。PyTorch 分布式训练支持多种通信后端，包括 NCCL、MPI 和 Gloo。你可以根据设备和网络配置选择不同的后端。它使用这些后端在分布式训练期间发送、接收、广播或减少数据。本书不会深入探讨这些后端的技术细节。如果你对这些后端的工作方式感兴趣，可以轻松找到涵盖这些主题的互联网资源。
- 使用 PyTorch 分布式库封装训练算法：要使用 PyTorch 分布式库进行训练，你需要使用 PyTorch 分布式训练库封装算法。可以使用 torch.nn.parallel.DistributedDataParallel() API 实现此目的，该 API 允许算法参与分布式训练以交换梯度和更新全局参数。
- 使用单个设备保存模型：在多设备服务器结点中，你只希望一个设备保存最终模型以避免 I/O 冲突。可以通过选择具有特定本地排名 ID 的设备来实现此目的。

接下来，让我们来看看 get_data_loader()函数的修改。

10.6.3　修改 get_data_loader()函数

为了确保将不同的训练数据子集加载到服务器结点上的不同设备中，还需要配置 PyTorch DataLoader API 以根据训练进程的排名加载数据，可以使用 torch.utils.data.distributed.DistributedSampler API 来完成。

10.6.4　为多设备服务器结点添加多处理启动支持

对于具有多个设备的服务器结点，需要根据可用设备的数量生成多个并行进程。为此，可以使用 torch.multiprocessing 在每个结点上启动多个正在运行的进程。

10.6.5　修改和运行启动器 notebook

现在可以修改启动器 notebook 以启动模型训练作业。首先，复制第 8 章“使用 AWS 机器学习服务构建数据科学环境”中的 bert-financial-sentiment-Launcher.ipynb 文件，并将其保存为 bert-financial-sentiment-dis-Launcher.ipynb 文件。打开这个新的笔记本文件并将第二个单元格的内容替换为以下代码块：

（1）初始化 Sagemaker PyTorch estimator 并设置模型的输出目录。

```
from sagemaker.pytorch import PyTorch
output_path = f"s3://{bucket}/{prefix}"
```

（2）用输入参数构造 PyTorch estimator。我们将使用 ml.g4dn.12xlarge 服务器的两个实例，这意味着总共将使用 8 个 GPU。

```
estimator = PyTorch(
    entry_point="train-dis.py",
    source_dir="code",
    role=role,
    framework_version="1.6",
    py_version="py3",
    instance_count=2,
    instance_type= "ml.g4dn.12xlarge",
    output_path=output_path,
    hyperparameters={
        "epochs": 10,
        "lr" : 5e-5,
        "num_labels": 3,
```

```
        "train_file": "train.csv",
        "test_file" : "test.csv",
        "MAX_LEN" : 315,
        "batch_size" : 64,
        "test_batch_size" : 10,
        "backend": "nccl"
    },
)
```

（3）使用 fit()函数开始训练过程。

```
estimator.fit({"training": inputs_train, "testing": inputs_test})
```

可在以下网址下载修改后的启动器 notebook：

https://github.com/PacktPublishing/The-Machine-Learning-Solutions-Architect-Handbook/blob/main/Chapter10/bert-financial-sentiment-dis-launcher.ipynb

现在，只需执行新笔记本文件中的每个单元即可开始分布式训练。你可以直接在该笔记本文件内跟踪训练状态，并在 CloudWatch Logs 中跟踪详细状态。你应该看到共有 8 个进程并行运行。记下总训练时间和准确率，看看它们与你在第 8 章“使用 AWS 机器学习服务构建数据科学环境”中获得的结果相比如何。

恭喜！你已经使用 PyTorch 分布式训练库成功训练了一个 BERT 模型。

10.7　小　　结

本章讨论了一些高级机器学习工程主题，包括大规模数据集和大型模型的分布式训练，以及实现低延迟推理的技术和选项。现在，你应该能够理解数据并行和模型并行的工作原理，了解用于运行数据并行和模型并行分布式训练的各种技术选项，如 PyTorch 分布式库和 SageMaker 分布式训练库。你还应该能够了解可用于模型优化以减少模型推理延迟的不同技术，以及用于自动模型优化的模型编译器工具。

第 11 章将讨论机器学习中的安全性和治理等主题。

第 11 章　机器学习治理、偏差、可解释性和隐私

到目前为止，你已经成功实现了一个机器学习平台。此时，你可能会认为你作为机器学习解决方案架构师（Machine Learning Solution Architect，ML SA）的任务已经完成，并且已经可以将模型部署到生产环境中。但是，且慢，要将模型投入生产，其实还有其他考虑因素。企业或组织还需要实施治理控制，以满足内部政策和外部监管的要求。

虽然机器学习治理通常不是机器学习解决方案架构师的责任，但是对于机器学习解决方案架构师来说，熟悉监管环境和机器学习的治理框架仍是非常重要的，尤其是在金融服务等受到强监管的行业。因此，在评估或构建机器学习解决方案时，你应该慎重考虑这些要求。

本章将详细阐释机器学习治理的概念，以及机器学习治理框架中的一些关键组件，如模型注册和模型监控。我们还将讨论技术解决方案在整个机器学习治理框架中的位置。阅读完本章之后，你将了解为什么机器学习系统需要在设计时考虑治理问题，以及哪些技术可以帮助解决一些治理和安全要求。

本章包含以下主题：

- 什么是机器学习治理，为什么需要它。
- 了解机器学习治理框架。
- 了解机器学习偏差和可解释性。
- 设计用于治理的机器学习平台。
- 动手练习——检测机器学习偏差、模型可解释性和训练隐私保护模型。

11.1　技术要求

本章将继续使用之前创建的 AWS 环境。相关的代码示例可在以下网址找到：

https://github.com/PacktPublishing/The-Machine-Learning-Solutions-Architect-Handbook/blob/main/Chapter11

11.2 机器学习治理的定义和实施原因

机器学习治理（machine learning governance）是一组策略、流程和活动，企业或组织通过这些策略、流程和活动来管理、控制和监控机器学习模型的生命周期、依赖关系、访问情况和性能表现，以避免或最小化财务风险、声誉风险、合规风险和法律风险。

模型管理的风险是很高的。如果你对此没有概念的话，不妨重新回忆一下 2007 年和 2008 年金融危机期间由于机器学习治理不足而造成的影响。许多人可能仍然清楚地记得那场危机造成的大衰退的后果，数以百万计的人们的工作、投资或两者都受到了影响，许多庞大的金融机构因为资金链断裂业务倒闭而轰然坍塌。政府不得不介入以救助许多机构，如房利美和房地美。这场危机在很大程度上是由于金融组织存在缺陷的模型风险管理流程和治理造成的，贪婪的资本家未能发现模型中存在的问题，无法解决复杂衍生品交易方面的风险，结果就是市场最后被廉价信贷淹没。

为了预防和缓解未来的此类危机，许多监管机构已经发布了指导方针，并建立了关于模型风险管理的正式监管指南。

11.2.1 围绕模型风险管理的监管环境

为确保企业或组织对模型的开发和使用实施适当的风险管理治理，各个国家和司法管辖区都为受监管的行业制定了政策和指南。

在美国，美联储和货币监理局（Office of Controller and Currency，OCC）发布了 Supervisory Guidance on Model Risk Management (OCC 2011-2012 / SR 11-7)（模型风险管理监管指南）。SR 11-7 已成为美国模型风险管理的关键监管指南，该指南确立了模型风险管理的主要原则，涵盖治理、政策和控制、模型开发、实施和使用以及模型验证过程。

- 在治理和政策领域，提供了关于模型清单管理、风险评级、角色和责任等的指南。
- 在模型的开发和实施领域，该指南涵盖了设计过程、数据评估、模型测试和文档编制等主题。
- 在验证领域，提供了关于验证程序、监控和寻找解决方案等的指南。

在欧洲，欧洲中央银行（European Central Bank，ECB）监管局于 2016 年推出了内部模型目标审查（Targeted Review of Internal Models，TRIM）指南，以指导模型风险管理（model risk management，MRM）框架。具体来说，该指南指出，MRM 框架需要有一个模型清单，以描述模型及其应用的全貌；另外还要有一个指南用以识别和消除已知模型的缺陷；再加上一些角色和责任的定义，以及政策定义、度量过程和报告等。

SR 11-7 和 TRIM 有一些共同的主题和期望，这表明美国和欧洲的监管机构对如何实施 MRM 有相似的看法。本章不会列出所有这些指南，如果你对此感兴趣，可以在以下链接找到有关 SR 11-7 和 TRIM 的更多详细信息。

- SR 11-7：

  https://www.federalreserve.gov/supervisionreg/srletters/sr1107.htm

- TRIM：

  https://www.bankingsupervision.europa.eu/banking/tasks/internal_models/html/index.en.html

美国的大多数主要银行通常都有完善的模型风险管理框架和操作规范，部分原因就是 SR 11-7 的监管重点。

11.2.2　机器学习模型风险的常见原因

要了解机器学习治理如何帮助进行模型风险管理，我们需要了解模型风险的来源及其可能产生的影响。以下是可能导致潜在模型故障或误用的一些常见原因：

- 缺乏清单和目录：如果没有清晰而准确的在生产中运行的模型的清单，企业或组织将无法解释底层决策系统在何处以及如何做出某些自动化决策。企业或组织也将无法消除系统做出的任何错误决策。
- 缺乏文档：如果没有关于数据和模型的清晰沿袭文档，企业或组织将无法解释模型的行为，或在审计员或监管机构要求时只能重现模型。
- 训练数据中的缺陷和偏差：机器学习模型可能会因使用有偏差的数据集进行训练而做出有偏差的决策，这会使组织面临潜在的声誉或法律风险。
- 不一致的数据分布：当训练数据和推理数据的分布不同时，模型可能会在生产中做出错误的预测。这些数据分布也会随着时间的推移而在生产中发生变化，这就是所谓的数据漂移（data drift）。由于分布外错误所做出的不正确预测可能会导致潜在的财务、声誉或法律风险。
- 模型测试和验证不充分：在模型投入生产之前，不但应该根据既定的验收指标对其进行彻底的测试和验证，而且还应该进行稳健性（鲁棒性）测试以识别故障点。
- 缺乏模型可解释性：对于某些业务应用程序，需要解释模型如何做出决策。在需要时无法解释模型可能会导致声誉和法律风险。

- 变更管理流程不充分：如果没有稳健的模型变更管理控制，则模型可能会使用不正确的数据进行训练，并且可能会在生产环境中部署或更改有缺陷的模型，从而导致模型失败。

了解了这些信息之后，我们就熟悉了模型风险管理的监管环境以及模型失败和滥用的一些常见原因。接下来，让我们讨论一下机器学习的治理框架。

11.3　了解机器学习治理框架

机器学习治理很复杂，因为它需要处理复杂的内部和监管政策。整个机器学习生命周期涉及许多利益相关者和技术系统。

此外，许多机器学习模型的不透明性、数据依赖性、机器学习隐私以及许多机器学习算法的随机行为使机器学习治理更具挑战性。

企业或组织中的治理机构负责建立政策和机器学习治理框架。为了实施机器学习风险管理，许多组织为其组织结构设置了以下三道防线：

- 第一道防线归业务运营所有。这条防线侧重于机器学习模型的开发和使用。业务运营负责根据模型分类和风险公开在结构化文档中创建和保留所有数据和模型假设、模型行为和模型性能指标。模型将被测试和注册，相关的工件被持久化，结果可以被复制。部署模型后，系统问题、模型输出、模型偏差以及数据和模型漂移将根据既定程序和指南进行监控和解决。
- 第二道防线归风险管理职能部门所有，侧重于模型验证。风险管理职能部门负责独立审查和验证第一线生成的文件。这条防线引入了关于控制和文档的标准，以确保文档是独立的，结果是可重现的，并且模型的局限性被利益相关者充分理解。
- 第三道防线由内部审计拥有，这道防线主要关注控制和过程，而不是模型工件和理论。具体来说，这道防线负责审核第一道和第二道防线，以确保所有已建立的流程和指导方针都得到有效遵循和实施。这条防线提供内部控制的独立验证，并审查模型风险管理活动的文档、及时性、频率和完整性。

作为机器学习解决方案架构师，你通常是第一道防线的一部分责任人，需要设计符合机器学习治理框架的解决方案。接下来，我们将讨论机器学习技术如何适应整体治理框架。

11.4　了解机器学习偏差和可解释性

机器学习治理的重点领域之一是偏差检测和模型可解释性。

让机器学习模型表现出有偏差的行为不仅会使组织面临潜在的法律后果，还可能导致公共关系噩梦。有一些具体的法律法规，如 Equal Credit Opportunity Act（平等信用机会法），禁止商业交易中的歧视，如基于种族、肤色、宗教、性别、国籍、婚姻状况和年龄的歧视。其他一些反歧视法律的例子还包括 Civil Rights Act of 1964（1964 年美国民权法案）和 Age Discrimination in Employment Act of 1967（1967 年就业年龄歧视法）。

机器学习偏差可能源于数据中的潜在偏差。由于机器学习模型是使用数据训练的，如果数据包含偏差，那么经过训练的模型也会表现出有偏差的行为。例如，如果你构建了一个机器学习模型来预测贷款违约率作为贷款申请审查流程的一部分，并且将种族用作训练数据中的特征之一，那么机器学习算法可能会发现与种族相关的模式并偏爱某些种族而不是其他种族。

偏差可以在不同阶段引入机器学习生命周期。例如，可能存在数据选择偏差，因为某些组在数据收集阶段可能具有更强的代表性。

还可能存在标签偏差，即人类在为数据集分配标签时有意或无意地犯了错误。带有虚假信息的数据源也可能是导致人工智能解决方案产生偏差的来源。

解释模型做出决策的能力有助于企业或组织满足治理机构的合规性和审计要求。此外，模型可解释性有助于企业或组织了解输入与机器学习预测之间的因果关系，从而做出更好的业务决策。例如，如果你能够了解客户对金融产品产生强烈兴趣的原因（如奖励计划），那么你就可以调整你的业务策略（如强化奖励计划），以增加收入。能够解释模型决策还有助于在机器学习模型中与领域专家建立信任。如果领域专家认可模型做出预测的方式，那么他们更有可能采用该模型进行决策。

可以使用多种技术来进行偏差检测和实现模型的可解释性，接下来，我们将仔细研究其中的一些技术。

11.4.1　偏差检测和减少

为了发现和减少偏差，需要建立一些关于什么是公平的指导原则。例如，银行的贷款审批流程应以类似方式对待类似的人，当申请人被按照同一标准评估其获得贷款的资格时，该流程可以被认为是公平的。

银行还需要确保在贷款批准和衡量指标方面对不同的人口亚群一视同仁，如贷款拒绝率在不同的人口亚群之间大致相似。

根据公平的定义，可以使用不同的指标来衡量偏差。其中一些指标甚至可能相互矛盾。你需要根据社会和法律考虑因素以及来自不同人口群体的输入来选择最能支持公平定义的指标。以下是我们必须考虑的一些偏差指标：

- 类别不平衡：该指标可衡量数据集中不同人口群体，尤其是弱势群体的不平衡表示。
- 观察标签的正比例差异：该指标可衡量不同人口群体中正标签的差异。
- kullback 和 leibler（KL）散度：该指标可比较不同群体（如优势群体和劣势群体）的特征和标签的概率分布。
- 标签中的条件性人口统计学差异：该指标可以衡量一个群体中被拒绝结果的比例是否高于同一群体中被接受结果的比例。
- 召回率差异：该指标将衡量机器学习模型是否为一个组（优势组）找到了比其他组（劣势组）更多的真阳性。

一旦检测到偏差，我们有若干种方法可以减少该偏差。以下是一些可以应用的例子：

- 删除特征：此方法将通过删除可能导致偏差的特征（如性别和年龄）来帮助减少偏差。
- 重新平衡训练数据：这种方法纠正了训练数据中不同组的不同表示形式的偏差。
- 调整训练数据中的标签：这种方法将使不同子组的标签比例更接近。

目前已经有一些用于公平和偏差管理的开源库，例如：

- Fairness

  https://github.com/algofairness/fairness-comparison

- Aequitas

  https://github.com/dssg/aequitas

- Themis

  https://github.com/LASER-UMASS/Themis

- Responsibly

  https://github.com/ResponsiblyAI/responsibly

- IBM AI Fairness 360

  https://aif360.mybluemix.net/

SageMaker 中还有一个用于偏差检测的组件，下文将更详细地介绍。

11.4.2　机器学习可解释性技术

在解释机器学习模型的行为时，有两个主要概念：

- 全局可解释性：这是模型在所有数据点上的整体行为，用于模型训练和预测。这有助于我们了解不同的输入特征如何影响模型预测的结果。

  例如，在为信用评分训练机器学习模型后，确定 income（收入）是预测所有贷款申请人的数据点的高信用评分的最重要特征。

- 局部可解释性：这是模型对单个数据点（实例）的行为，可指定哪些特征对单个数据点的预测影响最大。

  例如，当你试图解释哪些特征对单个贷款申请人的决定影响最大时，可能会发现 education（教育）是最重要的特征，尽管 income（收入）在全局层面上是最重要的特征。

一些机器学习算法，如线性回归和决策树，其算法被认为天然地具有解释模型的能力。例如，线性回归模型的系数直接代表了不同输入特征的相对重要性，而决策树中的分割点则代表了用于决策的规则。

对于神经网络等黑盒模型，由于非线性和模型复杂性，很难解释决策是如何做出的。解决此问题的技术之一是使用白盒代理模型来帮助解释黑盒模型的决策。例如，可以使用相同的输入数据与黑盒神经网络模型并行训练线性回归模型。虽然线性回归模型的性能可能与黑盒模型不同，但它可以用来解释如何在高层次上做出决策。

目前有多种开源包都可以用于模型可解释性，接下来，我们将介绍以下两个包：

- local interpretable model-agnostic explanations（LIME）。
- SHapley Additive exPlanations（SHAP）。

11.4.3　LIME

顾名思义，LIME 支持本地（实例）可解释性。LIME 背后的主要思想是扰动原始数据点（调整数据点），将它们输入黑盒模型，并查看相应的输出。

所谓扰动数据点，就是先对原始数据点做微小变化，并根据它们与原始数据的接近程度进行加权。然后使用扰动的数据点和响应拟合代理模型，如线性回归。最后，训练好的线性模型可用于解释如何对原始数据点做出决策。

LIME 可以作为常规 Python 包安装，可用于解释文本分类器、图像分类器、表格分类器和回归模型。以下是 LIME 中可用的解释器：

- 表格数据解释器：lime_tabular.LimeTabularExplainer()。
- 图像数据解释器：lime_image.LimeImageExplainer()。
- 文本数据解释器：lime_text.LimeTextExplainer()。

LIME 有一些缺点，如缺乏稳定性和一致性，因为 LIME 使用随机抽样来生成数据点进行粗略估算。此外，对于无法通过线性模型粗略估算的局部数据点，线性代理可能不准确。

11.4.4 SHAP

SHAP 是一个更受欢迎的包，它解决了 LIME 的一些缺点。它使用联盟博弈论（coalition game theory，也称为合作博弈论）概念计算每个特征对预测的贡献，其中每个数据实例的每个特征值都是联盟中的参与者。

联盟博弈论的基本思想是在进行博弈时先形成不同的玩家联盟排列，然后观察不同排列的博弈结果，最后计算出每个玩家的贡献。

例如，如果训练数据集中有 3 个特征（A、B 和 C），那么将有 8 个不同的联盟（$2^3=8$）。我们为每个不同的联盟训练一个模型，总共 8 个模型。使用所有 8 个模型在数据集中生成预测，计算出每个特征的边际贡献，并为每个特征分配一个 Shapley 值来表示特征重要性。

例如，如果使用仅具有特征 A 和 B 的联盟的模型生成的输出结果为 50，而使用特征 A、B 和 C 的模型生成的输出结果为 60，则特征 C 的边际贡献为 10。当然，这只是一个概念上的演绎，实际的计算和赋值比这个例子要更复杂一些。

SHAP 可以像常规 Python 包一样安装。它可用于解释树集成模型、自然语言模型（如 transformer）和深度学习模型。它有以下主要解释器：

- TreeExplainer：用于计算树的 SHAP 值和树算法集合的实现。
- DeepExplainer：用于计算深度学习模型的 SHAP 值的实现。
- GradientExplainer：一种预期梯度的实现，用于逼近深度学习模型的 SHAP 值。
- LinearExplainer：用于解释具有独立特征的线性模型。
- KernelExplainer：一种与模型无关的方法，用于估计任何模型的 SHAP 值，因为它不对模型类型做出假设。

SHAP 被广泛认为是最先进的模型可解释性算法，并已在 SageMaker 等商业产品中实现。它可用于计算单个实例的全局特征重要性和局部可解释性。当然，它也有一些缺点，如与 KernelExplainer 相关的计算速度较慢。

11.5　设计用于治理的机器学习平台

机器学习技术系统在机器学习治理流程和活动的整体运营中至关重要。首先，这些技术系统的设计和构建需要满足内部和外部政策和指导方针。其次，技术可以帮助简化和自动化机器学习治理活动。

图 11.1 显示了企业机器学习平台中的各种机器学习治理接触点。

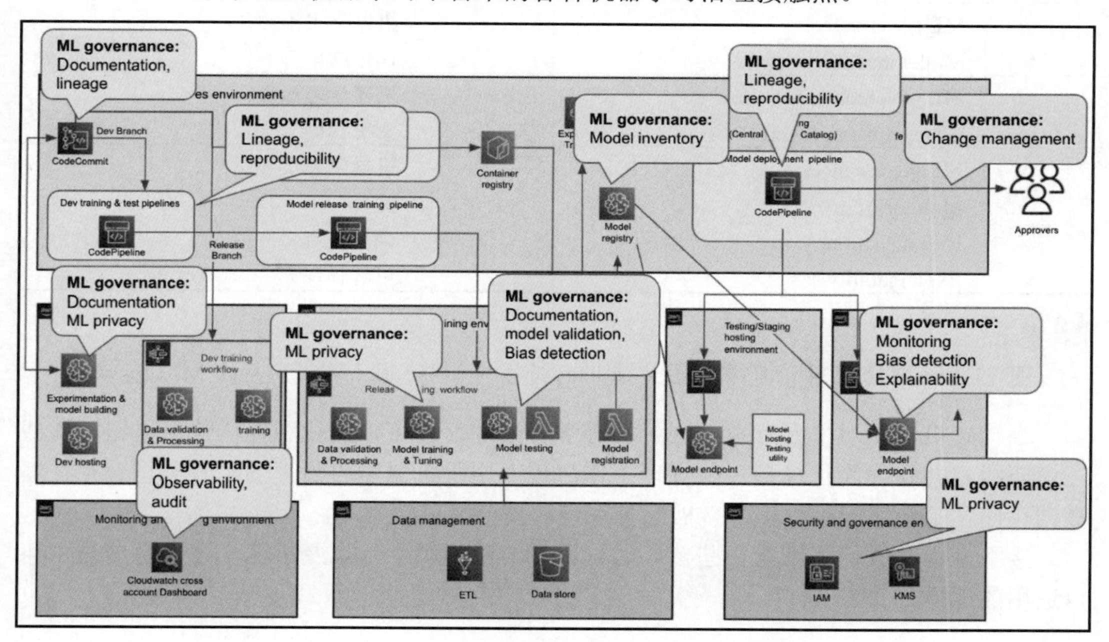

图 11.1　机器学习平台和机器学习治理

原　　文	译　　文
ML governance: Documentation, lineage	机器学习治理： 文档，世系
ML governance: Lineage, reproducibility	机器学习治理： 世系，可重复性
ML governance: Documentation, ML privacy	机器学习治理： 文档，机器学习隐私
ML governance: Observability, audit	机器学习治理： 可观察性，审计

续表

原　文	译　文
ML governance: ML privacy	机器学习治理: 机器学习隐私
ML governance: Documentation, model validation, Bias detection	机器学习治理: 文档, 模型验证, 偏差检测
ML governance: Model inventory	机器学习治理: 模型清单
ML governance: Change management	机器学习治理: 变更管理
ML governance: Monitoring Bias detection Explainability	机器学习治理: 监控 偏差检测 可解释性

提示:

图 11.1 底部的机器学习平台图片使用的是图 9.3“使用 AWS 服务的 MLOps 架构”。

当构建机器学习平台时考虑到了机器学习治理，它可以捕获和提供信息以帮助完成三道防线，并让你简化模型风险管理工作流程。用于机器学习治理的工具类型包括在线数据存储、工作流应用程序、文档共享系统和模型清单数据库。

接下来，让我们仔细看一些核心的机器学习治理组件，以及机器学习平台或技术可以适用的地方。

11.5.1　数据和模型文档

机器学习治理的关键组成部分之一是文档，所有用于决策的模型都应提供文档。文档的范围包括以下内容:

- 数据概览，包括评估输入数据的数据质量报告。
- 模型开发文档，包括方法和假设、模型使用说明、性能和验证结果，以及其他定性和定量分析。
- 第二道和第三道防线的模型验证策略和报告。
- 模型性能监测结果和数据漂移报告。

- 模型实现和用户验收测试报告。

机器学习平台在机器学习治理文档中的作用通常是提供数据点，这些数据点可以输入正式的风险管理文档或生成一些即用型报告。具体来说，机器学习平台必须能够跟踪、存储和报告以下数据点：

- 数据质量指标，如数据描述、统计数据、偏差和误差。
- 开发和测试中的模型指标和验证结果。
- 模型偏差和可解释性报告。
- 生产环境中的模型性能监控结果。

Amazon SageMaker 可以生成要包含在模型风险文档中的数据和文档。具体来说，SageMaker 将跟踪并生成以下与机器学习治理文档相关的信息：

- 模型指标：SageMaker Training 服务跟踪模型指标，如训练误差和验证误差。
- 数据和模型偏差报告：SageMaker Clarify 是 SageMaker 中的偏差检测组件。如果启用 SageMaker Clarify，则可以获得训练数据和已训练模型的数据和模型偏差报告。数据和模型偏差报告提供了不同年龄组和性别的训练数据不平衡和预测行为之类的详细信息。
- 模型可解释性报告：SageMaker Clarify 还提供模型可解释性功能，它使用 SHAP 来解释每个输入对最终决策的贡献。有关 SHAP 的更多信息，可访问：

  https://shap.readthedocs.io/en/latest/index.html

有多种工具可用于生成数据质量报告。例如，AWS Glue DataBrew 可用于分析输入数据并生成数据质量报告。它报告数据统计信息，如数据分布、相关性和缺失值。

这些数据点可通过 SageMaker 和 DataBrew 用户界面和 API 获得，并且可以手动提取以满足你的需求。但是，要实现该过程，你应该实现自动数据提取作业，以从 SageMaker 和 DataBrew 中提取数据点，并将它们存储在专门构建的数据存储中以进行模型风险管理。根据业务需求，可以提取来自数据科学环境、测试环境或生产托管环境的数据以用于文档编制。

11.5.2　模型清单

模型注册表是机器学习治理框架中的重要组成部分，它有助于提供对可用模型及其用途的可见性，它是业务运营和风险管理在管理机器学习模型时使用的关键工具。使用模型注册表，可以保留不同阶段的模型目录、对模型进行版本控制以及将元数据（如训练指标）与模型相关联。你还可以管理部署的批准流程，并将其用作机器学习运维

（MLOps）管道的一部分，以根据模型训练和部署生命周期跟踪世系和活动。

既有开源模型注册平台（如 MLFlow 模型注册），也有可用于模型注册管理的托管模型注册服务。正如我们在第 9 章“使用 AWS 机器学习服务构建企业机器学习架构”中提到的，SageMaker 可以提供托管模型注册表产品。SageMaker 模型注册表提供以下关键功能来支持机器学习治理活动和流程：

- 模型清单：不同模型的所有版本都属于 SageMaker 注册表中的相应模型组，你可以在注册表中查看所有模型组和模型的不同版本。模型指标、训练作业详细信息、用于训练的超参数和训练数据源等元数据是模型审查和模型审计过程的重要数据点。根据特定的业务需求，你可以为单个企业视图设置中央模型注册表，如果可以满足你的治理和审计要求，甚至可以设置分布式模型注册表。
- 模型批准和生命周期跟踪：你可以直接在 SageMaker 模型注册表内跟踪模型和模型阶段的批准。这有助于业务运营和审计以确保遵循正确的流程。

SageMaker 的模型注册表可以成为自动化 MLOps 管道的一部分，以帮助确保模型管理和模型更新的一致性和可重复性。

11.5.3　模型监控

部署后模型监控有助于检测模型故障，以便采取适当的补救措施来限制风险暴露。需要监控模型的系统可用性和错误，以及数据和模型漂移、预测失败等。

正如我们在第 9 章“使用 AWS 机器学习服务构建企业机器学习架构”中提到的，SageMaker 为数据漂移和模型漂移提供了模型监控功能。具体来说，SageMaker Model Monitor 支持以下内容：

- 数据漂移：使用 SageMaker Model Monitor 可以监控生产中的数据质量问题和数据分布偏差（也称为数据漂移）。要使用此功能，必须使用基线数据集（如模型训练数据集）创建基线，以收集数据统计信息、数据类型并建议监控约束。SageMaker Model Monitor 可以捕获实时推理流量、计算数据统计信息、检查数据类型，根据约束验证它们并触发警报。例如，如果某个特征的均值和标准差与基线相比发生了显著变化，则可以触发警报。
- 模型性能漂移：可以使用 Model Monitor 来检测生产中的模型性能变化。要使用此功能，可以使用包含输入和标签的基线数据集创建模型性能基线作业。基线作业将建议约束，也就是 Model Monitor 根据生产环境中收集的真实数据计算的指标阈值。可以选择将这些指标发送到 CloudWatch 以进行可视化。
- 特征归因漂移：启用 SageMaker Clarify 后，SageMaker Model Monitor 可以报告

特征归因漂移（feature attribution drift）。特征归因是预测输出特征重要性的指标。与数据和模型漂移类似，可以先使用基线数据创建 SHAP 基线作业以生成约束建议。然后安排单独的监控作业以根据基线监控生产中的预测。

SageMaker 模型监控可以与自动警报和响应系统集成，以简化模型和数据问题的修复。

11.5.4　变更管理控制

为了确保模型部署过程的一致性以降低操作风险及支持审计，需要实施适当的变更管理控制。这可能包括有关变更性质及其影响、变更审查和批准、变更工单、访问和活动监控以及撤销程序的文档。

还有一些专门用于工作流和工单管理的变更管理工具。底层机器学习基础架构需要与变更管理工作流集成，以确保收集和审核所有数据点。

SageMaker 提供了可以支持更改管理控制的功能，如模型批准状态更改跟踪、模型部署日志记录和细粒度活动日志记录等。

11.5.5　世系和可重复性

许多机器学习治理框架的关键要求之一是建立跨数据和模型的世系，以便在需要时可以复制模型。建立世系所需的数据包括训练数据源、使用的算法、超参数配置和模型训练脚本等。SageMaker 提供了多种功能来帮助建立世系：

- SageMaker 训练作业将保留世系数据，如训练数据源、训练作业容器（包含算法和训练脚本）、超参数配置和模型工件位置等。出于记录保留目的，历史训练作业数据在 SageMaker 环境中是不可变的。
- SageMaker Experiment 和 ML Lineage 可以包含其他组件的详细信息，如数据处理，以实现更完整的世系跟踪。
- SageMaker Hosting 可提供有关原始模型工件和推理容器位置的信息，以跟踪从模型到端点的世系。

这些数据点可通过调用 SageMaker API 获得。外部应用程序可以直接调用 SageMaker API 以提取此数据进行审核。或者，也可以开发数据提取作业来提取这些数据点并将它们加载到专门构建的风险管理存储中进行分析。

11.5.6　可观察性和审计

审计主要侧重于支持审计活动的过程验证和工件收集。底层平台通常用作收集工件的信息源。例如，如果有一个模型风险管理政策需要在模型部署到生产环境之前获得批准，那么审计将需要访问记录系统以确保收集和保留此类数据。

SageMaker 和其他相关服务可以作为支持整个审计流程的数据源。具体来说，它提供了与审计目的相关的以下信息：

- 活动和访问审计跟踪：SageMaker 将所有审计跟踪数据发送到 CloudWatch 日志，可以为审计保留和分析这些数据。
- 模型批准跟踪：模型部署批准在 SageMaker 的模型注册表中进行跟踪，可以将其作为已遵循所需批准流程的证据提供给审核员。
- 世系跟踪：SageMaker Experiment 和 ML Lineage 跟踪组件可以跟踪和保留模型世系，如数据处理、模型训练和模型部署等。世系跟踪信息可帮助审核员验证模型是否可以使用其原始数据和配置依赖项进行复制。
- 配置更改：系统配置数据在 AWS CloudTrail 中作为更改事件捕获。例如，当删除 SageMaker 端点时，CloudTrail 中将有一个条目指示此更改。

同样，可以实施自动化作业以提取此信息并将其输入到专门构建的数据存储中以进行风险管理。审计是一个复杂的过程，可能涉及许多业务功能和技术系统。为了支持完整的审计流程，你将需要多个技术平台和人工流程的支持来提供所需的数据。

11.5.7　安全和隐私保护

机器学习隐私在机器学习实现中变得越来越重要。为了确保遵守数据隐私法规，甚至内部数据隐私控制，机器学习系统需要提供基础的基础设施安全功能，如数据加密、网络隔离、计算隔离和私有连接。

借助基于 SageMaker 的机器学习平台，可以启用以下关键安全控制：

- 私有网络：由于 SageMaker 是一项完全托管的服务，它在 AWS 账户中运行，因此默认情况下，你的 AWS 账户中的资源可以通过公共 Internet 与 SageMaker API 通信。要从你自己的 AWS 环境启用与 SageMaker 组件的私有连接，可以将它们附加到你的虚拟私有云（virtual private cloud，VPC）中的子网。
- 存储加密：可以通过在创建 SageMaker Notebook、训练作业、处理作业或托管端点时提供加密密钥来启用静态数据加密。
- 禁用互联网访问：默认情况下，你的 SageMaker Notebook、训练作业和托管服务可以访问互联网。可以通过相关配置禁用此 Internet 访问。

除了基础设施安全，你还需要考虑数据隐私和模型隐私，以保护敏感信息，免受对抗性攻击，如从匿名数据中对敏感数据进行逆向工程。机器学习中的数据隐私保护主要采用以下 3 种技术：

- 差分隐私（differential privacy）：差分隐私允许你共享数据集，同时隐藏数据集中个人的信息。该方法通过在计算中添加随机噪声来工作，因此很难对原始数据进行逆向工程。例如，可以向训练数据或模型训练梯度添加噪声以混淆敏感数据。
- 同态加密（homomorphic encryption，HE）：HE 是一种加密形式，允许用户对加密数据执行计算，而无须先对其进行解密。这使得计算输出处于加密形式，当解密时，它等同于输出，就好像计算是在未加密的数据上执行的一样。使用这种方法，数据可以在模型训练之前进行加密。训练算法将使用加密数据训练模型，其输出只能由数据所有者使用密钥解密。
- 联合学习（federated learning）：联合学习允许在边缘设备上进行模型训练，同时将数据保存在本地设备上，而不是将数据发送到中央训练集群。这可以保护个人数据，因为它不会在中央位置共享，而全局模型仍然可以从个体数据中受益。

这些主题中的每一个都需要一本单独的图书来讨论，因此我们不会深入探讨这 3 个主题的细节。下文将简要介绍差分隐私，以解释该方法背后的主要直觉和概念。

11.5.8　差分隐私

要理解差分隐私所解决的问题，让我们先来了解一下 Netflix 公司发生的现实世界隐私泄露事件。2006 年，Netflix 提供了 48 万用户提交的 1 亿条电影评分作为 Netflix 价格竞争的数据。Netflix 对该数据集中具有唯一订阅者 ID 的用户名进行了匿名化处理，认为这样可以保护订阅者的身份。但仅 16 天后，两名大学研究人员就能够通过将订阅者的评论与来自 IMDb 的数据进行匹配来识别一些订阅者的真实身份。这种类型的攻击称为链接攻击（linkage attack），这一事件暴露了匿名化不足以保护敏感数据的事实。有关详细信息，可访问：

https://en.wikipedia.org/wiki/Netflix_Prize

差分隐私通过向用于计算的数据集添加噪声解决了这个问题，因此原始数据不能轻易被逆向工程。除了防止链接攻击，差分隐私还有助于量化由于某人对数据进行处理而导致的隐私损失。为了帮助理解这意味着什么，让我们来看一个例子。

假设你的组织是一家区域性银行，并且你的客户数据存储库包含有关你的客户的敏感数据，包括姓名、社会保险号、邮政编码、收入、性别和教育等。为确保数据隐私，这些数据不能被所有部门自由共享，如营销部门。但是，可以共享客户数据的聚合分析，如收入超过一定阈值的客户数量。为了能够访问聚合数据，我们构建了一个数据查询工具，只返回聚合数据（如计数、总和、平均值、最小值和最大值）到营销部门。

此外，另一个数据库包含具有唯一客户 ID 的客户流失数据，而客户支持数据库则包含客户名称和唯一客户 ID。营销部门可以访问流失数据库和客户支持数据库。出于某种个人目的，一位恶意的分析师想要找出收入高于某个阈值的客户的姓名。有一天，这位分析师查询了数据库，发现在 4000 名客户中有 30 名客户的收入超过 100 万美元，他们的邮政编码为特定邮政编码。几天后，他再次查询客户数据，发现在总共 3999 名客户中，收入超过 100 万美元的客户只有 29 名。由于他可以访问流失数据库和客户支持数据库，因此他能够识别流失客户的姓名，并确定该客户的收入超过 100 万美元。

为了防止这种情况发生，查询工具被更改为在结果中添加一点噪声（如添加或删除记录），而不会丢失有关原始数据的有意义的信息。例如，在第一次查询中不是返回 4000 个客户中的 30 个客户的实际结果，而是返回 4001 个客户中的 31 个客户的结果。在第二次查询返回 3997 个客户中的 28 个，而不是 3999 个客户中的实际 29 个。这种添加的噪声不会显著改变汇总结果的整体幅度，但它会使对原始数据进行逆向工程变得更加困难，因为你无法确定特定记录。这就是差分隐私运作方式背后的直觉。

图 11.2 显示了差分隐私的概念，它在两个数据库上执行计算，并将噪声添加到其中一个数据库。目标是确保 Result 1 和 Result 2 尽可能接近，即使这两个数据库略有不同，也越来越难以区分 Result 1 和 Result 2 之间的分布差异。在这里，Epsilon（ε）值是隐私损失预算，它是在添加/删除记录时输出分布可以改变多少概率的上限。Epsilon 值越小，隐私损失越低。

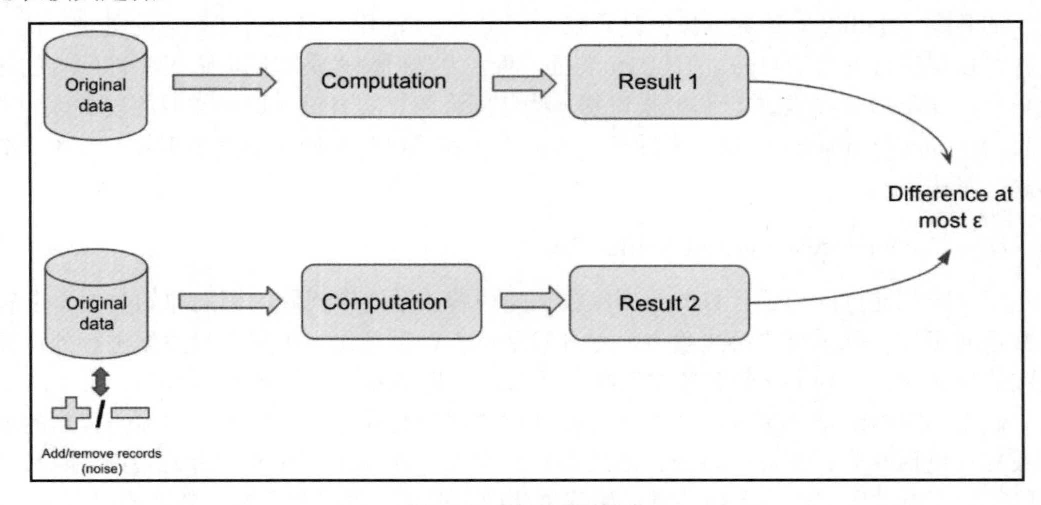

图 11.2　差分隐私概念

原　　文	译　　文
Original data	原始数据
Computation	计算
Result 1	结果 1
Result 2	结果 2
Add/remove records (noise)	添加/删除记录（噪声）
Difference at most ε	差异最大为 ε

机器学习模型容易受到隐私攻击。例如，可以从直接映射到原始训练数据的训练模型中提取信息，因为深度学习模型可能无意中记住了训练数据。此外，过拟合的模型更有可能记住训练数据。差分隐私是可以帮助最小化意外记忆影响的技术之一。

由于差分隐私可以使两个输入数据集（一个包含敏感数据，一个删除敏感数据）的计算输出从查询的角度几乎无法区分，因此黑客或恶意用户无法自信地推断出一段敏感数据是否在原始数据集中。

有多种方法可以将差分隐私应用于机器学习模型训练，例如，向基础训练数据添加噪声或向模型参数添加噪声。此外，差分隐私并不是免费的。隐私保护越高（ε 越小），则模型准确率越低。

差分隐私在 TensorFlow Privacy 中实现。TensorFlow Privacy 为模型训练提供了一个差分私有优化器，并且需要最少的代码更改。

以下代码示例显示了使用 DPKerasSGDOptimizer 对象进行差分隐私训练的语法。其主要操作步骤如下：

（1）安装 tensorflow_privacy 库包。

（2）导入 tensorflow_privacy。选择你的差分私有优化器：

```
optimizer = tensorflow_privacy.DPKerasSGDOptimizer(
    l2_norm_clip=l2_norm_clip,
    noise_multiplier=noise_multiplier,
    num_microbatches=num_microbatches,
    learning_rate=learning_rate)
```

（3）选择你的损失函数：

```
loss = tf.keras.losses.CategoricalCrossentropy(
    from_logits=True,
    reduction=tf.losses.Reduction.NONE)
```

（4）编译你的模型：

```
model.compile(  optimizer=optimizer, loss=loss,
                metrics=['accuracy'])
```

PyTorch 通过其 opacus 包支持差分隐私，使用 opacus 包来启用差分隐私训练也相当简单。以下代码示例演示了如何在 privacyEngine 对象中包装优化器，并在 PyTorch 训练循环中以相同的方式使用优化器：

```
from opacus import PrivacyEngine
optimizer= torch.optim.SGD(model.parameters(),
                           lr=learning_rate)
privacy_engine = PrivacyEngine(
    model,
    sample_rate=sample_rate,
    max_grad_norm=max_per_sample_grad_norm,
    noise_multiplier = noise_multiplier
)
privacy_engine.attach(optimizer)
```

本章介绍了若干个机器学习治理和安全的概念。如前文所述，机器学习解决方案架构师通常不负责建立机器学习治理框架或实现隐私保护建模训练架构。但是，机器学习解决方案架构师会被要求提供有关如何使用不同的机器学习工具支持机器学习治理的技术指导。因此，了解这些工具以及如何在整个机器学习治理框架中使用它们非常重要。

接下来，让我们通过使用已讨论过的一些工具来获得一些实践经验。

11.6　动手练习——检测偏差、模型可解释性和训练隐私保护模型

为机器学习治理构建一个综合系统是一项复杂的任务。本练习将学习如何使用 SageMaker 的一些内置功能来支持机器学习治理的某些方面。

11.6.1　方案概述

作为机器学习解决方案架构师，你被要求支持具有监管影响的项目并确定其技术解决方案。具体来说，你需要确定数据偏差检测、模型可解释性和隐私保护模型训练的技术方法。请按照以下步骤开始。

11.6.2　检测训练数据集中的偏差

本练习的具体操作步骤如下。

（1）启动 SageMaker Studio 环境：

- 启动你一直在使用的 SageMaker Studio 环境。
- 创建一个名为 chapter11 的新文件夹，这将是本练习的工作目录。创建一个新的 Jupyter Notebook 并将其命名为 bias_explainability.ipynb。在出现提示时选择 Python 3 (data science) 内核。
- 在 chapter11 文件夹下创建一个名为 data 的新文件夹。我们将使用该文件夹来存储训练和测试数据。

（2）上传训练数据：

- 本练习将使用我们在前面章节中使用的客户流失数据（churn.csv）。如果你没有该数据，可以从以下网址获得：

  https://github.com/PacktPublishing/The-Machine-Learning-Solutions-Architect-Handbook/tree/main/Chapter11/data

- 先将数据下载到本地目录，然后将两个文件上传到新创建的数据目录。

（3）使用以下代码块初始化 sagemaker 环境：

```
from sagemaker import Session
session = Session()
bucket = session.default_bucket()
prefix = "sagemaker/bias_explain"
region = session.boto_region_name
# 定义 IAM 角色
from sagemaker import get_execution_role
import pandas as pd
import numpy as np
import os
import boto3
role = get_execution_role()
s3_client = boto3.client("s3")
```

（4）从数据目录加载数据并显示前几行。Exited 列是目标：

```
training_data = pd.read_csv("data/churn.csv").dropna()
training_data.head()
```

（5）将数据拆分为训练集和测试集（分别占比 80/20）：

```
from sklearn.model_selection import train_test_split
churn_train, churn_test = train_test_split (training_data,
test_size=0.2)
```

创建一个编码函数以将分类特征编码为数字：

```
from sklearn import preprocessing
def number_encode_features(df):
    result = df.copy()
    encoders = {}
    for column in result.columns:
        if result.dtypes[column] == np.object:
            encoders[column] = preprocessing.LabelEncoder()
            result[column] = encoders[column].fit_
transform(result[column].fillna("None"))
    return result, encoders
```

先处理 SageMaker xgboost 模型的数据，该模型需要目标列位于第一列。然后将文件保存到数据目录：

```
churn_train = pd.concat([churn_train["Exited"], churn_
train.drop(["Exited"], axis=1)], axis=1)
churn_train, _ = number_encode_features(churn_train)
churn_train.to_csv( "data/train_churn.csv",
                   index=False, header=False)

churn_test, _ = number_encode_features(churn_test)
churn_features = churn_test.drop(["Exited"], axis=1)
churn_target = churn_test["Exited"]
churn_features.to_csv("data/test_churn.csv",
                      index=False, header=False)
```

将新创建的训练和测试文件上传到 S3，为模型训练做准备：

```
from sagemaker.s3 import S3Uploader
from sagemaker.inputs import TrainingInput
train_uri = S3Uploader.upload("data/train_churn.csv",
"s3://{}/{}".format(bucket, prefix))
train_input = TrainingInput(train_uri, content_type="csv")
test_uri = S3Uploader.upload("data/test_churn.csv",
"s3://{}/{}".format(bucket, prefix))
```

（6）使用 SageMaker xgboost 容器启动模型训练：

```
from sagemaker.image_uris import retrieve
from sagemaker.estimator import Estimator
container = retrieve("xgboost", region, version="1.2-1")
xgb = Estimator(container,role, instance_count=1,
                instance_type="ml.m5.xlarge",
                disable_profiler=True,
                sagemaker_session=session,)
xgb.set_hyperparameters(max_depth=5, eta=0.2, gamma=4,
                        min_child_weight=6,
                        subsample=0.8,
                        objective="binary:logistic",
                        num_round=800,)
xgb.fit({"train": train_input}, logs=False)
```

（7）从训练作业创建一个模型，以便稍后与 SageMaker Clarify 一起使用：

```
model_name = "churn-clarify-model"
model = xgb.create_model(name=model_name)
container_def = model.prepare_container_def()
session.create_model(model_name, role, container_def)
```

（8）实例化 Clarify 处理器用于运行偏差检测和可解释性：

```
from sagemaker import clarify
clarify_processor = clarify.SageMakerClarifyProcessor(
    role=role, instance_count=1,
    instance_type="ml.m5.xlarge",
    sagemaker_session=session)
```

（9）指定数据配置。本示例将使用训练数据并指示分析的目标列：

```
bias_report_output_path = "s3://{}/{}/clarify-bias".format(bucket,prefix)
bias_data_config = clarify.DataConfig(
    s3_data_input_path=train_uri,
    s3_output_path=bias_report_output_path,
    label="Exited",
    headers=churn_train.columns.to_list(),
    dataset_type="text/csv")
```

（10）指定模型配置。为 Clarify 处理作业临时创建一个影子端点：

```
model_config = clarify.ModelConfig(
    model_name=model_name,
    instance_type="ml.m5.xlarge",
```

```
    instance_count=1, accept_type="text/csv",
    content_type="text/csv",)
```

（11）指定阈值。这是标记预测的阈值。在这里，如果概率为 0.8，则指定标签为 1。默认值为 0.5：

```
predictions_config = clarify.
ModelPredictedLabelConfig(probability_threshold=0.8)
```

（12）使用 BiasConfig 对象指定我们想要检测偏差的特征：

```
bias_config = clarify.BiasConfig(
    label_values_or_threshold=[1],
    facet_name="Gender",
    facet_values_or_threshold=[0])
```

（13）现在我们已准备好运行 Clarify 偏差检测作业。你应该在单元格的输出中看到作业的状态和偏差分析的详细信息。该报告以 Exited 列作为预测目标，为 Gender 特征列提供了各种偏差指标：

```
clarify_processor.run_bias(
    data_config=bias_data_config,
    bias_config=bias_config,
    model_config=model_config,
    model_predicted_label_config=predictions_config,
    pre_training_methods="all",
    post_training_methods="all")
```

此报告也可在 Studio 控制台中使用。具体操作方法：先转到 SageMaker Component and Registries（SageMaker 组件和注册表）| Experiments and trials（实验和试验）| Unassigned trial components（未分配的试验组件），然后右击最新的 clarify-bias-XXXX 作业，并选择 Open in trial details（在试验详细信息中打开）。最后，单击 Bias report（偏差报告）选项卡以查看该报告。

11.6.3　解释训练模型的特征重要性

接下来，我们将使用 SageMaker Clarify 来帮助解释特征的重要性。具体来说，SageMaker Clarify 可以使用 SHAP 来解释预测。SHAP 将通过计算每个特征对预测的贡献来工作。

现在可以继续使用已创建的 Notebook 进行偏差检测。

（1）指定 SHAP 配置。在这里，number_samples 是为计算 SHAP 值而生成的合成数据点的数量，而 baseline 则是数据集中用于基线计算的行列表：

```
shap_config = clarify.SHAPConfig(
    baseline=[churn_features.iloc[0].values.tolist()],
    num_samples=15,
    agg_method="mean_abs",
    save_local_shap_values=True,)
```

（2）为可解释性作业指定数据配置。在这里，我们必须提供详细信息，如输入训练数据和报告的输出路径：

```
explainability_output_path = "s3://{}/{}/clarify-explainability".
format(bucket, prefix)
explainability_data_config = clarify.DataConfig(
    s3_data_input_path=train_uri,
    s3_output_path=explainability_output_path,
    label="Exited",
    headers=churn_train.columns.to_list(),
    dataset_type="text/csv")
```

（3）最终我们必须运行作业来生成报告。你将直接在 Notebook 输出单元内设置作业的状态和最终报告。在这里，Clarify 将计算全局特征重要性，这意味着它会考虑通过所有输入及其预测来计算每个特征的贡献：

```
clarify_processor.run_explainability(
    data_config=explainability_data_config,
    model_config=model_config,
    explainability_config=shap_config,)
```

该可解释性报告也可以在 Studio 用户界面中直接访问。具体操作方法：先转到 SageMaker Component and Registries（SageMaker 组件和注册表）| Experiments and trials（实验和试验）| Unassigned trial components（未分配的试验组件），然后右击最新的 clarify-explainability-XXXX 作业，并选择 Open in trial details（在试验详细信息中打开）。最后单击 Model explainability（模型可解释性）选项卡。在此示例中，你将看到年龄是影响预测结果的最重要特征。

11.6.4　训练隐私保护模型

在本练习的最后一部分，让我们看看如何使用差分隐私进行隐私保护模型训练。

（1）在 chapter11 文件夹下新建一个名为 differential privacy 的文件夹。下载以下

Notebook 并将其上传到新创建的 differential privacy 文件夹。

https://github.com/PacktPublishing/The-Machine-Learning-Solutions-Architect-Handbook/blob/main/Chapter11/churn_privacy.ipynb

（2）运行该 Notebook 中的所有单元，并记录最后的训练损失。我们不会解释这个 Notebook 中的所有细节，因为该 Notebook 仅使用了本书之前一直在用的相同的客户流失数据集来训练简单的神经网络。

（3）现在必须修改这个 Notebook 以使用 PyTorch opacus 包实现差分隐私模型训练。你也可以下载以下修改后的 Notebook。

https://github.com/PacktPublishing/The-Machine-Learning-Solutions-Architect-Handbook/blob/main/Chapter11/churn_privacy-modified.ipynb

（4）指定 opacus 包的 PrivacyEngine 对象的参数。

在本示例中，noise_multiplier 是高斯噪声的标准偏差与要添加噪声的函数的灵敏度之比，而 max_per_sample_grad_norm 则是梯度的最大范数，任何大于此范数值的值都将被剪裁。sample_rate 值用于确定如何为训练构建批次：

```
max_per_sample_grad_norm = 1.5
sample_rate = batch_size/len(train_ds)
noise_multiplier = 0.8
```

（5）接下来，我们必须将隐私引擎包裹在模型和优化器周围，并开始训练过程：

```
from opacus import PrivacyEngine
net = get_CHURN_model()
optimizer = optim.Adam(net.parameters(),
                        weight_decay=0.0001, lr=0.003)
privacy_engine = PrivacyEngine(
    net,
    max_grad_norm=max_per_sample_grad_norm,
    noise_multiplier = noise_multiplier,
    sample_rate = sample_rate,
)
privacy_engine.attach(optimizer)
model = train(trainloader, net, optimizer, batch_size)
```

如果你将训练损失与之前在没有隐私引擎的情况下观察到的训练损失进行比较，你会注意到所有轮次的损失都有一些小的下降。

（6）现在使用该模型来衡量潜在的隐私损失：

```
epsilon, best_alpha = privacy_engine.get_privacy_spent()
epsilon, best_alpha = privacy_engine.get_privacy_spent()
print(f" ε={epsilon:.2f}, δ= {privacy_engine.target_delta}")
```

你应该看到 ε 和 δ 的值。如前文所述，ε 是隐私损失预算，它衡量输出可以通过在训练数据中添加或删除一条记录而改变的概率。δ 则是信息意外泄露的失败概率。

恭喜！你已成功使用 SageMaker 检测数据和模型偏差，解释模型的特征重要性，并使用差分隐私训练了模型。所有这些功能都与机器学习治理高度相关。

11.7　小　　结

本章详细介绍了机器学习治理框架及其核心组件。现在，你应该对模型风险管理框架及其流程有了一些基本的了解，并能够描述实现机器学习治理的核心要求。你还应该能够识别 AWS 中支持模型风险管理流程的一些技术功能，如偏差检测和模型偏差检测。

此外，本章的动手练习部分还为你提供了使用 SageMaker 实现偏差检测、模型可解释性和隐私保护模型训练的实践经验。

第 12 章将讨论人工智能服务，包括如何将人工智能服务与机器学习平台结合使用，以支持不同的机器学习解决方案。

第 12 章　使用人工智能服务和机器学习平台构建机器学习解决方案

你在本书的学习之旅中已经走了很长一段路，并且正在接近终点线。到目前为止，我们主要关注使用开源技术和托管机器学习平台构建和部署机器学习模型所需的技术。但是，要使用机器学习解决业务问题，你不必总是从头开始构建、训练和部署机器学习模型，还有一种选择是使用完全托管的人工智能服务。

人工智能服务是完全托管的 API 或应用程序，具有执行特定机器学习任务（如对象检测或情绪分析）的预训练模型。一些人工智能服务还允许使用你的数据训练自定义模型以执行定义的机器学习任务，如文档分类。人工智能服务承诺使组织能够构建支持机器学习的解决方案，而无须组织本身具有强大的机器学习能力。

本章将换个角度讨论若干种 AWS 人工智能服务，以及它们可用于业务应用程序的哪些地方。请注意，本章的重点不是深入研究单个人工智能服务，因为这些服务中的每一个都需要专门的书籍来讨论。相反，我们将关注可由人工智能服务提供支持的机器学习用例，以及可用于部署这些人工智能服务的架构模式。

阅读本章内容后，你应该能够确定一些适合人工智能服务的用例，并知道在哪里可以找到其他资源以更深入地理解这些服务。

本章包含以下主题：

- 什么是人工智能服务。
- AWS 人工智能服务概述。
- 使用人工智能服务构建智能解决方案。
- 为人工智能服务设计机器学习运维架构。
- 动手练习——使用人工智能服务运行机器学习任务。

12.1　技术要求

本书的动手练习部分将继续使用 AWS 环境。相关代码示例可在以下网址找到：

https://github.com/PacktPublishing/The-Machine-Learning-Solutions-Architect-Handbook/tree/main/Chapter12

12.2　人工智能服务的定义

人工智能服务是预先构建的完全托管服务，以现成可用的方式执行一组特定的机器学习任务，如面部分析或文本分析。人工智能服务的主要目标用户是希望构建人工智能应用程序而无须从头开始构建机器学习模型的应用程序开发人员。相比之下，机器学习平台的目标受众则是数据科学家和机器学习工程师，他们需要历经整个机器学习生命周期来构建和部署机器学习模型。

对于企业或组织而言，人工智能服务主要解决以下关键挑战：

- 缺乏用于机器学习模型开发的高质量训练数据：要训练高质量模型，需要大量高质量的精选数据。而对于许多企业或组织而言，数据在数据采购、数据工程和数据标记等方面都提出了许多挑战。
- 缺乏用于构建和部署自定义机器学习模型的数据科学技能：数据科学和机器学习工程技能在市场上稀缺且获取成本很高。
- 产品上市时间缓慢：构建和部署定制模型和工程基础设施非常耗时，这可能是快速实现产品上市时间目标的障碍。
- 无差异的机器学习能力：许多机器学习问题可以使用不提供独特竞争优势的商品机器学习能力来解决。在这种情况下，将资源用于构建无差异的机器学习能力也许是对稀缺资源的浪费。
- 系统可扩展性挑战：管理可扩展基础设施以满足动态的市场需求和业务增长是一项工程挑战。

虽然人工智能服务可以提供一种经济高效的方式来快速构建支持机器学习的产品，但它们也存在一些局限性。主要的限制是缺乏针对特定功能和技术要求的定制灵活性。人工智能服务通常专注于使用一组预定义算法的特定机器学习任务，因此你通常无法灵活地更改人工智能服务的功能。在使用人工智能服务时，你通常无法访问底层模型，从而限制了你在其他地方部署模型的能力。

近年来，人工智能服务的产品数量大幅增长，我们预计这一趋势将继续加速。

接下来，我们将讨论一些具体的 AWS 人工智能服务。

12.3　AWS 人工智能服务概述

AWS 在文本和视觉等多个机器学习领域提供了人工智能服务，并可以为生产制造的异常检测和预测性维护等工业用例提供人工智能服务。本节将介绍 AWS 人工智能服务的一个子集。本节的目标不是深入研究单个服务，而是让你了解这些人工智能服务提供的基本功能，以及这些服务可以用在何处和如何集成到你的应用程序中。

12.3.1 Amazon Comprehend

自然语言处理（NLP）在解决一系列业务问题方面引起了不同行业的极大兴趣，如自动文档处理、文本摘要、文档理解以及文档管理和检索。

Amazon Comprehend 是一项人工智能服务，可以对非结构化文本文档执行 NLP 分析。Amazon Comprehend 提供以下主要功能：

- 实体识别：这里所指的实体（entity）可以是文本分析时的人物、对象、地点和时间等。实体可以是句子中最重要的部分，因为它们标识了文本中的关键组成部分。实体的示例是专有名词，如人名、地点或产品。实体可用于创建文档搜索的索引并识别关键信息或文档之间的关系。

  Comprehend 提供 API（如 DetectEntities），用于使用其内置的实体识别模型检测实体。它可以从输入文本中检测人物、地点、组织和日期等实体。

  如果内置模型不符合你的要求，还可以使用 Comprehend 为你的自定义实体训练自定义实体识别器。要训练自定义实体识别器，可以将 CreateEntityRecognizer API 与以下两种格式的训练数据一起使用：

  - 注解（annotation）：你提供大量文档中实体的位置（目标字符的开始和结束偏移），以及每对偏移的实体类型。这有助于 Comprehend 对实体和它们所在的上下文进行训练。
  - 实体列表：你以明文形式提供实体列表及其实体类型，Comprehend 将进行训练以检测这些特定实体。

  可以使用 Comprehend 自定义模型训练作业发出的指标评估自定义模型。示例评估指标包括准确率、召回率和 F1 分数等。有关 Comprehend 评估指标的更多详细信息，请访问：

  https://docs.aws.amazon.com/comprehend/latest/dg/cer-metrics.html

  训练模型后，可以选择将模型部署在私有预测端点后面以提供预测。
- 情绪分析：Comprehend 可以使用其 DetectSentiment API 检测文本中的情绪。情绪分析广泛用于许多业务用例，如在客户支持电话中分析客户的情绪或在产品评论中了解客户对产品和服务的看法。

- 主题建模：主题建模具有广泛的用途，包括文档理解、文档分类和组织、信息检索和内容推荐等。Comprehend 可以使用其 StartTopicsDetectionJob API 发现文档中的共同主题。
- 语言检测：Comprehend 可以使用其 DetectDominantLanguage API 检测文本中使用的主要语言。此功能有许多用例，如根据语言将传入的客户支持呼叫路由到正确的渠道或按不同语言对文档进行分类。
- 句法分析：Comprehend 可以使用其 DetectSyntax API 对句子执行词性（part-of-speech，POS）分析。POS 示例包括句子中的名词、代词、动词、副词、连词和形容词等。POS 分析可以帮助处理用例，如检查书面文本中的语法和句子的正确性。
- 事件检测：Comprehend 可以检测预定义的金融事件列表，如首次公开募股（IPO）、股票分割和破产等。它还可以检测与个人或公司申请破产等相关的事件。这种关系有助于建立一个知识图，帮助我们了解在不同的事件中谁做了什么。有关完整的事件和扩充类型列表，可访问：

  https://docs.aws.amazon.com/comprehend/latest/dg/cer-doc-class.html

- 文本分类：可以使用 Comprehend 的训练数据训练自定义文本分类器。Comprehend 允许你通过其 CreateDocumentClassifier API 训练多类和多标签分类器。多类可以分配一个标签到文本，而多标签则可以将多个标签分配给文本。为了评估自定义分类器的性能，Comprehend 提供了一个指标列表，其中包括准确率、召回率和 F1 分数。有关完整的指标列表，可访问：

  https://docs.aws.amazon.com/comprehend/latest/dg/cer-doc-class.html

可以使用 boto3 库和 AWS 命令行界面（command-line interface，CLI）调用 Comprehend API。有关 Comprehend 支持的 boto3 方法的完整列表，可访问：

https://boto3.amazonaws.com/v1/documentation/api/latest/reference/services/comprehend.html.

以下示例显示了调用 Comprehend 的实体检测功能的 Python 语法：

```
import boto3client = boto3.client('comprehend')
response = client.detect_entities(Text='<input text>')
```

Amazon Comprehend 非常适合构建智能文档处理解决方案和其他 NLP 产品。它还可以作为一个很好的基线工具，与自定义 NLP 模型进行比较。

12.3.2 Amazon Textract

许多业务流程，如贷款申请处理、费用处理和医疗索赔处理，都需要从图像和文档中提取文本和数字。目前，许多企业或组织主要依靠手动处理这些流程，并且该流程可能非常耗时且缓慢。

Amazon Textract 是一种光学字符识别（optical character recognition，OCR）人工智能服务，主要用于从图像和 PDF 文档中提取印刷文本、手写文本和数字。Textract 通常用作下游任务的处理步骤，如文档分析和数据输入。

Textract 的核心功能包括：

- OCR：OCR 是一项计算机视觉任务，可从 PDF 文档和图像中检测和提取文本数据。Textract 中的 OCR 组件从输入文档中提取原始文本并提供有关该文档的附加结构信息。例如，Textract 输出包含文档中不同对象（如页面、段落、句子和单词）的层次结构关系。

  Textract 还可以捕获输入文档中的不同对象。当你从文档的不同位置提取特定信息时，层次结构信息和对象位置数据很有用。

  OCR API 包括用于同步检测文本的 DetectDocumentText 和用于异步检测文本的 StartDocumentTextDetection。
- 表格提取：许多文档都包含表格化数据结构，需要作为表格处理。例如，你可能有一份保险索赔文件，其中包含索赔项目列表以及不同列中的详细信息，你可能希望将这些索赔项目输入系统。Textract 中的表格提取组件可以从文档中提取表格和表格中的单元格。

  要使用表格提取功能，可以使用 AnalyzeDocument API 进行同步操作，或者使用 StartDocumentAnalysis 进行异步操作。
- 表单提取：工资单和贷款申请表等文档包含许多名称-值对，在自动处理它们时需要保留它们的关系。Textract 中的表单提取组件可以检测这些名称-值对及其关系，以进行下游处理，如将这些文档中的名称输入系统。

  表单提取组件与表格提取组件共享相同的 AnalyzeDocument 和 StartDocumentAnalysis API。

boto3 库支持 Textract API。以下代码示例展示了如何使用 boto3 库检测文本：

```
import boto3
client = boto3.client('textract')
response = client.detect_document_text(
```

```
    Document={
        'Bytes': b'bytes',
        'S3Object': {
            'Bucket': '<S3 bucket name>',
            'Name': '<name of the file>'
        }
    }
)
```

有关 boto3 的 Textract API 的完整列表，可访问：

https://boto3.amazonaws.com/v1/documentation/api/latest/reference/services/textract.html

Textract 还可以与 Amazon Augmented AI（A2I）服务集成，实现人机回圈（human-in-the-loop，HITL，也称为人机回环）工作流集成，以查看来自 Textract 的低置信度预测结果。有关 A2I 服务的更多信息，可访问：

https://aws.amazon.com/augmented-ai

12.3.3 Amazon Rekognition

Amazon Rekognition 是一种视频和图像分析人工智能服务，它支持一系列用例，如从图像和视频中提取元数据、内容审核以及安全和监控。

Rekognition 的核心功能包括：

- 标签检测：标签检测可应用于诸如搜索和发现的媒体元数据提取、保险理赔处理的项目识别和计数以及品牌和徽标检测等用例。

  Rekognition 可以检测图像和视频中的不同对象、场景和活动，并为它们分配标签，如“足球”“户外运动”“踢足球”等。

  对于检测到的常见对象，它还可以为对象提供边界框，以指示它们在图像或视频中的特定位置。要使用 Rekognition 进行标签检测，可以调用 DetectLabels API。如果 Rekognition 无法检测到图像中的特定对象，则还可以通过 CreateProject API 使用你的训练数据训练自定义标签检测器。训练模型后，可以选择使用 StartProjectVersion API 部署私有预测端点。

- 面部分析和识别：面部分析和识别对于视频监控和安全、图像和视频中的自动人员标记，以及基于此进行的内容搜索和人口统计等用例非常有用。

  Rekognition 可以识别和分析图像和视频中的人脸。例如，你可以对人脸进行分析以检测性别、年龄和情绪。还可以建立人脸索引并为其分配名称。如果找到匹配项，Rekognition 可以将检测到的人脸映射到索引中的人脸。

面部分析和识别的主要 API 是 DetectFaces、SearchFaces、IndexFaces 和 CompareFaces。

- 内容审核：Rekognition 包含一些 API（如 StartContentModeration），可用于检测具有明确内容和场景（如暴力）的图像和视频。企业或组织可以使用此功能，在将内容提供给消费者之前过滤掉不适当和令人反感的内容。
- 短文本检测：Rekognition 可以检测图像中的短文本，并使用其 DetectText 和 StartTextDetection API 在检测到的文本周围提供边界框。此功能可用于检测街道名称、商店名称和车牌号码等。
- 个人防护装备（personal protection equipment，PPE）检测：Rekognition 提供了一个内置功能，可以使用 DetectProtectiveEquipment API 检测图像和视频中的 PPE。此功能可用于自动 PPE 合规性监控。
- 名人识别：Rekognition 还维护了一个名人数据库，可用于识别图像和视频中的已知名人。它有一个用于此功能的 API 列表，其中包括 RecognizeCelebrities 和 GetCelebrityInfo。

可以使用 boto3 库来访问 API。以下代码片段显示了使用标签检测功能的语法：

```
import boto3
client = boto3.client('rekognition')
response = client.detect_labels(
    Image={
        'Bytes': b'bytes',
        'S3Object': {
            'Bucket': '<S3 bucket name>',
            'Name': '<file name>'
        }
    }
)
```

有关 Rekognition 支持的 boto3 API 的完整列表，可访问：

https://boto3.amazonaws.com/v1/documentation/api/latest/reference/services/rekognition.html

Rekognition 还与来自 AWS 的视频流服务 Amazon Kinesis Video 进行了原生集成，你可以构建解决方案检测实时视频流中的人脸。

12.3.4　Amazon Transcribe

Amazon Transcribe（Transcribe）是一种语音转文本的人工智能服务。它可用于将视频和音频文件以及流转换为文本，这种服务可以用于一系列用例，如媒体内容和会议字幕、电话呼叫内容分析以及将医疗对话转换为电子健康记录等。

Amazon Transcribe 支持实时转录和批量转录，并具有以下关键功能：

- 媒体转录（media transcription）：Transcribe 具有预先训练的模型，可用于将媒体文件或流转换为不同语言的文本，如英语、中文和西班牙语。它还添加了标点符号和大写字母，以使转录文本更具可读性。

  要启动转录，可以使用 StartTranscriptionJob 和 StartMedicalTranscriptionJob API 进行批量转录，使用 StartStreamingTranscription API 进行流式转录，或者使用 StartMedicalStreamTranscription API 进行流式医疗输入等。
- 自定义模型：你可以提供训练数据来训练自定义语言模型，以提高行业特定术语或首字母缩略词转录的准确性。创建自定义模型的 API 是 CreateLanguageModel。
- 呼叫内容分析：Transcribe 可以为电话呼叫提供构建分析的功能。通话记录以逐轮格式显示。支持分析的一些示例包括情绪分析、呼叫分类、问题检测（呼叫背后的原因）和呼叫特征（如通话时间、未说话时间、响度、中断等）。用于启动呼叫分析作业的 API 是 StartCallAnalyticsJob。
- 编辑（redaction）：Transcribe 可以自动屏蔽或删除转录本中的敏感个人身份信息（personally identifiable information，PII）数据以保护隐私。通过编辑进行转录时，Transcribe 会在转录本中将个人身份信息替换为[PII]。要启用编辑，可以在批处理转录作业中配置 ContentRedaction 参数。
- 字幕（subtitle）：Transcribe 可以生成 WebVTT 和 SubRip 格式的字幕文件以用作视频字幕。要启用字幕文件生成，可以为转录作业配置 Subtitles 参数。

Transcribe 有一组用于这些不同操作的 API。以下代码示例展示了如何使用 boto3 库启动转录作业：

```
import boto3
transcribe_client = boto3.client('transcribe')
transcribe_job = transcribe_client.start_transcription_job(**job_args)
```

有关用于 Transcribe 的 boto3 API 的完整列表，可访问：

https://boto3.amazonaws.com/v1/documentation/api/latest/reference/services/transcribe.html

12.3.5 Amazon Personalize

个性化推荐（personalized recommendation）可以帮助你优化电子商务、金融产品推荐和媒体内容交付等许多业务的用户参与度和收入。

Amazon Personalize 允许你使用自己的数据构建个性化推荐模型。可以使用 Personalize 作为推荐引擎，根据个人品味和行为进行产品和内容推荐。概括地说，Personalize 服务可提供以下 3 个核心功能：

- 用户个性化：预测用户很可能感兴趣的产品（项目）。
- 相似项目：根据产品和项目元数据的共现（co-occurrence）计算相似项目。
- 个性化重新排序：重新排序给定用户的输入项目列表。

Amazon Personalize 不提供用于推荐的预训练模型。相反，你需要通过 Personalize 提供的内置算法使用你自己的数据来训练自定义模型。

要训练个性化模型，你需要提供以下 3 个数据集：

- 项目数据集：包含你要推荐的项目的属性。此数据集可帮助 Personalize 了解有关项目的上下文信息，以获得更好的推荐。该数据集是可选的。
- 用户数据集：包含有关用户的属性。这允许 Personalize 更好地代表每个用户，以提供高度个性化的推荐。该数据集也是可选的。
- 用户和项目交互数据集：这是一个必需的数据集，它提供用户和项目之间的历史交互，如观看的电影或购买的产品。Personalize 需要使用这些数据来学习个人用户对不同项目的行为，以生成高度个性化的推荐。

为了帮助理解 Personalize 的工作原理，让我们学习一下 Personalize 的一些主要概念：

- 数据集组（dataset group）：数据集组包含用于模型训练的相关数据集（如项目、用户和交互数据集）。
- 配方（recipe）：配方是用于模型训练的机器学习算法，Personalize 为 3 个主要功能提供了多种配方。
- 解决方案（solution）：解决方案代表经过训练的 Personalize 模型。
- 活动（campaign）：Personalize 活动是经过训练的 Personalize 模型的托管端点，用于处理推荐和排名请求。

要使用 Personalize 训练和部署自定义模型，必须执行以下步骤：

（1）准备和提取数据集：在此步骤中，你先以所需格式准备数据集，将其存储在 S3 中，然后将数据集加载到 Personalize 中。此步骤涉及以下 3 个主要 API 的操作：

- CreateDatasetGroup：可创建一个空的数据集组。

- ❑ CreateDataset：可以将数据集（如项目数据集、用户数据集和交互数据集）添加到数据集组。
- ❑ CreateDatasetImportJob：可启动数据提取作业将数据从 S3 加载到 Personalize 数据存储库，以进行后续模型训练。

（2）选择模型训练配方：在此步骤中，可以选择用于不同模型训练过程的配方（机器学习算法）。有多种配方选项可用于用户个性化、相关项目和个性化排名。你可以使用 ListRecipes API 获取完整的配方列表。

（3）创建解决方案：在此步骤中，可以先使用 CreateSolution API 为模型训练作业配置包含数据集组和配方的解决方案。然后使用 CreateSolutionVersion API 开始训练作业。

（4）评估模型：在此步骤中，将评估模型指标并确定它们是否满足性能目标。如果不满足，则考虑使用更高质量或更多数据重新训练模型。

Personalize 可输出训练模型的若干个评估指标，如覆盖率（coverage）、平均倒数排名（mean reciprocal rank，MRR）、精确率（precision）和归一化折损累积增益（normalized discounted accumulative gain，NDCG）。有关这些指标的更多详细信息，可访问：

https://docs.aws.amazon.com/personalize/latest/dg/working-with-training-metrics.html

这些性能指标在 Personalize 管理控制台中可用。你还可以使用 GetSolutionMetrics API 以编程方式获取指标。

（5）创建活动：在最后一步中，可将解决方案（已训练的模型）部署到预测端点，以便可以在应用程序中使用它。为此可使用 CreateCampaign API。

你也可以提供其他配置，如每秒最低预置事务（minimum provisioned transaction per second，minProvisionedTPS）吞吐量，以及项目探索配置。

项目探索配置允许 Personalize 向用户显示不基于用户个性化的随机项目的百分比。这样做的思路是让用户探索他们以前没有互动过的项目，看看他们是否会感兴趣。项目探索配置仅适用于用户个性化。

可以使用 Personalize 管理控制台来构建 Personalize 解决方案和活动。或者，也可以使用 boto3 访问 personalize API。以下代码示例显示了用于创建活动的 Python 语法：

```
import boto3
client = boto3.client('personalize')
response = client.create_campaign(
    name='<name of the campaign>',
    solutionVersionArn='<AWS Arn to the solution>',
    minProvisionedTPS=<provisioned TPS>,
    campaignConfig={
```

```
        'itemExplorationConfig': {
            '<name of configuration>': '<value of configuration>'
        }
    }
)
```

有关用于 Personalize 的 boto3 API 的完整列表，可访问：

https://boto3.amazonaws.com/v1/documentation/api/latest/reference/services/personalize.html

Personalize 还提供了一些高级功能，如过滤器，允许你根据规则从项目列表中删除项目。你还可以使用客户忠诚度等业务目标优化模型训练，此功能允许你提供优化特定业务成果的建议。

12.3.6　Amazon Lex

对话代理（conversational agent）已被许多不同行业广泛采用，以改善用户参与体验，如自助式客户支持和自动化 IT 功能。代理（agent）其实就是聊天机器人的另一个名称。代理将接收、处理和响应用户提供的所有输入。

Amazon Lex（Lex）是一项使用语音和文本构建对话界面的服务。可以使用 Lex 构建虚拟会话代理来处理客户查询、通过语音或文本命令自动化 IT 功能，或者提供一般信息。

为了帮助理解 Lex 的工作原理，让我们来了解一下 Lex 的一些核心概念：

- 意图（intent）：意图是期望的操作，如预订酒店、电话点餐或查询话费余额等。
- 话语（utterance）：话语是用户的输入，如“我想点一杯咖啡”或“我想预订从纽约到北京的航班”。
- 提示（prompt）：提示是一种让用户提供所需信息的机制，如“你能告诉我你想要哪种尺寸的咖啡杯吗？”
- 槽位（slots）：槽位是完成履行所必需的输入。例如，要完成咖啡订单，需要咖啡的类型和咖啡杯的尺寸等信息。
- 履行（fulfillment）：履行是完成操作的机制，如获取客户请求的银行信息。

要使用 Amazon Lex，必须使用 Amazon Lex 管理控制台或 API 来构建 Lex 自动程序。构建过程包括以下主要步骤：

（1）为要采取的操作创建一个意图：该意图代表 Lex 机器人的主要功能。

（2）为意图创建几个示例话语：Lex 机器人将以口语或文本格式理解这些话语，以启动与机器人的交互会话。

（3）创建槽位：这将指定在操作完成之前从用户那里收集的所需信息。

（4）提供履行挂钩：此步骤将意图连接到履行函数（如执行自定义逻辑的 Lambda 函数）或与外部服务的内置连接器。

（5）构建机器人：构建并测试机器人是否使用语音和文本输入按预期工作。

（6）部署机器人：将机器人部署到 Slack 或 Facebook Messenger 等渠道。它还提供了一个用于编程集成的 API。

Lex 提供了用于构建和运行这些机器人的 API。有关完整的 API 列表，可访问：

- https://boto3.amazonaws.com/v1/documentation/api/latest/reference/services/lexv2-models.html
- https://boto3.amazonaws.com/v1/documentation/api/latest/reference/services/lexv2-runtime.html

Lex 有一个内置的监控功能，可以使用它来监控机器人的状态和健康状况。示例监控指标包括请求延迟、错过的话语和请求计数等。

12.3.7　Amazon Kendra

Amazon Kendra 是一项完全托管的智能搜索服务，它可以使用机器学习来理解你的自然语言请求，并对目标数据源执行自然语言理解（natural language understanding，NLU）以返回相关信息。

这意味着你可以先使用自然语言提出问题，例如，“IT 服务台在哪里？”，然后获得答案“3 楼 301 房间”。不必像以前一样机械地使用“IT 服务台位置”之类的关键字进行搜索。

使用 Amazon Kendra 可以解决多个用例。例如，你可以将其用作联络中心工作流程的一部分，客户代理可以在其中快速找到与客户请求最相关的信息。你还可以在企业内使用它来跨不同数据源进行信息发现，以提高生产力。

概括地说，Kendra 具有以下关键功能：

- 文档阅读理解：Kendra 可以对源文档执行阅读理解，并返回用户在问题中请求的特定信息。
- 常见问题（frequently asked question，FAQ）匹配：如果你提供常见问题列表，则 Kendra 可以自动将问题与列表中的答案进行匹配。
- 文档排名：Kendra 可以返回与所问的问题相关信息的文档列表。为了按语义相关性的顺序返回列表，Kendra 将使用机器学习来理解文档的语义。

要了解 Kendra 的工作原理，让我们学习一下 Amazon Kendra 的一些关键技术概念：

- 索引（index）：索引提供其已编入索引的文档和常见问题解答列表的搜索结果。Kendra 可以为文档和常见问题列表生成索引，以便对其进行搜索。
- 文档：文档可以是结构化的（如 FAQ）和非结构化的（如 HTML、PDF），并且可以被 Kendra 索引引擎索引。
- 数据源：数据源是文档所在的位置。这些可以是 S3 位置、Amazon RDS 数据库和 Google Workspaces 驱动器等。Kendra 有一个内置连接器列表，可用于连接不同的数据源。
- 查询：查询用于从索引中获取结果。查询可以是包含标准和过滤器的自然语言。
- 标签：标签是可以分配给索引、数据源和常见问题的元数据。

设置 Kendra 以对你的文档执行智能搜索有以下两个主要步骤：

（1）生成索引：为你的文档设置索引。

（2）将文档添加到索引：创建索引后，可以将文档源添加到要索引的索引中。

创建索引后，可以使用 Kendra query() API 通过查询获取索引的响应。以下代码片段显示了查询索引的 Python 语法：

```
kendra = boto3.client('kendra')
query = '${searchString}'
index_id = '${indexID}'
response=kendra.query(
QueryText = query, IndexId = index_id)
```

Kendra 具有适用于一系列数据源的内置连接器，因此你无须构建自定义代码即可从这些源中提取数据。它还可以和 Amazon Lex 的原生应用程序集成，这允许 Lex 将用户查询直接发送到 Kendra 索引以履行。

12.3.8　针对机器学习用例评估 AWS 人工智能服务

要确定人工智能服务是否适合你的用例，需要跨以下多个维度对其进行评估：

- 功能需求：确定你的机器学习用例的功能需求，并测试目标人工智能服务是否提供了你正在寻找的功能。例如，Rekognition 是一项计算机视觉服务，但它并不支持所有计算机视觉任务。如果你的计算机视觉用例是实例分割，则必须使用支持它的算法（如 Mask-RCNN）来构建模型。
- 针对你的数据建模性能：AWS 人工智能服务可以使用数据源进行训练，以解决常见用例。为确保模型对你的数据表现良好，请使用你的测试数据集来评估模型指标以满足你的特定需求。

如果预建模型不符合你的性能目标，则可以在服务支持的情况下尝试自定义模型构建选项。如果这两个选项都不起作用，则需要考虑使用你的数据构建自定义模型。

- API 延迟和吞吐量要求：确定你的应用程序的延迟和吞吐量要求，并根据你的要求测试目标人工智能服务的 API。

  一般来说，AWS 人工智能服务专为低延迟和高吞吐量而设计。但是，你可能有需要极低延迟的用例，如边缘的计算机视觉任务。

  如果人工智能服务无法满足你的要求，则可以考虑构建模型并将其托管在专用的托管基础设施中。
- 安全和集成要求：确定你的安全和集成要求并验证人工智能服务是否满足你的要求。例如，你可能对身份验证有自定义要求，那么在这种情况下可能需要开发自定义集成架构以启用该支持。
- 模型再现性要求：由于人工智能服务管理定制模型的预训练模型和机器学习算法，这些模型和算法会随着时间而改变。如果你有严格的可重复性要求（例如，出于合规性原因而必须使用旧版算法训练自定义模型），则需要你在使用前确认该人工智能服务是否提供此类支持。
- 成本：了解你的使用模式要求并评估使用人工智能服务的成本。如果开发和托管自定义模型的成本更具成本效益，并且运营开销没有超过自定义模型的成本收益，则可以考虑构建你自己的选项。

在采用人工智能服务时还有其他考虑因素，如监控指标、针对审计要求对 API 进行的版本控制，以及数据类型和容量要求等。

12.4 使用人工智能服务构建智能解决方案

人工智能服务可用于构建不同的智能解决方案。要确定是否可以将某个人工智能服务应用于你的用例，必须先确定业务和机器学习需求，然后评估该人工智能服务是否提供了你正在寻找的功能性和非功能性功能。

本节将介绍若干个包含人工智能服务的业务用例和架构模式。

12.4.1 自动化贷款文件验证和数据提取

当我们向银行申请贷款时，需要向银行提供各种文件的实物副本，如纳税申报表、工资单、银行对账单和带照片的身份证件等。在收到这些文件后，银行需要验证这些文件并将这些文件中的信息输入贷款申请系统以做进一步处理。在撰写本文时，许多银行仍然手动执行此验证和数据提取过程，既耗时又容易出错。

要确定是否可以使用人工智能服务来解决问题，你需要确定要解决的机器学习问题。在这个特定的业务工作流程中，我们可以识别以下机器学习问题：

- 文件分类：文件分类是一项机器学习任务，其中文件被分类为不同类型，如驾照、工资单和银行对账单等。此过程将识别文档类型并确保收到所需的文件，可以根据其类型做进一步的处理。
- 数据提取：数据提取是从文档中识别相关信息并将其提取出来的任务。此类信息的示例包括客户姓名和地址、收入信息、出生详细信息数据和银行余额等。

通过本章前面 12.3 节“AWS 人工智能服务概述”的介绍可知，这两个任务可以由 Comprehend 和 Textract 人工智能服务执行，图 12.1 显示了包含这两个服务的架构流程。

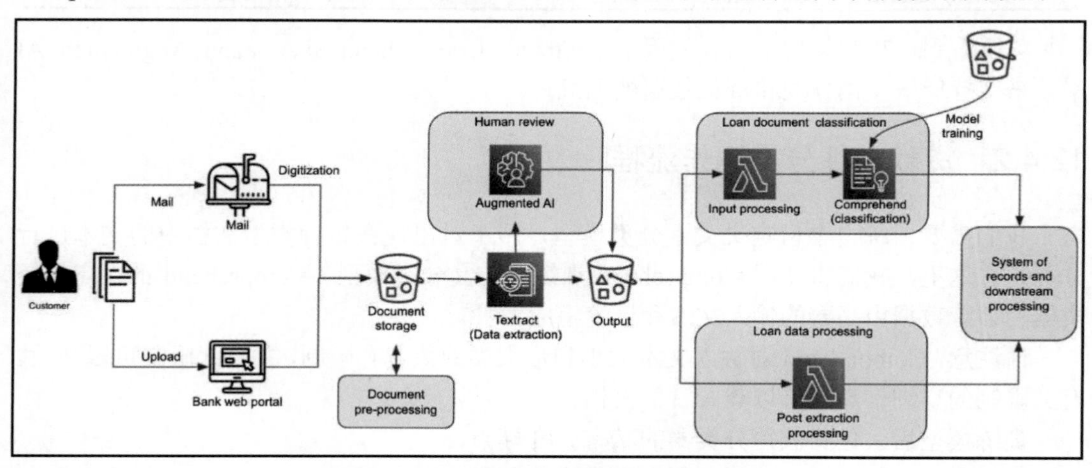

图 12.1　贷款文件验证和数据提取过程

原　　文	译　　文
Customer	客户
Mail	邮寄
Mail	邮件
Digitization	数字化
Upload	上传
Bank web portal	银行网站门户
Document storage	文档存储

续表

原　文	译　文
Document pre-processing	文档预处理
Textract(Data extraction)	Textract（数据提取）
Human review	人工审核
Output	输出
Model training	模型训练
Loan document classification	贷款文件分类
Input processing	输入处理
Comprehend(classification)	Comprehend（分类）
Loan data processing	贷款数据处理
Post extraction processing	提取后处理
System of records and downstream processing	记录和下游处理系统

可以看到，在此架构中结合使用了 Textract、Comprehend 和 Amazon Augmented AI 服务来支持贷款文档分类和贷款数据处理流程。

12.4.2　贷款文件分类工作流程

我们需要训练一个自定义文本分类模型，用于对出现在每种类型文档中的文本进行分类。在这里，我们将使用 Comprehend 训练自定义分类模型。Comprehend 的自定义分类器的训练数据由必要的输入文本和标签组成。

请注意，Comprehend 对输入文本大小和最大类的数量有限制，并且此限制可以更改。有关限制的详细信息，可以查看官方文档。

训练模型后，你将获得分类器的私有 API 端点。

一旦自定义模型被训练和部署，则架构的主要流程如下：

（1）数据提取：一旦文档被接收并数字化为图像或 PDF，则 Textract 可用于从文档中提取文本、表格数据和表单数据。其输出将采用 JSON 格式并作为文件存储在 S3 中。

（2）人工审核：为了确保 Textract 提取数据的高准确率，可以实现人机回圈工作流来验证低置信度预测并手动纠正它们。可以使用 Amazon Augmented AI 服务来实现这种人机回圈的工作流程。

提示：

顾名思义，人机回圈（human-in-the-loop，HITL）就是指在机器学习模型训练过程中加入人类的判断，这不但可以提高模型的准确率，也可以显著增强过程和结果的可解释性。

（3）文档分类：使用经过训练的自定义 Comprehend 模型处理 JSON 输出以生成分类预测结果。

（4）更新下游系统：预测输出被传递到下游系统以做进一步处理。

图 12.1 中的架构也有可用的替代选项。例如，可以将文档视为图像并使用 Rekognition 服务执行图像分类。另一种选择则是使用你的算法（如 LayoutLM）训练自定义模型，并使用 Textract 的输出准备训练数据集。在决定正确的技术时，验证多个选项以实现最佳的价格/性能权衡是谨慎的做法。

12.4.3　贷款数据处理流程

贷款数据处理流程涉及处理来自数据提取过程的 JSON 输出。JSON 文档包含整个文档的原始文本和结构详细信息，下游处理和存储只需要文本的子集。处理脚本先可以使用 JSON 文件中的结构解析文档，以识别和提取所需的特定数据点。然后，可以将这些数据点输入到下游数据库或系统中。

12.4.4　媒体处理和分析工作流程

媒体和娱乐行业多年来积累了大量的数字媒体资产，这些新的数字资产正在加速增长。数字资产管理的一项关键能力是搜索和发现。这种能力不仅会影响用户体验，还会影响媒体内容的有效货币化。为了快速显示最相关的内容，媒体公司需要使用元数据来丰富内容以进行索引和搜索。

在这个特定的业务挑战中，我们可以确定以下机器学习问题：

- 语音转文本转录：视频和音频文件的音频部分需要转录为文本转录本，然后可以进一步分析转录本以获取更多信息。
- 文本的自然语言处理分析：可以对文本执行 NLP 分析，如实体提取、情感分析和主题建模。
- 物体/人物/场景/活动检测：计算视觉任务可以在视频帧和图像上执行，以提取物体、人物、场景和活动等。

图 12.2 显示了使用 Transcribe、Comprehend 和 Rekognition 来执行已识别的机器学习任务的架构。

在此架构中，我们构建了用于视频内容的字幕和文本分析、视频标记和分析以及图像标记和分析的管道。

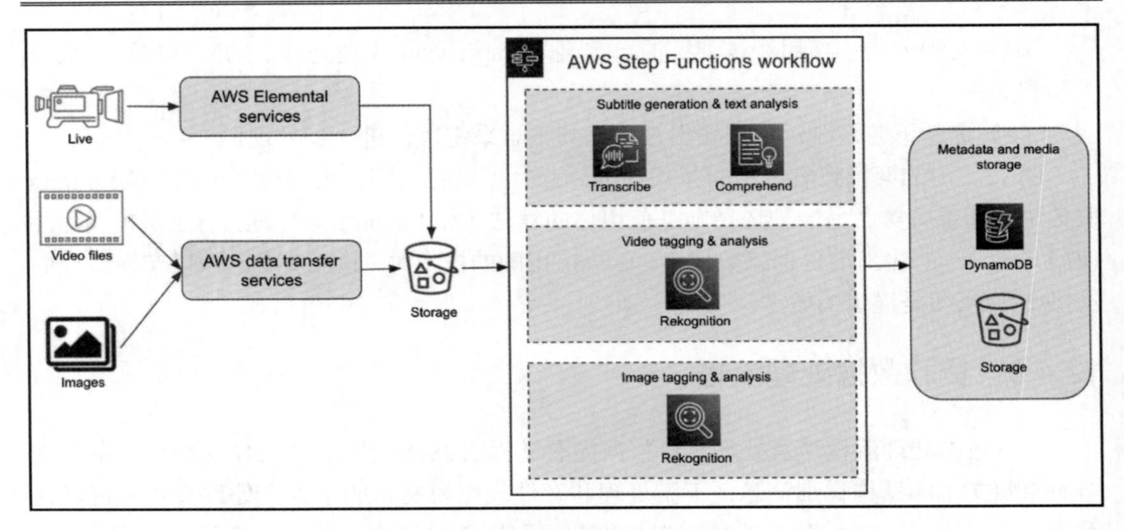

图 12.2　媒体标记和分析架构

原　文	译　文
Live	直播
AWS Elemental services	AWS Elemental 服务
Video files	视频文件
Images	图像
AWS data transfer services	AWS 数据传输服务
Storage	存储
AWS Step Functions workflow	AWS Step Functions 工作流
Subtitle generation & text analysis	字幕生成和文本分析
Video tagging & analysis	视频标记和分析
Image tagging & analysis	图像标记和分析
Metadata and media storage	元数据和媒体存储

对于直播等视频源，AWS Elemental 服务可以在获取直播流后，对其进行处理，并将其存储在 S3 中。有关 Elemental 服务的更多详细信息，可访问：

https://aws.amazon.com/elemental-live/

可以使用各种不同的功能将图像和视频文件数据源提取到 S3 中，包括 S3 API 或更高级别的服务，如采用安全文件传输协议（secure file transfer protocol，SFTP）的 AWS Transfer 服务。

由于该管道中有多个并行处理流，因此可以使用 AWS Step Functions 来编排不同流的并行执行。这可以生成以下输出流：

- 字幕和文本分析流：该流主要使用 Amazon Transcribe 和 Amazon Comprehend 人工智能服务。
  - Transcribe 将转录视频的音频部分并生成字幕文件和常规转录本。
  - Comprehend 将使用常规转录本来运行文本分析。

  从该流中提取的一些示例元数据可以包括人员和地点的实体、使用的语言，以及转录本不同部分的情绪等。
- 视频标记和分析流：该流可以识别不同视频帧中的对象、场景、活动、人物、名人和包含时间戳的文本等。
- 图像标记和分析流：该流可以识别不同图像中的对象、场景、活动、人物、名人和文本等。

媒体处理流的输出可以被进一步处理和组织为不同媒体资产的有用元数据。完成此操作后，它们将存储在媒体元数据存储库中以支持内容搜索和发现。

12.4.5　电商产品推荐

产品推荐是电子商务中的一个重要功能，它是增加销售额、改善参与体验和保持客户忠诚度的关键推动力。

在电子商务产品推荐中，多个功能需求都可以被构建为机器学习问题：

- 基于客户行为和资料的推荐：机器学习算法可以从客户过去的电子商务互动中学习客户的内在特征和购买模式，以预测他们会喜欢的产品。
- 处理冷项目推荐的能力（没有历史的项目）：机器学习算法可以探索客户对冷项目的反应并调整推荐项目。可以在利用既有知识推荐客户购买或搜索过的商品的同时，也尝试推荐一些客户可能会喜欢的新商品。
- 推荐相似商品的能力：机器学习算法可以根据产品属性和一组客户的集体交互模式来学习产品的内在特征，从而确定产品相似度。

考虑到这些功能要求，图 12.3 显示了使用 Amazon Personalize 作为推荐引擎的电子商务架构。

可以看到，在该架构中使用了 Personalize 作为推荐引擎来支持用户在线体验和用户目标营销体验。

RDS 数据库、DynamoDB 和 ElasticSearch 是项目、用户和交互数据的主要数据源。Glue ETL（提取、转换和加载）作业可用于转换源数据，以便为构建 Personalize 解决方案提供所需的数据集。

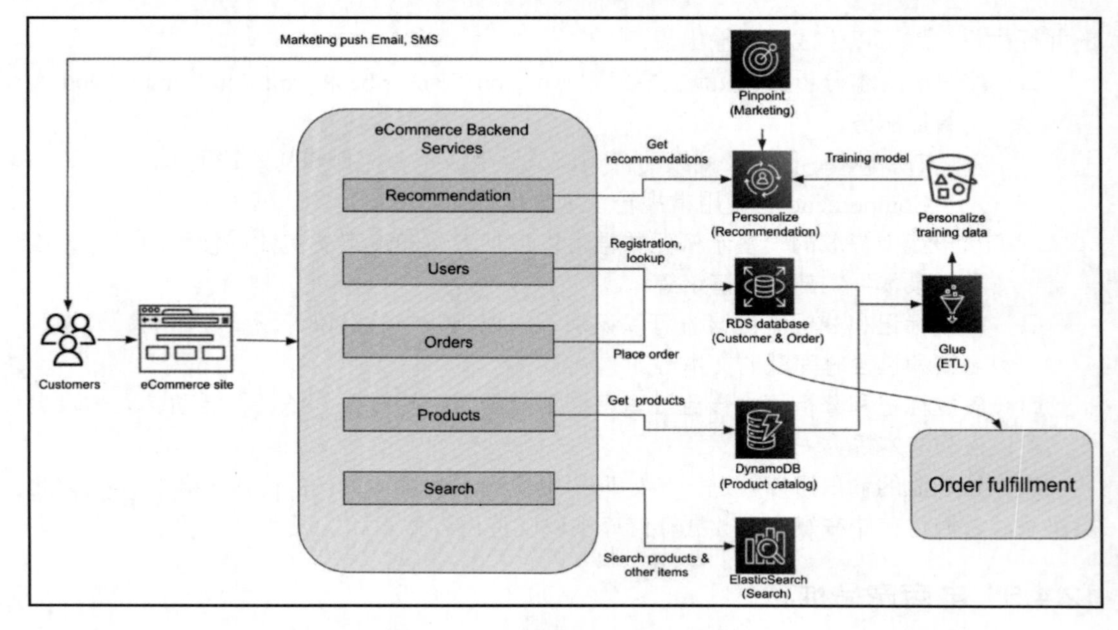

图 12.3　电子商务网站和推荐架构

原　　文	译　　文
Customers	客户
eCommerce site	电子商务网站
Marketing push Email, SMS	市场营销部门推送的电子邮件、短消息
Pinpoint(Marketing)	Pinpoint（市场营销）
eCommerce Backend Services	电子商务网站后端服务
Recommendation	推荐
Users	用户
Orders	订单
Products	产品
Search	搜索
Get recommendations	获取推荐
Training model	训练模型
Personalize(Recommendation)	Personalize（推荐）
Personalize training data	Personalize 训练数据
Registration lookup	注册查找
Place order	下单

续表

原　　文	译　　文
RDS database(Customer & Order)	RDS 数据库（客户和订单）
Order fulfillment	订单履行
Get products	获取产品
DynamoDB(Product catalog)	DynamoDB（产品目录）
Search products & other items	搜索产品和其他项目
ElasticSearch(Search)	ElasticSearch（搜索）

一旦 Personalize 解决方案被评估为满足所需标准，即可将其部署为 Personalize 活动，以服务于访问电子商务网站的客户的推荐请求。

Amazon Pinpoint 是一项托管的目标营销服务。可以使用 Pinpoint 管理用户分组，并发送电子邮件和营销活动短信。在此架构中，Pinpoint 服务可以获取一组目标客户的推荐产品列表，并通过个性化推荐向这些用户发送电子邮件或短信。

12.4.6　通过智能搜索实现客户自助服务自动化

良好的客户服务可以提高客户满意度并建立长期的客户忠诚度。但是，客户支持是一项劳动密集型的业务，往往需要企业或组织聘用大量的客服代表接听电话，并且由于等待时间长或客服代表不了解情况，可能会导致客户满意度下降。因此，客户自助服务已被不同行业的企业或组织广泛采用，以转移客户支持呼叫量并提高客户满意度。

在客户自助服务场景中，我们可以识别以下机器学习问题：

- 自动语音识别（automatic speech recognition，ASR）：这项机器学习任务需要先识别人类语音并将其转换为文本，然后使用 NLU 来理解文本的含义。
- 自然语言理解（natural language understanding，NLU）：NLU 是 NLP 的一个子领域，它可以处理意图理解和阅读理解。NLU 侧重于文本的含义和意图。例如，如果文本是“能帮忙查一下我的存款账户中的余额吗？”，则此处的意图就是要获取账户余额信息。NLU 的另一个例子是理解文本并根据问题和文本的语义从中提取特定信息。
- 文本转语音（text to speech，TTS）：此机器学习任务可将文本转换为自然人声。

图 12.4 显示了一个示例架构，用于为客户实现自助聊天功能以查找与客户相关的详细信息以及一般信息和常见问题解答。

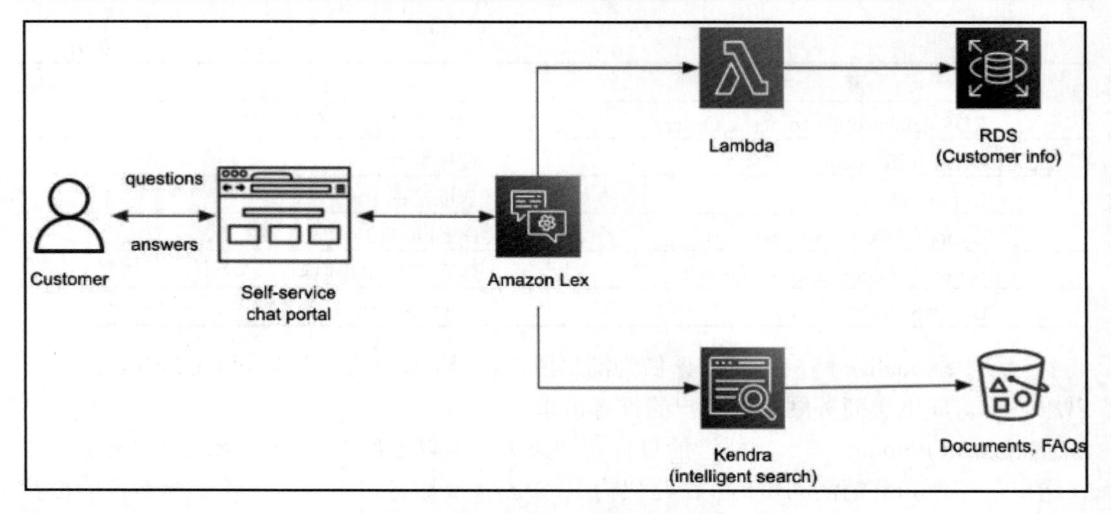

图 12.4　带有智能虚拟助手的自助聊天门户

原　文	译　文
Customer	客户
questions	问题
answers	答案
Self-service chat portal	自助服务聊天门户
RDS(Customer info)	RDS（客户信息）
Kendra(intelligent search)	Kendra（智能搜索）
Documents, FAQs	文档，常见问题解答

在此架构中，Amazon Lex 机器人可用于为客户参与提供基于文本的对话界面。客户可以使用自助聊天门户发起对话，聊天门户通过 Lex API 与 Lex 机器人集成。

Lex 机器人支持多种不同的意图，如 looking up account info（查找账户信息）、update customer profile（更新客户资料）以及 How do I return a purchase（如何退货）等。

根据意图，Lex 机器人会将履行请求路由到不同的后端。对于客户账户相关的查询，它将使用 Lambda 函数来完成。对于信息搜索相关的问题，Lex 机器人会将查询发送到 Kendra 索引以完成。

12.5　为人工智能服务设计机器学习运维架构

实现自定义人工智能服务模型需要数据工程、模型训练和模型部署管道。此过程类似于使用机器学习平台构建、训练和部署模型的过程。因此，我们也可以在大规模运行人工智能服务时采用机器学习运维实践。

从根本上说，人工智能服务的机器学习运维旨在提供与机器学习平台的机器学习运维类似的好处，包括流程一致性、工具可重用性、可重复性、交付可扩展性和可审计性。在架构上，可以为人工智能服务实现类似的机器学习运维模式。

12.5.1 人工智能服务和机器学习运维的 AWS 账户设置策略

为了隔离不同的环境，可以采用多账户策略来配置人工智能服务的机器学习运维环境。图 12.5 说明了多账户 AWS 环境的设计模式。根据企业或组织对职责和控制的划分情况，还可以考虑将这些合并到更少的环境中。

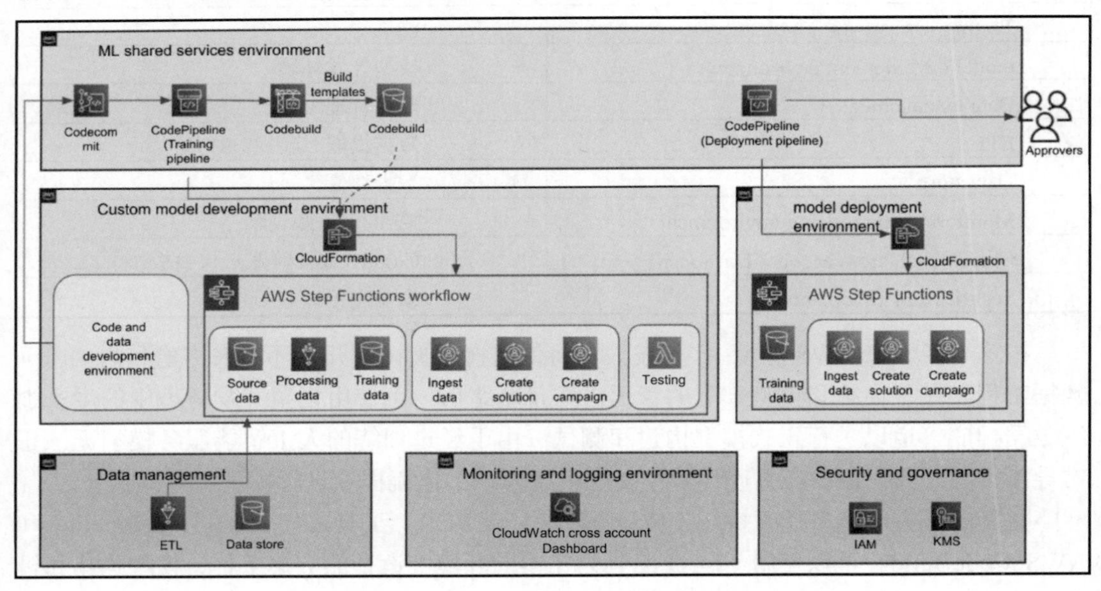

图 12.5　AWS 人工智能服务的机器学习运维架构

原　　文	译　　文
ML shared services environment	机器学习共享服务环境
CodePipeline(Training pipeline)	CodePipeline（训练管道）
Build templates	构建模板
CodePipeline(Deployment pipeline)	CodePipeline（部署管道）
Approvers	审批者

续表

原　　文	译　　文
Custom model development environment	自定义模型开发环境
Code and data development environment	代码和数据开发环境
AWS Step Functions workflow	AWS Step Functions 工作流
Source data	源数据
Processing data	处理数据
Training data	训练数据
Ingest data	提取数据
Create solution	创建解决方案
Create campaign	创建营销活动
Testing	测试
model development environment	模型开发环境
Data management	数据管理
ETL	数据提取、转换、加载
Data store	数据存储
Monitoring and logging environment	监控和记录环境
CloudWatch cross account Dashboard	CloudWatch 跨账户仪表板
Security and governance	安全和治理

在这个多账户 AWS 环境中，开发人员将使用自定义模型开发环境来构建和测试用于数据工程、模型训练和模型部署的管道。准备就绪后，可使用模型开发环境中的生产训练数据推广管道以进行正式模型构建和测试。由于经过训练的人工智能服务模型无法正常导出，因此我们需要在生产环境中复制模型训练工作流程以进行模型部署。

共享的服务环境将托管持续集成/持续交付（CI/CD）工具，如 AWS CodePipeline 和 AWS CodeBuild。可以使用 CI/CD 工具为在不同环境中运行的数据工程、模型构建和模型部署构建不同的管道。例如，构建用户验收测试（user acceptance test，UAT）环境的管道可能有以下组件和步骤：

- ❑ CodePipeline 定义：此定义将包含一个 CodeBuild 步骤、一个 CloudFormation 执行步骤和一个 Step Functions 工作流执行步骤。
- ❑ CodeBuild 步骤：CodeBuild 步骤丰富了 CloudFormation 模板，提供了创建 Step Functions 工作流所需的额外输入，该工作流将协调数据工程、数据集创建、数据提取、模型训练和模型部署。

- CloudFormation 执行步骤：此步骤可执行 CloudFormation 模板以创建 Step Functions 工作流。
- Step Functions 工作流执行步骤：此步骤将启动 Step Functions 工作流以运行工作流中的各个步骤，如数据工程和模型训练。例如，可以为 Personalize 模型训练和部署构建 Step Functions 工作流，该工作流将包含 6 个步骤：创建数据集组、创建数据集、导入数据集、创建解决方案、创建解决方案版本和创建活动。

在多账户环境中，还可能有其他专门用于数据管理、监控和安全的账户。

12.5.2　跨环境的代码推广

与我们用于机器学习平台的模式类似，也可以使用代码存储库作为将代码推广到不同环境的机制。例如，在代码开发期间，开发人员创建代码工件，如用于 Glue ETL 作业的数据工程脚本、CloudFormation 模板骨架，并为 CodeBuild 构建规范文件以运行不同的命令。当准备好推广它们以进行正式的模型构建和测试工作时，开发人员即可将代码签入代码存储库中的发布分支。

代码签入事件可以触发 CodePipeline 作业以先在共享服务中运行 CodeBuild 步骤，然后在模型开发环境中运行 Step Functions 工作流步骤。当它准备好进行生产发布时，即可在共享服务环境中触发部署 CodePipeline 作业，以执行 CloudFormation 模板，从而在生产环境中部署模型。

12.5.3　监控人工智能服务的运营指标

人工智能服务可以向 CloudWatch 发出操作状态。例如，Amazon Personalize 会发送成功推荐调用次数或训练作业错误等指标。Rekognition 会发送成功请求计数和响应时间等指标。警报可以配置为在指定的指标达到定义的阈值时发送警报。图 12.6 显示了 Amazon Personalize 的示例监控架构。

在该监控架构中，CloudWatch 将从 Personalize 服务收集指标。计划的 CloudWatch 事件会触发 Lambda 函数，该函数会提取一组 CloudWatch 指标并将事件发送到 EventBridge 服务。EventBridge 规则可以配置为触发 Lambda 函数以更新 Personalize 配置，例如，在检测到限制时更新 Personalize 的 minProvisionedTPS 配置，或者在发生某些错误时发送电子邮件通知。

此外，你也可以采用与其他人工智能服务（如 Comprehend 和 Rekognition）类似的监控架构模式。

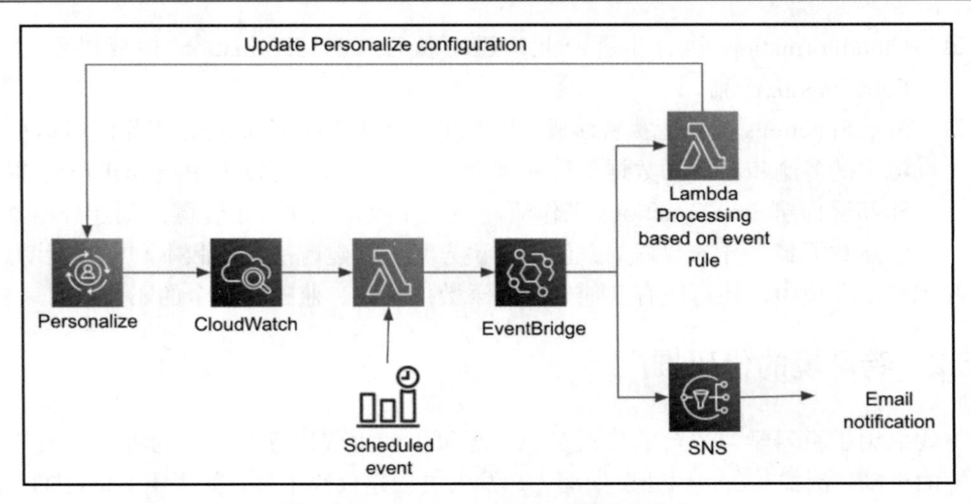

图 12.6　Amazon Personalize 的监控架构

原　文	译　文
Update Personalize configuration	更新 Personalize 配置
Scheduled event	计划的事件
Lambda Processing based on event rule	基于事件规则的 Lambda Processing
Email notification	电子邮件通知

12.6　动手练习——使用人工智能服务运行机器学习任务

本练习将使用 Rekognition、Comprehend、Textract 和 Transcribe 执行一系列机器学习任务。请按照以下步骤开始：

（1）启动在第 8 章“使用 AWS 机器学习服务构建数据科学环境”中创建的 SageMaker Studio 配置文件。我们将在此配置文件中创建和运行新 Notebook。

（2）我们需要为新 Notebook 提供访问人工智能服务的权限。为此，请找到 Studio 环境的 Studio 执行角色并将 AdministratorAccess IAM 策略附加到它。为简单起见，我们将在此处使用此策略。在受控环境中，你需要设计一个策略来提供访问不同服务所需的特定权限。

（3）使用以下命令将本书存储库复制到你的 Studio 环境中：

```
git clone https://github.com/PacktPublishing/The-Machine-Learning-
Solutions-Architect- Handbook
```

（4）使用 Comprehend 运行 NLP 任务：

- 打开 Chapter12 目录中的 comprehend.ipynb 笔记本。此笔记本将使用 Comprehend 执行一系列机器学习任务，包括语言检测、实体检测、情感检测、PII 检测、关键短语检测和语法分析等。
- 创建一些你想要运行 NLP 分析的示例文本，并将其保存为 data 目录中的 comprehend_sample.txt 文件。
- 在 Notebook 中运行以下代码以导入库并为 Comprehend 设置 boto3 客户端：

```
from pprint import pprint
import boto3 items_to_show = 10
with open('data/comprehend_sample.txt') as sample_file:
    sample_text = sample_file.read()
comprehend_client = boto3.client('comprehend')
```

- 在 Notebook 中运行以下代码来检测文本中的主要语言：

```
print("detecting dominant language")
languages = comprehend_client.detect_dominant_language(
                Text=sample_text)
lang_code = languages['Languages'][0]['LanguageCode']
pprint(lang_code)
```

- 在 Notebook 中运行以下代码来检测实体：

```
print("Detecting entities using the pre-trained model.")
entities =  comprehend_client.detect_entities(
                Text=sample_text, LanguageCode=lang_code)
print(f"The first {items_to_show} are:")
pprint(entities['Entities'][:items_to_show])
```

- 在 Notebook 中运行以下代码来检测情绪：

```
print("Detecting sentiment in text")
sentiment = comprehend_client.detect_sentiment(
                Text=sample_text, LanguageCode=lang_code)
pprint(sentiment['Sentiment'])
pprint(sentiment['SentimentScore'])
```

- 在 Notebook 中运行以下代码来检测 PII 实体：

```
print("Detecting pii entities in text")
pii = comprehend_client.detect_pii_entities(
            Text=sample_text, LanguageCode=lang_code)
pprint(pii['Entities'][:items_to_show])
```

- 在 Notebook 中运行以下代码来检测关键短语：

```
print('Dectecting key phrases')
key_phrases = comprehend_client.detect_key_phrases(
                Text=sample_text, LanguageCode=lang_code)
pprint(key_phrases['KeyPhrases'][:items_to_show])
```

- 在 Notebook 中运行以下代码检测语法：

```
print('Detecting syntax')
syntax = comprehend_client.detect_syntax(
            Text=sample_text, LanguageCode=lang_code)
pprint(syntax['SyntaxTokens'][:items_to_show])
```

（5）使用 Transcribe 运行音频转录作业：

- 打开 Chapter12 目录中的 transcribe.ipynb 笔记本。此笔记本使用 data 目录中的示例音频文件运行转录作业。
- 找到一个你想要运行转录的示例 MP3 音频文件，并将其保存为 data 目录中的 transcribe_sample.mp3。
- 在 Notebook 中运行以下代码，为 Transcribe 设置一个 boto3 客户端：

```
from pprint import pprint
import boto3
import time
transcribe_client = boto3.client('transcribe')
s3_resource = boto3.resource('s3')
```

- 在 Notebook 中运行以下代码，创建用于存储音频文件的 S3 存储桶：

```
bucket_name = f'transcribe-bucket-{time.time_ns()}'
bucket = s3_resource.create_bucket(
    Bucket=bucket_name,
    CreateBucketConfiguration={
        'LocationConstraint': transcribe_client.meta.region_name
    }
)
media_file_name = 'data/transcribe_sample.mp3'
media_object_key = 'transcribe_sample.mp3'
bucket.upload_file(media_file_name, media_object_key)
media_uri = f's3://{bucket.name}/{media_object_key}'
```

- 在 Notebook 中运行以下代码以启动转录作业：

```
job_name = f'transcribe_job_{time.time_ns()}'
```

```
media_format = 'mp3'
language_code = 'en-US'
job_args = {
            'TranscriptionJobName': job_name,
            'Media': {'MediaFileUri': media_uri},
            'MediaFormat': media_format,
            'LanguageCode': language_code
            }
transcribe_job = transcribe_client.start_transcription_job(**job_args)
```

- ❑ 导航到 Transcribe（转录）控制台。在 Transcription Jobs（转录作业）这一部分下你将看到新创建的转录作业。
- ❑ 等到状态变为 Complete（完成）后，单击该作业链接，你将在 transcription preview（转录预览）部分的 Text（文本）选项卡下看到转录。

（6）使用 Rekognition 运行计算机视觉：

- ❑ 打开 Chapter12 目录中的 rekognition.ipynb 笔记本。此笔记本可运行一系列提取任务，包括文本提取、表格提取和表单提取。
- ❑ 将用于分析的示例图像保存为 data 目录中的 textract_sample.jpeg 文件。尝试使用包含文本、表格和表格的示例图像。
- ❑ 在 Notebook 中运行以下代码，为 Textract 设置一个 boto3 客户端：

```
from pprint import pprint
import boto3
textract_client = boto3.client('textract')
```

- ❑ 在 Notebook 中运行以下代码来加载图像：

```
document_file_name = 'data/textract_sample.png'
with open(document_file_name, 'rb') as document_file:
              document_bytes = document_file.read()
```

- ❑ 在 Notebook 中运行以下代码来检测表格和表单：

```
print('Detecting tables and forms')
feature_types = ['TABLES', 'FORMS']
tables_forms = textract_client.analyze_document(
    Document={'Bytes': document_bytes},
    FeatureTypes=feature_types
)
blocks_to_show = 10
pprint(tables_forms['Blocks'][:blocks_to_show])
```

- ❑ 在 Notebook 中运行以下代码来检测文本：

```
print('Detect text')
text = textract_client.detect_document_text(
    Document={'Bytes': document_bytes}
)
blocks_to_show = 20
pprint(text['Blocks'][:blocks_to_show])
```

（7）使用 Personalize 训练推荐模型：

- ❑ 打开 Chapter12 目录中的 personalize.ipynb 笔记本，此笔记本可以使用电影镜头数据集训练用于电影评论推荐的 Personalize 模型。它经历了创建数据集组/数据集、导入数据、构建解决方案和创建 Personalize 活动的过程。
- ❑ 按照笔记本中的说明依次运行所有单元以完成所有步骤。

恭喜！你已成功使用多个 AWS 人工智能服务及其 API。如你所见，使用人工智能服务和预训练模型来执行不同的机器学习任务非常简单。使用人工智能服务训练自定义模型涉及一些额外的步骤，但底层基础设施和数据科学细节已被抽象出来，以便非数据科学家也可以轻松使用这些服务。

12.7　小　　结

本章讨论了围绕人工智能服务的主题。我们查看了 AWS 人工智能服务列表以及它们可用于构建机器学习解决方案的地方。我们还谈到了采用机器学习运维进行人工智能服务部署。现在，你应该很好地理解了什么是人工智能服务，并且知道不需要总是构建自定义模型来解决机器学习问题。人工智能服务为你提供了一种快速构建支持人工智能的应用程序的方法。

希望本书能够让你很好地了解机器学习解决方案架构是什么，以及如何将各种数据科学知识和机器学习技能应用于不同的机器学习任务，如构建机器学习平台。

现在你应该很开心自己能够成为一名机器学习解决方案架构师，因为你对机器学习领域有了广阔的视野，可以帮助不同的企业或组织推动不同行业的数字化和业务转型。

你可能会问：下一步该如何走？人工智能/机器学习是一个具有许多子域的广阔领域，因此在所有子域中都进行深入研究显然是有难度的。如果你对机器学习解决方案架构很感兴趣，则可以专注于未来学习的若干个领域，同时保持对机器学习领域的广泛了解。人工智能/机器学习正在加速发展，因此，该领域预计会出现很多创新和跨不同学科的大量变化，真诚地希望你就是这些创新者中的一员。